民机载荷计算手册

主　编　唐长红

副主编　谭申刚　孙仁俊

U0195165

西北工业大学出版社

西　安

【内容简介】 载荷是飞机设计的重要数据,在飞机设计阶段必须全面考虑,这样才能使飞机结构设计在不降低结构安全性和满足寿命的前提下重量更轻、结构传力更合理。

本书按照载荷形式的不同分为飞行载荷、地面载荷、水载荷和其他载荷 4 章,主要对运输类飞机适航标准 CCAR25(正常类、实用类、特技类和通勤类飞机适航规定 CCAR23 为辅)的载荷条款进行了梳理,吸收和总结了国内具有民机设计经验的主要设计院所、制造公司、高等学校关于飞机载荷计算方面的最新成果,形成了一套可满足适航要求的民机载荷计算方法。

图书在版编目(CIP)数据

民机载荷计算手册 / 唐长红主编. — 西安 :西北工业大学出版社,2023.2

ISBN 978 - 7 - 5612 - 6358 - 7

Ⅰ. ①民… Ⅱ. ①唐… Ⅲ. ①民用飞机-飞行载荷-载荷计算-手册 Ⅳ. ①V215.1-62

中国版本图书馆 CIP 数据核字(2018)第 254878 号

MINJI ZAIHE JISUAN SHOUCE

民 机 载 荷 计 算 手 册

唐长红 主编

责任编辑:付高明	策划编辑:付高明
责任校对:胡莉巾	装帧设计:李 飞

出版发行:西北工业大学出版社
通信地址:西安市友谊西路 127 号 邮编:710072
电 话:(029)88491757,88493844
网 址:www.nwpup.com
印 刷 者:陕西奇彩印务有限责任公司
开 本:787 mm×1 092 mm 1/16
印 张:27.5
字 数:537 千字
版 次:2023 年 2 月第 1 版 2023 年 2 月第 1 次印刷
书 号:ISBN 978 - 7 - 5612 - 6358 - 7
定 价:218.00 元

《民机载荷计算手册》
编审委员会

（各章编委成员及全书审委成员按姓氏拼音排序）

主　　编：唐长红

副 主 编：谭申刚　　孙仁俊

第 1 章　飞行载荷

　　　　主编：邓立东

　　　　编委：曹奇凯　　陈同根　　戴玉婷　　李荣科　　李少朋

　　　　　　　聂鹏飞　　史爱明　　王　刚　　王文倬　　杨建国

　　　　　　　余建虎　　袁胜弢　　宗　宁

第 2 章　地面载荷

　　　　主编：马晓利　　杨小斌

　　　　编委：崔　萌　　郭　军　　牟让科　　穆琴琴　　潘文廷

　　　　　　　王金亮　　杨全伟

第 3 章　水载荷

　　　　主编：王明振

　　　　编委：胡　奇　　孙　丰

第 4 章　其他载荷

　　　　主编：刘庭耀

　　　　编委：陈松松　　黄超广　　金　鑫　　吕锦锋　　孙　祥

　　　　　　　孙秀文　　王向盈　　徐海滨　　张伟涛　　赵晓辉

　　　　　　　左朋杰

审　　委：党西军　　杜瑞妍　　高进军　　侯宗团　　吝　琳　　刘成玉

　　　　　徐岚玲　　薛　璞　　张　军

前　言

　　更安全、更经济、更舒适、更环保是现代民机设计发展的方向,要达到这个设计目标,载荷的高可靠度起着决定性的作用。民机在使用过程中,要经历地面操纵、滑跑、飞行、着陆、突风、抖振、系统操纵、系统故障、应急着陆等载荷的作用,这些载荷不仅复杂,而且相互耦合作用,要准确计算各类载荷难度非常大。不合理的载荷设计不仅影响驾驶员的正常操纵和乘员的舒适性,而且还会引起飞机结构损伤、动态裂纹、操纵系统和机载设备的功能的降低,影响飞机的使用寿命,危及使用安全。

　　载荷是飞机结构设计的重要数据,在飞机设计阶段必须全面考虑,这样才能使飞机结构设计在不降低安全性和满足寿命的前提下重量更轻、结构传力更合理。适航条例只是给出了载荷计算的要求,对具体的飞机型号设计,还需要载荷计算手册和软件确定飞机载荷。我国民用飞机(简称"民机")的设计起步较晚,缺乏型号的支持和技术的积累,对适航载荷条款的理解和执行更多的是借鉴军用飞机的设计经验。由于民机具有大柔度,小机动,更加追求安全性、经济性的特点,所以军用飞机的设计理念往往行不通。

　　随着我国民机工业的发展,以及适航要求的变化,民机载荷计算指导性标准的缺失已成为阻碍我国民机设计进步和民机载荷适航符合性的技术难点。本书建立了一套满足适航要求的民机载荷计算方法,用以指导民机结构强度设计分析人员合理、可靠地输入设计载荷工况,提高结构的设计品质,满足适航符合性要求。

　　本书按照载荷形式的不同分为4章。

　　第1章介绍飞行载荷设计。飞行载荷设计是飞机主要载荷形式的设计,也是空气动力学和飞行控制力学等多学科的综合优化过程,不仅需要考虑气动、结构、控制等多种耦合因素,而且还要考虑飞机非线性气动力特性和数字电传飞行控制系统对机动过程的影响。此外,飞行载荷设计还应考虑结构弹性变形对全机气动力的影响。这种影响主要体现在以下两个方面:一是结构弹性对全机非线性气动力特性的影响,它直接改变了飞机机动过程;二是结构弹性对气动载荷分布的影响,它直接体现在对飞机局部载荷分布的改变。

　　第2章介绍地面载荷设计。飞机着陆从起落架第一次接地,一直到下次起飞时起落架最后离地为止,这段时间内飞机在地面运动产生的所有载荷称为地面载荷。地面载荷作为飞机所受外载荷不可或缺的一部分,不仅为起落架设计提供数据,而且也可能构成机身、机翼等部件的设计要素。

　　地面载荷设计需考虑起落架承受跑道的撞击或颠簸载荷、气流作用在机体的气动载荷,以及可能的操纵系统载荷的耦合作用,对于大柔度飞机还需考虑结构弹性引起的附加运动响应和结构载荷。

　　第3章介绍水载荷设计。水上飞机和水陆两栖飞机在水面上起飞、滑水、着水的过程中,飞机受到复杂的水动载荷和惯性载荷,决定这些载荷的主要因素包括飞机的着滑水重量及其分布、转动惯量、机身底部触水部位的几何外形及结构弹性、机身底部或主浮筒与水接触的位置(断阶、船舷、船艉),飞机着水、滑水过程中的运动参数(纵倾角、水平速度、下沉速度等),水面的风况(大小、方向)和波浪要素(波高、波长、传播方向)。水上飞机和水陆两栖飞机应根据使用中可能遇到的最恶劣海况条件下正常运行时可能出现的各种姿态,以起飞和着水过程中的相应向前和下沉速度所产生的水载荷为依据进行设计。

第4章介绍其他载荷设计。其他载荷是指飞机结构和部件所承受的除飞行载荷和地面载荷、水载荷外,由设备或人员等引起的特殊载荷,主要包括操纵系统载荷、动力装置载荷、座椅装置载荷、气密座舱载荷、地板载荷、应急着陆和水上迫降载荷等。根据国内外民机研制经验,本章补充适航要求中未规定,但设计中应考虑的特殊载荷,给出可行的符合性方法。

本书是基于"十二五"工信部民机预研课题"民机载荷计算手册"任务要求,由航空工业第一飞机设计研究院牵头组织,航空工业沈阳所、特飞所、强度所、试飞院、西飞公司、哈飞公司、北京航空航天大学、西北工业大学等单位共同开展编写工作。为了能兼顾大中型飞机、支线飞机、通用飞机适航要求,以 CCAR25 为主、CCAR23 为补充原则,以适航条例解释、适航验证方法和典型案例为全书整体框架,完成全书编写。

由于水平有限,书中难免有不妥之处,恳请各方专家及广大读者批评指正。

编　者

2018 年 1 月

目　　录

第 1 章　飞 行 载 荷

符 号 说 明

α　——　迎角,机头上仰为正,下沉为负,(°)。

β　——　侧滑角,机头左偏为正,右偏为负,(°)。

Ψ　——　偏航角,(°)。

θ　——　俯仰角,(°)。

ϕ　——　滚转角,(°)。

V　——　速度,m/s。

c　——　声速,m/s。

Ma　——　马赫数。

p　——　机体轴系下滚转角速度,(°)/s。

q　——　机体轴系下俯仰角速度,(°)/s。

r　——　机体轴系下偏航角速度,(°)/s。

$\dot{p}$　——　机体轴系下滚转角加速度,(°)/s²。

$\dot{q}$　——　机体轴系下俯仰角加速度,(°)/s²。

$\dot{r}$　——　机体轴系下偏航角加速度,(°)/s²。

I_x　——　绕纵轴的飞机惯性矩,kg·m²。

I_y　——　绕横轴的飞机惯性矩,kg·m²。

I_z　——　绕竖轴的飞机惯性矩,kg·m²。

I_{yz}　——　绕纵轴的飞机惯性积,kg·m²。

I_{zx}　——　绕横轴的飞机惯性积,kg·m²。

I_{xy}　——　绕竖轴的飞机惯性积,kg·m²。

S　——　参考面积,通常取机翼面积作为参考面积,m²。

l　——　参考展长,通常纵向取机翼平均气动弦长,横侧向取机翼展长,m。

A　——　体轴系下,轴向力,N。

Y　——　体轴系下,横向力,N。

N —— 体轴系下,法向力,N;体轴系下,偏航力矩,N·m。

D —— 气流坐标系下,阻力,N。

C —— 气流坐标系下,侧力,N。

L —— 气流坐标系下,升力,N;体轴系下,滚转力矩,N·m。

M —— 体轴系下,俯仰力矩,N·m。

C_A —— 体轴系下,轴向力系数。

C_Y —— 体轴系下,横向力系数。

C_N —— 体轴系下,法向力系数。

C_D —— 气流坐标系下,阻力系数。

C_C —— 气流坐标系下,侧力系数。

C_L —— 气流坐标系下,升力系数。

C_{L0} —— 零迎角升力系数。

C_{Lmax} —— 最大升力系数。

C_a —— 体轴系下,滚转力矩系数。

C_M —— 体轴系下,俯仰力矩系数。

$C_{m,a=0}$ —— 零迎角俯仰力矩系数。

$C_{m,L_c=0}$ —— 零升力俯仰力矩系数。

C_N —— 体轴系下,偏航力矩系数。

$C_{N\alpha}$ —— 法向力系数对迎角的偏导数,$(°)^{-1}$。

$C_{D\alpha}$ —— 阻力系数对迎角的偏导数,$(°)^{-1}$。

C_{La} —— 升力系数对迎角的偏导数,即升力线斜率,$(°)^{-1}$。

C_{Ma} —— 俯仰力矩系数对迎角的偏导数,$(°)^{-1}$。

$C_{D\beta}$ —— 阻力系数对侧滑角的偏导数,$(°)^{-1}$。

$C_{C\beta}$ —— 侧力系数对侧滑角的偏导数,$(°)^{-1}$。

$C_{L\beta}$ —— 升力系数对侧滑角的偏导数,$(°)^{-1}$。

$C_{a\beta}$ —— 滚转力矩系数对侧滑角的偏导数,$(°)^{-1}$。

$C_{M\beta}$ —— 俯仰力矩系数对侧滑角的偏导数,$(°)^{-1}$。

$C_{N\beta}$ —— 偏航力矩系数对侧滑角的偏导数,$(°)^{-1}$。

C_{ap} —— 滚转力矩系数对无量纲滚转角速度的偏导数。

C_{np} —— 偏航力矩系数对无量纲滚转角速度的偏导数。

C_{Dq} —— 阻力系数对无量纲俯仰角速度的偏导数。

C_{Lq} —— 升力系数对无量纲俯仰角速度的偏导数。

C_{Mq} —— 俯仰力矩系数对无量纲俯仰角速度的偏导数。

C_{Cr} —— 侧力系数对无量纲偏航角速度的偏导数。

C_{Nr} —— 偏航力矩系数对无量纲偏航角速度的偏导数。

$C_{D\alpha}$ —— 阻力系数对无量纲迎角变化率的偏导数。

$C_{L\alpha}$ —— 升力系数对无量纲迎角变化率的偏导数。

$C_{M\alpha}$ —— 俯仰力矩系数对无量纲迎角变化率的偏导数。

$C_{C\beta}$ —— 侧力系数对无量纲侧滑角变化率的偏导数。

$C_{\alpha\beta}$ —— 滚转力矩系数对无量纲侧滑角变化率的偏导数。

$C_{N\beta}$ —— 偏航力矩系数对无量纲侧滑角变化率的偏导数。

$C_{D\delta H}$ —— 阻力系数对平尾偏度的偏导数,$(°)^{-1}$。

$C_{D\delta e}$ —— 阻力系数对升降舵的偏导数,$(°)^{-1}$。

$C_{D\delta a}$ —— 阻力系数对副翼偏度的偏导数,$(°)^{-1}$。

$C_{D\delta SP}$ —— 阻力系数对飞行扰流板偏度的偏导数,$(°)^{-1}$。

$C_{D\delta r}$ —— 阻力系数对方向舵偏度的偏导数,$(°)^{-1}$。

$C_{L\delta H}$ —— 升力系数对平尾偏度的偏导数,$(°)^{-1}$。

$C_{L\delta e}$ —— 升力系数对升降舵偏度的偏导数,$(°)^{-1}$。

$C_{L\delta SW}$ —— 升力系数对飞行扰流板偏度的偏导数,$(°)^{-1}$。

$C_{M\delta H}$ —— 俯仰力矩系数对平尾偏度的偏导数,$(°)^{-1}$。

$C_{M\delta e}$ —— 俯仰力矩系数对升降舵偏度的偏导数,$(°)^{-1}$。

$C_{M\delta SP}$ —— 俯仰力矩系数对飞行扰流板偏度的偏导数,$(°)^{-1}$。

$C_{\alpha\delta a}$ —— 滚转力矩系数对副翼偏度的偏导数,$(°)^{-1}$。

$C_{\alpha\delta SP}$ —— 滚转力矩系数对飞行扰流板偏度的偏导数,$(°)^{-1}$。

$C_{\alpha\delta r}$ —— 滚转力矩系数对方向舵偏度的偏导数,$(°)^{-1}$。

$C_{C\delta r}$ —— 侧力系数对方向舵偏度的偏导数,$(°)^{-1}$。

$C_{N\delta r}$ —— 偏航力矩系数对方向舵偏度的偏导数,$(°)^{-1}$。

$C_{n\delta a}$ —— 偏航力矩系数对副翼偏度的偏导数,$(°)^{-1}$。

$C_{n\delta SP}$ —— 偏航力矩系数对飞行扰流板偏度的偏导数,$(°)^{-1}$。

C_{LaH} —— 平尾升力线斜率(参考面积为平尾面积),$(°)^{-1}$。

C_{LaV} —— 垂尾升力线斜率(参考面积为垂尾面积),$(°)^{-1}$。

M_V —— 垂尾侧力曲线斜率(参考面积为垂尾面积),$(°)^{-1}$。

$V_{\min}$ —— 最小平飞速度,m/s。

$V_{\max}$ —— 最大平飞速度,m/s。

V_{S} —— 失速速度,m/s。

V_{MC} —— 空中最小操纵速度,m/s。

V_{A} —— 设计机动速度,m/s。

V_{B} —— 对应最大突风强度的设计速度,m/s。

V_{C} —— 设计巡航速度,m/s。

V_{D} —— 设计俯冲速度,m/s。

V_{F} —— 设计襟翼速度,m/s。

V_{DD} —— 设计阻力装置速度,m/s。

V_{i} —— 指示空速,即表速,m/s。

V_{eq} —— 当量空速,m/s。

m —— 飞机质量,kg。

S_{w} —— 机翼面积,m^2。

b —— 机翼展长,m。

C_{A} —— 机翼平均气动弦长,m。

Λ —— 后掠角,(°)。

Γ —— 上反角,(°)。

p —— 空气压强,Pa。

H —— 海平面几何高度,m。

ρ —— 空气密度,$\mathrm{kg/m}^3$。

M_{C} —— 设计巡航马赫数。

M_{D} —— 设计俯冲马赫数。

δ_{H} —— 平尾偏角,(°)。

δ_{e} —— 升降舵偏角,(°)。

δ_{a} —— 副翼舵偏角,(°)。

δ_{sp} —— 飞行扰流板偏角,(°)。

δ_{r} —— 方向舵偏角,(°)。

δ_{s} —— 缝翼偏角,(°)。

δ_{f} —— 襟翼偏角,(°)。

T —— 发动机推力,N。

x_{cg} —— 重心 X 坐标,m。

y_{cg}	——	重心 Y 坐标，m。
z_{cg}	——	重心 Z 坐标，m。
n_x	——	纵向载荷系数。
n_y	——	横向载荷系数，或侧向载荷系数。
n_z	——	法向载荷系数。
ε	——	下洗角，$(°)$。
ε_a	——	下洗角对迎角的偏导数，$(°)^{-1}$。
b_H	——	平尾展长，m。
b_V	——	垂尾展长，m。
S_H	——	平尾面积，m。
S_V	——	垂尾面积，m。
S_T	——	方向舵铰链力矩参考面积，m^2。
c_T	——	方向舵铰链力矩参考弦长，m。
c_{AH}	——	平尾平均气动弦长，m。
c_{AV}	——	垂尾平均气动弦长，m。
g	——	重力加速度，9.807m/s^2。

1.1　引　　言

飞机飞行载荷设计是飞机强度和刚度设计的基础。在飞机研制的各个阶段中，飞行载荷设计都是至关重要的一环。然而，在飞机设计不同阶段，其他专业所能提供的数据资料的详略不同，加上结构、强度等专业对载荷的需求不同，决定了载荷设计在飞机设计的不同阶段所使用的计算方法和设计手段的不同。

现代民用飞机对安全性、可靠性、经济性、长寿命等方面要求越来越高，实行精确载荷设计是实现上述要求的关键之一。飞行载荷设计是空气动力学和飞行控制力学等多学科的综合优化过程，不仅需要考虑气动、结构、控制等多种耦合因素，而且还要考虑飞机非线性气动力特性和数字电传飞行控制系统对机动过程的影响。此外，飞行载荷设计还应考虑结构弹性变形对全机气动力的影响。这种影响主要体现在以下两个方面：一是结构弹性对全机非线性气动力特性的影响，它直接改变了飞机机动过程；二是结构弹性对气动载荷分布的影响，它直接体现在对飞机局部载荷分布的改变。飞机在大气中飞行还会受到各种扰动气流的影响，引起附加的运动响应和结构载荷，在这个过程中气动力、惯性力与结构相互耦合。因此，飞机载荷设计是多学科的综合设计过程。

本书以民用运输类飞机的基本特点和适航为要求,结合我国在飞机型号研制和适航取证等方面的实践经验,给出对适航标准条款的理解,介绍近些年发展的飞行载荷设计方法及技术手段,供飞机设计人员参考、借鉴。

1.2 飞行载荷适航要求

1.2.1 概述

飞机从滑跑、起飞、巡航到下滑、着陆的过程中,无时无刻不承受着气动载荷和惯性载荷,决定这些载荷大小和分布的主要因素包括大气环境和飞机自身的特性。其中,大气环境指空气的温度、密度、压力、离散突风和连续紊流等,飞机自身的特性指飞机的重量、重心、质量分布、速度、加速度、飞行姿态和构型等。飞行载荷设计必须从主动(驾驶员的操纵)和被动(离散突风和连续紊流)产生的繁杂的受载情况组合中,找出各个部件的最严重受载情况并且计算出载荷的大小和分布,作为飞机结构强度的设计依据。

本章针对《中国民用航空规章 第 25 部 运输类飞机适航标准 C 分部 结构》(简称"CCAR25")中与飞行载荷设计相关的规定给出相关解释说明。以下关于 CCAR25 中第某条简称为"第 25 某条"。

1.2.2 第 25.301 条 载荷

1. 条款原文

(a)强度的要求用限制载荷(服役中预期的最大载荷)和极限载荷(限制载荷乘以规定的安全因数)来规定。除非另有说明,所规定的载荷均为限制载荷。

(b)除非另有说明,所规定的空气、地面和水载荷必须与计及飞机每一质量项目的惯性力相平衡。这些载荷的分布必须保守地近似于或接近于反映真实情况。除非表明确定受载情况的方法可靠,否则用以确定载荷大小和分布的方法必须用飞行载荷测量来证实。

(c)如果载荷作用下的变形会显著改变外部载荷或内部载荷的分布,则必须考虑载荷分布变化的影响。

2. 条款解释

本条规定了限制载荷和极限载荷。限制载荷是飞机实际服役中预期的可能达到的最大载荷。在确定限制载荷时,应考虑飞机在设计飞行包线内任何一点的飞行情况,并考虑包括惯性力、气动力、构型状态、有效装载和燃油及其分布的所有临界组合。极限载荷是飞机设计时预计各结构件破坏前能承受的最大载荷,通常等于限制载荷乘以规定的安全因数。飞机地面静强度试验用该载荷检查飞机的静强度水平。在本规章中若对载荷没有特别说明是何种情况下的载荷时,此载荷为限制载荷。

规章要求载荷的大小和分布尽可能地反映飞机的真实受载情况,但是由于影响载荷分布的因素(马赫数、迎角、温度和结构柔性等)较多,要使载荷分布完全符合实际机体受载情况是十分困难的,因此,允许采用偏保守的方法来近似地确定载荷的分布,即载荷分布对结构的影响是保守的,但是接近于真实受载情况。

在载荷分析中,飞机在实际使用中所承受的空气、地面(或水面)等载荷,必须与计及飞机每项质量的惯性力相平衡。用于确定载荷大小和分布的方法,如果经过试验验证是可靠的或有类似机型的使用经验,则可以采用该方法确定载荷的大小和分布。否则,确定载荷大小和分布的方法必须通过飞行载荷测量验证。

在载荷作用下,如果结构的变形会显著改变外部载荷和内部载荷的分布,则在载荷计算时,必须考虑结构变形所带来的对该载荷分布变化的影响。目前,典型的大变形结构包括机翼结构等。

3. 与其他规范对比

CCAR23.301(a)和(c)条与 CCAR25 的要求相同。CCAR23.301(b)中关于飞行载荷测量的要求与 CCAR25 略有不同。CCAR23.301(b)要求除非表明确定受载情况的方法是可靠的或在所考虑的飞机布局上是保守的,否则用以确定鸭式和串列式机翼布局载荷大小及分布的方法必须通过试飞测量来证实。

CCAR23.301 比 CCAR25 多了(d)条款。

第 23.301(d)条款:如果简化结构设计准则得到的设计载荷不小于第 23.331 至第 23.521条中规定的载荷,则可以使用这些简化结构设计准则。对于附录 A23.1 中规定的飞机构型,本规章附录 A 的设计准则经批准与第 23.321 至第 23.459 条的规定等效,如果采用本规章的附录 A,则必须用该附录的全部来代替本规章的相应条款。

CCAR23 附录 A 给出了简化设计载荷准则,CCAR23.301(d)规定了简化设计载荷准则使用要求。

FAR23.301 条、CS23.301 条与 CCAR23.301 条相同,与 CCAR25.301 条差异如上所述。

1.2.3　第 25.303 条　安全因数

1. 条款原文

除非另有规定,当以限制载荷作为结构的外载荷时,必须采用安全因数1.5;当用极限载荷来规定受载情况时,不必采用安全因数。

2. 条款解释

本条规定了安全因数的使用和大小。在一般情况下,当以限制载荷作为结构的外载荷时,必须采用1.5的安全因数。特殊情况时要采用特殊的安全因数。在一般情况下,当用极限载荷规定受载情况时,不必采用安全因数。某些情况下对于极限载荷还有特殊的安全因数。

安全因数是飞机结构的极限载荷与限制载荷之比值。飞机结构在限制载荷作用下,有一定的强度余量。要设计出性能良好的飞机,很重要的一个因素是使飞机结构重量轻,也就希望有尽可能小的安全因数。但飞机的安全又是至关重要的,就要求有足够的安全因数。在航空发展的初期,由于载荷计算、结构应力分析不够准确,往往采用加大安全因数的方法来保证安全,这样必然增加结构重量。

安全因数的确定主要考虑以下因素:

(1)在限制载荷作用下飞机结构没有有害的永久变形或屈服;

(2)飞机结构使用的材料及其在加工过程中存在的缺陷;

(3)设计的不准确和不可靠;

(4)满足结构的刚度要求;

(5)在使用时可能超过规定的机动动作。

3. 与其他规范对比

FAR23.303条、CS23.303条、CCAR23.303条与CCAR25.303条要求相同。

1.2.4 第25.305条 强度和变形

1. 条款原文

(a)结构必须能够承受限制载荷而无有害的永久变形。在直到限制载荷的任何载荷作用下,变形不得妨害安全运行。

(b)结构必须能够承受极限载荷至少3 s而不破坏,但是当用模拟真实载荷情况的动力试验来表明强度的符合性时,则此3 s的限制不适用。进行到极限载荷的静力试验必须包括加载引起的极限变位和极限变形。当采用分析方法来表明符合极限载荷强度要求时,必须表明符合下列三种情况之一:

1)变形的影响是不显著的;

2)在分析中已充分考虑所涉及的变形;

3)所用的方法和假设足以计及这些变形影响。

(c)如果结构的柔度特性使在飞机运行情况中很可能出现的任一加载速率会产生比相应于静载荷的应力大得多的瞬态应力,则必须考虑这种加载速率的影响。

(d)［备用］。

(e)飞机必须设计成能承受在直到V_D/M_D的任何可能的运行条件下(包括失速和可能发生的无意中超出抖振包线边界)会发生的任何振动和抖振。这一点必须通过分析、飞行试验或中国民用航空局适航部门认为必要的其他试验进行验证。

(f)除经证明为极不可能的情况外,飞机必须设计成能承受因飞行操纵系统的任何故障、失效或不利情况而引起的结构强迫振动。这些强迫振动必须视为限制载荷,并必须在直到V_C/M_C的各种空速下进行研究。

2.条款解释

本条(a)规定飞机结构在限制载荷作用下的变形要求:结构必须能够承受限制载荷而无有害的永久变形;在直到限制载荷的任何载荷作用下,变形不得妨害安全运行。

本条(b)规定飞机结构必须能够承受极限载荷至少3 s而不破坏。但是模拟真实载荷情况的动力试验不受此3 s的限制。静力试验中还必须考核受极限载荷引起的极限变形和位移。当用分析方法说明变形符合极限载荷强度要求时,必须说明已充分考虑变形带来的影响。

本条(b)规定了结构在表明极限载荷作用下的强度符合性时,必须满足的几个条件:

(1)当用极限载荷试验验证结构的强度时,要求结构在极限载荷作用下保持3 s而不破坏。

(2)当用模拟真实载荷情况的动力载荷(如落震试验、振动试验和冲击试验等)来表明结构的强度符合性时,不受这3 s的限制。

(3)进行到极限载荷的静力试验必须包括加载引起的极限变位和极限变形。

(4)当采用分析方法表明结构在极限载荷作用下的静强度时(该方法是经过试验验证过的),必须表明符合下列三种情况之一:

1)变形的影响是不显著的;

2)在分析中已充分考虑所涉及的变形;

3)所用的方法和假设足以计及这些变形影响。

本条(c)规定飞机在进行结构强度验证时,应考虑由于结构的柔性使结构产生比相应的静载荷作用大得多的瞬态载荷情况,要进行结构的动响应载荷分析(如突风响应、动态着陆、地面滑行等情况)。

本条(e)规定飞机结构在直到V_D/M_D的任何可能的运行条件下,能承受发生的任何振动和抖振(包括失速和可能发生的无意中超出抖振包线边界)。

本条(f)规定飞机结构能承受因飞行操纵系统的任何故障、失效或不利情况而引起的结构强迫振动(直到V_C/M_C),而且这些强迫振动产生的载荷必须视为限制载荷,但该载荷情况不包括极不可能发生的失效情况。

3. 与其他规范对比

CCAR23.305(a)与CCAR25.305(a)的要求相同。CCAR23.305(b)与CCAR25.305(b)的要求也基本相同,只是没有像CCAR25.305(b)那样明确要求在极限载荷分析和试验中要考虑变形的影响,但在实际执行中应该是与CCAR25.305(b)的要求一样。CCAR23.305无(c)～(f)条款。

FAR23.305条、CS23.305条与CCAR23.305条相同,与CCAR25.305条差异如上所述。

1.2.5 第25.321条 总则

1. 条款原文

(a)飞行载荷系数是气动力分量(垂直作用于假设的飞机纵轴)与飞机重力之比。正载荷系数是气动力相对飞机向上作用时的载荷系数。

(b)必须按下列各条表明符合本分部的飞行载荷要求,此时要考虑每一速度下的压缩性影响:

1)在申请人选定的高度范围内的每一临界高度;

2)从相应于每个特定飞行载荷情况的设计最小重量到设计最大重量的每一重量;

3)对于每一要求的高度和重量,按在飞机飞行手册规定的使用限制内可调配载重的任何实际分布。

(c)必须研究设计包线上和设计包线内足够多的点,以保证获得飞机结构中每个部分的最大载荷。

(d)作用在飞机上的重要的力必须以合理或保守的方式处于平衡。线惯性力必须与推力和全部气动载荷相平衡,而角(俯仰)惯性力必须与推力和全部气动力矩(包括作用在诸如尾翼和短舱等部件上的载荷引起的力矩)相平衡,必须考虑从零到最大连续推力范围内的临界推力值。

2. 条款解释

本条(a)规定了载荷系数的定义,即载荷系数是垂直于飞机纵轴的气动分量与飞机重力之比。气动力相对飞机向上作用时载荷系数为正。在载荷计算中,应按体轴系的气动分量来计算载荷系数。

本条(b)规定在确定飞行载荷时要考虑压缩性影响,要求对于飞行速度高的飞机,需要在分析中考虑不同马赫数下不同的气动力参数。所考虑的飞行速度包括各个规定的特征速度和飞行速度的边界。在表明符合本部分的飞行载荷要求时,要考虑申请人选定高度范围内的各种临界高度,必须包括飞行速度包线中各个速度拐点对应的高度、速压最大高度、特征机场高度等;考虑的重量包括从相应于每个特定飞行载荷情况的设计最小重量到设计最大重量的每一重量;对于每一要求的高度和重量,要求考虑按在飞机飞行手册规定的使用限制内可调配载重的任何实际分布,考虑重心的前、后限。

本条(c)规定必须对包线中各个特征点如边界点、拐角点进行分析,并在包线中验证足够多的点,保证通过飞行载荷的分析计算得到各个部件的最大载荷,不遗漏载荷的临界情况。

本条(d)规定所有作用在飞机上的力和力矩,必须通过平衡方程进行计算,力的平衡方法必须合理,分析过程中使用的方法必须保守(可能会得到等于或大于真实载荷的分析方法),必要时用试飞验证其符合性。计算时必须要考虑推力的影响,推力值为从零到最大发动机连续推力。

3. 与其他规范对比

CCAR23.321(a)与 CCAR25.321(a)的相同。CCAR23.321(b)和(c)的内容与 CCAR25.321(b)基本相同。CCAR23.321 无(d)条款,但实际计算载荷时也执行 CCAR 25.321(c)(d)条款要求。

FAR23.321 条、CS23.321 条与 CCAR23.321 条相同,与 CCAR25.321 条差异如上所述。

1.2.6 第 25.331 条 对称机动情况

1. 条款原文

(a)方法。对本条(b)和(c)规定的机动飞行情况进行分析,采用下列规定:

1)当规定操纵器件突然移动时,所采用的操纵面偏转速率不得小于驾驶员通过操纵系统能施加的偏转速率。

2)在确定飞机在转弯和拉起时的升降舵偏角和弦向载荷分布[根据本条(b)和(c)的机动情况]时,必须计及相应的俯仰角速度的影响。必须考虑第 25.255 条规定的配平和失配平飞行情况。

(b)机动平衡情况。必须研究第 25.333(b)条中的机动包线上 A 到 I 的机动情况,假定飞机在俯仰角加速度为零的情况下处于平衡。

(c)俯仰机动情况。必须研究本条(c)1)和 2)规定的情况。可以调整俯仰操纵面的运动以考虑第 25.397(b)条规定的最大驾驶员作用力的限制值、操纵系统止动器和操纵系统输出的限制值引起的任何间接影响(例如:有动力操纵系统可以达到的失速力矩或最大速率)。

1)V_A 时的升降舵最大偏转。假定飞机正在进行定常平飞[A_1 点,第 25.333(b)条],此时,突然移动俯仰操纵器件来获得极大的抬头俯仰加速度。在确定尾翼载荷时,必须考虑飞机的响应。在重心处的法向加速度超过正限制机动载荷系数[第 25.333(b)条的 A_2 点]或引起的尾翼法向载荷达到最大值(两者中取先到者)以后的飞机载荷不必加以考虑。

2)规定的操纵器件移动。必须根据合理的俯仰操纵运动相对时间的剖面图确定校验机动,在此机动中不应超出第 25.337 条规定用于设计的限制载荷系数。飞机的响应必须产生不小于下述值的俯仰角加速度,但不可能达到或超过该值的情况除外:

ⅰ)假定正俯仰角加速度(抬头)与等于 1.0 的飞机载荷系数[A_1 点到 D_1 点,第 25.333(b)条]同时达到。此正俯仰角加速度必须至少等于

$$\frac{39n}{V}(n-1.5)\ (\text{rad/s}^2)$$

式中　n——所考虑速度下的正载荷系数;

　　　V——飞机的当量速度(节)。

ⅱ)假定负俯仰角加速度(低头)与正机动载荷系数(A_2 点到 D_2 点,第 25.333(b)条)同时达到。此负俯仰角加速度必须至少等于

$$\frac{-26n}{V}(n-1.5)\ (\text{rad/s}^2)$$

式中　n——所考虑速度下的正载荷系数;

　　　V——飞机的当量速度(节)。

2. 条款解释

对称机动是飞机实际飞行中最常见的机动情况,是飞机结构基本的载荷设计状态。

本条(a)规定飞机操纵器件突然移动的操纵速率,不得小于飞机实际操纵能够达到的舵面速率,其偏转速率对飞机机动载荷影响较大,应当尽可能地使用实际具有的最大操纵速率,或者比此操纵速率还要大的值。在求解升降舵偏角和弦向载荷时,必须考虑俯仰角速度的影响。俯仰角速度会产生纵向阻尼力矩,改变飞机局部迎角,会对飞机操纵和局部载荷分布产生影响。同时,飞机必须考虑第 25.255 条规定的配平与失配平情况。失配平状态实际上是飞机的纵向配平装置有规定的误配平量后由飞机依靠升降舵偏转进行辅助配平最后重新达到平衡的状态。此时飞机仍然是过载为 1g 平飞,但平尾的安定面和升降舵都具有偏转角度,而不是正常过载为 1g 平飞时的全部由安定面配平,升降舵不偏转。

本条(b)规定了飞机对称机动飞行时俯仰角加速度为零的飞行受载情况,主要用于考核机翼、机身、平尾等部件的强度。机动平衡情况是对称机动中的一种基本情况。对于具有全动平尾的飞机来说,飞机首先是过载为 1g 的平飞状态,飞机由全动平尾进行配平,偏转

升降舵使飞机缓慢抬头维持飞机的角加速度接近于零,并保持全动平尾的配平角不变,直至飞机达到最大正(负)载荷系数。它是假定升降舵以很慢的速率偏转,俯仰角加速度为零的一种极限情况,在这样的机动中飞机始终处于一种平衡状态,可以通过静气动平衡方程求解。对于平衡载荷情况,CCAR25.335(b)中机动包线上的 A 到 I 点必须进行分析计算。在此机动的计算模拟中可能会出现飞机由于自身特性达不到限制载荷系数的情况,则按照实际情况计算。但若升降舵的偏转限制使飞机达不到最大正载荷系数,应调整飞机安定面的配平角度进行补偿,直至达到最大正载荷系数。

本条(c)规定了校验与非校验机动情况。其初始状态都是过载为 $1g$ 的定常平飞,对于全动平尾的飞机来说,飞机的配平方式为平尾配平,升降舵偏角为零,机动过程靠调整升降舵的偏角完成,对于没有全动平尾的飞机来说,飞机靠升降舵配平。

本条(c)1)为非校验机动,是平尾、升降舵以及后机身的临界载荷情况。该机动情况从 V_A 速度下过载为 $1g$ 平飞开始,突然将升降舵偏转至可用最大偏角,偏转速率为实际可用值,取重心处法向过载系数达到限制和平尾载荷达到最大中的先到者作为该机动终止条件。

本条(c)2)为校验机动,要求在速度 $V_A \sim V_D$ 范围内研究。主要考核两个载荷峰值点,过载系数为 $1g$ 时的正俯仰角加速度和过载系数为最大系数时的负俯仰角加速度。根据所要达到的俯仰角加速度和过载系数,确定合理的俯仰操纵位移时间剖面。

3.与其他规范对比

CCAR23.331 条与 CCAR25.331 条差异较大。

第 23.331 条　对称飞行情况　条文

(a)在确定与第 23.333 至第 23.341 条规定的任何对称飞行情况相对应的机翼载荷和线惯性载荷时,必须用合理的或保守的方法计及相应平尾的平衡载荷。

(b)由于机动和突风引起的平尾载荷的增量,必须以合理的或保守的方法用飞机的角惯性力来平衡。

(c)确定飞机载荷时必须考虑气动面的交互影响。

CCAR23.331 条款名称为对称飞行情况,包括机动和突风,而 CCAR25.331 条款名称为对称机动情况,对平衡机动和俯仰机动情况做了说明。

FAR23.331 条、CS23.331 条与 CCAR23.331 条相同,与 CCAR25.331 条差异如上所述。

1.2.7　第 25.333 条　飞行机动包线

1.条款原文

(a)总则。位于本条(b)中典型的机动包线($V-n$ 图)边界上和边界内的空速和载荷系数的任一组合,均必须满足强度要求。在确定第 25.1501 条中规定的飞机结构使用限制时也必须采用此包线。

(b)机动包线如图 1-1 所示。

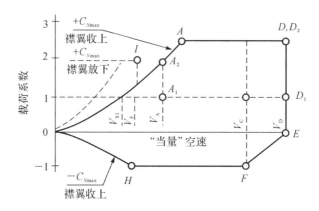

图 1-1 机动包线

2. 条款解释

飞行机动包线是飞机在机动过程中载荷系数和空速的限制范围。本条款要求飞机在包线边界上和边界内的空速和载荷系数的任一组合必须满足强度要求,在飞机使用限制中的各种载荷系数和空速组合时不允许超出该机动包线范围。在飞机设计中,根据理论分析、飞行试验以及以往经验总结,从复杂的飞行情况中选出一些有代表性的情况来进行设计,将使设计工作大为简化。

机动包线中使用的速度都是当量空速,因而飞行包线适用于所有高度。机动包线分为襟翼收上状态的包线(实线部分)和襟翼放下状态的包线(虚线部分)。

机动包线的制定与飞机的设计速度和机动载荷系数是紧密相关的,包线图中的各个特征点对应于飞机不同的设计速度。在制定飞行机动包线时,上下边界对应于规定的机动载荷系数,左边界应为最大法向升力系数 $C_{N\max}$ 而不是最大升力系数 $C_{L\max}$,右边界是飞机的设计俯冲速度 V_D。

襟翼放下状态的包线上边界对应于襟翼放下时的最大法向升力系数,左边界对应最小速度限制,右边界是飞机的设计襟翼速度 V_F。对应于飞机各个规定的襟翼位置将会有多条包线,因为其法向升力系数和设计襟翼速度不同,所以会对应不同的包线。

飞机的设计速度随飞机的重量和高度的变化而不同,所以每个飞机的重量和高度都对应于不同的包线上或包线内的点。

机动包线 H 点处及其左边界的确定需要使用 $-C_{N\max}$,在有可靠的试验数据时,可采用试验数据,但通常,由于受到风洞模型支持系统(使模型俯仰到大的负迎角)的能力限制,得到$-C_{Nmax}$的风洞试验难以实现,此时可以采用估计值,在正的最大升力系数上乘以一个系数。如:$-C_{Nmax}=-k(+C_{Nmax})$,系数k通常可以取$0.6\sim1.0$。取1.0的理由是认为飞机在负升力范围内具有与正升力范围内同样的机动能力。这是保守的,但不现实,因为主升力面机翼是按正的方向设计的,应具有较大的升力能力。

3. 与其他规范对比

CCAR23.333条与CCAR25.333条差异较大。

第23.333条 飞行包线 条文

(a)总则。对于飞行包线[与本条(d)款所示的相类似]的边界上和边界内的空速和载荷系数的任一组合,均必须表明符合本章的强度要求。该飞行包线表示分别由(b)和(c)机动和突风准则所规定的飞行载荷情况的范围。

(b)机动包线。除受到最大(静)升力系数的限制外,假定飞机经受对称机动而产生下列限制载荷系数:

1)在直到V_D的各速度时,为第23.337条规定的正机动载荷系数。

2)在直到V_C的各速度时,为第23.337条规定的负机动载荷系数。

3)对正常类和通勤类,负载荷系数从V_C时的规定值随速度线性变化到V_D时的0.0;对特技类和实用类,负载荷系数从V_C时的规定值随速度线性变化到V_D时的-1.0。

(c)突风包线:

1)假定飞机在平飞时遇到对称的垂直突风,由此引起的限制载荷系数必须对应于按下述突风速度确定的情况:

ⅰ)高度在海平面与6 100m(20 000ft[①])之间时,在速度为V_C时的正(向上)、负(向下)突风速度必须取为15.25m/s(50ft/s)。突风速度可线性地从6 100m(20 000ft)处的15.25m/s(50ft/s)减少到15 200m(50 000ft)处的7.60m/s(25ft/s)。

ⅱ)高度在海平面与6 100m(20 000ft)之间时,在速度为V_D时的正、负突风速度必须取为7.60m/s(25ft/s)。突风速度可线性地从6 100m(20 000ft)处的7.60m/s(25ft/s)减少到15 200m(50 000ft)处的3.80m/s(12.5ft/s)。

ⅲ)此外,对于通勤类飞机,高度在海平面和6 100m(20 000ft)之间,在速度V_B时的正(向上)和负(向下)的强突风速度必须考虑为20.1m/s(66ft/s)。突风速度可线性地自6 100m(20 000ft)时的20.1m/s(66ft/s)减少到15 200m(50 000ft)时的11.6m/s(38ft/s)。

2)必须做下列假设:

ⅰ)突风形状为

---

① 1 ft＝0.304 8 m。

$$U = \frac{U_{de}}{2}\left(1 - \frac{\cos 2\pi s}{25\overline{C}}\right)$$

式中 s——进入突风区的距离,m(ft);

$\overline{C}$——机翼的平均几何弦长,m(ft);

U_{de}——按本条 1)得到的突风速度。

ⅱ)在 V_C 和 V_D 之间突风载荷系数随速度按线性变化。

d)飞行包线如图 1-2 所示。

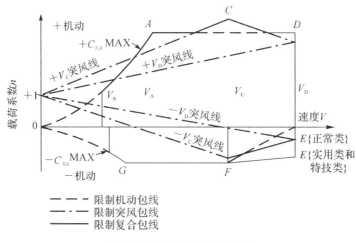

图 1-2 CCAR23 飞行包线

CCAR23.333 条款名称为飞行包线,包括机动包线和突风包线,而 CCAR25.333 条款名称为飞行机动包线,只给出了机动包线。CCAR23.333 中的包线中没给出襟翼放下情况,襟翼放下情况机动和突风要求在 CCAR23.345 增升装置中给出。

FAR23.333 条、CS23.333 条与 CCAR23.333 条相同,与 CCAR25.333 条差异如上所述。

1.2.8 第 25.335 条 设计空速

1. 条款原文

选定的设计空速均为当量空速(EAS)。估算的 V_{S0} 和 V_{S1} 值必须是保守的。

(a)设计巡航速度 V_C。对于 V_C,采用下列规定:

1)V_C 的最小值必须充分大于 V_B,以应付严重大气紊流很可能引起的意外的速度增加;

2)除第 25.335(d)2)条以外,V_C 不得小于 $V_B + 1.32 U_{REF}$[U_{REF} 按第 25.341(a)5)ⅰ)条的规定],但 V_C 也不必超过飞机在相应的高度以发动机最大连续功率(推力)平飞时的最大速度;

3)在 V_D 受马赫数限制的高度上,V_C 可限制在一选定的马赫数。

(b)设计俯冲速度 V_D。必须选定 V_D 以使 V_C/M_C 不大于 $0.8V_D/M_D$,或使 V_C/M_C 和 V_D/M_D 之间的最小速度余量是下列值中的大者:

1)从以 V_C/M_C 定常飞行的初始情况开始,飞机颠倾,沿着比初始航迹低 $7.5°$ 的飞行航迹飞行 20 s,然后以载荷系数 1.5($0.5g$ 的加速度增量)拉起。只要所使用的气动数据是可靠的或保守的,则上述机动中出现的速度增量可采用计算值。开始拉起之前假定具有第 25.175(b)1)ⅳ)条规定的功率(推力),开始拉起时可以假定功率(推力)减小并使用驾驶员操纵的阻力装置。

2)最小速度余量必须足以应付大气条件的变动(例如水平突风和穿过急流与冷峰),以及应付仪表误差和飞机机体的制造偏差。这些因素可以基于概率来考虑。但是在 M_C 受到压缩性效应限制的高度上,该余量不得小于 $0.07Ma$,除非用合理的分析考虑了所有自动系统的影响得到了更低的余度。在任何情况下,该余量不得小于 $0.05Ma$。

(c)设计机动速度 V_A。对于 V_A,采用下列规定:

1)V_A 不得小于 $V_{S1}\sqrt{n}$;

式中　n——V_C 时的正限制机动载荷系数;

　　V_{S1}—— 襟翼收起形态的失速速度。

2)V_A 和 V_{S1} 必须按所考虑的设计重量和高度进行计算。

3)V_A 不必大于 V_C,或不必大于同正 $C_{N\max}$ 曲线与正机动载荷系数线交点相对应的速度,两者中取小值。

(d) 对应最大突风强度的设计速度 V_B。

1)V_B 不得小于

公制:

$$V_{S1}\left(1+\frac{K_g U_{ref} V_C}{16W}\right)^{1/2}$$

英制:

$$V_{S1}\left(1+\frac{K_g U_{ref} V_C}{498W}\right)^{1/2}$$

式中　V_{S1}—— 以 $C_{NA\max}$ 为基础在所考虑的特定重量下,襟翼收起形态的 $1g$ 失速速度;

　　V_C—— 设计巡航速度(m/s,节,当量空速);

　　U_{ref}—— 从第 25.341(a)5)ⅰ)条得到的参考突风速度(m/s,ft/s,当量空速);

　　W—— 在所考虑的特定重量下的平均机翼载重(kgf[①]/m²,lbf/ft[②2]);

---

① 1kgf = 9.807N。

② 1lbf = 4.448N。

$$K_g = \frac{0.88\mu}{5.3 + \mu}, \quad \mu = \frac{2W}{\rho cag}$$

式中　ρ——空气密度（kg·s²/m⁴，斯拉格/英尺³）；

　　　c——机翼的平均几何弦长（m,ft）；

　　　g——重力加速度（m/s²,ft/s²）；

　　　a——飞机法向力系数曲线的斜率，C_{NA}/rad。

2）在 V_C 受马赫数限制的高度上：

ⅰ）V_B 的选择可以在低和高的速度抖振边界之间给出最佳余度；

ⅱ）V_B 不必大于 V_C。

（e）设计襟翼速度 V_F。对于 V_F，采用下列规定：

1）对应每一襟翼位置［按第 25.697（a）条制定］的设计襟翼速度，必须充分大于对各相应飞行阶段（包括中断着陆）所推荐的飞行速度，以计及空速控制的预期变化和由一种襟翼位置到另一种襟翼位置的转换。

2）如采用襟翼自动定位装置或载荷限制装置，则可取此装置程序规定的或装置许可的速度和相应襟翼位置。

3）V_F 不得小于：

ⅰ）$1.6V_{S1}$，襟翼在以最大起飞重量起飞时的位置；

ⅱ）$1.8V_{S1}$，襟翼在以最大着陆重量进场时的位置；

ⅲ）$1.8V_{S0}$，襟翼在最大着陆重量着陆时的位置。

（f）设计阻力装置速度 V_{DD}。对每一阻力装置所选定的设计速度，必须充分大于使用该装置时所推荐的速度，以计及速度控制的预期变化，对于供高速下降时使用的阻力装置，V_{DD} 不得小于 V_D。当阻力装置采用自动定位措施或载荷限制措施时，设计中必须取此自动措施程序规定的或自动措施许可的速度和相应的阻力装置位置。

2.条款解释

设计速度的确定是制定飞行包线的基础，所有飞机结构必须保证其在飞行包线内和边界上的安全。飞机载荷的计算都是在规定的不同的设计空速下进行的。设计空速的正确性，是准确进行飞机结构强度设计分析的前提。

设计巡航速度 V_C 是反映飞机性能的一个重要参数，除了要满足用户的要求外，V_C 的确定还要考虑多种因素。本款主要从强度上考虑为应付大气紊流，特别是迎面突风造成意外的速度增加。飞机在遇到迎面强突风时，其相对气流的速度增大，速压增大，引起飞机气动载荷增大。V_B 是本条规定的对应最大突风强度的设计速度，因此本款要求 V_C 的最小值必须充分大于 V_B，这样在遇到强突风时，飞行速度就不会超过 V_C，从而保证了飞机的强度。

规定 V_C 的最小值必须充分大于 V_B，但没有给出差量的确切定义，有时很难确定。于是本款又规定当缺少能证实其他数值是可用的合理研究时，必须满足 (V_C-V_B) 的差量。这个最小差量比第 25.341 条的最强突风大 10%，这样 V_C 的下限有了。至于上限，由于飞行速度受推力限制，若 V_C 定得太大而实际达不到会使强度设计过于保守，这是不合理的。因此又规定 V_C 不必超过飞机在相应高度以发动机最大连续功率（推力）平飞时的最大速度。设计速度中最大的速度是 V_D，定义为设计俯冲速度，在速度一定的情况下，高度越高马赫数越大，而气动特性在接近临界马赫数的附近变化很大，不利于飞机的正常飞行，因此 V_D 到一定高度将受到马赫数的限制。此时 V_D 将减小，这样 V_C 用速度限制就与 V_D 不协调，因此本款又规定了在 V_D 受马赫数限制的高度上，V_C 可限制在一选定的马赫数。

V_C 是正常使用中（包括下滑）不能超过的速度，而 V_D 是考虑紧急情况时下滑达到的设计限制速度。V_D 定得太小则与 V_C 差量太小，不能满足应急情况的飞行要求；定得太大，实际下滑时达不到，飞机强度太保守。因此本款对 V_D 与 V_C 之间的最小速度余量规定两种方法进行验证，并取大者。

（1）必须用可靠或保守的方法和数据计算规定的飞机运动过程，此过程中的推力为使用限制的最大巡航推力，或飞机在 V_{MO}/M_{MO} 时所需的推力（取小者）。拉起时可以假设推力减小并使用阻力装置（如减速板）。

（2）在不受压缩性影响的高度上，需验证速度的余量能够满足大气条件的变化，在分析的过程中还应考虑飞机的仪表引起的速度测试误差（导致飞机告警速度误差），及在制造过程中产生的飞机外部蒙皮褶皱等影响流场从而导致速度测量误差的因素；在受马赫数限制的高度上，两者间的速度余量最小不能低于 $0.07Ma$，即使有充分的数据能证明两者间的余度足够，它们的差量也不能小于 $0.05Ma$。

设计机动速度 V_A 是飞机非校验机动时的规定速度。在滚转机动时，规定副翼偏角达到最大，也作为确定使用限制机动速度的条件。因此，V_A 取得太大，飞机受载严重；取得太小，机动载荷系数上不去，机动性不能充分发挥。本条规定 V_A 必须满足 $V_A \geqslant V_{S1}\sqrt{n}$，即最小可取 $V_A = V_{S1}\sqrt{n}$。V_{S1} 与所考虑的设计重量和高度有关，因此，规定 V_A 和 V_S 必须按所考虑的重量和高度进行计算。对 V_A 的下限做出了以上的规定后，对上限值做了不必大于 V_C 或者不必大于第 25.333 条中机动包线上 A 点对应的速度，二者取小值。一般后者小。

V_B 是对应飞机遭遇第 25.341(a)1) 中规定的最强突风时的飞行速度。V_B 取得太大，会使载荷很大，造成飞机强度过于保守；取得太小，会使飞机遭遇最强突风时的实际迎角大于失速迎角，使飞机失速，造成飞行不安全。本款规定了 V_B 的最小取值。

襟翼是一种增升装置，一般在着陆、进场、起飞、复飞时使用并有相应的襟翼位置。在使用过程中由性能专业根据分析给出的推荐速度,作为襟翼的结构设计速度,为了考虑由于突风等因素或襟翼位置的变化所引起的飞行速度增加,必须充分大于在正常使用过程中的推荐速度。襟翼设计速度应在对飞机的襟翼等部件进行结构强度校核的过程中考虑。按规章给出的公式确定的襟翼设计速度还需考虑飞机的多位襟翼特征引起的从一个襟翼位置到另一位置的误操作情况,如飞行员误将襟翼放到一个更大的偏度情况。此种情况只能通过增大襟翼设计速度来达到,如在进行公式计算时使用下一挡襟翼位置的失速速度,也可以考虑使用襟翼载荷自动减缓系统,在襟翼载荷超过设定数值后自动将襟翼收起到一个更小的偏度,但此类装置的功能和设定的速度必须经过试飞验证。

阻力装置是一种减速装置。在飞行或者着陆过程中有时需要加快减速,阻力装置打开后,阻力增加,速度下降。根据使用情况,设计中要给出使用阻力装置的速度限制。但有时遭遇突风,或其他非正常情况下的使用,要考虑这些因素对打开阻力装置飞行速度使用范围的影响。因此要求阻力装置的设计速度必须充分大于使用该装置时所推荐的速度。有的阻力装置是供高速下降时使用的,飞机的设计俯冲速度为 V_D,因此这种阻力装置的设计速度不得小于 V_D。有的阻力装置采用了自动定位措施或载荷限制措施,如有的装置阻力使用时,不同的速度范围打开的角度大小不一样,有的超过某一载荷时,能减小打开角度以保持某一载荷值,对于这种阻力装置,必须取此自动定位程序规定的或自动装置许可的速度和相应阻力装置位置。

3. 与其他规范对比

CCAR23.335 条与 CCAR25.335 条有些差异。

第 23.335 条　设计空速　条文

除本条(a)4) 的规定外,所取的设计空速均为当量空速(EAS)。

(a) 设计巡航速度 V_C。对于 V_C,采用下列规定:

1) 此处 W/S =设计最大起飞重量时的翼载时,V_C(节) 不得小于:

ⅰ) $4.77\sqrt{Wg/S}$($14.9\sqrt{W/S}$;$33\sqrt{W/S}$)(对正常类、实用类和通勤类飞机);

ⅱ) $5.20\sqrt{Wg/S}$($16.3\sqrt{W/S}$;$36\sqrt{W/S}$)(对特技类飞机)。

2) 在 $Wg/S(W/S)$ 值大于 $958N/m^2$($97.7kgf/m^2$;$20lbf/ft^2$) 时,上述两个系数可以随 $Wg/S(W/S)$ 线性下降到 $Wg/S(W/S)$ 等于 $4\,790N/m^2$($488kgf/m^2$;$100lbf/ft^2$) 时的 4.13(12.9;28.6)。

3) 在海平面,V_C 不必大于 $0.9V_H$。

4) 在已制定了 M_D 的高度上,可选定一个受压缩性限制的巡航速度 M_C。

(b) 设计俯冲速度 V_D。对于 V_D,采用下列规定:

1) V_D / M_D 不得小于 1.25 倍的 V_C / M_C。

2) 对于要求的最小设计巡航速度 V_{Cmin}，V_D（节）不得小于下列数值：

ⅰ）$1.40 V_{Cmin}$（对正常类和通勤类飞机）。

ⅱ）$1.50 V_{Cmin}$（对实用类飞机）；

ⅲ）$1.55 V_{Cmin}$（对特技类飞机）。

3) 在 $Wg / S (W / S)$ 值大于 $958 N/m^2 (97.7 kgf/m^2; 20 lbf/ft^2)$ 时，本条(b)2) 中的系数可以随 $Wg / S (W / S)$ 线性下降到 $Wg / S (W / S)$ 等于 $4\,790 N/m^2 (488 kgf/m^2; 100 lbf/ft^2)$ 时的 1.35。

4) 如果选择的 V_D / M_D，使 V_C / M_C 与 V_D / M_D 的最小速度差值大于下列值的较大者，则不必表明符合本条(b)1) 和 2)：

ⅰ）从 V_C / M_C 定常飞行的初始情况开始，飞机颠倾，沿着一条比初始飞行航迹低 7.5° 的飞行航迹飞行 20 s，然后以 1.5 的载荷系数（0.5g 的加速度增量）拉起飞机时得到的速度增量。在开始拉起之前，对活塞发动机必须假定至少为 75% 最大连续功率，对涡轮发动机至少为最大巡航功率（推力），如果取较小的功率（推力），则在开始拉起之前对两种发动机也必须至少为 V_C / M_C 时的所需功率（推力），拉起开始时可以减少功率并使用驾驶员操纵的阻力装置，并且符合下列要求之一：

ⅱ）$0.05 Ma$，对于正常类、实用类和特技类飞机（在已制定了 M_D 的高度上）；或

ⅲ）$0.07 Ma$，对于通勤类飞机（在已制定了 M_D 的高度上），除非用合理的分析考虑了所有自动系统的影响得到了更低的余度。如果采用了合理的分析，最小速度余度必须足以应付大气条件的变动（如横向突风）和穿过急流或冷锋、仪表误差、飞机机体的制造偏差，并且不得小于 $0.05 Ma$。

(c) 设计机动速度 V_A。对于 V_A，采用下列规定：

1) V_A 不得小于 $V_S \sqrt{n}$，其中：

ⅰ）V_S 是在设计重量和襟翼收态的计算失速速度，通常根据飞机最大法向力系数 C_{NA} 来计算；

ⅱ）n 是用于设计的限制机动载荷系数。

2) V_A 值不必超过用于设计的 V_C 值。

(d) 对应最大突风强度的设计速度 V_{B0} 对于 V_B，采用下列规定：

1) V_B 不得小于由最大正升力系数 C_{Nmax} 曲线与强突风速度线在突风 $V-n$ 图上的交点所确定的速度，或不得小于 $V_{S1} \sqrt{n_g}$，两者中取小值。

式中：

ⅰ)n_g 为飞机在所考虑的特定重量下,由于对应于速度 V_C 的突风(按第23.341条)引起的正突风载荷系数;

ⅱ)V_{S1} 为在所考虑的特定重量下,襟翼收起时的失速速度。

2)V_B 不必大于 V_C。

CCAR23.335(a)设计巡航速度 V_C 给出了具体的计算公式,与翼载有关,而 CCAR 25.335(a)依据 V_B 确定 V_C。CCAR23.335(b)(c)中设计俯冲速度 V_D 和设计机动速度 V_A 的规定与 CCAR25 中要求的基本相同。CCAR23.335(d)中没有给出对应最大突风强度的设计速度 V_B 的具体计算公式,但实际方法同 CCAR25.335(d)一样。CCAR23.335 没有 (e)(f)条款,设计襟翼速度 V_F 在 CCAR23.345 增升装置中给出。

FAR23.335 条、CS23.335 条与 CCAR23.335 条相同,与 CCAR25.335 条差异如上所述。

1.2.9　第 25.337 条　限制机动载荷系数

1. 条款原文

(a) 除受到最大(静)升力系数的限制外,假定飞机经受对称机动并达到本条所规定的限制机动载荷系数。必须考虑相应于飞机拉起和定常转弯机动的合适的俯仰速度。

(b) 对于直到 V_D 的任一速度,正限制机动载荷系数 n 不得小于

$$2.1 + \frac{10\ 890}{W(\text{kg}) + 4\ 540}; \quad 2.1 + \frac{24\ 000}{W(\text{lb}) + 10\ 000}$$

但是 n 不得小于2.5,不必大于3.8,此处 W 为设计最大起飞重量。

(c) 对于负限制机动载荷系数,采用下列规定:

1) 在直到 V_C 的各种速度下,不得小于 -1.0;

2) 必须随速度从 V_C 时的对应值线性变化到 V_D 时的零值。

(d) 如果飞机具有的设计特征使其在飞行中不可能超过本条规定的机动载荷系数,则可采用小于本条规定的值。

2. 条款解释

本条规定的限制机动载荷系数是在飞机的对称机动中必须达到的载荷系数,按 CCAR25.321 条中的规定,载荷系数的大小应是气动力分量(垂直作用于假设的飞机纵轴)与飞机重力之比。正载荷系数是气动力相对飞机向上作用时的载荷系数。"限制"一词在这里是指飞机在实际飞行中可能遇到或结构可以承受的机动载荷系数最大值,同时也是在设计过程中考虑飞机机动载荷系数"至少需要达到……"的一个最小值。

该限制机动载荷系数对应于飞机机动过载包线中的上下边界。在载荷分析过程中,该

系数是需首先确定的参数,确定的方法是通过本条给出的计算公式,如果计算得出的载荷系数小于 2.5 则取 2.5,大于 3.8 则取 3.8。但不是所有飞机都是按这个计算得到的限制载荷系数进行设计的,本条的内容中也规定了例外的情况。

在本条的(a)款中规定可以考虑飞机最大(静)升力系数的限制,是指飞机在设计中可能采用了升力效果不是很好的布局或翼型,使飞机的全机升力系数不高,无论怎样飞行都不能达到规定的载荷系数。在确定此类情况的同时必须充分考虑飞机俯仰角速度对载荷系数的影响,因为从根据气动力平衡方程得到的飞机俯仰角速度公式 $q = \dfrac{(n_z - 1)g}{V}$ 看出,如果飞机俯仰或定常侧滑时飞机的俯仰角速度过大,将直接导致飞机的机动载荷系数增加。

除此之外,本条(d)款中还进行了补充说明,当由于飞机具有的设计特征使其在飞行中不可能超过本条规定的载荷系数时,则可采用小于(b)和(c)中规定的限制机动载荷系数。(d)款的内容主要针对目前飞机上采用先进飞行控制系统的情况,通常具有先进飞行控制系统(如电传操纵)的飞机都有类似包线保护的功能,能够使飞机在载荷系数超过一个设定值之后,自动控制飞机使其载荷系数降低。如果申请人能够充分证明此类飞行控制系统的可靠性,并考虑到飞行中的影响因素,则可以使用比规定的限制机动载荷系数小的值。

本条款是针对飞机机动过程中重心处的载荷系数,飞机各部位的最大载荷系数应该都较此系数要大,在设备连接和安装过程中应参考的是各部位的具体载荷系数。

3. 与其他规范对比

CCAR23.337 条与 CCAR25.337 条有差异。

第 23.337 条　　限制机动载荷系数　　条文

(a)正限制机动载荷系数 n 不得小于下列数值:

1)对于正常类和通勤类飞机,

$$2.1 + \frac{10\ 886}{W(\text{kg}) + 4\ 536}; \quad 2.1 + \frac{24\ 000}{W(\text{lb}) + 10\ 000}$$

式中　W —— 设计最大起飞重量,但 n 不必大于 3.8。

2)对于实用类飞机,4.4。

3)对于特技类飞机,6.0。

(b)负限制机动载荷系数不得小于下列数值:

1)对于正常类、实用类和通勤类飞机为 0.4 倍正载荷系数;

2)对于特技类飞机为 0.5 倍正载荷系数。

(c)如果飞机具有的设计特征使其在飞行中不可能超过本条规定的机动载荷系数,则可采用小于本条规定的值。

CCAR23.335 条中对正常类和通勤类飞机关于正限制机动载荷系数 n 的计算公式与 CCAR25.335 条相同,对实用类和特技类飞机直接给出正限制机动载荷系数,比正常类和通勤类飞机的系数大很多。另外对于负限制机动载荷系数,CCAR23 与 CCAR25 的要求也不同。

FAR23.337 条、CS23.337 条与 CCAR23.337 条相同,与 CCAR25.337 条差异如上所述。

1.2.10 第 25.341 条 突风和紊流载荷

1. 条款原文

(a) 离散突风设计准则。假定飞机在平飞中遇到对称的垂直和横向突风,限制突风载荷的确定必须根据下列规定:

1)必须通过动态分析确定结构各部分的载荷。分析必须考虑非定常气动特性和包括刚体运动在内的所有重要的结构自由度。

2)突风形状必须是

$$U = \frac{U_{ds}}{2}\left[1 - \cos(\pi s/H)\right], \quad 0 \leqslant s \leqslant 2H$$

式中 s——进入突风区的距离(m,ft);

   U_{ds}——用本条(a)4)规定的当量空速表示的设计突风速度;

   H——突风梯度,即突风达到其峰值速度时与飞机飞行航迹的平行距离(m,ft)。

3)必须在 9.1m(30ft) 到 106.7m(350ft) 范围内对突风梯度进行足够的研究,找出每个载荷数值的临界响应。

4)设计突风速度必须是

$$U_{ds} = U_{ref} F_g \left(\frac{H}{350}\right)^{\frac{1}{6}}$$

式中 U_{ref}——用本条(a)5)确定的当量空速表示的参考突风速度;

   F_g——本条(a)6)确定的飞行剖面缓和系数。

5)采用下列参考突风速度:

ⅰ)在飞机设计速度 V_C 时:必须考虑海平面上参考突风速度为 17.07m/s(56.0ft/s)EAS 的正负突风。 参考突风速度可以从海平面 17.07m/s(56.0ft/s)EAS 线性下降到 4 575m(15 000ft)13.41m/s(44.0ft/s)EAS。 参考突风速度还可以进一步线性下降,从 4 575m(15 000ft)13.41m/s(44.0ft/s)EAS 下降到 15 200m(50 000ft)7.92m/s(26.0ft/s)EAS。

ⅱ)在飞机设计速度 V_D 时:参考突风速度必须是(a)5)ⅰ)得到的值的 0.5 倍。

6）飞行剖面缓和系数 F_g 必须从海平面值起线性增加到CCAR25.1527条确定的最大使用高度时的1.0。在海平面时，飞行剖面缓和系数由下列公式确定：

$$F_g = 0.5(F_{gz} + F_{gm})$$

式中　　$F_{gz} = 1 - \dfrac{Z_{mo}}{250\ 000}$；

$\qquad F_{gm} = \sqrt{R_2 \tan(\pi R_1/4)}$；

$\qquad R_1$——最大着陆重量／最大起飞重量；

$\qquad R_2$——最大零燃油重量／最大起飞重量；

$\qquad Z_{mo}$——CCAR25.1527条确定的最大使用高度。

7）当分析中包括了增稳系统时，在从限制突风情况得到限制载荷时必须考虑任何显著的系统非线性影响。

（b）连续突风设计准则。必须考虑飞机对垂直和横向连续紊流的动态响应。除非证明有更合理的准则，否则必须用本部附录 G 的连续突风设计准则来确定动态响应。

2.条款解释

飞机通常受到突风的作用，这些突风能够使飞机产生相当大的载荷。对运输机来说，突风载荷情况是其强度设计的严重状态，一般来说，垂直突风是机翼、机身和平尾的严重载荷情况，侧向突风是机身、垂尾和外挂物的严重载荷情况，迎面突风是襟翼等增升装置的严重载荷情况。同时，突风载荷也是结构部件的重要疲劳载荷源。

本条款中主要规定了两种不同类型的突风的计算方法，即调谐离散突风和连续紊流突风。突风载荷的计算以飞机的过载为1g 平飞为初始状态，然后飞机遭遇大气突风，发生俯仰、沉浮或偏航、侧滑和滚转，分析计算的过程应按时间历程进行，必须考虑飞机的重量分布和结构弹性的影响来进行动态分析和动响应计算。

本款规定了飞机在不同的设计速度下所遭遇的对称垂直突风的大小。它随着高度是变化的，高度越高，规定的突风就越小。另外，飞行速度小规定的突风大，飞行速度大规定的突风小。

离散突风包括垂直方向的正负离散突风和侧向离散突风，参考突风速度的大小按照条款中的规定，与重量、高度、速度有关，突风形状规定为 1-cos 型，突风梯度在 9.1～106.7 m 之间，需要在此区间选取足够的点来计算突风载荷的最大值。离散突风分析把大气扰动理想化为具有一定形状（如斜坡型、1-cos 型）、一定梯度距离（或波长）以及一定强度的单个孤立突风，单个孤立突风的强度一般用折算当量突风速度表示。通常仅把飞机视为刚体，分析它穿过这种理想化突风时的沉浮和俯仰运动，求出由此产生的附加载荷系数的峰值。对于速度较低、较刚硬的飞机，长期的飞行记录表明这种方法是可靠的，但是随着飞行速度的增加，飞机尺寸的增大，飞机的动态响应特性有着显著的变化。较大的飞机以及具有相对较薄机翼的高速现代飞机,通常容易激起而又衰减缓慢的振动,而且某些飞机的振动频率接近于刚体短周期频率。对于这类飞机,结构动态响应会导致载荷的增加,飞机结构各部位上的应力不能简单地用飞机重心载荷系数来描述,必须同时考虑飞机结构各部位上的应力响应。离散突风分析方法是一种典型的"最严重突风情况",必须考虑由带有最严重长度的离散撞击引起的高载荷。

连续紊流突风规定的是按功率谱密度计算的紊流载荷。当一架飞机连续飞行通过一段事实上完全随机的,但具有已知的统计特性的紊流时,功率谱密度分析是在载荷发生的时间上建立一个统计平均的方法。

规章中规定的连续紊流突风是按照附录 G 中的规定进行,附录中给出了连续紊流突风的两种计算方法。第一种是设计包线方法,用冯·卡门功率谱密度来定义连续紊流的强度,飞机的载荷由根据功率谱密度计算得到的载荷均方根值乘以规定的突风速度获得。这种方法认为大气中强度越大的突风出现的概率越小,出现概率大的突风,其强度也都很小。根据这一功率密度谱可以进行连续紊流突风的模拟,选取各种不同的突风强度按其对应的发生频率计算得到突风载荷,同样连续紊流突风也包括垂直方向的正负突风和横向突风,必须进行动响应分析。第二种是任务分析方法,定义所有类型的飞机可能需要完成的任务,建立每个任务有关的频率,将每一个任务剖面分成任务段(所谓的任务段是可以假设所有的构型和飞行包线的变量在任务段中是常数)。确定在每一飞行段中所花费的总的任务时间的百分比,利用冯·卡门大气功率谱密度,对每个飞行段完成动力分析,对每一个研究的载荷得到单位突风速度的均方根平均结构载荷。建立在紊流中的突风速度和花费的时间,并计算在飞行段中超过任意给定载荷水平的某一载荷对时间概率。

3. 与其他规范对比

CCAR23.341 条与 CCAR25.341 条差异较大。

第 23.341 条　　突风载荷系数　　条文

(a)飞机必须设计成能承受由第 23.333 条(c)规定的突风在每个升力面上产生的载荷。

(b)必须用合理分析的方法计算鸭式布局或串列式机翼布局的突风载荷。如果表明计算的净载荷相对于第 23.333 条(c)中的突风准则是保守的,则可以按照本条(c)计算。

(c)在缺少更合理的分析时,突风载荷系数必须按下列公式计算:

$$n = 1 + \frac{K_g U_{de} V a}{1.63(W g / S)}$$

式中　　$K_g = \dfrac{0.88\mu_g}{5.3 + \mu_g}$ —— 突风缓和系数;

$$\mu_g = \frac{2(Wg/S)}{\bar{C}ag} \quad —— 飞机质量比;$$

U_{de}—— 根据 CCAR23.333 条(c)款得到的突风速度,m/s;

ρ—— 大气密度,kg/m^3;

Wg/S—— 具体载荷情况下的适用的飞机重量产生的翼载,N/m^2;

$\bar{C}$—— 平均几何弦长,m;

g—— 重力加速度,m/s^2;

V—— 飞机当量速度,m/s。

如果突风载荷以合理的方式同时作用在机翼和水平尾面上,a 即为飞机法向力系数 C_{NA} 曲线的斜率(1/rad);如突风载荷仅作用在机翼上,而平尾的突风载荷作为单独情况处理时,则可采用机翼升力系数 C_L 曲线的斜率(1/rad)。

公制: $$n = 1 + \frac{K_g U_{de} V a}{16(W/S)}$$

英制: $$n = 1 + \frac{K_g U_{de} V a}{498(W/S)}$$

式中　　$\mu_g = \frac{2(W/S)}{\bar{C}ag}$—— 飞机质量比;

U_{de}—— 根据 CCAR 23.333 条(c)款得到的突风速度,ft/s;

ρ—— 大气密度,T/ft^3;

W/S—— 具体载荷情况下适用的飞机重量产生的翼载,lb/ft^2;

$\bar{C}$—— 平均几何弦长,ft;

g—— 重力加速度,ft/s^2;

V—— 飞机当量速度。

CCAR23.341 条给出了突风载荷系数的计算公式。

FAR23.333 条与 CCAR23.333 条无差异。

CS23.333 条将突风载荷系数计算公式改为

$$n = 1 \pm \frac{kg\rho_0 U_{de} V a}{2(Wg/S)}$$

此公式明确了系数 1.63 的来历,并且用正、负号区分了正、负突风载荷系数的计算,公式的实质与 CCAR23.333 条相同。

1.2.11　第 25.343 条　设计燃油和滑油载重

1.条款原文

(a)可调配载重的各种组合,必须包括从零燃油和滑油到选定的最大燃油和滑油载重范围内的每一燃油和滑油载重。可选定在第25.1001条(e)和(f)款(取适用者)所限定的运行条件下不超过45min余油的某种结构储油情况。

(b) 如果选定了某种结构储油情况,则该情况必须用来作为表明符合本分部规定的飞行载荷要求的最小燃油重量情况,此外还要求:

1) 结构必须按在机翼内零燃油和滑油的情况进行设计,此情况的限制载荷相应于下列规定:

ⅰ) 机动载荷系数为+2.25;

ⅱ) 第25.341条(a)款的突风情况,但假定为第25.341条(a)4)款规定的设计速度的85%。

2) 结构的疲劳评定必须计及由本条(b)1)的设计情况所获得的任何使用应力的增量。

3) 颤振、变形和振动要求,也必须在零燃油情况下得到满足。

2. 条款解释

在飞行载荷的总则中已经规定必须考虑飞机各种重量情况下的载荷,本条款主要对可调载重中的重要部分 —— 燃油及滑油情况做了明确要求。

飞机在空中飞行时,重量的变化主要来自燃油的消耗,燃油的重量对飞机各部件载荷的影响非常显著,需要充分考虑。民用飞机大量燃油是装在机翼内,通过飞机的气动受力分析可以得到,在相同的飞机重量下,机翼内零燃油情况较机翼满油情况缺少了燃油的惯性卸载,却承受同等量级的载荷,更加可能造成机翼及其相关部位严重受载情况。

本条款要求,在载荷分析中,对于可调配载重的各种组合,需要考虑从零燃油和滑油情况到满燃油和滑油情况(选定的最大燃油和滑油情况)的载重范围内的每一燃油和滑油载重。

在设计过程中,需确定飞机的最大零油重量并写入飞机的飞行手册中作为使用限制,载荷分析应在此基础上附加零滑油情况一同考虑(但一般滑油重量较少)。必须在载荷分析的过程中考虑这个特征重量,验证在此重量下进行飞行机动和突风是否会出现载荷的临界情况。

按照本条款要求,可选定某种结构储油情况作为表明符合本分部规定的飞行载荷要求的最小燃油载重情况,该结构储油情况通常是45min余油情况,即 CCAR25.1001条(e)或(f)(取适用者)款规定的从海平面爬升到3 000m,然后再以最大航程速度巡航45min的需用油量。

本条款的要求实际上是考虑飞机在飞行中发生故障,泄掉全部燃油和滑油的极限情况(零燃油和滑油状态),但是,考虑到多重故障几乎不可能同时发生,当机翼内是零燃油和滑油状态时,飞机做较大的机动和遇到强突风的概率要相应降低,所以,本规章在保持同等安全水平的基础上,对机动载荷系数和突风强度都作了相应的减小。本条款明确要求结构必须按机翼内零燃油和滑油情况进行设计,相应的限制载荷情况相应于下列规定:

(1) 机动载荷系数为 $+2.25$;

(2)CCAR25.341 条(a)款的突风情况,但假定为 25.341 条(a)款 4)规定的设计速度的85%。

疲劳评定需要选定的某种结构储油情况作为最小燃油和滑油载重的载荷情况,将其作为载荷谱的组成部分,并同时在相关的分析和试验中对结构施加,考虑由本条(b)1)的设计情况所获得任何使用应力的增量。

颤振、变形和振动是与质量分布密切相关的,零燃油和滑油情况需予以考虑。在地面振动试验中必须考虑飞机零油和满油的情况,通过试验得到这两种情况下的振动频率,在分析中使用。

3. 与其他规范对比

CCAR23.343 条与 CCAR25.343 条略有不同。

第 23.343 条 设计燃油载重 条文

(a) 可调配载重的各种组合必须包括从零燃油到选定的最大燃油载重范围内的每一燃油载重。

(b) 如果燃油装在机翼内,且机翼油箱零燃油时的飞机最大许用重量小于最大重量,则必须选用它作为"最大零机翼燃油重量"。

(c) 对于通勤类飞机,可选定不超过在最大连续功率下运行 45min 所需要的燃油作为结构储油情况。如果选定了某种结构储油情况,则该情况必须作为最小燃油重量情况用来表明符合本规章规定的飞行载荷要求,此外还要求:

1) 结构必须设计成能承受机翼内零燃油的情况,此情况的限制载荷相应于下列规定:

ⅰ)第 23.337 条规定的机动载荷系数的 90%;

ⅱ)第 23.333 条(c)规定的突风速度的 85%。

2) 结构的疲劳评定必须计及由本条(c)1)的设计情况所获得的任何使用应力的增量。

3) 颤振、变形和振动要求也必须在机翼零燃油情况下得到满足。

CCAR23.343 条只规定了设计燃油载重,没提滑油载重,通常按照 CCAR23 部飞机滑油相对较少,不考虑滑油载重影响是可以的。另外对于机翼零燃油情况,CCAR23 规定飞机限制载荷系数为第 23.337 条规定的机动载荷系数的 90%,而 CCAR25 规定为 2.25。

FAR23.341 条、CS23.341 条与 CCAR23.341 条相同,与 CCAR25.341 条差异如上所述。

1.2.12　第25.345条　增升装置

1. 条款原文

（a）如果在起飞、进场或着陆期间要使用襟翼，则假定在对应于这些飞行阶段的设计襟翼速度［按第25.335条（e）款制定］下，且襟翼处于相应的位置，飞机经受对称机动和对称突风，必须由下列情况得到限制载荷：

1）机动到正限制载荷系数2.0；

2）垂直作用于水平飞行航迹的正、负突风速度为7.60m/s（25ft/s）EAS。必须用合理的分析确定结构各部分的突风载荷。分析必须考虑非定常气动特性和飞机的刚体运动。突风形状必须按照第25.341（a）2）条的规定，其中

$$U_{ds} = 7.60 \text{ m/s}（25\text{ft/s}）（EAS）$$

$H = 12.5c$，且 c 为机翼的平均几何弦长（m，ft）。

（b）飞机必须按本条（a）规定的条件设计，但是在分别计及下列条件的影响时，飞机载荷系数不必大于1.0：

1）在设计襟翼速度 V_F 时，对应于发动机最大连续功率的螺旋桨滑流，以及对应于发动机起飞功率，飞机速度不小于1.4倍的失速速度（此时襟翼处于特定位置，飞机为相应的最大重量）下的螺旋桨滑流。

2）迎面突风，其风速为7.60m/s（25ft/s）EAS。

（c）如果在航路飞行情况中要使用襟翼或类似的增升装置，此时襟翼处在适当的位置，飞机速度直到按这些情况选定的襟翼设计速度，则假定飞机经受对称机动和对称突风，其范围由下列条件确定：

1）机动到第25.337条（b）款规定的正限制载荷系数；

2）第25.341条（a）款的离散垂直突风准则。

（d）飞机必须按最大起飞重量、襟翼和类似的增升装置处于着陆构型、机动载荷系数为1.5进行设计。

2. 条款解释

增升装置是飞机重要的操纵面。当增升装置放下时，飞机气动特性发生很大变化，尤其翼面压力分布变化很大，所以增升装置放下时应作为飞机的一种构型来处理。

本条款规定了飞机上使用的增升装置（如前缘缝翼、后缘襟翼等）的结构强度要求。本条款规定襟翼或类似的增升装置处于放下位置时，飞机应能承受对称突风和对称机动。

增升装置分为两类：一类在起飞、进场或者着陆期间使用的襟翼或类似的增升装置，另一类除在起飞、着陆情况外，还在航路飞行中使用。

航路飞行情况是指起飞、进场和着陆以外的飞行阶段。当使用增升装置时,航路飞行情况中要包括以下飞行阶段:① 在机场场站区域之外的指定空域内留空等待;② 从下降航迹的顶点开始,放下襟翼飞行。

航路飞行中不包括在接近机场的较低高度上留空等待。

只在起飞、进场或着陆时使用的襟翼,假定在对应于这些飞行阶段的设计襟翼速度 V_F[CCAR25.335 条(e)款中定义],襟翼处于相应的位置时,飞机要求承受对称机动和垂直突风的限制载荷情况,对称机动情况为机动到正限制载荷系数 2.0,垂直突风情况为垂直作用于水平飞行航迹的正、负突风速度为 7.60m/s(25ft/s)EAS。但是,在考虑螺旋桨滑流和迎面突风情况时,限制载荷系数只需考虑到 1.0。本条对负载荷系数不做要求。

在航路飞行中使用的襟翼或类似增升装置,此时襟翼处在适当的位置,飞机速度直到按这些情况选定的襟翼设计速度 V_F,飞机要求承受对称机动和对称突风的载荷情况,对称机动载荷情况要求机动到 CCAR25.337 条(b)款中规定的限制载荷系数,对称突风载荷情况要求按 25.341 条(a)款离散突风准则设计。另外,在航路飞行中使用的襟翼还需要对应不同的襟翼位置规定其速度 V_{FB},V_{FC},V_{FD},类似于 CCAR25.335 条中的规定,然后才能根据对应的速度,参考 CCAR25.341 条进行突风的计算分析。

CCAR25.345 条(c)1)款的对称机动情况可参照 CCAR25.331 条(b)款考虑。除了前缘缝翼和后缘襟翼,有的飞机还采用了襟副翼(flapron),即机翼两侧的副翼对称下偏起到襟翼的功能,对于此类情况也必须按条款进行飞机载荷的分析,对飞机的整体结构和操纵面本身进行考核。

V_{FC} 和 V_{FD} 的制定必须针对不同的襟翼位置,必须考虑在低速航路等待情况下为遇到严重突风时收起襟翼留下足够的速度余量。

本条(d)所规定的情况是一种特殊情况,例如飞机起飞后因某种特殊原因必须立即着陆情况,此时重量为最大起飞重量,而襟翼和类似的增升装置处于着陆构型。机动载荷系数按照 1.5 进行设计,这种情况往往构成严重受载情况。

3. 与其他规范对比

CCAR23.345 条与 CCAR25.345 条有差异。

第 23.345 条　增升装置　条文

(a)如果装有用于起飞、进场或着陆的襟翼或类似的增升装置,则在速度 V_F 襟翼完全伸展形态下,假定飞机经受对称机动和对称突风,其范围由下列条件确定:

1)机动到正限制载荷系数 2.0;

2)垂直作用于水平飞行轨迹的正、负突风速度为 7.60m/s(25ft/s)。

(b)必须假定 V_F 不小于 $1.4V_S$ 或 $1.8V_{SF}$ 两者的大者,其中:

1)V_S 是在设计重量下襟翼收态时的计算失速速度；

2)V_{SF} 是在设计重量下襟翼完全伸展时的计算失速速度；

3) 如果使用了襟翼载荷自动限制装置,则飞机可以按装置所允许的空速和襟翼位置的临界组合情况来设计。

(c) 当把飞机作为一个整体来确定其外载荷时,可以假定推力、滑流和俯仰加速度为零。

(d) 襟翼、其操纵机构及其支撑结构必须设计成能承受本条(a)规定的情况。此外,在速度 V_F、襟翼完全伸展时,必须分别考虑下述情况：

1) 速度为 7.60m/s(25ft/s)(EAS)的迎面突风与 75% 的最大连续功率所对应的螺旋桨滑流同时作用；

2) 最大起飞功率所对应的螺旋桨滑流影响。

CCAR23.345 条规定了设计襟翼速度 V_F,并且要求襟翼、其操纵机构及其支撑结构必须考虑在速度 V_F、襟翼完全伸展时,速度为 7.60m/s(25ft/s)(EAS)的迎面突风与 75% 的最大连续功率所对应的螺旋桨滑流同时作用情况。

FAR23.345 条、CS23.345 条与 CCAR23.345 条相同,与 CCAR25.345 条差异如上所述。

1.2.13　第 25.349 条　滚转情况

1. 条款原文

飞机必须按本条(a)和(b)规定的情况引起的滚转载荷进行设计。对重心的不平衡气动力矩,必须由惯性力以合理的或保守的方式予以平衡,认为此惯性力由主要质量提供。

(a) 机动。必须把下列各种情况、速度和副翼偏转(可能受驾驶员作用力限制的偏转除外),同数值为零及等于设计中所用正机动载荷系数的 2/3 的飞机载荷系数组合起来考虑。在确定所要求的副翼偏转时,必须按第 25.301 条(b)款考虑机翼的扭转柔度。

1) 必须研究相应于各种定常滚转速度的情况。此外,对于机身外面有发动机或其他集中重量的飞机,还必须研究相应于最大角加速度的情况。对于角加速度情况,在对机动的时间历程缺少合理的研究时,可以假定滚转速度为零。

2) 速度 V_A 时,假定副翼突然偏转到止动器。

3) 速度 V_C 时,副翼的偏转必须为产生不小于按本条(a)2)得到的滚转率所要求的偏转。

4) 速度 V_D 时,副翼的偏转必须为产生不小于按本条(a)2)得到的滚转率的 1/3 所要求的偏转。

（b）非对称突风。假定平飞的飞机遇到非对称垂直突风，必须用由第 25.341 条（a）款直接得到的机翼最大空气载荷或由第 25.341 条（a）款计算出的垂直载荷系数间接得到的机翼最大空气载荷确定限制载荷。必须假定 100% 的机翼空气载荷作用于飞机的一侧，80% 作用于另一侧。

2. 条款解释

飞机结构必须按照本条款规定的由滚转机动和非对称突风引起的滚转载荷进行设计。在滚转机动和非对称突风情况中，在气动滚转力矩的作用下，飞机将产生滚转加速度，因而在飞机各承力面上除气动力和气动力矩外，还应考虑惯性载荷。气动力矩和惯性力矩必须平衡，其平衡方法应是合理或偏保守的。

根据条款要求，滚转机动必须考虑 $n=0$ 及 $n=2n_{max}/3$ 情况下的稳态滚转（$\dot{p}=0,p\neq0$）及加速滚转（$p\neq0,p=0$）情况，并作下述具体规定：

（1）速度 V_A 时，假定副翼突然偏转到止动器；

（2）速度 V_C 时，副翼的偏转必须为产生不小于按本条（a）2 得到的滚转率所要求的偏转；

（3）速度 V_D 时，副翼的偏转必须为产生不小于按本条（a）2 得到的滚转率的 1/3 所要求的偏转。

在不同速度下副翼的最大偏角和偏转速率是不同的，应根据计算状态和飞机的实际情况输入副翼的偏转速率和最大偏度，也可以用保守的方法将副翼的偏转按阶跃形式输入。副翼偏度保持的时间按飞机滚转速率或倾斜角变化要求由计算过程选定。当达到稳定滚转时，副翼开始返回中立位置，从而结束机动。机动过程中应考虑协调的和非协调的机动，要求座舱航向操纵应处于：一是在所要求的空速下进行机翼水平飞行时方向舵操纵力配平为零的位置，且在机动过程中保持固定。在这种情况下，滚转机动中将出现侧滑角（$\beta\neq0$）。二是为保持零侧滑所需的航向操纵位置。在这种情况下，滚转机动过程中的侧滑角为零。在计算时，可以按 $\beta=0,\dot{\beta}\neq0$ 的条件从运动方程中确定出方向舵偏角。升降舵按载荷系数要求进行相应偏转。

最终计算得到的机翼载荷包括对称飞行的载荷、副翼偏转引起的气动载荷、滚转阻尼载荷、非对称弹性变形载荷。机翼的原始压力分布可由理论计算、风洞试验、飞行试验等方法获得。

对滚转载荷的分析同样需结合飞机的操纵规律进行，在飞机不同的飞行状态可能会采用不同位置的襟翼，并可能会使用多功能扰流板来辅助进行滚转操纵，应结合实际情况进行分析并进行载荷严重情况的挑选。

非对称突风载荷主要针对机翼的载荷不对称情况，按 CCAR25.341（a）条计算出的最大机翼载荷情况,机翼一侧加 100% 的最大机翼载荷,另一侧加 80% 的最大机翼载荷。

3. 与其他规范对比

CCAR23.349 条与 CCAR25.349 条有差异。

第 23.349 条　滚转情况　条文

机翼和机翼的支撑结构必须按下列载荷情况来设计:

(a) 与飞机类别相应的非对称机翼载荷。除非下列值导致不符合实际的载荷,滚转加速度可以由第 23.333 条(d) 规定的对称飞行情况按下述方法加以修正而得到:

1) 对于特技类,在 A 和 F 情况,假定 100% 的半翼展机翼气动载荷作用在对称面的一侧,60% 作用在另一侧;

2) 对于正常类、实用类和通勤类飞机,在 A 情况,假定 100% 的半翼展机翼气动载荷作用在飞机的一侧,75% 作用在另一侧。

(b) 由第 23.455 条规定的副翼偏转和速度所产生的载荷,至少同用于设计的正机动载荷系数的 2/3 相组合。除非下列值导致不符合实际的载荷,副翼偏转对机翼扭矩的影响,可以在第 23.333 条(d) 确定的临界情况下,用翼展上副翼所占部分内的基本翼型力矩系数附加下列增量的方法来计算:

$$\Delta C_m = -0.01\delta$$

式中　　ΔC_m—— 力矩系数增量;

　　　　δ—— 在临界情况下副翼向下偏转的度数。

CCAR23 中对于 V_A,V_C 和 V_D 时副翼的偏转情况在 CCAR23.455 条中规定,要求与 CCAR25.455 条中的相同。

FAR23.349 条、CS23.349 条与 CCAR23.349 条相同,与 CCAR25.349 条差异如上所述。

1.2.14　第 25.351 条　偏航机动情况

1. 条款原文

飞机必须按本条(a) 到(d) 规定的偏航机动情况引起的载荷进行设计,速度范围从 V_{MC} 到 V_D。对重心的不平衡气动力矩必须以合理或保守的方式予以平衡,并考虑飞机惯性力。在计算尾翼载荷时,可以假定偏航速度为零。

(a) 当飞机以零偏航角非加速飞行时,假定方向舵操纵器件突然移动使方向舵偏转到受下列条件限制的偏转量:

1) 操纵面止动器;

2) 驾驶员作用力的限制值,从 V_{MC} 到 V_A 为 1 330N(136kg,300lb),从 V_C/M_C 到 V_D/M_D

为 890N(90.7kg,200lb),在 V_A 与 V_C/M_C 之间按线性变化。

（b）当方向舵操纵器件偏转，以始终保持在本条（a）中规定的限制值内可用的最大方向舵偏转时，假定飞机偏航到过漂侧滑角。

（c）当飞机偏航到静平衡侧滑角时，假定方向舵操纵器件保持，以获得在本条（a）中规定的限制值内最大可用方向舵偏转。

（d）当飞机偏航到本条（c）的静平衡侧滑角时，假定方向舵操纵器件突然回到中立位置。

2. 条款解释

偏航机动是由于方向舵偏转引发的侧向机动。机动中因飞机产生侧滑，造成飞机不对称受载。方向舵偏转和侧滑使得垂尾产生很大的载荷。所以本情况是垂尾、后机身的主要受载情况。对于外挂物及其悬挂装置也是相当重要的载荷情况。

本条款机动情况考虑的速度范围是 V_{MC} 至 V_D。V_{MC} 为空中最小操纵速度，即临界发动机不工作时的最小操纵速度，V_D 为设计俯冲速度。

在计算垂尾载荷时，可以假定偏航角速度为零，这实际上是忽略了垂尾上的阻尼载荷，而阻尼载荷是减载的，所以这是种偏保守的假设。如果欲取得比较准确的垂尾载荷，可计及由于偏航角速度引起的阻尼载荷。

本条规定了方向舵最大偏转角。假定方向舵操纵器件突然移动到由操纵面止动器或由方向舵脚蹬力所限制的最大偏转角，两者取较小值。对于带有助力器及其他非机械操纵系统（例如带增稳系统、主动控制系统等）应考虑操纵系统特性对方向舵偏度的影响。方向舵突然偏转到最大偏度，这是一种阶跃输入，在实际操纵飞机时是做不到的，因此是一种偏保守的工程处理方法。为了得到较准确的载荷，需考虑方向舵最大偏度的时间滞后，一般可采用梯形输入。而方向舵偏转速率可取操纵系统所能输出的最大速率。

3. 与其他规范对比

CCAR23.351 条与 CCAR25.351 条有差异。

第 23.351 条　偏航情况　条文

飞机必须按照第 23.441 条至第 23.445 条规定的载荷在垂直翼面上产生的偏航载荷来设计。

CCAR23.351 条款名称为偏航情况，实际包括偏航机动和侧突风两种情况，详细见第 23.441 条至第 23.443 条，而 CCAR25.351 条只包括偏航机动情况。另外，CCAR23.441 条中规定的偏航机动时驾驶员限制驾驶力比 CCAR25.351 条的小。

FAR23.351 条、CS23.351 条与 CCAR23.351 条相同，与 CCAR25.351 条差异如上所述。

1.2.15　第25.367条　发动机失效引起的非对称载荷

1. 条款原文

（a）飞机必须按由临界发动机失效引起的非对称载荷进行设计。涡轮螺旋桨飞机必须按下列情况和螺旋桨阻力限制系统单个故障的组合进行设计，同时要考虑驾驶员在飞行操纵器件上预期的纠正动作：

1）在 V_{MC} 与 V_D 之间的各种速度下，由于燃油流动中断而引起功率丧失所产生的载荷作为限制载荷；

2）在 V_{MC} 与 V_C 之间的各种速度下，由于发动机压气机与涡轮脱开或由于涡轮叶片丢失所产生的载荷作为极限载荷；

3）上述发动机失效引起的推力减少和阻力增加的时间历程，必须由试验或其他适用此特定发动机-螺旋桨组合的资料予以证实；

4）对于驾驶员预期的纠正动作的时间和纠偏量的大小，必须保守地加以估计。在估计时要考虑特定的发动机-螺旋桨-飞机组合的特性。

（b）可以假定驾驶员的纠正动作在达到最大偏航速度时开始，但不早于发动机失效后 2s。纠偏量的大小可以根据第25.397（b）条中规定的操纵力确定，但如果分析或试验表明较小的力能够控制由上述发动机失效情况所产生的偏航和滚转，也可以取较小的力。

2. 条款解释

此条款规定了临界发动机失效后由于推力不对称造成的偏航机动情况。失效的发动机推力衰减和阻力增加产生偏航力矩，使飞机产生偏航角加速度；驾驶员适当偏转方向舵（及副翼等）可以平衡发动机失效产生的偏航力矩，使飞机回复零侧滑角飞行（如果最大方向舵偏度仍不足以使飞机回复零侧滑，则使飞机偏航角加速度为零）。在这个过程中，飞机将承受很大的不对称载荷，尤其是垂尾、方向舵、腹鳍、后机身等。因而这是一种重要的载荷情况。

发动机失效情况分为两类：（a）1）所规定的燃油流动中断引起的发动机失效，推力衰减时间相对较长，停车后发动机保持风车状态，阻力较小。需要在 V_{MC} 与 V_D 之间的各种速度下计算分析这种载荷并作为限制载荷。（a）2）所规定的发动机机械故障（如卡住）而停止转动，故障可以假定为瞬间发生，故障后的阻力比风车状态大得多。需要在 V_{MC} 与 V_C 之间的各种速度下计算分析这种载荷并作为极限载荷。

对于涡轮螺旋桨飞机，需要将这两类情况和螺旋桨阻力限制系统单个故障组合设计。

推力减少和阻力增加的时间历程须按（a）3）的要求合理确定，或取偏保守的时间历程（如依据真实发动机失效时间取时间更短的推力到阻力的线性变化）。本条（a）4）要求纠正动作的时间和纠偏量的大小必须保守地加以估计,同时满足本条(b)中要求,即假定驾驶员的纠正动作在达到最大偏航速度时开始,若发动机失效后 2s 内就达到最大偏航速度,则应等到 2s 后才能纠偏;纠偏所用方向舵偏度可以采用方向舵最大可用偏度,也可以通过分析取较小值让发动机失效产生的偏航速度为零即可。在停车-改出过程中,由于停车导致的侧滑载荷与方向舵偏转产生的载荷是叠加的,驾驶员过早地介入意味着飞机姿态变化小,侧滑角变小,受载不严重。对于发动机失效诱发的偏航运动,可以认为基本上是一种平面运动,驾驶员进行修正的过程中,横侧向操纵应协调进行。

3. 与其他规范对比

CCAR23.367 条与 CCAR25.367 条要求相同。

FAR23.367 条、CS23.367 条与 CCAR25.367 条无实质差异,只是用 V_{MC} 表示空中最小操纵速度,而 CCAR23.367 用 V_{MCA}。

1.2.16 第 25.373 条 速度控制装置

1. 条款原文

如果装有供航路飞行中使用的速度控制装置(例如扰流板和阻力板),采用下列规定:

(a) 飞机必须根据每个调定位置和与此相应的最大速度,按第 25.333 条和第 25.337 条规定的对称机动、第 25.351 条规定的偏航机动和第 25.341(a) 条规定的垂直和横向突风情况进行设计。

(b) 如果速度控制装置具有自动操纵或载荷限制机构,则飞机必须根据该机构所允许的各种速度和相应的速度控制装置的位置,按本条(a)规定的机动和突风情况进行设计。

2. 条款解释

本条规定了对飞机在航路飞行中使用的速度控制装置的要求。计算状态应用第 25.333 条、第 25.337 条、第 25.341 条规定的对称机动和垂直突风以及第 25.351 条所规定的偏航机动和横向突风确定。计算状态速度应为直到速度控制装置所规定的装置打开速度下的所有速度。设计时应取速度控制装置的最大打开位置。对装有自动操纵系统的速度控制装置,应取该机构所允许的最大打开位置。若装置受载荷限制,则取使用限制的打开位置。

速度控制装置本身及其系统的设计必须能够承受其在各个位置时所产生的载荷,包括收起位置和各个打开位置。如果飞机的速度控制装置是自动控制装置或具有载荷限制装置,则必须在飞机的机动和突风分析中考虑在分析过程中可能引起其发生作用的情况,并分析相关载荷。

3. 与其他规范对比

FAR23.373 条、CS23.373 条、CCAR23.373 条,与 CCAR25.373 条相同。

1.2.17 抖振相关条款

1. 第 25.251 条　振动和抖振

条款原文：

（a）飞机必须通过飞行演示在任何很可能的运行情况下，都不会发生任何妨碍继续安全飞行的振动和抖振。

（b）必须通过飞行演示飞机的每一部件，在不超过 V_{DF}/M_{DF} 的任何相应速度和动力条件下，不会发生过度的振动。必须使用验证过的最大速度来按第 25.1505 条的要求制定飞机的使用限制。

（c）除本条（d）的规定外，在正常飞行中，包括巡航期间的形态变化，不得存在强烈程度足以干扰操纵飞机、引起空勤人员过度疲劳或引起结构损伤的抖振状态，在上述限度以内的失速警告抖振是允许的。

（d）在速度直到 V_{MO}/M_{MO} 的直线飞行巡航形态，不得有可觉察的抖振，但失速警告抖振是允许的。

（e）对于 M_D 大于 0.6 或最大使用高度超过 7 600m（25 000ft）的飞机，必须按飞机申请审定的空速或马赫数、重量和高度范围，确定其巡航形态下发生可察觉抖振的正机动载荷系数。该载荷系数、速度、高度和重量的包线必须为正常运行提供足够的速度和载荷系数范围。可能发生的无意中对抖振边界的超越，不得导致不安全的状态。

2. 第 25.427 条　非对称载荷　条款原文

（a）必须考虑到第 25.305(e) 条中因抖振情况所造成的尾翼上的非对称载荷。

3. 条款解释

本条规定了尾翼需要考虑抖振时的非对称载荷要求。

4. 与其他规范对比

CCAR23.251 条与 CCAR25.251 条要求不同。

第 23.251 条　振动和抖振　条文

在直到 V_D/M_D 的任何相应的速度和功率状态，不得存在严重的振动和抖振导致结构损伤，飞机的每一部件必须不发生过度的振动。另外，在任何正常飞行状态，不得存在强烈程度足以干扰飞机良好操纵、引起飞行机组过度疲劳或引起结构损伤的抖振状态。在上述限度以内的失速警告抖振是允许的。

CCAR23.251 条对振动和抖振的要求比 CCAR25.251 条简单，对可觉察的抖振没有说明。

FAR23.251 条和 CS23.251 条与 CCAR23.251 条相同，与 CCAR25.251 条差异如上所述。

FAR23.427 条、CS23.427 条与 CCAR25.427 条相同。

1.2.18 CCAR - 23 部特别条款

1. 第 23.347 条 非对称飞行情况

条款原文：

(a) 假定飞机经受到第 23.349 条和第 23.351 条的非对称飞行情况。对重心的不平衡气动力矩，必须由惯性力以合理的或保守的方法予以平衡，认为此惯性力由主要质量提供。

(b) 按快滚机动（急横滚）进行审定的特技类飞机，必须按照作用在机翼和水平尾翼上的附加的非对称载荷进行设计。

条款解释：

此条规定了非对称飞行情况载荷的平衡方法，计算第 23.349 条规定的滚转情况时，滚转气动力矩和气动力由全机滚转惯性力矩和法向惯性力相平衡，计算第 23.351 条规定的偏航情况时，偏航气动力矩和气动力由全机偏航惯性力矩和侧向惯性力相平衡。

FAR23.347 条、CS23.347 条与 CCAR23.347 条无差异。

CCAR25 无此条，但在 CCAR25.349 和 CCAR25.351 中表达了相同的意思。

2. 第 23.421 条 平衡载荷

条款原文：

(a) 水平翼面平衡载荷是在任何规定的没有俯仰加速度的飞行情况下，维持平衡所必须的载荷。

(b) 水平平衡翼面必须按限制机动包线上的任一点和第 23.345 条规定的襟翼情况所产生的平衡载荷来设计。

条款解释：

依据本条(a) 平衡载荷的计算状态是俯仰加速度为零。依据本条(b) 计算范围是限制机动包线上的任一点以及第 23.345 条规定放襟翼机动包线上的任一点，包括所有速度、过载、重量重心的各种组合。

FAR23.421 条、CS23.421 条与 CCAR23.421 条无差异。

CCAR25 无此条。

3. 第 23.423 条 机动载荷

条款原文：

每一水平翼面及其支撑结构和具有俯仰控制作用的鸭式或串列式机翼布局的主翼，必须按下列情况所决定的机动载荷来设计：

(a) 在速度为 V_A 时，将俯仰操纵器件突然向后移动到最大和突然向前移动到最大，直至操纵止动点或驾驶员限制作用力，取两者中之最临界情况；

(b) 在速度大于 V_A 时，将俯仰操纵器件突然向后移动随后向前移动，产生表 1-1 中法向加速度和角加速度的组合。

表 1-1

情况	法向加速度	角加速度 /(rad·s⁻²)
抬头	1.0	$+(39/V)n_{\mathrm{m}}(n_{\mathrm{m}}-1.5)$
低头	n_{m}	$-(39/V)n_{\mathrm{m}}(n_{\mathrm{m}}-1.5)$

表 1-1 中：n_{m} 为用于飞机设计的正限制机动载荷系数；V 为初始速度，节。

本条情况包括在"校准机动"（在这种机动飞行中，将俯仰操纵器件突然向一个方向移动，然后又突然反向移动）中可能出现的相应载荷，但"校准机动"的偏度和时间要避免超过限制机动载荷系数。对抬头和低头两种情况，水平翼面的总载荷是在速度 V 和规定的法向载荷系数 n 时的平衡载荷，加上由于规定的角加速度所引起的机动载荷增量。

条款解释：

本条规定了俯仰机动载荷计算要求，按（a）计算 V_{A} 时的非校准机动载荷，按（b）计算 V_{A} 以上的校准机动载荷。

FAR23.423 条、CS23.423 条与 CCAR23.423 条无差异。

CCAR25 无此条，相应内容在 CCAR25.331 条中给出，校准机动中负俯仰角加速度的计算公式与 CCAR23.423 条中的不同。

4. 第 23.425 条　突风载荷

条款原文：

（a）每一水平翼面（非主翼）必须按下列情况产生的载荷来设计：

1）襟翼收起，第 23.333 条（c）所规定的突风速度；

2）在速度 V_{F}，对应于第 23.345 条（a）2）规定的情况，名义强度为 7.60m/s（25ft/s）的正负突风。

（b）备用。

（c）按本条（a）规定的情况确定水平翼面的总载荷时，必须首先确定在相应的设计速度 V_{F}、V_{C} 和 V_{D} 下，稳定无加速飞行的初始平衡载荷。在初始平衡载荷上必须加上由突风引起的载荷增量以得到总载荷。

（d）在缺少更合理的分析时，由突风产生的载荷增量必须按下式计算，除非表明使用该公式是保守的，否则该式仅适用于后水平尾翼布局的飞机。

$$\Delta L_{\mathrm{ht}}=\frac{K_{\mathrm{g}}U_{\mathrm{de}}Va_{\mathrm{ht}}S_{\mathrm{ht}}}{1.63}\left(1-\frac{\mathrm{d}\varepsilon}{\mathrm{d}a}\right)$$

式中，ΔL_{ht} 为平尾的载荷增量，N；K_{g} 为第 23.341 条定义的突风缓和系数；U_{de} 为得到的突风速度，m/s；V 为飞机当量速度，m/s；a_{ht} 为后平尾升力曲线的斜率，1/rad；S_{ht} 为后平

尾的面积,m^2;$\left(1-\dfrac{\mathrm{d}\varepsilon}{\mathrm{d}a}\right)$ 为下洗系数。

公制:

$$\Delta L_{\mathrm{ht}}=\frac{K_{\mathrm{g}}U_{\mathrm{de}}Va_{\mathrm{ht}}S_{\mathrm{ht}}}{16.0}\left(1-\frac{\mathrm{d}\varepsilon}{\mathrm{d}a}\right)$$

式中,ΔL_{ht} 为平尾的载荷增量,kg。

英制:

$$\Delta L_{\mathrm{ht}}=\frac{K_{\mathrm{g}}U_{\mathrm{de}}Va_{\mathrm{ht}}S_{\mathrm{ht}}}{498}\left(1-\frac{\mathrm{d}\varepsilon}{\mathrm{d}a}\right)$$

式中,ΔL_{ht} 为平尾的载荷增量,lbf;K_{g} 为第 23.341 条定义的突风缓和系数;U_{de} 为得到的突风速度,ft/s^2;V 为飞机当量速度,节;a_{ht} 为后平尾升力曲线的斜率,$1/\text{rad}$;S_{ht} 为后平尾的面积,ft^2。

条款解释:

按照本条规定根据各种不同重量重心、高度及襟翼状态,分别给出放襟翼和不放襟翼状态下的平尾及全机突风载荷。

FAR23.425 条与 CCAR23.425 条无差异。

CS23.425 条将平尾突风载荷增量计算公式改为

$$\Delta L_{\mathrm{ht}}=\frac{\rho_0 K_{\mathrm{g}}U_{\mathrm{de}}Va_{\mathrm{ht}}S_{\mathrm{ht}}}{2}\left(1-\frac{\mathrm{d}\varepsilon}{\mathrm{d}a}\right)$$

此公式明确了系数 1.63 的来历,CCAR23.425 条中 1.63 来自 $2/\rho_0$,ρ_0 为海平面标准大气密度 1.225kg/m^3,此公式实质与 CCAR23.425 条相同。

CCAR25 无此条。

5.第 23.427 条　非对称载荷

条款原文:

(a) 水平翼面(非主翼)及其支撑结构必须按偏航和滑流影响引起的非对称载荷与第 23.421 至第 23.425 条规定的飞行情况载荷的组合来设计。

(b) 在缺少更合理的资料时,对发动机、机翼、水平翼面(非主翼)和机身外形按常规的相对位置布局的飞机,采用下列规定:

1) 可以假定对称飞行情况最大载荷的 100% 作用于对称面一侧的水平翼面上;

2) 必须将下列百分比的载荷施加于另一侧:百分比 $=100-10(n-1)$,其中 n 是规定的正机动载荷系数,但此百分比不得大于 80%。

(c) 对于非常规布局的飞机[如水平翼面(非主翼)有较大上反角或水平翼面支撑在垂尾上的飞机],各翼面及支撑结构必须按单独考虑的每一种规定的飞行情况中同时产生的垂尾和平尾载荷的组合来设计。

条款解释：

选择平尾安定面和升降舵在机动和突风时载荷最大情况作为临界载荷情况，100％载荷作用在平尾一侧，另一侧按(b)2)要求施加，由此验证平尾及其支撑结构的强度。

FAR23.427条、CS23.427条与CCAR23.427条无差异。

CCAR25.427条有相似的要求。

6. 第23.441条　机动载荷

条款原文：

(a) 在直至 V_A 的各速度，垂直翼面必须设计得能承受下列各种情况，在计算载荷时可以假定偏航角速度为零：

1) 飞机在无偏航非加速飞行时，假定方向舵操纵器件突然移动到操纵止动器或由驾驶员限制作用力所限制的最大偏度。

2) 假定飞机以本条(a)1)规定的方向舵偏度偏航到过漂侧滑角。可以假定过漂侧滑角等于本条(a)3)的静侧滑角的1.5倍来代替分析。

3) 15°的偏航角，方向舵保持在中立位置(受驾驶员作用力限制者除外)。

(b) 对于通勤类飞机，必须按照下列附加的机动情况进行设计，速度范围从 V_A 到 V_D/M_D。在计算尾翼载荷时：

1) 飞机必须偏航到可得到的最大稳态静侧滑角，方向舵处于以下任何一项引起的最大偏转位置：

ⅰ) 操纵面止动器；

ⅱ) 最大可用的助力器作用；

ⅲ) 图1-3所示的驾驶员操纵方向舵的最大的力。

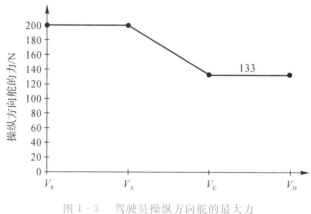

图1-3　驾驶员操纵方向舵的最大力

2) 方向舵必须从最大偏转位置突然回到中立位置。

(c) 对于某特定速度，(a)3)所选定的偏航角如果在下列情况中不会被超过，则本条

(a)3) 规定的偏航角可以减小：

1）稳定侧滑情况；

2）从大坡度飞行产生的非协调滚转；

3）临界发动机突然失效，而纠正动作又有延迟。

条款解释：

对于(a)条要求可以采用简单的代数解法，确定垂尾载荷，只计算 V_A。

按(a)(1)确定蹬舵载荷，按(a)2)确定最大侧滑角载荷，按(a)3)确定偏航恢复载荷。

如果是通勤类飞机对于(b)条要求可以采用求解如下两自由度运动方程得到最大稳态静侧滑角。

方向舵最大偏角 δ_r 受操纵力或结构操纵止动器限制，α_V 是垂尾侧向气流迎角。

对于(a)条要求也可以参照(b)条求解两自由度运动方程的方法得到侧滑角随时间的变化，从而得到垂尾和全机载荷。

R3 版将 R2 版(a)(2)中静侧滑角的 1.3 倍改为 1.5 倍。(b) 为 R3 版新增条款。

FAR23.441 条、CS23.441 条与 CCAR23.441 条无差异。

CCAR25 无此条，CCAR25.351 条规定了相似的要求。

7. 第 23.443 条　突风载荷

条款原文：

(a) 垂直翼面必须设计成当速度为 V 的非加速飞行时，能够承受第 23.333 条(c)中 V_C 时所规定的横向突风。

(b) 此外，对于通勤类飞机，假定飞机以 V_B，V_C，V_D 及 V_F 作非加速飞行时，遇到垂直于对称平面的突风。必须研究第 23.341 条和第 23.345 条中所确定情况相应的突风和飞机速度。突风形状必须按第 23.333 条(c)2) i ）的规定。

(c) 在缺少更合理的分析时，必须按下式计算突风载荷：

$$L_{vt} = \frac{K_{gt} U_{de} V a_{vt} S_{vt}}{1.63}$$

式中，L_{vt} 为垂直翼面载荷，N；$K_{gt} = \frac{0.88 u_{gt}}{5.3 + u_{gt}}$ 为突风缓和系数；$u_{gt} = \frac{2Wg}{\rho \bar{c_t} g a_{vt} S_{vt}} \frac{K^2}{l_{vt}}$ 为侧向质量比；U_{de} 为规定的突风速度，m/s；ρ 为空气密度，kg/m³；W 为在特定载荷情况下适用的飞机重量，kg；S_{vt} 为垂直翼面面积；m²；$\bar{c_t}$ 为垂直翼面平均几何弦长，m；a_{vt} 为垂直翼面升力曲线斜率，1/rad；K 为偏航方向回转半径，m；l_{vt} 为从飞机重心到垂直翼面压心的距离，m；g 为重力加速度，m/s²；V 为飞机当量空速，m/s。

公制：

$$L_{vt} = \frac{K_{gt}U_{de}Va_{vt}S_{vt}}{16.0}$$

式中,L_{vt}为垂直翼面载荷,kgf。

英制:

$$L_{vt} = \frac{K_{gt}U_{de}Va_{vt}S_{vt}}{498}$$

式中,L_{vt}为垂直翼面载荷,lbf;U_{de}为规定的突风速度,ft/s;ρ为空气密度,斯拉格/ft³;W为在特定载荷情况下适用的飞机重量,lb;S_{vt}为垂直翼面面积,ft²;$\bar{c_t}$为垂直翼面平均几何弦长,ft;a_{vt}为垂直翼面升力曲线斜率,1/rad;K为偏航方向回转半径,ft;l_{vt}为从飞机重心到垂直翼面压心的距离,ft;g为重力加速度,ft/s²;V为飞机当量空速,节。

条款解释:

突风速度在海平面到 6 100m 高度时为 15.2m,在 6 100m 高度以上突风速度线性减小。在飞机 1g 平飞载荷的基础上,叠加横向突风引起的载荷增量,此时应考虑平尾 1g 平衡载荷的非对称力矩,这些载荷的综合作用可能构成后机身的临界情况。

FAR23.443 条与 CCAR23.443 条无差异。

CS23.443 条将垂直翼面突风载荷计算公式改为

$$L_{vt} = \frac{\rho_0 K_{gt}U_{de}Va_{vt}S_{vt}}{2}$$

此公式明确了系数 1.63 的来历,CCAR23.443 条中 1.63 来自 $2/\rho_0$,ρ_0 为海平面标准大气密度 1.225kg/m³,此公式实质与 CCAR23.443 条相同。

CCAR25 无此条。

8. 第 23.455 条 副翼

条款原文:

(a)副翼必须按它们经受的下列载荷来设计:

1)在对称飞行情况时副翼处于中立位置。

2)在非对称飞行情况时,副翼处于下列偏度(受驾驶员作用力限制者除外):

ⅰ)在 V_A 时,副翼操纵器件突然移动至最大偏度。可以适当考虑操纵系统的变形。

ⅱ)在 V_C 时,此处 V_C 大于 V_A,副翼的偏度足以产生不小于本条(a)2)ⅰ)得到的滚转率。

ⅲ)在 V_D 时,副翼的偏度足以产生不小于本条(a)2)ⅰ)得到的滚转率的 1/3。

条款解释:

可以采用求解一个自由度（滚转）方程方法获得滚转机动载荷，考虑急滚转、定常滚转和滚转恢复过程。

FAR23.455 条、CS23.455 条与 CCAR23.455 条无差异。

CCAR25 无此条，CCAR25.349 条中规定了相同的内容。

1.3　理论基础

1.3.1　坐标系

1. 地面坐标系

地面坐标系是固定在地球表面的一种坐标系。原点位于地面任意选定的某固定点，X 轴指向地平面某任意选定方向，Z 轴铅垂向下，Y 轴垂直于 XOZ 平面，按右手原则确定。

2. 机体坐标系

机体坐标系是固连于飞行器并随飞行器运动的一种动坐标系，该坐标系最常用。原点位于飞行器的质心，X 轴在飞行器对称平面内，平行于机身轴线或机翼的平均气动弦线，指向前，Z 轴亦在对称面内，垂直于 X 轴指向下，Y 轴垂直于对称面指向右。

气动力矩的三个分量（即滚转力矩 L、偏航力矩 N 和俯仰力矩 M）是对机体坐标系的三根轴定义的。

如果 X 轴取沿飞行速度在对称平面的投影方向，Z 轴仍在对称面内垂直于 X 轴指向下，Y 轴垂直于对称面指向右，则这种机体轴系又称为半机体轴系。风洞试验中测量气动力时常用该坐标系。

如果 X 轴取沿基准运动（未扰动运动），飞行速度在对称平面的投影方向，Z 轴仍在对称面内垂直于 X 轴指向下，Y 轴垂直于对称面指向右，则这种在扰动运动中固连于飞行器的坐标系又称为稳定坐标系。

3. 气流坐标系

气流坐标系又称速度坐标系或风轴系。原点位于飞行器质心，X 轴始终指向飞行器的空速方向，Z 轴位于对称平面内垂直于 X 轴指向下，Y 轴垂直于 XOZ 平面指向右。

气动力的三个分量，即升力 L、阻力 D 和侧力 C 是在气流坐标系中定义的。

1. 航迹坐标系

航迹坐标系又称弹道固连坐标系，原点位于飞行器质心，X 轴始终指向飞行器的地速方向，Z 轴则位于包含 X 轴的铅垂平面内指向下，Y 轴垂直于 XOZ 平面指向右。

当风速为 0 时，航迹坐标系与气流坐标系两者方向一致。

1.3.2 飞机运动方程

1. 刚体运动方程

把飞机看成一个刚体，所以飞机的飞行与机动既有质点的相对运动，又有刚体的牵连运动。根据牛顿第二定律，得到力和力矩的两个运动方程：

$$\begin{cases} m\,\dfrac{\mathrm{d}\boldsymbol{V}}{\mathrm{d}t} = \boldsymbol{F} \\[2mm] m\,\dfrac{\mathrm{d}\boldsymbol{L}}{\mathrm{d}t} = \boldsymbol{M} \end{cases}$$

式中　m——飞机质量；

　　　$\boldsymbol{V}$——飞行速度矢量；

　　　$\boldsymbol{F}$——作用在飞机上的力矢量；

　　　$\boldsymbol{L}$——动量矩矢量；

　　　$\boldsymbol{M}$——作用在飞机上的力矩矢量。

经推导得到飞行器质心动力学方程为

$$\begin{cases} m\left(\dfrac{\mathrm{d}V_x}{\mathrm{d}t} + V_z q - V_y r\right) = F_x \\[2mm] m\left(\dfrac{\mathrm{d}V_y}{\mathrm{d}t} + V_x r - V_z p\right) = F_y \\[2mm] m\left(\dfrac{\mathrm{d}V_z}{\mathrm{d}t} + V_y p - V_x q\right) = F_z \end{cases}$$

$$\begin{cases} I_x\,\dfrac{\mathrm{d}p}{\mathrm{d}t} + (I_z - I_y)qr + I_{yz}(r^2 - q^2) + I_{xy}\left(rp - \dfrac{\mathrm{d}q}{\mathrm{d}t}\right) - I_{zx}\left(pq + \dfrac{\mathrm{d}r}{\mathrm{d}t}\right) = M_x \\[2mm] I_y\,\dfrac{\mathrm{d}q}{\mathrm{d}t} + (I_x - I_z)rp + I_{zx}(p^2 - r^2) + I_{yz}\left(pq - \dfrac{\mathrm{d}r}{\mathrm{d}t}\right) - I_{xy}\left(qr + \dfrac{\mathrm{d}p}{\mathrm{d}t}\right) = M_y \\[2mm] I_z\,\dfrac{\mathrm{d}r}{\mathrm{d}t} + (I_y - I_x)pq + I_{xy}(q^2 - p^2) + I_{zx}\left(qr - \dfrac{\mathrm{d}p}{\mathrm{d}t}\right) - I_{yz}\left(rp + \dfrac{\mathrm{d}q}{\mathrm{d}t}\right) = M_z \end{cases}$$

式中　V_x, V_y, V_z——飞机速度分量；

　　　I_x, I_y, I_z——飞机转动惯量；

　　　I_{xy}, I_{yz}, I_{zx}——飞机惯性积；

　　　p, q, r——飞机角速度分量；

　　　F_x, F_y, F_z——作用在飞机上的合力分量；

M_x , M_y , M_z—— 作用在飞机上的合力矩分量。

一般情况下飞机具有纵向对称面,同时考虑到飞机发动机的影响,以及气动力数据本身的特性,上述方程可简化整理为如下形式:

$$
\begin{cases}
\dfrac{\mathrm{d}V_x}{\mathrm{d}t} = V_y r - V_z q + (T\cos\varphi_T + D\cos\alpha\cos\beta - C\cos\alpha\sin\beta - L\sin\alpha)/m - g\sin\theta \\[2mm]
\dfrac{\mathrm{d}V_y}{\mathrm{d}t} = V_z p - V_x r - \dfrac{D\sin\beta + C\cos\beta}{m} + g\cos\theta\sin\varphi \\[2mm]
\dfrac{\mathrm{d}V_z}{\mathrm{d}t} = V_x q - V_y p - (-T\sin\varphi_T + D\sin\alpha\cos\beta - C\sin\alpha\sin\beta + L\cos\alpha)/m + g\cos\theta\cos\varphi \\[2mm]
\dfrac{\mathrm{d}p}{\mathrm{d}t} = B_{xz}pq - B_z qr + A_x I_z M_x + A_x I_{xz} M_z \\[2mm]
\dfrac{\mathrm{d}q}{\mathrm{d}t} = \dfrac{I_z - I_x}{I_y}pr + \dfrac{I_{xz}}{I_y}(r^2 - p^2) + \dfrac{1}{I_y}M_y \\[2mm]
\dfrac{\mathrm{d}r}{\mathrm{d}t} = B_x pq - B_{xz}qr + A_x I_{xz} M_x + A_x I_x M_z
\end{cases}
$$

式中
$$
A_x = \frac{1}{I_x I_z - I_{xz}^2}; \quad B_x = \frac{I_x^2 - I_x I_y + I_{xz}^2}{I_x I_z - I_{xz}^2}
$$

$$
B_z = \frac{I_x^2 - I_y I_z + I_{xz}^2}{I_x I_z - I_{xz}^2}; \quad B_{xz} = \frac{I_{xz}(I_x + I_z - I_y)}{I_x I_z - I_{xz}^2}
$$

$$
M_x = L + M_{xT} + H_T\sin\varphi_T\omega_y
$$

$$
M_y = M + M_{yT} - H_T\sin\varphi_T\omega_x + H_T\cos\varphi_T\omega_z
$$

$$
M_z = N + M_{zT} - H_T\cos\varphi_T\omega_y
$$

式中　　　　　　　　T—— 发动机推力;

M_{xT} , M_{yT} , M_{zT}—— 发动机推力产生的力矩分量;

L , M , N—— 气动力产生的力矩分量;

　　　　　φ_T—— 发动机推力线在飞机对称面上的投影与机体 X 坐标轴之间的夹角,当推力线向上方偏斜时为正;

　　　　　H_T—— 发动机转子的动量矩。

体轴系下的飞行器质心运动学方程为

$$
\begin{cases}
\dfrac{\mathrm{d}x}{\mathrm{d}t} = V_x\cos\theta\cos\psi + V_y(\sin\theta\sin\phi\cos\psi - \cos\phi\sin\psi) + V_z(\sin\theta\cos\phi\cos\psi + \sin\theta\sin\psi) \\[2mm]
\dfrac{\mathrm{d}y}{\mathrm{d}t} = V_x\cos\theta\sin\psi + V_y(\sin\theta\sin\phi\sin\psi + \cos\phi\cos\psi) + V_z(\sin\theta\cos\phi\sin\psi - \sin\theta\cos\psi) \\[2mm]
\dfrac{\mathrm{d}z}{\mathrm{d}t} = -V_x\sin\theta + V_y\cos\theta\sin\phi + V_z\sin\theta\cos\phi
\end{cases}
$$

飞行器绕质心转动运动学方程为

$$\begin{cases} \dfrac{\mathrm{d}\phi}{\mathrm{d}t} = p + \tan\theta(r\cos\phi + q\sin\phi) \\[3mm] \dfrac{\mathrm{d}\theta}{\mathrm{d}t} = q\cos\phi - r\sin\phi \\[3mm] \dfrac{\mathrm{d}\psi}{\mathrm{d}t} = (q\sin\phi + r\cos\phi)/\cos\theta \end{cases}$$

重心处过载系数与运动参数的关系为

$$\begin{cases} n_x = \dfrac{\cdot\left(\dfrac{\mathrm{d}V_x}{\mathrm{d}t} + V_z q - V_y r\right)}{g} + \sin\theta \\[5mm] n_y = \dfrac{\left(\dfrac{\mathrm{d}V_y}{\mathrm{d}t} + V_x r - V_z p\right)}{g} - \cos\theta\sin\psi \\[5mm] n_z = \dfrac{-\left(\dfrac{\mathrm{d}V_z}{\mathrm{d}t} + V_y p - V_x q\right)}{g} + \cos\theta\cos\psi \end{cases}$$

2. 弹性运动方程

弹性飞机的运动方程可以表示为

$$\begin{bmatrix} \boldsymbol{M}_{qq} & \boldsymbol{M}_{q\delta} \end{bmatrix} \begin{bmatrix} \ddot{q} \\ \ddot{\delta} \end{bmatrix} + \begin{bmatrix} \boldsymbol{C}_{qq} & \boldsymbol{0} \end{bmatrix} \begin{bmatrix} \dot{q} \\ \dot{\delta} \end{bmatrix} + \begin{bmatrix} \boldsymbol{K}_{qq} & \boldsymbol{0} \end{bmatrix} \begin{bmatrix} q \\ \delta \end{bmatrix} = \frac{1}{2}\rho V^2 \begin{bmatrix} \boldsymbol{Q}_{qq} & \boldsymbol{Q}_{q\delta} \end{bmatrix} \begin{bmatrix} q \\ \delta \end{bmatrix} + \frac{1}{2}\rho V^2 \boldsymbol{Q}_g w_g$$

$$(1-1)$$

式中　　　　q——飞机刚体模态和弹性模态对应的广义坐标;

　　　　　　δ——操纵面刚体偏转模态坐标;

　　　　　w_g——突风速度;

　　　　　　ρ——大气密度;

　　　　　　V——飞行速度;

　$\boldsymbol{M}_{qq}$ 和 $\boldsymbol{M}_{q\delta}$——广义质量矩阵;

　　　　$\boldsymbol{C}_{qq}$——广义阻尼矩阵;

　　　　$\boldsymbol{K}_{qq}$——广义刚度矩阵;

　$\boldsymbol{Q}_{qq}$ 和 $\boldsymbol{Q}_{q\delta}$——广义非定常气动力系数矩阵;

　　　　$\boldsymbol{Q}_g$——对应于突风的广义非定常气动力系数矩阵。

（1）广义质量矩阵。根据固有振动特性计算,可得到飞机机体对应于广义坐标 q 的振型矩阵为

$$\boldsymbol{F}_q = \begin{bmatrix} f_{11} & \cdots & f_{1m} \\ \vdots & & \vdots \\ f_{n1} & \cdots & f_{nm} \end{bmatrix}_{n \times m} \qquad (1-2)$$

式中 n——结构有限元模型的自由度个数;

       m——模态阶数;

       f_{ij}——第 i 个自由度的第 j 阶模态振型。

需要说明的是,飞机刚体模态的振型需要人工构造。如飞机沉浮模态的振型为 $\begin{bmatrix} 1 & 1 & \cdots & 1 \end{bmatrix}_n^\mathrm{T}$,俯仰模态的振型矩阵的值为飞机结构有限元模型各点的 x 坐标与质心的 x 坐标之差。根据相关定义可知:沉浮模态对应的广义质量为飞机的质量,俯仰模态对应的广义质量为飞机绕质心的俯仰转动惯量。

操纵面通常包括升降舵、副翼和方向舵,其刚体偏转模态坐标写为

$$\boldsymbol{\delta} = \begin{bmatrix} \delta_z & \delta_x & \delta_y \end{bmatrix}^\mathrm{T}$$

对应于操纵面刚体偏转模态的振型矩阵为

$$\boldsymbol{F}_\delta = \begin{bmatrix} f_{1z} & f_{1x} & f_{1y} \\ M & O & M \\ f_{nz} & f_{nx} & f_{ny} \end{bmatrix}_{n \times 3} \qquad (1-3)$$

飞机有限元模型的结构质量矩阵记为 $\boldsymbol{M}_s$,它是一个 $n \times n$ 阶的矩阵,则式(1-1)中的广义质量矩阵计算公式为

$$\boldsymbol{M}_{qq} = \boldsymbol{F}_q^\mathrm{T} \boldsymbol{M}_s \boldsymbol{F}_q \qquad (1-4)$$

$$\boldsymbol{M}_{q\delta} = \boldsymbol{F}_q^\mathrm{T} \boldsymbol{M}_s \boldsymbol{F}_\delta \qquad (1-5)$$

这里 $\boldsymbol{M}_{qq}$ 和 $\boldsymbol{M}_{q\delta}$ 分别为 $n \times n$ 和 $n \times 3$ 阶的矩阵。一般的,根据固有振型的正交性,$\boldsymbol{M}_{qq}$ 是一个对角阵,即 $\boldsymbol{M}_{qq} = \mathrm{diag}(m_{11}, Lm_{mm})$。

(2)广义刚度矩阵。广义刚度矩阵 $\boldsymbol{K}_{qq}$ 为对角阵,有以下形式:

$$\boldsymbol{K}_{qq} = \begin{bmatrix} m_{11}\omega_1^2 & & \\ & \ddots & \\ & & m_{mm}\omega_m^2 \end{bmatrix} \qquad (1-6)$$

式中 m_{ii}——第 i 阶模态的广义质量;

       ω_i——第 i 阶模态的固有频率(rad/s)。

根据定义可知:刚体模态对应的广义刚度阵对角元素为 0。

(3)广义阻尼矩阵。广义阻尼矩阵 $\boldsymbol{C}_{qq}$ 的形式如下:

$$
C_{qq} = \begin{bmatrix} 2\xi_1 m_{11}\omega_1 & & \\ & \ddots & \\ & & 2\xi_i m_{mm}\omega_m \end{bmatrix}_{m\times m} \tag{1-7}
$$

式中　ξ_i—— 第 i 阶模态的阻尼比。

在大多数情况下,金属结构的 ξ_i 在 $0.01 \sim 0.03$ 之间,具体值可取地面振动试验的测量值。

1.3.3　静气动弹性分析方法

静气动弹性问题是空气动力和结构弹性力相互作用所引起的气动弹性问题。在研究静气动弹性问题时,飞行器的结构变形运动被认为是缓慢的,它引起的惯性力和空气动力相比是一个小量,可以忽略不计。同时,由于运动缓慢,所以运动引起的附加空气动力也很小,也可以忽略不计,在研究静气动弹性问题时通常用流动控制方程来计算飞行器所受的定常空气动力。

1. 机翼柔度影响系数的计算方法

求解飞行器静气动弹性问题,首先要得到飞行器结构的柔度影响系数。目前,计算柔度影响系数有两种方法:第一种是通过试验直接测得柔度影响因子矩阵;第二种是利用有限元方法进行计算,包括一些专门的结构力学计算软件,如 NASTRAN,ANSYS 等。经过一些简化计算,也可以直接利用气动弹性知识求解一些较简单的结构柔度影响系数。

机翼是一个复杂的弹性体,即使对于大展弦比直机翼这样最简单的情况,要精确计算其柔度影响系数一般也是很困难的,因此,需要在一定条件下把真实的复杂结构简化成一个可以代表原结构主要特性的计算模型。通常可以做如下近似假设:

(1)机翼的面内弯曲刚度是绝对刚硬的。

(2)由于机翼扭角变化很小,引起机翼来流方向位移的变化也很小,因此假设沿来流方向的位移变化可以忽略不计。

(3)由于机翼翼根处的机身静变形非常小,因此可以认为机翼的翼根是固定支撑的。

(4)在小迎角情况下,机翼各表面网格面积可以用弦平面面积来表示。机翼法线方向上的变形位移也可以用竖直方向上的变形位移表示。

对于大展弦比机翼,其弦向刚度比展向刚度要大得多,因而其弦向的变形比展向的变形要小得多。因此,可以假设机翼弦向剖面也是绝对刚硬的,这就是所谓的剖面外形保持不变假设。根据结构力学的知识,对于薄壳结构,可以引出弯心(也称刚心)的概念,当剪力通过该点时,剖面相对扭角将等于零。对于大展弦比机翼,只要没有大开口或者展向结构没有很大变化,则其刚轴基本上是一条直线。这样机翼的弹性特性便可以近似地利用刚轴的弹性特性来表示。沿展刚轴向的弯曲刚度、剪切刚度及扭转刚度应和原机翼一致,如图 1-4 所示。

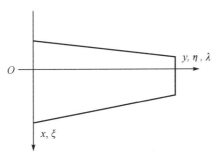

图 1-4　大展弦比直机翼刚轴示意图

对于大展弦比直机翼,刚轴基本和机身对称平面垂直,这时在刚轴上作用一扭矩只使机翼产生扭转变形。在刚轴上作用一力只使机翼产生弯曲变形,即机翼的弯、扭间没有耦合影响,可以分别加以处理。同时,对于直机翼弯曲变形并不引起迎角的变化,它所引起的气动载荷也很小。

综上所述,大展弦比直机翼的静气动弹性可以近似用垂直于机身平面的刚轴的弹性特性来表示,只需研究扭转柔度影响系数 $C^{\theta\theta}(y,\eta)$ 和位移柔度影响系数 $C^{zz}(y,\eta)$。$C^{\theta\theta}(y,\eta)$ 表示在 η 处作用一单位扭矩时,在 y 剖面处所产生的扭角(扭矩及扭角均以抬头为正),$C^{zz}(y,\eta)$ 表示在 η 处作用一单位力时,在 y 剖面处所产生的位移:

$$C^{\theta\theta}(y,\eta)=\begin{cases}\displaystyle\int_0^y \frac{1}{GJ(\lambda)}\mathrm{d}\lambda & (y\leqslant\eta)\\[2ex]\displaystyle\int_0^\eta \frac{1}{GJ(\lambda)}\mathrm{d}\lambda & (y\geqslant\eta)\end{cases}$$

$$C^{zz}(y,\eta)=\begin{cases}\displaystyle\int_0^y \frac{(\eta-\lambda)(y-\lambda)}{EI(\lambda)}\mathrm{d}\lambda+\int_0^y \frac{1}{GK(\lambda)}\mathrm{d}\lambda & (y\leqslant\eta)\\[2ex]\displaystyle\int_0^\eta \frac{(\eta-\lambda)(y-\lambda)}{EI(\lambda)}\mathrm{d}\lambda+\int_0^\eta \frac{1}{GK(\lambda)}\mathrm{d}\lambda & (y\geqslant\eta)\end{cases}$$

其中,$GJ(\lambda),EI(\lambda),GK(\lambda)$ 分别为机翼的扭转刚度、弯曲刚度、剪切刚度。对刚轴而言

$$C^{z\theta}(y,\eta)=C^{\theta z}(y,\eta)=0$$

$C^{z\theta}(y,\eta)$ 表示在刚轴上 η 处作用一单位扭矩时,在刚轴上 y 处引起的位移。$C^{\theta z}(y,\eta)$ 表示在刚轴上 η 处作用单位力后,在刚轴上 y 处引起的扭角(力及位移均以向上

为正)。

当用翼面涡格模型计算气动载荷时,往往沿弦向也分为若干块,这时气动力并不集中作用在刚轴上,为方便计算起见,引出结构柔度影响系数 $C^{zz}(x,y,\xi,\eta)$,它表示在机翼上 (ξ,η) 处作用单位力后,在 (x,y) 处发生的位移(在弦向剖面内),则

y 剖面刚轴位移:

$$W(y) = C^{zz}(y,\eta)$$

y 剖面刚轴扭角:

$$\theta(y) = C^{\theta\theta}(y,\eta)l$$

(x,y) 点的位移:

$$W(x,y) = W(y) + \tan(\theta(y))l'$$

式中　　　　l——(ξ,η) 点到刚轴的弦向距离;

l'——(x,y) 点到刚轴的弦向距离;

$W(x,y)$——(x,y) 点处的法向变形。

由此可得结构柔度影响系数:

$$C^{zz}(x,y,\xi,\eta) = W(x,y)$$

对于大展弦比后掠机翼,除了满足以上假设外,与大展弦比直机翼不同的是,它多了一个三角形根部盒段,如图 1-5 所示。但对于大展弦比后掠翼,其三角形根部盒段对变形的影响很小,完全可以忽略,所以可以引出一段有效的根部来代替真实的根部,这样,就把后掠翼转化为一相当的直机翼了。只是如果假设它有一根直的刚轴,则此刚轴就不再与对称平面垂直,而是与之夹一个后掠角 Λ。

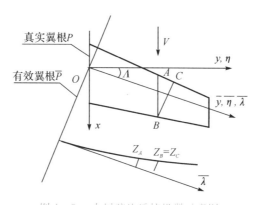

图 1-5　大展弦比后掠机翼示意图

此外,不仅刚轴扭转引起剖面迎角的变化,而且,刚轴弯曲也会引起顺气流剖面的迎角变化。这可以说明如下:A,B 处于同一顺气流剖面上,而 B,C 则处于同一垂直于刚

轴的剖面上。当刚轴向上弯曲时，B 和 C 的挠度大致相等，显然它们大于 A 的挠度，因此在顺气流剖面 AB 上，机翼的迎角减小而引起升力的减小，所以，对于后掠机翼，其弯曲和扭转是相互影响的，必须同时考虑其弯曲及扭转两个方面的影响。引入扭转柔度影响系数 $C^{\theta\theta}(y,\eta)$，位移柔度影响系数 $C^{zz}(y,\eta)$，$C^{\theta z}(y,\eta)$，$C^{z\theta}(y,\eta)$。其中，$C^{\theta\theta}(y,\eta)$ 表示在 η 处作用一单位扭矩时，在 y 剖面处所产生的扭角（扭矩及扭角均以抬头为正）；$C^{zz}(y,\eta)$ 表示在 η 处作用一单位力时，在 y 剖面处所产生的位移；$C^{\theta z}(y,\eta)$ 表示在 η 处作用一单位力时，在 y 剖面处所产生的扭角；$C^{z\theta}(y,\eta)$ 表示在 η 处作用一单位扭矩时，在 y 剖面处所产生的位移。把 η 处的单位扭矩和单位力转化为垂直于梁的弯矩矢 $\sin\Lambda$ 和沿梁的扭矩矢 $\cos\Lambda$，于是

$$C^{\theta\theta}(y,\eta)=\int_0^{y/\cos\Lambda}\left(\frac{\cos^2\Lambda}{GJ(\bar\lambda)}+\frac{\sin^2\Lambda}{EI(\bar\lambda)}\right)\mathrm{d}\bar\lambda\quad(y\leqslant\eta)$$

$$C^{\theta\theta}(y,\eta)=\int_0^{\eta/\cos\Lambda}\left(\frac{\cos^2\Lambda}{GJ(\bar\lambda)}+\frac{\sin^2\Lambda}{EI(\bar\lambda)}\right)\mathrm{d}\bar\lambda\quad(y\geqslant\eta)$$

$$C^{zz}(y,\eta)=\int_0^{y/\cos\Lambda}\frac{\left(\frac{\eta}{\cos\Lambda}-\bar\lambda\right)\left(\frac{y}{\cos\Lambda}-\bar\lambda\right)}{EI(\bar\lambda)}\mathrm{d}\lambda+\int_0^{y/\cos\Lambda}\frac{1}{GK(\bar\lambda)}\mathrm{d}\bar\lambda\quad(y\leqslant\eta)$$

$$C^{zz}(y,\eta)=\int_0^{\eta/\cos\Lambda}\frac{\left(\frac{\eta}{\cos\Lambda}-\bar\lambda\right)\left(\frac{y}{\cos\Lambda}-\bar\lambda\right)}{EI(\bar\lambda)}\mathrm{d}\lambda+\int_0^{\eta/\cos\Lambda}\frac{1}{GK(\bar\lambda)}\mathrm{d}\bar\lambda\quad(y\geqslant\eta)$$

$$C^{\theta z}(y,\mu)=-\sin\Lambda\int_0^{y/\cos\Lambda}\frac{\frac{\eta}{\cos\Lambda}-\bar\lambda}{EI(\bar\lambda)}\mathrm{d}\bar\lambda\quad(y\leqslant\eta)$$

$$C^{z\theta}(y,\mu)=-\sin\Lambda\int_0^{\eta/\cos\Lambda}\frac{\frac{\eta}{\cos\Lambda}-\bar\lambda}{EI(\bar\lambda)}\mathrm{d}\bar\lambda\quad(y\leqslant\eta)$$

根据位移互等原理得

$$C^{z\theta}(y,\eta)=C^{\theta z}(y,\eta)$$

当用翼面涡格模型计算气动载荷时，同样引出结构柔度影响系数 $C^{zz}(x,y,\xi,\eta)$，则

$$C^{zz}(x,y,\xi,\eta)=W(x,y)$$

其中，$W(x,y)$ 定义同大展弦比直机翼。

对于小展弦比机翼，其弦向变形和展向变形是同样重要的，因此，不能再用简单的弹性刚轴的方法处理，而需要用较复杂的弹性板结构方法来处理。小展弦比机翼的结构柔度影响系数可表示为 $C^{zz}(x,y,\xi,\eta)$，它表示在机翼上 (ξ,η) 处作用单位力后，在 (x,y) 处发生的位移。这时一般通过一些专门的结构力学计算软件，如 NASTRAN，

ANSYS 等软件来进行计算它们的柔度影响系数。

2. 模态表示的机翼刚度计算方法

通常,弹性机翼结构可以离散为具有 N 个自由度的线弹性系统,解出正交刚度模态可以作为静气动弹性计算的结构弹性特性。一般三维机翼的拉格朗日运动方程为

$$M\ddot{q} + C\dot{q} + Kq = \{f(t)\} \tag{1-8}$$

在数值计算过程中,可以把机翼抽象成由质量 $m_i(i=1,\cdots,N)$ 集中于节点上的 N 个部分组成。因此,系统中各个节点的矢径 r_i 都可以用 N 个广义坐标 $q_j(j=1,\cdots,N)$ 来表示。于是,机翼在静气动弹性问题中的动力学方程可以在模态坐标下表示成

$$M\ddot{q}_k + C\dot{q}_k + Kq_k = Q_{k+1}(q_k)$$

式中　　q_k —— 经过 k 次迭代得到的广义坐标。

Q_{k+1} —— 经过 $k+1$ 次迭代得到的气动力。

在实际分析过程中,由于阻尼力很小,可以忽略不计。机翼在静气弹变形过程中,经过的时间很长,由此带来的惯性力很小,所以质量也可以略去不计。另外,在计算过程中,把质量矩阵转化成单位矩阵,所以最终要求解的方程为

$$Kq_k = Q_{k+1}(q_k)$$

模态刚度矩阵可以应用求解超越方程的方法获得,NASTRAN 中有多个标准计算模块可使用。计算结构弹性变形的具体步骤可以描述为:① 给定机翼初始外形位移 q_0,计算其气动 Q_1。② 反复进行迭代,利用计算出的气动力 Q_k 计算机翼的垂直位移,得出变形后机翼几何外形,记此时的位移为 q_k。③ 针对变形后的机翼再次进行气动计算,得出此时新外形对应的气动力 Q_{k+1}。④ 利用新计算出的气动力再次计算机翼的垂直位移,得出变形后机翼几何外形,记此时的位移为 q_{k+1};⑤ 判断:如果 $|q_{k+1} - q_k| < \varepsilon,\varepsilon$ 为收敛精度,则计算停止,此时对应的机翼外形即为弹性变形后达到平衡状态的机翼外形。如果上述判断不满足,则令 $q_k = q_{k+1}$,返回第 ③ 步继续进行迭代。

3. 求解飞行器静气动弹性特性的基本方法

静气动弹性分析以结构静平衡方程和气动力方程为基本方程。结构静平衡方程表示结构弹性变形和外力的关系。气动力方程表示气动力和飞行器状态之间的关系,包含刚性姿态和结构弹性变形。两个方程耦合迭代直到平衡和收敛。以柔度影响系数法为例,结构上任一点 (x,y) 处的变形可写为

$$W(x,y) = \int_s C^{zz}(x,y,\xi,\eta)F(\xi,\eta)\mathrm{d}s$$

式中　　$W(x,y)$ —— (x,y) 点处的变形;

$F(\xi, \eta)$ —— 作用在 (ξ, η) 处的载荷,这里计算的是定常气动力,所以气动载荷不随时间发生变化。

写成矩阵形式为

$$W = A \triangle SF = EF$$

机翼表面的坐标加上相应位置的变形,就得到机翼新的表面坐标。机翼弹性平衡方程的求解是一个迭代过程,通过数值模拟方程求解机翼所受气动力,计算后进行气动力加载,再耦合结构静平衡方程计算变形,计算变形后再重新生成网格,然后得到结构变形,结果即为最后的弹性平衡状态。具体的计算过程如流程图 1-6 所示。如此循环计算到变形和气动力均收敛,则可以得到静气动弹性的最终变形。

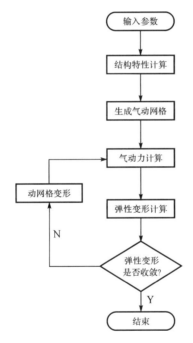

图 1-6　静气动弹性计算流程图

1.3.4　全机载荷分析

弹性飞机的飞行载荷分析是建立在结构静力分析和定常空气动力分析基础之上的。结构分析方法和空气动力分析方法的不同将引起静气动弹性分析方法的巨大差异。目前,常用的静气动弹性分析方法有多种形式。其中,基于结构有限元方法和气动面元法的理论应用最为广泛,为 MSC,NASTRAN,ASTROS,ADOP 等大型软件所采用。

1. 弹性飞机飞行载荷计算分析的基础理论

（1）位移向量集。在使用有限元方法进行结构分析时，必须建立基于节点的方程用以描述结构的特性。在有限元分析中，模型的元素、材料属性和载荷等通过矩阵组装构成刚度矩阵、质量矩阵和载荷矩阵；而单点约束、多点约束和静态缩聚（Guyan 缩聚）则使得方程在求解的不同阶段进行不同的矩阵操作。为了便于管理矩阵操作，必须使用位移向量集，并对每一个位移向量集进行自由度分配。

（2）弹性飞机飞行载荷计算中的位移向量集。结构分析中使用的矩阵操作主要包括矩阵分解、合并和将矩阵数组从一种子集转换到另外一种子集。这些操作都是基于位移向量集进行的。图 1-7 描述了静力学分析中一些常用位移向量集的层次关系，它从上至下依次描述了静力学分析中位移向量集的出现过程。在有限元分析系统中，一般存在两种基本类型的位移向量集，即互斥集和组合集。从图 1-7 可以看出，组合集由两种或两种以上位移向量集组合而成，如 g-set，n-set，f-set 和 a-set；而互斥集则不能表示成其他位移向量集的组合，即在求解过程中，如果一个自由度属于某一个互斥集，则它不能属于别的互斥集，如 m-set，s-set，o-set 和 r-set。

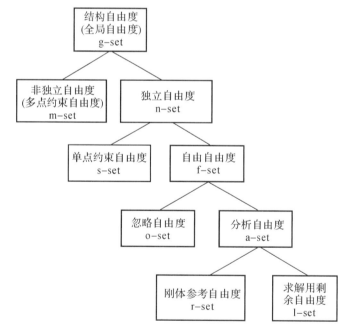

图 1-7 静力学分析中的位移向量集层次图

在有限元分析系统开始装配结构矩阵并形成结构方程时，首先出现的位移向量集是 g-set，称为结构自由度位移向量集（或全局自由度位移向量集），与此对应的矩阵分别为 $\boldsymbol{M}_{gg}$ 和 $\boldsymbol{K}_{gg}$，与此对应的向量为 $\boldsymbol{u}_g$，其他位移向量集下的矩阵和向量与此类似，只是下标不同而已。为了方便,有时将后缀"位移向量集"去掉,直接称自由度,如将 g - set 简称为结构自由度。g - set 包括结构分析模型的所有自由度,该位移向量集的大小,在数目上等于标量点的个数加上 6 倍的节点数。从根本上讲,g - set 代表了结构方程在无约束情况下的位移向量集。

求解过程的下一步是将 g - set 划分成两个子集,即 m - set 和 n - set,分别称为非独立自由度(或多点约束自由度)和独立自由度。m - set 的每一个自由度依赖于 n - set 的自由度,这种依赖关系称为多点约束。m - set 的自由度等于所有多点约束关系所定义的自由度,而 n - set 的自由度则等于 g - set 的自由度减去 m - set 的自由度。

将单点约束加入独立方程中可以对 n - set 做进一步的分解,得到 s - set 和 f - set,分别称为单点约束自由度和自由自由度。s - set 的自由度由用户指定,用来约束刚体运动。s - set 的自由度等于所有单点约束限制的自由度,而 f - set 的自由度则等于 n - set 的自由度减去 s - set 的自由度。

如果对结构进行了静态缩聚,f - set 可以进一步划分成 o - set 和 a - set,分别称为忽略自由度和分析自由度。o - set 的自由度等于静态缩聚中所消除的自由度,而 f - set 中剩下的自由度就保留在 a - set 中。

如果在结构中存在刚体自由度,如飞行中的飞机、试验跑道上的汽车和太空飞行的卫星等,则在计算静响应之前必须对位移向量集作进一步的划分。此时,可以将 a - set 划分成 r - set 和 l - set,分别称为刚体参考自由度和求解用剩余自由度。r - set 的自由度等于结构当前的刚体运动自由度,一般用参考点的当前刚体运动自由度表示。在去除 r - set 的自由度后,a - set 中剩下的自由度就保留在 l - set 中。在静力学分析中,使用 r - set 描述结构的自由度也称刚体支持,利用它可以约束刚体模态,以消除刚度矩阵的奇异值。

静气动弹性响应分析中用到的位移向量集和静力学分析相同,这些位移向量集是一切结构有限元分析的基础。

(3)气动力分析中的位移向量集。空气动力模型和结构模型是相互独立的,它们各自有自己的自由度。在空气动力模型中主要有 k - set,j - set 和 x - set。其中,k - set 称为空气动力网格压力点自由度,u_k 表示空气动力网格压力点的位移;j - set 称为空气动力网格控制点自由度,u_j 表示空气动力网格控制点的位移;x - set 称为额外空气动力点自由度,u_x 表示操纵面的偏转和飞机整体刚体运动(如迎角、侧向加速度和俯仰率等)。需要注意的是,这里的 k - set,j - set 和模态分析中的 k - set,j - set 实际上是完全不同的。

2. 弹性飞机飞行载荷的响应分析

静气动弹性响应问题属于静力学范畴。为了便于给出静气动弹性响应分析的方程，本书先给出一般静力学问题的求解方程，并在此基础上对本书所用到的静气动弹性响应分析相关公式进行推导。

（1）弹性飞机飞行载荷计算的平衡方程。一般静力学问题的求解，都是在假设没有机械装置和不能进行刚体运动的前提下进行的。如果在常规有限元分析中存在机械装置或刚体运动，则模型的刚度矩阵将出现奇异。因此常规有限元分析方法不能在无约束或约束不充分的结构上使用。对于这类问题必须使用惯性减缓方法。所谓惯性减缓就是在分析中用结构的惯性力来平衡外加载荷。

与一般的静力学分析问题相比，惯性减缓可以模拟静力学分析中的无约束问题。在静气动弹性响应分析中，惯性减缓是必须考虑的问题，这里将惯性减缓加入静力学分析平衡方程中。按照图 1-7 所示的层次关系，以下依次对静力学有限元分析中不同位移向量集下的平衡方程进行推导。

g-set 静力学分析平衡方程可以写成

$$K_{gg} u_g + M_{gg} \ddot{u}_g = P_g \tag{1-9}$$

按照图 1-7 中的层次关系，g-set 可以分解成 m-set 和 n-set，因此式（1-9）也就被分解成

$$\begin{bmatrix} \bar{K}_{nn} & K_{nm} \\ K_{mn} & K_{mm} \end{bmatrix} \begin{bmatrix} u_n \\ u_m \end{bmatrix} + \begin{bmatrix} \bar{M}_{nn} & M_{nm} \\ M_{mn} & M_{mm} \end{bmatrix} \begin{bmatrix} \ddot{u}_n \\ \ddot{u}_m \end{bmatrix} = \begin{bmatrix} \bar{P}_n \\ P_m \end{bmatrix} \tag{1-10}$$

非独立自由度 m-set 和独立自由度 n-set 具有如下关系：

$$u_m = T_{mn} u_n \tag{1-11}$$

其中，T_{mn} 称为多点约束关系矩阵。

将式（1-11）对时间进行两次微分，可以得到

$$\ddot{u}_m = T_{mn} \ddot{u}_n \tag{1-12}$$

将式（1-10）的第二行左乘 T_{mn}^T 加到第一行，并同时考虑式（1-11）和式（1-12），可以得到 n-set 下的静力学分析平衡方程为

$$K_{nn} u_n + M_{nn} \ddot{u}_n = P_n \tag{1-13}$$

其中

$$K_{nn} = \bar{K}_{nn} + K_{nm} T_{mn} + T_{mn}^T [K_{mn} + K_{mm} T_{mn}]$$

$$M_{nn} = \bar{M}_{nn} + M_{nm} T_{mn} + T_{mn}^T [M_{mn} + M_{mm} T_{mn}]$$

$$P_n = \bar{P}_n + T_{mn}^T P_m$$

由于 n-set 可以分解成 f-set 和 s-set,因此式(1-13)可以分解成

$$\begin{bmatrix} \boldsymbol{K}_{\mathrm{ff}} & \boldsymbol{K}_{\mathrm{fs}} \\ \boldsymbol{K}_{\mathrm{sf}} & \boldsymbol{K}_{\mathrm{ss}} \end{bmatrix} \begin{bmatrix} \boldsymbol{u}_{\mathrm{f}} \\ \boldsymbol{u}_{\mathrm{s}} \end{bmatrix} + \begin{bmatrix} \boldsymbol{M}_{\mathrm{ff}} & \boldsymbol{M}_{\mathrm{fs}} \\ \boldsymbol{M}_{\mathrm{sf}} & \boldsymbol{M}_{\mathrm{ss}} \end{bmatrix} \begin{bmatrix} \ddot{\boldsymbol{u}}_{\mathrm{f}} \\ \ddot{\boldsymbol{u}}_{\mathrm{s}} \end{bmatrix} = \begin{bmatrix} \overline{\boldsymbol{P}}_{\mathrm{f}} \\ \boldsymbol{P}_{\mathrm{s}} \end{bmatrix} \tag{1-14}$$

对于单点约束有如下定义:单点约束上的位移为指定值,即 $\boldsymbol{u}_{\mathrm{s}}=\boldsymbol{Y}_{\mathrm{s}}$;单点约束上的加速度为零,即,$\ddot{\boldsymbol{u}}_{\mathrm{s}}=0$。因此,将这两个关系式代入式(1-14)的第一行,可以得到 f-set 下的静力学分析平衡方程:

$$\boldsymbol{K}_{\mathrm{ff}}\boldsymbol{u}_{\mathrm{f}} + \boldsymbol{M}_{\mathrm{ff}}\ddot{\boldsymbol{u}}_{\mathrm{f}} = \boldsymbol{P}_{\mathrm{f}} \tag{1-15}$$

其中

$$\boldsymbol{P}_{\mathrm{f}} = \overline{\boldsymbol{P}}_{\mathrm{f}} - \boldsymbol{K}_{\mathrm{fs}}\boldsymbol{Y}_{\mathrm{s}}$$

由于 f-set 可以分解成 a-set 和 o-set,因此上式可以分解成

$$\begin{bmatrix} \overline{\boldsymbol{K}}_{\mathrm{aa}} & \boldsymbol{K}_{\mathrm{ao}} \\ \boldsymbol{K}_{\mathrm{oa}} & \boldsymbol{K}_{\mathrm{oo}} \end{bmatrix} \begin{bmatrix} \boldsymbol{u}_{\mathrm{a}} \\ \boldsymbol{u}_{\mathrm{o}} \end{bmatrix} + \begin{bmatrix} \overline{\boldsymbol{M}}_{\mathrm{aa}} & \boldsymbol{M}_{\mathrm{ao}} \\ \boldsymbol{M}_{\mathrm{oa}} & \boldsymbol{M}_{\mathrm{oo}} \end{bmatrix} \begin{bmatrix} \ddot{\boldsymbol{u}}_{\mathrm{a}} \\ \ddot{\boldsymbol{u}}_{\mathrm{o}} \end{bmatrix} = \begin{bmatrix} \overline{\boldsymbol{P}}_{\mathrm{a}} \\ \boldsymbol{P}_{\mathrm{o}} \end{bmatrix} \tag{1-16}$$

根据静态缩聚的定义有如下方程:

$$\begin{bmatrix} \boldsymbol{K}_{\mathrm{oa}} & \boldsymbol{K}_{\mathrm{oo}} \end{bmatrix} \begin{bmatrix} \boldsymbol{u}_{\mathrm{a}} \\ \boldsymbol{u}_{\mathrm{o}} \end{bmatrix} = \boldsymbol{P}_{\mathrm{o}} \tag{1-17}$$

利用式(1-17),可以求解出 $\boldsymbol{u}_{\mathrm{o}}$ 和 $\boldsymbol{u}_{\mathrm{a}}$ 之间的关系:

$$\boldsymbol{u}_{\mathrm{o}} = \boldsymbol{K}_{\mathrm{oo}}^{-1}\boldsymbol{P}_{\mathrm{o}} - \boldsymbol{K}_{\mathrm{oo}}^{-1}\boldsymbol{K}_{\mathrm{oa}}\boldsymbol{u}_{\mathrm{a}} = \boldsymbol{K}_{\mathrm{oo}}^{-1}\boldsymbol{P}_{\mathrm{o}} + \boldsymbol{G}_{\mathrm{o}}\boldsymbol{u}_{\mathrm{a}} \tag{1-18}$$

由于 $\boldsymbol{P}_{\mathrm{o}}$ 一般比较小,可以忽略,故式(1-18)可以写成

$$\boldsymbol{u}_{\mathrm{o}} = \boldsymbol{G}_{\mathrm{o}}\boldsymbol{u}_{\mathrm{a}} \tag{1-19}$$

将式(1-19)对时间进行两次微分,可以得

$$\ddot{\boldsymbol{u}}_{\mathrm{o}} = \boldsymbol{G}_{\mathrm{o}}\ddot{\boldsymbol{u}}_{\mathrm{a}} \tag{1-20}$$

将式(1-19)和式(1-20)代入式(1-16),并将式(1-16)的第二行乘以 $\boldsymbol{G}_{\mathrm{o}}^{\mathrm{T}}$ 加到第一行,可以得到 a-set 下的静力学分析平衡方程为

$$\boldsymbol{K}_{\mathrm{aa}}\boldsymbol{u}_{\mathrm{a}} + \boldsymbol{M}_{\mathrm{aa}}\ddot{\boldsymbol{u}}_{\mathrm{a}} = \boldsymbol{P}_{\mathrm{a}} \tag{1-21}$$

其中

$$\boldsymbol{K}_{\mathrm{aa}} = \overline{\boldsymbol{K}}_{\mathrm{aa}} + \boldsymbol{K}_{\mathrm{ao}}\boldsymbol{G}_{\mathrm{o}}$$

$$\boldsymbol{M}_{\mathrm{aa}} = \overline{\boldsymbol{M}}_{\mathrm{aa}} + \boldsymbol{M}_{\mathrm{ao}}\boldsymbol{G}_{\mathrm{o}} + \boldsymbol{G}_{\mathrm{o}}^{\mathrm{T}}\boldsymbol{M}_{\mathrm{oa}} + \boldsymbol{G}_{\mathrm{o}}^{\mathrm{T}}\boldsymbol{M}_{\mathrm{oo}}\boldsymbol{G}_{\mathrm{o}}$$

$$\boldsymbol{P}_{\mathrm{a}} = \overline{\boldsymbol{P}}_{\mathrm{a}} + \boldsymbol{G}_{\mathrm{o}}^{\mathrm{T}}\boldsymbol{P}_{\mathrm{o}}$$

将 a-set 进一步分解成 r-set 和 l-set,式(1-21)可以分解成

$$\begin{bmatrix} \boldsymbol{K}_{\mathrm{ll}} & \boldsymbol{K}_{\mathrm{lr}} \\ \boldsymbol{K}_{\mathrm{rl}} & \boldsymbol{K}_{\mathrm{rr}} \end{bmatrix} \begin{bmatrix} \boldsymbol{u}_{\mathrm{l}} \\ \boldsymbol{u}_{\mathrm{r}} \end{bmatrix} + \begin{bmatrix} \boldsymbol{M}_{\mathrm{ll}} & \boldsymbol{M}_{\mathrm{lr}} \\ \boldsymbol{M}_{\mathrm{rl}} & \boldsymbol{M}_{\mathrm{rr}} \end{bmatrix} \begin{bmatrix} \ddot{\boldsymbol{u}}_{\mathrm{l}} \\ \ddot{\boldsymbol{u}}_{\mathrm{r}} \end{bmatrix} = \begin{bmatrix} \boldsymbol{P}_{\mathrm{l}} \\ \boldsymbol{P}_{\mathrm{r}} \end{bmatrix} \tag{1-22}$$

式（1-22）的求解，一般是通过确定刚体模态进行的。刚体模态的求解则可以通过使用刚度矩阵求解无载荷结构的位移进行，即

$$\begin{bmatrix} \boldsymbol{K}_{ll} & \boldsymbol{K}_{lr} \\ \boldsymbol{K}_{rl} & \boldsymbol{K}_{rr} \end{bmatrix} \begin{bmatrix} \boldsymbol{u}_l \\ \boldsymbol{u}_r \end{bmatrix} = \boldsymbol{0} \tag{1-23}$$

从式（1-23）可以得

$$\boldsymbol{u}_l = -\boldsymbol{K}_{ll}^{-1} \boldsymbol{K}_{lr} \boldsymbol{u}_r = \boldsymbol{D} \boldsymbol{u}_r \tag{1-24}$$

$$\begin{bmatrix} \boldsymbol{K}_{rl} \boldsymbol{D} + \boldsymbol{K}_{rr} \end{bmatrix} \boldsymbol{u}_r = \boldsymbol{0} \tag{1-25}$$

利用式（1-24）可以得

$$\ddot{\boldsymbol{u}}_l = \boldsymbol{D} \ddot{\boldsymbol{u}}_r \tag{1-26}$$

其中，$\boldsymbol{D}$ 被称为刚体转换矩阵。值得注意的是，虽然 $\boldsymbol{D}$ 在形式上与刚度矩阵 $\boldsymbol{K}_{ll}$，$\boldsymbol{K}_{lr}$ 相关，但实际上其最终的计算结果却只和结构的几何外形相关，而与 $\boldsymbol{K}_{ll}$ 和 $\boldsymbol{K}_{lr}$ 的具体值无关，这是刚体转换矩阵的性质。

利用矩阵 $\boldsymbol{D}$ 可以构成刚体模态矢量 $\boldsymbol{\psi}_{rig}$，相应的表达式为

$$\boldsymbol{\psi}_{rig} = \begin{bmatrix} \boldsymbol{D} \\ \boldsymbol{I}_r \end{bmatrix} \tag{1-27}$$

使用刚体模态矢量 $\boldsymbol{\psi}_{rig}$ 可以建立刚体质量矩阵 $\boldsymbol{M}_r$，相应的表达式为

$$\boldsymbol{M}_r = \boldsymbol{\psi}_{rig}^T \begin{bmatrix} \boldsymbol{M}_{ll} & \boldsymbol{M}_{lr} \\ \boldsymbol{M}_{rl} & \boldsymbol{M}_{rr} \end{bmatrix} \boldsymbol{\psi}_{rig} = \begin{bmatrix} \boldsymbol{D}^T & \boldsymbol{I}_r \end{bmatrix} \begin{bmatrix} \boldsymbol{M}_{ll} & \boldsymbol{M}_{lr} \\ \boldsymbol{M}_{rl} & \boldsymbol{M}_{rr} \end{bmatrix} \begin{bmatrix} \boldsymbol{D} \\ \boldsymbol{I}_r \end{bmatrix} = \boldsymbol{D}^T \boldsymbol{M}_{ll} \boldsymbol{D} + \boldsymbol{D}^T \boldsymbol{M}_{lr} + \boldsymbol{M}_{rl} \boldsymbol{D} + \boldsymbol{M}_{rr}$$

$$\tag{1-28}$$

当分析坐标轴取为主惯性轴时，且结构的六个刚体自由度在分析中均存在时，式（1-28）为如下对角矩阵：

$$\boldsymbol{M}_r = \begin{bmatrix} m & & & & & \\ & m & & & & \\ & & m & & & \\ & & & I_{xx} & & \\ & & & & I_{yy} & \\ & & & & & I_{zz} \end{bmatrix} \tag{1-29}$$

将式（1-26）代入式（1-22），可以得到如下关系式：

$$\begin{bmatrix} \boldsymbol{K}_{ll} & \boldsymbol{K}_{lr} & \boldsymbol{M}_{ll} \boldsymbol{D} + \boldsymbol{M}_{lr} \\ \boldsymbol{K}_{rl} & \boldsymbol{K}_{rr} & \boldsymbol{M}_{rl} \boldsymbol{D} + \boldsymbol{M}_{rr} \end{bmatrix} \begin{bmatrix} \boldsymbol{u}_l \\ \boldsymbol{u}_r \\ \ddot{\boldsymbol{u}}_r \end{bmatrix} = \begin{bmatrix} \boldsymbol{P}_l \\ \boldsymbol{P}_r \end{bmatrix} \tag{1-30}$$

如果将式(1-30)的第一行左乘 D^T 加到第二行上,可以得到

$$
\begin{bmatrix}
K_{ll} & K_{lr} & M_{ll}D+M_{lr} \\
D^T K_{ll}+K_{rl} & D^T K_{lr}+K_{rr} & M_r
\end{bmatrix}
\begin{bmatrix}
u_l \\
u_r \\
\ddot{u}_r
\end{bmatrix}
=
\begin{bmatrix}
P_l \\
D^T P_l+P_r
\end{bmatrix}
\tag{1-31}
$$

因为从式(1-24)可以得

$$
[D^T K_{ll}+K_{rl}]u_l=0
$$

又从式(1-25)可以得

$$
[D^T K_{lr}+K_{rr}]u_r=0
$$

故式(1-31)可以写成

$$
\begin{bmatrix}
K_{ll} & K_{lr} & M_{ll}D+M_{lr} \\
0 & 0 & M_r
\end{bmatrix}
\begin{bmatrix}
u_l \\
u_r \\
\ddot{u}_r
\end{bmatrix}
=
\begin{bmatrix}
P_l \\
D^T P_l+P_r
\end{bmatrix}
\tag{1-32}
$$

利用式(1-32)的第二行就可以求解出 $\ddot{u}_r$:

$$
\ddot{u}_r=M_r^{-1}[D^T P_l+P_r]
\tag{1-33}
$$

在实际情况中, u_r 在全局坐标系下应该是有一定值的。但是,在利用式(1-32)的第一行求解 u_l 时,一般都先假设参考点的位移 $u_r=0$,然后求出结构相对于参考点的变形,此时

$$
u_l=K_{ll}^{-1}(P_l-[M_{ll}D+M_{lr}]M_r^{-1}[D^T P_l+P_r])
\tag{1-34}
$$

有了 $u_l,u_r,\ddot{u}_r$,根据前面提到的各自由度之间的关系式,并进行不同位移矢量形式之间的自由度合并运算,可以依次求解出 $\ddot{u}_l,\ddot{u}_a,\ddot{u}_o,\ddot{u}_f,\ddot{u}_s,\ddot{u}_n,\ddot{u}_m,\ddot{u}_g$ 和 $u_a,u_o,u_f,u_s,u_n,u_m,u_g$。对于 u_o 的计算,为了得到更高的精度,一般不使用式(1-19),而使用式(1-16)的第二行,即

$$
u_o=K_{oo}^{-1}P_o+G_o u_a-[M_{oa}+M_{oo}G_o]\ddot{u}_a
$$

有了 u_g 之后便可以根据单元刚度矩阵计算出单元的应变,并可以根据应力-应变关系求出各单元的应力。

(2)弹性飞机飞行载荷响应分析的平衡方程。通过加入气动力项,可以很容易将前面使用的静力学分析平衡方程改写成静气动弹性分析平衡方程。在实际分析中,g-set 和 n-set 下的方程既适用于静力学分析又适用于静气动弹性响应分析,因为在这些方程中没有结构刚度矩阵和气动力刚度矩阵之间的耦合。然而在将 f-set 分解成 a-set 和 o-set 的过程中,则必须考虑刚度矩阵的耦合。因此,静气动弹性响应分析方程是在 f-set 下建立的,即

$$
[K_{ff}-\bar{q}Q_{ff}]u_f+M_{ff}\ddot{u}_f=\bar{q}Q_{fx}u_x+P_f
\tag{1-35}
$$

其中,$\bar{q}\,Q_{\mathrm{ff}}u_{\mathrm{f}}$ 表示由结构弹性变形引起的气动力增量;$\bar{q}\,Q_{\mathrm{fx}}u_{\mathrm{x}}$ 表示由操纵面偏转引起的气动力。

为了方便起见,令

$$K_{\mathrm{ff}}^{\mathrm{a}}=K_{\mathrm{ff}}-\bar{q}\,Q_{\mathrm{ff}}$$

$$K_{\mathrm{fx}}^{\mathrm{a}}=\bar{q}\,Q_{\mathrm{fx}}$$

于是式(1-35)可以写成

$$K_{\mathrm{ff}}^{\mathrm{a}}u_{\mathrm{f}}+M_{\mathrm{ff}}\ddot{u}_{\mathrm{f}}=K_{\mathrm{fx}}^{\mathrm{a}}u_{\mathrm{x}}+P_{\mathrm{f}} \tag{1-36}$$

将式(1-36)分解成 a-set 和 o-set 自由度,可以得

$$\begin{bmatrix} \bar{K}_{\mathrm{aa}}^{\mathrm{a}} & K_{\mathrm{ao}}^{\mathrm{a}} \\ K_{\mathrm{oa}}^{\mathrm{a}} & K_{\mathrm{oo}}^{\mathrm{a}} \end{bmatrix}\begin{bmatrix} u_{\mathrm{a}} \\ u_{\mathrm{o}} \end{bmatrix}+\begin{bmatrix} \bar{M}_{\mathrm{aa}} & M_{\mathrm{ao}} \\ M_{\mathrm{oa}} & M_{\mathrm{oo}} \end{bmatrix}\begin{bmatrix} \ddot{u}_{\mathrm{a}} \\ \ddot{u}_{\mathrm{o}} \end{bmatrix}=\begin{bmatrix} \bar{K}_{\mathrm{ax}}^{\mathrm{a}} \\ K_{\mathrm{ox}}^{\mathrm{a}} \end{bmatrix}u_{\mathrm{x}}+\begin{bmatrix} \bar{P}_{\mathrm{a}} \\ P_{\mathrm{o}} \end{bmatrix} \tag{1-37}$$

仿照式(1-16)~式(1-21),可以将式(1-37)转换成 a-set 下的静气动弹性运动方程:

$$K_{\mathrm{aa}}^{\mathrm{a}}\,u_{\mathrm{a}}+M_{\mathrm{aa}}\,\ddot{u}_{\mathrm{a}}=K_{\mathrm{ax}}^{\mathrm{a}}\,u_{\mathrm{x}}+P_{\mathrm{a}} \tag{1-38}$$

其中,

$$K_{\mathrm{aa}}^{\mathrm{a}}=\bar{K}_{\mathrm{aa}}^{\mathrm{a}}+K_{\mathrm{ao}}^{\mathrm{a}}\,G_{\mathrm{o}}^{\mathrm{a}}$$

$$M_{\mathrm{aa}}=\bar{M}_{\mathrm{aa}}+M_{\mathrm{ao}}\,G_{\mathrm{o}}^{\mathrm{a}}+[G_{\mathrm{o}}^{\mathrm{a}}]^{\mathrm{T}}\,M_{\mathrm{oa}}+[G_{\mathrm{o}}^{\mathrm{a}}]^{\mathrm{T}}\,M_{\mathrm{oo}}\,G_{\mathrm{o}}^{\mathrm{a}}$$

$$K_{\mathrm{ax}}^{\mathrm{a}}=\bar{K}_{\mathrm{ax}}^{\mathrm{a}}+[G_{\mathrm{o}}^{\mathrm{a}}]^{\mathrm{T}}\,K_{\mathrm{ox}}^{\mathrm{a}}$$

$$P_{\mathrm{a}}=\bar{P}_{\mathrm{a}}+[G_{\mathrm{o}}^{\mathrm{a}}]^{\mathrm{T}}\,P_{\mathrm{o}}$$

$$G_{\mathrm{o}}=-[K_{\mathrm{oo}}^{\mathrm{a}}]^{-1}\,K_{\mathrm{oa}}^{\mathrm{a}}$$

式(1-38)是静气动弹性响应分析的基本方程,将其分解成 r-set 和 l-set 自由度,可以得

$$\begin{bmatrix} K_{\mathrm{ll}}^{\mathrm{a}} & K_{\mathrm{lr}}^{\mathrm{a}} \\ K_{\mathrm{rl}}^{\mathrm{a}} & K_{\mathrm{rr}}^{\mathrm{a}} \end{bmatrix}\begin{bmatrix} u_{\mathrm{l}} \\ u_{\mathrm{r}} \end{bmatrix}+\begin{bmatrix} M_{\mathrm{ll}} & M_{\mathrm{lr}} \\ M_{\mathrm{rl}} & M_{\mathrm{rr}} \end{bmatrix}\begin{bmatrix} \ddot{u}_{\mathrm{l}} \\ \ddot{u}_{\mathrm{r}} \end{bmatrix}=\begin{bmatrix} K_{\mathrm{lx}}^{\mathrm{a}} \\ K_{\mathrm{rx}}^{\mathrm{a}} \end{bmatrix}u_{\mathrm{x}}+\begin{bmatrix} P_{\mathrm{l}} \\ P_{\mathrm{r}} \end{bmatrix} \tag{1-39}$$

在式(1-39)的求解过程中必须引入两个概念,即无支持情况和有支持情况,它们之间的区别在于如何处理支持自由度的位移u_{r}。无支持情况相应于飞机的自由飞行状态,可以用于飞行测试的分析,它在求解时必须使用刚体运动和弹性变形之间的正交关系。有支持情况可以用于飞行模拟器或吹风模型的分析,它在求解时要用到$u_{\mathrm{r}}=0$。

(3)无支持情况结构变形、配平参数和气动力导数的计算。在无支持状态下,刚体运动和弹性变形之间具有如下正交关系:

$$\begin{bmatrix} D^{\mathrm{T}} & I \end{bmatrix}\begin{bmatrix} M_{\mathrm{ll}} & M_{\mathrm{lr}} \\ M_{\mathrm{rl}} & M_{\mathrm{rr}} \end{bmatrix}\begin{bmatrix} u_{\mathrm{l}} \\ u_{\mathrm{r}} \end{bmatrix}=0 \tag{1-40}$$

将式(1-26)和式(1-40)代入式(1-39),可以得

$$
\begin{bmatrix} \boldsymbol{K}_{ll}^{a} & \boldsymbol{K}_{lr}^{a} & \boldsymbol{M}_{ll}\boldsymbol{D}+\boldsymbol{M}_{lr} \\ \boldsymbol{K}_{rl}^{a} & \boldsymbol{K}_{rr}^{a} & \boldsymbol{M}_{rl}\boldsymbol{D}+\boldsymbol{M}_{rr} \\ \boldsymbol{D}^{T}\boldsymbol{M}_{ll}+\boldsymbol{M}_{rl} & \boldsymbol{D}^{T}\boldsymbol{M}_{lr}+\boldsymbol{M}_{rr} & \boldsymbol{0} \end{bmatrix} \begin{bmatrix} \boldsymbol{u}_{l} \\ \boldsymbol{u}_{r} \\ \ddot{\boldsymbol{u}}_{r} \end{bmatrix} = \begin{bmatrix} \boldsymbol{K}_{lx}^{a} \\ \boldsymbol{K}_{rx}^{a} \\ \boldsymbol{0} \end{bmatrix} \boldsymbol{u}_{x} + \begin{bmatrix} \boldsymbol{P}_{l} \\ \boldsymbol{P}_{r} \\ \boldsymbol{0} \end{bmatrix} \tag{1-41}
$$

将式(1-41)第一行乘以 $\boldsymbol{D}^{T}$ 加到第二行上,并将新的第二行与第三行互换,可以得

$$
\begin{bmatrix} \boldsymbol{K}_{ll}^{a} & \boldsymbol{K}_{lr}^{a} & \boldsymbol{M}_{ll}\boldsymbol{D}+\boldsymbol{M}_{lr} \\ \boldsymbol{D}^{T}\boldsymbol{M}_{ll}+\boldsymbol{M}_{rl} & \boldsymbol{D}^{T}\boldsymbol{M}_{lr}+\boldsymbol{M}_{rr} & \boldsymbol{0} \\ \boldsymbol{D}^{T}\boldsymbol{K}_{ll}^{a}+\boldsymbol{K}_{rl}^{a} & \boldsymbol{D}^{T}\boldsymbol{K}_{lr}^{a}+\boldsymbol{K}_{rr}^{a} & \boldsymbol{M}_{r} \end{bmatrix} \begin{bmatrix} \boldsymbol{u}_{l} \\ \boldsymbol{u}_{r} \\ \ddot{\boldsymbol{u}}_{r} \end{bmatrix} = \begin{bmatrix} \boldsymbol{K}_{lx}^{a} \\ \boldsymbol{0} \\ \boldsymbol{D}^{T}\boldsymbol{K}_{lx}^{a}+\boldsymbol{K}_{rx}^{a} \end{bmatrix} \boldsymbol{u}_{x} + \begin{bmatrix} \boldsymbol{P}_{l} \\ \boldsymbol{0} \\ \boldsymbol{D}^{T}\boldsymbol{P}_{l}+\boldsymbol{P}_{r} \end{bmatrix}
$$
$$\tag{1-42}$$

将式(1-42)进行符号简化,可以得

$$
\begin{bmatrix} \boldsymbol{R}_{11} & \boldsymbol{R}_{12} & \boldsymbol{R}_{13} \\ \boldsymbol{R}_{21} & \boldsymbol{R}_{22} & \boldsymbol{R}_{23} \\ \boldsymbol{R}_{31} & \boldsymbol{R}_{32} & \boldsymbol{R}_{33} \end{bmatrix} \begin{Bmatrix} \boldsymbol{u}_{l} \\ \boldsymbol{u}_{r} \\ \ddot{\boldsymbol{u}}_{r} \end{Bmatrix} = \begin{Bmatrix} \boldsymbol{K}_{lx}^{a} \\ \boldsymbol{0} \\ \boldsymbol{D}^{T}\boldsymbol{K}_{lx}^{a}+\boldsymbol{K}_{rx}^{a} \end{Bmatrix} \boldsymbol{u}_{x} + \begin{Bmatrix} \boldsymbol{P}_{l} \\ \boldsymbol{0} \\ \boldsymbol{D}^{T}\boldsymbol{P}_{l}+\boldsymbol{P}_{r} \end{Bmatrix} \tag{1-43}
$$

其中,

$$\boldsymbol{R}_{11}=\boldsymbol{K}_{ll}^{a}$$

$$\boldsymbol{R}_{12}=\boldsymbol{K}_{lr}^{a}$$

$$\boldsymbol{R}_{13}=\boldsymbol{M}_{ll}\boldsymbol{D}+\boldsymbol{M}_{lr}$$

$$\boldsymbol{R}_{21}=\boldsymbol{D}^{T}\boldsymbol{M}_{ll}+\boldsymbol{M}_{rl}$$

$$\boldsymbol{R}_{22}=\boldsymbol{D}^{T}\boldsymbol{M}_{lr}+\boldsymbol{M}_{rr}$$

$$\boldsymbol{R}_{23}=\boldsymbol{0}$$

$$\boldsymbol{R}_{31}=\boldsymbol{D}^{T}\boldsymbol{K}_{ll}^{a}+\boldsymbol{K}_{rl}^{a}$$

$$\boldsymbol{R}_{32}=\boldsymbol{D}^{T}\boldsymbol{K}_{lr}^{a}+\boldsymbol{K}_{rr}^{a}$$

$$\boldsymbol{R}_{33}=\boldsymbol{M}_{r}$$

从式(1-43)可以看出,$\boldsymbol{R}_{13}$ 是与惯性减缓相关的量,用于表示惯性力对结构的卸载作用。

从式(1-43)的第一行可以求解出 $\boldsymbol{u}_{l}$,得

$$\boldsymbol{u}_{l}=\boldsymbol{R}_{11}^{-1}\left[\boldsymbol{P}_{l}+\boldsymbol{K}_{lx}^{a}\,\boldsymbol{u}_{x}-\boldsymbol{R}_{12}\,\boldsymbol{u}_{r}-\boldsymbol{R}_{13}\,\ddot{\boldsymbol{u}}_{r}\right] \tag{1-44}$$

将所求得的 $\boldsymbol{u}_{l}$ 代入式(1-43)的第二和第三行并进行适当的变换,可以得

$$
\begin{bmatrix} \boldsymbol{K}_{11} & \boldsymbol{K}_{12} \\ \boldsymbol{K}_{21} & \boldsymbol{K}_{22} \end{bmatrix} \begin{bmatrix} \boldsymbol{u}_{1} \\ \boldsymbol{u}_{2} \end{bmatrix} = \begin{bmatrix} \boldsymbol{K}_{1x} \\ \boldsymbol{K}_{2x} \end{bmatrix} \boldsymbol{u}_{x} + \begin{bmatrix} \boldsymbol{P}_{1} \\ \boldsymbol{P}_{2} \end{bmatrix} \tag{1-45}
$$

其中,

$$K_{11} = R_{22} - R_{21} R_{11}^{-1} R_{12}$$

$$K_{12} = R_{23} - R_{21} R_{11}^{-1} R_{13} = -R_{21} R_{11}^{-1} R_{13}$$

$$K_{21} = R_{32} - R_{31} R_{11}^{-1} R_{12}$$

$$K_{22} = R_{33} - R_{31} R_{11}^{-1} R_{13}$$

$$u_1 = u_r$$

$$u_2 = \ddot{u}_r$$

$$K_{1x} = -R_{21} R_{11}^{-1} K_{1x}^a$$

$$K_{2x} = -R_{31} R_{11}^{-1} K_{1x}^a + D^T K_{1x}^a + K_{rx}^a$$

$$P_1 = -R_{21} R_{11}^{-1} P_1$$

$$P_2 = -R_{31} R_{11}^{-1} P_1 + D^T P_1 + P_r$$

求解式(1-45)可以得

$$u_1 = K_{11}^{-1} [P_1 + K_{1x} u_x - K_{12} u_2] \tag{1-46}$$

$$[K_{22} - K_{21} K_{11}^{-1} K_{12}] u_2 = (P_2 - K_{21} K_{11}^{-1} P_1 + [K_{2x} - K_{21} K_{11}^{-1} K_{1x}] u_x) \tag{1-47}$$

$$u_2 = [K_{22} - K_{21} K_{11}^{-1} K_{12}]^{-1} (P_2 - K_{21} K_{11}^{-1} P_1 + [K_{2x} - K_{21} K_{11}^{-1} K_{1x}] u_x) \tag{1-48}$$

利用式(1-47)可以求解出无支持情况的未知配平参数。为了描述方便,先将该式改写成如下形式:

$$Lu_2 = Ru_x + N \tag{1-49}$$

其中,

$$L = [K_{22} - K_{21} K_{11}^{-1} K_{12}] u_2$$

$$R = [K_{2x} - K_{21} K_{11}^{-1} K_{1x}] u_x$$

$$N = P_2 - K_{21} K_{11}^{-1} P_1$$

将式(1-49)按照u_2,u_x中的已知项和未知项进行分解,可以得

$$\begin{bmatrix} L_{ff} & L_{fk} \\ L_{kf} & L_{kk} \end{bmatrix} \begin{bmatrix} u_{2f} \\ u_{2k} \end{bmatrix} = \begin{bmatrix} R_{fu} & R_{fs} \\ R_{ku} & R_{ks} \end{bmatrix} \begin{bmatrix} u_{xu} \\ u_{xs} \end{bmatrix} + \begin{bmatrix} N_f \\ N_f \end{bmatrix} \tag{1-50}$$

其中,下标"f"和"u"分别表示未知的加速度和额外空气动力点矢量;"k"和"s"分别表示已知的加速度和额外空气动力点矢量。

按照参数的未知和已知性对式(1-50)进行调整,将未知参数全部放到方程的左边,可以得

$$\begin{bmatrix} L_{ff} & -R_{fu} \\ L_{kf} & -R_{ku} \end{bmatrix} \begin{bmatrix} u_{2f} \\ u_{xu} \end{bmatrix} = \begin{bmatrix} -L_{fk} & R_{fs} \\ -L_{kk} & R_{ks} \end{bmatrix} \begin{bmatrix} u_{2k} \\ u_{xs} \end{bmatrix} + \begin{bmatrix} P_f \\ P_f \end{bmatrix} \tag{1-51}$$

利用式(1-51)可以求出未知的配平参数。利用式(1-48)可以求解出无支持情况下的气动力导数。利用$\boldsymbol{M}_r$矩阵和$\ddot{\boldsymbol{u}}_r$的乘积,可以求出无支持情况下作用于飞行器上的空气动力和空气动力矩:

$$\boldsymbol{F} = \boldsymbol{M}_r \left[\boldsymbol{K}_{22} - \boldsymbol{K}_{21} \, \boldsymbol{K}_{11}^{-1} \, \boldsymbol{K}_{12} \right]^{-1} \left(\boldsymbol{P}_2 - \boldsymbol{K}_{21} \, \boldsymbol{K}_{11}^{-1} \, \boldsymbol{P}_1 + \left[\boldsymbol{K}_{2x} - \boldsymbol{K}_{21} \, \boldsymbol{K}_{11}^{-1} \, \boldsymbol{K}_{1x} \right] \boldsymbol{u}_x \right)$$

$$(1-52)$$

利用式(1-52),按照下式可以求解出相应的空气动力系数和空气动力矩系数:

$$\boldsymbol{C}_F = \begin{bmatrix} \boldsymbol{C}_x \\ \boldsymbol{C}_y \\ \boldsymbol{C}_z \\ \boldsymbol{C}_{mx} \\ \boldsymbol{C}_{my} \\ \boldsymbol{C}_{mz} \end{bmatrix} = \frac{1}{\overline{q}S} \begin{bmatrix} 1.0 & 0.0 & 0.0 & 0.0 & 0.0 & 0.0 \\ 0.0 & 1.0 & 0.0 & 0.0 & 0.0 & 0.0 \\ 0.0 & 0.0 & 1.0 & 0.0 & 0.0 & 0.0 \\ 0.0 & 0.0 & 0.0 & 1.0/l & 0.0 & 0.0 \\ 0.0 & 0.0 & 0.0 & 0.0 & 1.0/\overline{c} & 0.0 \\ 0.0 & 0.0 & 0.0 & 0.0 & 0.0 & 1.0/l \end{bmatrix} \boldsymbol{F} \qquad (1-53)$$

为了简化,令

$$[\text{NDIM}] = \begin{bmatrix} 1.0 & 0.0 & 0.0 & 0.0 & 0.0 & 0.0 \\ 0.0 & 1.0 & 0.0 & 0.0 & 0.0 & 0.0 \\ 0.0 & 0.0 & 1.0 & 0.0 & 0.0 & 0.0 \\ 0.0 & 0.0 & 0.0 & 1.0/l & 0.0 & 0.0 \\ 0.0 & 0.0 & 0.0 & 0.0 & 1.0/\overline{c} & 0.0 \\ 0.0 & 0.0 & 0.0 & 0.0 & 0.0 & 1.0/l \end{bmatrix}$$

则式(1-53)可以写成如下形式:

$$\boldsymbol{C}_F = \frac{1}{\overline{q}S}[\text{NDIM}]\boldsymbol{F} \qquad (1-54)$$

将式(1-54)对$\boldsymbol{u}_x$中的各个项求偏导数,可以得到相应的气动力导数。如关于额外空气动力点δ_{trim}的气动力导数可以写成如下形式:

$$\boldsymbol{C}_{F_{\delta_{\text{trim}}}} = \frac{1}{\overline{q}S}[\text{NDIM}]\frac{\partial \boldsymbol{F}}{\partial \delta_{\text{trim}}} =$$

$$\frac{1}{\overline{q}S}[\text{NDIM}]\, \boldsymbol{M}_r \left[\boldsymbol{K}_{22} - \boldsymbol{K}_{21} \, \boldsymbol{K}_{11}^{-1} \, \boldsymbol{K}_{12} \right]^{-1} \left[\boldsymbol{K}_{2x} - \boldsymbol{K}_{21} \, \boldsymbol{K}_{11}^{-1} \, \boldsymbol{K}_{1x} \right] (\boldsymbol{u}_x)_{\delta_{\text{trim}}} \qquad (1-55)$$

其中,$(\boldsymbol{u}_x)_{\delta_{\text{trim}}}$表示将$\boldsymbol{u}_x$中的$\delta_{\text{trim}}$项设置成单位1,而把其他项设置成为零。

如果在式(1-55)中忽略惯性减缓的影响,即将其中和$\boldsymbol{R}_{13}$相关的项置零(此时$\boldsymbol{K}_{22} = \boldsymbol{R}_{33} = \boldsymbol{M}_r,\boldsymbol{K}_{12} = \boldsymbol{0}$),则可以求出无支持情况下不考虑惯性减缓影响的气动力导数:

$$(C_{F_{l_{no}}})_{\text{no\_in}} = \frac{1}{qS}[\text{NDIM}][K_{2x} - K_{21} K_{11}^{-1} K_{1x}][u_x]_{\delta_{\text{trim}}} \qquad (1-56)$$

将式(1-55)减去式(1-56),则可以求出由于惯性减缓所引起的气动力导数。

(4) 有支持情况结构变形、配平参数和气动力导数的计算。对于有支持状态,$u_r = 0$,并且方程不满足正交条件。此时,从式(1-43)中除去正交条件,并代入约束条件 $u_r = 0$,可以得

$$\begin{bmatrix} R_{11} & R_{13} \\ R_{31} & R_{33} \end{bmatrix} \begin{bmatrix} u_l \\ \ddot{u}_r \end{bmatrix}_R = \begin{bmatrix} K_{lx}^a \\ D^T K_{lx}^a + K_{rx}^a \end{bmatrix} (u_x)_R + \begin{bmatrix} P_l \\ D^T P_l + P_r \end{bmatrix} \qquad (1-57)$$

求解式(1-57)可以得

$$(u_l)_R = R_{11}^{-1}[P_l + K_{lx}^a (u_x)_R - R_{13} (\ddot{u}_r)_R] \qquad (1-58)$$

$$[R_{33} - R_{31} R_{11}^{-1} R_{13}] (\ddot{u}_r)_R = \{[D^T - R_{31} R_{11}^{-1}] P_l + P_r -$$
$$[D^T K_{lx}^a + K_{rx}^a - R_{31} R_{11}^{-1} K_{lx}^a] (u_x)_R\} \qquad (1-59)$$

式(1-59)可以化简为

$$K_{22} (\ddot{u}_r)_R = [P_2 + K_{2x} (u_x)_R] \qquad (1-60)$$

$$(\ddot{u}_r)_R = K_{22}^{-1}[P_2 + K_{2x} (u_x)_R] \qquad (1-61)$$

利用式(1-60)便可以求解出有支持情况下的未知配平参数。为了描述方便,先将该式写成如下形式:

$$\bar{L} (\ddot{u}_r)_R = \bar{R} (u_x)_R + \bar{N} \qquad (1-62)$$

其中,

$$\bar{L} = K_{22}$$
$$\bar{R} = K_{2x}$$
$$\bar{N} = P_2$$

仿照式(1-50)~式(1-51)将式(1-62)变换成如下形式:

$$\begin{bmatrix} \bar{L}_{ff} & -\bar{R}_{fu} \\ \bar{L}_{kf} & -\bar{R}_{ku} \end{bmatrix} \begin{bmatrix} \ddot{u}_{rf} \\ u_{xu} \end{bmatrix}_R = \begin{bmatrix} -\bar{L}_{fk} & \bar{R}_{fs} \\ -\bar{L}_{kk} & \bar{R}_{ks} \end{bmatrix} \begin{bmatrix} \ddot{u}_{rk} \\ u_{xs} \end{bmatrix}_R + \begin{bmatrix} \bar{N}_f \\ \bar{N}_f \end{bmatrix} \qquad (1-63)$$

利用式(1-63)可以求出未知的配平参数。

仿照式(1-52)可以求出有支持情况下作用于飞行器上的空气动力和空气动力矩为

$$F_R = M_r K_{22}^{-1}[P_2 + K_{2x} (u_x)_R] \qquad (1-64)$$

同样仿式(1-55)可以求出有支持情况下的气动力导数为

$$(C_{F_{\delta_{\text{trim}}}})_R = \frac{1}{qS}[\text{NDIM}]\frac{\partial F_R}{\partial \delta_{\text{trim}}} = \frac{1}{qS}[\text{NDIM}]M_r K_{22}^{-1} K_{2x} (u_x)_{R-\delta_{\text{trim}}} \qquad (1-65)$$

其中, $(\boldsymbol{u}_x)_{R-\delta_{trim}}$ 表示将 $(\boldsymbol{u}_x)_R$ 中的 δ_{trim} 项设置成单位 1,而把其他项设置成为零。

仿照式(1-56),则可以求出不考虑惯性减缓影响的气动力导数为

$$(\boldsymbol{C}_{F_{\delta_{trim}}})_{R-no\_in} = \frac{2}{qS}[\text{NDIM}]\boldsymbol{K}_{2x}(\boldsymbol{u}_x)_{R-\delta_{trim}} \tag{1-66}$$

将式(1-65)减去式(1-66),则可以求出由于惯性减缓所引起的气动力导数。

3. 非线性气动力使用

工程实际中对飞机进行弹性载荷分析,结构分析一般采用线性有限元方法,而气动力分析方法则有线性和非线性两类。在选用气动力时,一般在概念设计阶段和初步设计阶段使用线性气动力面元法提供线性气动力数据,而在详细设计阶段必须使用非线性气动力理论或风洞试验提供非线性气动力数据。

基于线性气动力势能理论的面元法能够在亚声速和超声速情况下提供相对初步的气动力载荷。这类方法不仅计算耗费较小,而且能够很好地和结构有限元分析方法相结合,是在工程气动弹性分析中广为使用的一类方法。NASTRAN,ASTROS,FASTOP 等工程结构有限元分析软件的气动弹性模块都使用这类气动力分析方法。

非线性气动力理论能在较大范围内提供相对准确的气动力载荷。然而,由于其需要进行反复迭代而导致计算耗费很大。

弹性模型的载荷风洞试验由于需要动用大量的人力和物力而导致运行费用很高,并且基于弹性结构的风洞试验目前在实现上还存在着很大的难度。

此外,这类气动力方法和结构有限元分析方法相结合之后,还将进一步加大计算的耗费和复杂性。这些原因使得非线性气动力方法和结构有限元方法相结合的静气动弹性分析方法在工程实用中存在较大困难。

基于上述原因,国外静气动弹性领域的研究人员正在发展一种新的非线性静气动弹性分析方法。这类分析方法不仅能够在分析气动力和结构之间的耦合时使用复杂的非线性气动力方法,而且能够在保证计算精度的前提下大大节省计算耗费。

在这种非线性静气动弹性分析方法中,所谓的非线性既不意味着气动力的计算方法是非线性的,也不意味着结构是非线性的,它只意味着,非线性刚体气动力作为飞行器的迎角和平尾偏度等飞行参数的非线性函数引入计算,并使用线性气动力影响系数矩阵在平衡状态对刚性气动载荷进行线性化处理,进而实现静气动弹性响应的非线性配平求解。使用线性气动力影响系数矩阵对刚体气动载荷进行弹性化处理是两种方法的共同特点。

风洞测压数据,适用于亚声速、跨声速、超声速等速度范围,可作为外部非线性气动

力引入上述方程,还要依旧使用其线性气动力影响系数矩阵(AIC 矩阵),但是不再使用线性刚体气动力。此时,f-set 下的静气动弹性响应分析方程不再使用式(1-45),而使用如下公式:

$$[K_{ff} - \bar{q}Q_{ff}^{v}]u_f + M_{ff}\ddot{u}_f = \exists \lfloor \langle \{Q_f^s\}^v | \{u_x\}^v, s \in d, p, f \rangle \leftarrow (u_x) + P_f \quad (1-67)$$

式中,$\exists \lfloor \langle \{Q_f^s\}^v | \{u_x\}^v, s \in d, p, f \rangle \leftarrow (u_x)$ 表示经过插值后的外部非线性刚体气动力;Q_{ff}^{v} 表示 f-set 下的经过插值后得到气动力影响系数矩阵,它和 $\exists \lfloor \langle \{Q_f^s\}^v | \{u_x\}^v, s \in d, p, f \rangle \leftarrow (u_x)$ 相互匹配。

式(1-67)的实际求解是通过反复迭代进行的。迭代时一般以刚体气动力的配平结果作为迭代初始点。

在使用外部非线性气动力对偶极子格网法气动力进行修正时,外部刚体气动力的输入是通过在结构节点上施加集中力实现的。然而,外部气动力一般以气动力网格上的压力分布表示。因此,在使用外部气动力对偶极子格网法气动力进行修正时,首先必须将作用在气动力网格上的压力分布通过插值矩阵转换到结构节点上去。实现方法如下。

结构节点的位移 u_g 和气动力网格点的位移 u_k 可以用如下公式表示:

$$u_k = G_{kg} u_g \quad (1-68)$$

式中　　G_{kg}——u_g 向 u_k 的插值矩阵。

根据虚功原理,气动力 F_k 和与之等效的作用在结构节点上的力 F_g,在各自的位移上所做的虚功相等,即

$$\delta u_k^T F_k = \delta u_g^T F_g \quad (1-69)$$

式中　　δu_k^T 和 δu_g^T——虚位移。

将式(1-68)代入式(1-69),可以得

$$\delta u_g^T (G_{kg}^T F_k - F_g) = 0 \quad (1-70)$$

从式(1-70)可以得

$$F_g = G_{kg}^T F_k \quad (1-71)$$

4. 气动/结构耦合

气动模型与结构模型的耦合是指,一方面将气动网格上的气动载荷分布准确、合理地转换到结构模型受力节点,使用静力学的方法计算出该结构的变形;另一方面又将结构受载情况下的结构变形插值到气动模型上,然后由气动力软件计算出该变形引起的气动力增量。

通过气动模型与结构模型的插值定义来确定气动部件和结构部件之间的耦合关

系。在气动弹性和载荷计算分析中,有气动网格和结构网格两套网格,因此需要预先定义,各部件气动网格上的压力分布需要插值到结构网格的哪些受力结构节点上,以及结构网格各部件的节点位移需要插值到气动网格的哪个部件上。耦合关系一旦定义完毕,即使结构发生变形,气动网格和结构网格的耦合关系也不会变化。

1.4 设计流程及原始数据

1.4.1 设计流程

飞机飞行载荷设计是一个不断细化和不断完善的过程,民用飞机飞行载荷设计一般可分为五个阶段:总体方案论证阶段、初步设计阶段、详细初步设计阶段、详细设计阶段和试飞验证阶段,如图 1-8 所示。

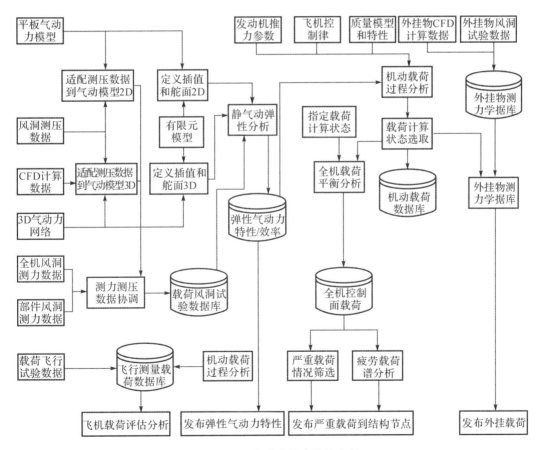

图 1-8 飞行载荷综合设计流程

1.总体方案论证阶段

总体方案论证阶段的主要目的是确定能达到的设计目标,最有希望取得成功的飞机概念,通过气弹分析和载荷计算确定某些设计参数,以及各种设计选择的权衡。这个阶段需要快速完成分析工作,并且可用的数据较少,需要采用理论分析方法或依照型号设计经验对飞行载荷进行估算,以作为飞机结构布置方案的设计依据。

2.初步设计阶段

初步设计阶段载荷设计,是在飞机气动外形和结构布局进行初步优化后,飞机三面图和初步结构布置方案已经确定,能够建立简单的气动模型、结构有限元模型和质量模型,借助理论或数值分析方法,来进行初步的载荷计算分析。

3.详细初步设计阶段

详细初步设计阶段载荷设计,是在气动结构布局已经基本定型,同时大量风洞试验完成基础之上进行的,在此阶段已经能够建立较为完善的气动模型、结构有限元模型和更加详细的质量模型,通过引入全机压力分布试验数据以及全机、部件测力试验数据,可以得到更加可靠的载荷计算分析结果。另外,由于飞机结构细节设计更加完善,因此在这个阶段还要考虑飞机在不同构型情况下的载荷设计情况,包括高速情况的巡航构型,低速情况下的起飞构型、着陆构型和复飞构型等。

4.详细设计阶段

在详细设计阶段,飞机气动结构布局已经基本定型,重点开展结构发图设计和分系统设计。飞机性能已经确定,相关专业可以提供可用的飞行控制律。载荷设计条件已经全面具备,可以进行全面的载荷计算分析。载荷专业需要提供静力试验用的载荷,在此阶段载荷专业还需要对结构强度提出的疑问进行校核和适当调整。

5.试飞验证阶段

进入试飞验证阶段,飞机已经制造完成,飞机气动结构布局等已经冻结,需要飞行试验来验证载荷和气弹特性的正确性。通过飞行载荷测量,完成测量结果与计算结果的对比分析,完善载荷设计和计算方法。此外,还要根据适航认证要求提供更加完善的载荷情况分析。

1.4.2 原始数据

1.飞机构型及几何外形

在飞行载荷计算中,必须考虑飞机实际可能具有的各种气动构型,并按照飞机外形理论图及结构图建立气动力计算模型。

起飞构型是指飞机从开始滑跑到离开地面并上升到安全高度的起飞过程中的飞机外形,此构型下增升装置打开,具有高升力系数和升阻比。

着陆构型是指飞机从一定高度下滑降落于地面并减小速度直至停止的着陆过程中的飞机外形,此构型下增升装置打开,具有较高的升力系数。

巡航构型是指飞机在预定航线接近定常平飞状态时的飞机外形,此构型下增升装置收起,具有高升阻比和经济性。

复飞构型是指飞机降落到即将触地着陆前将机头拉起重新起飞时的飞机外形,此构型下增升状态打开,具有较高的升力系数。

减速构型是指飞机减速装置打开时的飞机外形,此构型下飞机具有较高的阻力。

2. 质量、重心及惯量

在飞行载荷计算中,应考虑所有可能造成严重载荷的质量分布及装载方案。

全机质量分布分别由使用空机质量、燃油质量和商载质量等三部分组成:

(1) 使用空机质量,是除燃油和商载质量以外,包括空勤人员和所有准备飞行所必需的全套装备的飞机质量。

(2) 燃油质量是指燃油在飞机上各个油箱的载油量,它受到燃油油箱布置、油箱大小以及飞机加油、耗油程序的限制。

(3) 商载质量分布是指飞机客舱的载客量、货舱的载货量及其分布,它受到客舱长度、货舱长度和体积以及客舱、货舱地板的线载荷、面载荷及总载荷的限制。

根据上述使用空机质量、燃油质量和商载质量等三种质量分布,分别建立起飞状态的质量分布模型、着陆状态的质量分布模型和空中飞行状态的质量分布模型,供全机飞行载荷和惯性载荷分布计算使用。

民用飞机载荷计算用的设计质量是从最小飞行质量到最大设计质量之间的所有可能导致结构严重受载的质量。

在民用飞机飞行手册中对飞机质量、重心、最大载重量等均有限制,在相同的质量、重心及载重量的情况下,也可以有多种装载方案,不同的质量分布对结构总体及局部强度的影响是不同的,必须覆盖这些情况。

3. 飞行包线

在计算飞行载荷时,应在飞行机动包线上和包线内选取足够数量的点来进行研究,如图 1-1 所示。

4. 速度与高度

在计算飞行载荷时,选择的高度必须包括海平面及最大飞行高度以及它们之间足够大的高度,并与各种速度组合形成各个计算状态。

CCAR25.335 条规定了设计速度。CCAR25.335 条特别提到了设计巡航速度 V_C,设计俯冲速度 V_D,设计机动速度 V_A,对应最大突风强度的设计速度 V_B,设计襟翼速度 V_F,设计阻力装置速度 V_{DD}。这些速度或者影响飞行包线的大小,或者直接影响飞机的强度,如图 1-9 所示。

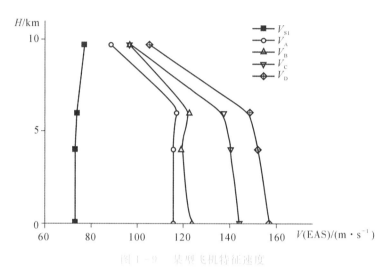

图 1-9　某型飞机特征速度

二、气动力数据及压力分布

飞行载荷计算所需气动力数据及压力分布数据通常用下述几种途径获得:

(1) 理论计算及工程估算。

(2) 风洞试验。

(3) 飞行试验。

(4) 与类似飞机的分析和试验结果比较。

不管用哪种方法都应考虑马赫数效应、气动弹性以及大迎角非线性的影响。

三、结构模型

结构强度专业应建立全机结构有限元模型,并提供给载荷专业,供全机静气动弹性分析和全机弹性载荷计算使用。全机结构有限元模型应随着飞机研制流程不断更新与完善。

不同飞机构型的结构有限元模型,应和对应构型的气动力计算模型对应,供对应飞机构型的全机静气动弹性分析和全机载荷计算。

四、发布控制律

对于具有机械式操纵系统的飞机,其操纵面偏转形式基本上与座舱操纵位移形式相同,只是需要考虑操纵系统间隙、滞后等。给出飞机座舱操纵位移输出后,将这个位移乘上一个传动比,就可以计算相应操纵面偏度。

对于带主动控制系统或数字式电传操纵系统(见图 1 - 10 和图 1 - 11)的飞机,其机动过程分析要比使用机械式操纵系统飞机复杂得多。再加上有些数字式电传操纵系统飞机还具有机动载荷和突风载荷减缓功能,更增加了其机动过程分析的难度。

为了准确地计算飞机的机动过程,按照规范的要求,飞机的操纵应从驾驶杆位移的操纵开始,经过主动控制系统或数字式电传操纵系统的传递和转换得到飞机各个操纵舵面的响应值,然后代入进行机动过程分析的六自由度运动方程中,进一步给出飞机的响应参数。

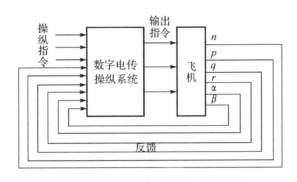

图 1 - 10   数字式电传操纵系统逻辑图

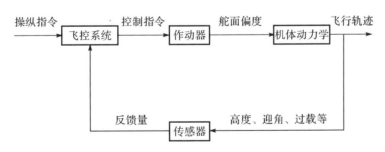

图 1 - 11   带电传操纵系统的飞机操纵示意图

8. 发动机推力

发动机推力应是零和使用助推装置或辅助动力装置可达到的最大值之间的所有值。

9. 其他

飞行载荷计算还需要一些其他参数,包括飞机部件设计使用状态及限制,各舵面、舱门偏度限制,悬挂物及悬挂装置的使用限制和投弃条件。在进行飞行载荷计算时除应保证各部件在正常使用状态下的强度外,有时还需要考虑故障状态的强度要求。

1.5　静气弹分析

1.5.1　理论方法与计算模型

静气弹分析的基本方法主要分为两个部分：一部分是结构弹性计算分析方法，该部分可参见本手册 1.3.3 节；另一部分是气动载荷计算分析方法，经典的传统线性气动力方法可以参见 NASTRAN 气动载荷手册部分。为简洁明了地说明静气动弹性分析流程，计算模型简化为图 1-4 所示直机翼和图 1-5 所示后掠机翼，气动力模型应用片条法线性升力面理论。本节将进行平直机翼单纯扭转发散、后掠机翼弯曲耦合扭转发散、弹性机翼操纵面效率与操纵面反效、弹性机翼载荷重新分布等静气动弹性问题分析。

1.5.2　平直机翼扭转发散

对于大展弦比直机翼，只要没有大的开口或展向结构形式的突变，其各剖面的刚心基本位于一条直线上，称为刚轴，即在此轴上施加一力只会引起机翼的弯曲变形，沿弹性轴方向作用一扭矩便只使机翼产生扭转变形，即机翼的弯、扭之间无耦合，可以分别加以处理。对直机翼，弯曲变形并不引起攻角的变化，而且弯曲变形所引起的气动力也很小，因此在静气动弹性问题的研究中可不予考虑。总之，大展弦比平直机翼的弹性特性可用于垂直于机身对称面的刚轴的弹性特性来表示，而且对静气动弹性问题，只需考虑扭转特性即可。

考虑如图 1-4 所示的大展弦比直机翼。假定机翼各剖面绝对刚硬，且弹性轴垂直于翼根固支平面 xOz。机翼重心线与弹性轴之间的距离为 $d(y)$，重心在弹性轴之后为正。气动中心线与弹性轴之间的距离为 $e(y)$，l 为机翼弦长，$c(y)$ 为局部剖面弦长。通过微元体受力分析，可建立支配机翼静扭转微分方程为

$$\frac{\mathrm{d}}{\mathrm{d}y}\left[GJ(y)\frac{\mathrm{d}y}{\mathrm{d}\theta}\right] = -m_{\mathrm{t}}(y) \tag{1-72}$$

式中　　θ——展向 y 处剖面的弹性扭转角；

$m_{\mathrm{t}}(y)$——单位展长上的抬头力矩；

$GJ(y)$——机翼的扭转刚度。

处理大展弦比机翼气动力时，一般采用片条理论。片条理论假定展向位置 y 处翼剖面局部升力系数 $C_{\mathrm{L}}(y)$ 只与局部攻角 $\alpha(y)$ 有关。于是，在任何展向位置上气动力可由该展向位置对应的二维气动力得到。定常绕流中的局部扭矩 $m_{\mathrm{t}}(y)$ 可写为

$$m_t(y) = \frac{\partial C_L}{\partial \alpha} \left[\alpha_0 + \theta(y) \right] q_d c(y) e(y) + q_d c^2(y) C_{MAC}(y) + N m(y) g d(y)$$

$$(1-73)$$

式中　　N——过载系数，定义为飞机总升力与总质量之比，即 $N = L/W$；

　　　　$m(y)$——单位长度机翼的质量。

将式（1-73）代入式（1-72）中，整理后得到

$$\frac{d}{dy} \left[GJ(y) \frac{dy}{d\theta} \right] + \frac{\partial C_L}{\partial \alpha} q_d c e \theta = - \left(\frac{\partial C_L}{\partial \alpha} \alpha_0 q_d c e + q_d c^2 C_{MAC} + N m g d \right) \quad (1-74)$$

由于扭转发散问题是一个特征值问题，所以可略去与弹性扭转无关的项，即令式（1-74）右端为 0，得到下面的齐次方程：

$$\frac{d}{dy} \left[GJ(y) \frac{dy}{d\theta} \right] + \frac{\partial C_L}{\partial \alpha} q_d c e \theta = 0 \quad (1-75)$$

考虑均匀直机翼情况，GJ，c，e 均与展向坐标无关，则式（1-75）可进一步化简为

$$\frac{d^2 \theta}{dy^2} + \lambda^2 \theta = 0 \quad (1-76)$$

其中

$$\lambda^2 = \frac{q_d c e}{GJ} \frac{\partial C_L}{\partial \alpha} \quad (1-77)$$

齐次方程式（1-76）的通解为

$$\theta(y) = a_1 \sin\lambda y + a_2 \cos\lambda y \quad (1-78)$$

式中　　a_1 和 a_2——任意的待定常数。

由机翼根部固支，梢部自由转动，可得机翼的边界条件为

$$\theta \big|_{y=0} = 0, \quad d\theta/dy \big|_{y=1} = 0 \quad (1-79)$$

根据式（1-79）并考虑式（1-78）给出的边界条件，得到

$$a_2 = 0, \quad a_1 \lambda \cos\lambda l = 0 \quad (1-80)$$

$a_1 = 0$ 或 $\lambda = 0$ 均导致平凡解 $\theta(y) = 0$，所以要使方程有非零解，a_1 和 λ 均不能为 0，故只有

$$\cos\lambda l = 0 \quad (1-81)$$

由此解得

$$\lambda_i l = \frac{(2i-1)\pi}{2}, \quad i = 1, 2, \cdots \quad (1-82)$$

将最小的特征值 $\lambda_i = \pi/(2l)$ 代入式（1-77）中，得到发散动压为

$$q_{\mathrm{D}} = \frac{\pi^2 GJ}{4l^2 ce \dfrac{\partial CL}{\partial \alpha}} \qquad (1-83)$$

发散速度为

$$V_{\mathrm{D}} = \frac{\pi}{2l} \sqrt{\frac{2GJ}{\rho_{\mathrm{a}} ce \dfrac{\partial CL}{\partial \alpha}}} \qquad (1-84)$$

对应的特征函数为

$$\theta_{\mathrm{D}}(y) = \theta_0 \sin \frac{\pi y}{2l}$$

此特征函数反映了机翼在发散动压下的扭角分布。

1.5.3　后掠机翼弯曲／扭转发散

大展弦比后掠翼如图 1-5 所示。对于大展弦比后掠机翼,可用一有效根部来代替真实根部,这样就把后掠机翼转化为一个直机翼了,所以仍然假设存在一根刚轴,不过这根刚轴不再垂直于飞机对称平面,而是与来流方向成一定角度 Λ,称为后掠角。点 A 点和 B 处于同一顺气流剖面上,而点 B 和点 C 则处于同一垂直于刚轴的剖面上。假如在后掠翼的弹性轴上作用一外力,当刚轴向上弯曲时,B 点和 C 点的挠度几乎相等,但都大于 A 点的挠度。由于 $w_A < w_B$,所以在顺气流方向上看,机翼上过 A,B 两点的顺气流剖面具有负的攻角,对于前掠翼则会出现相反的情况。

将机翼根部用垂直于刚轴的有效根部来替代后,后掠机翼在垂直于刚轴的方向上就相当于来流速度为 $V\cos\Lambda$、半展长为 $\hat{l}$ 的非后掠翼了。然而,来流速度 V 在机翼展向有一个速度分量 $V\sin\Lambda$,因此机翼的弯曲变形也将引起升力。

用有效翼根等效的非后掠翼上,单位展长得升力为

$$L(\hat{y}) = \frac{1}{2}\rho_{\mathrm{a}}(V\cos\Lambda)^2\hat{c}\frac{\partial\hat{C}_{\mathrm{L}}}{\partial\alpha}\hat{\alpha} = q_{\mathrm{d}}\hat{c}\frac{\partial\hat{C}_{\mathrm{L}}}{\partial\alpha}\hat{\alpha}\cos^2\Lambda \qquad (1-85)$$

式中　　　　ρ_{a} —— 空气密度;

$\hat{\alpha}$ —— 机翼 BC 方向的有效攻角;

$\partial\hat{C}_{\mathrm{L}}/\partial\alpha$ —— BC 方向翼型的升力线斜率;

$q_{\mathrm{d}} = 0.5\rho_{\mathrm{a}}V^2$ —— 动压。

速度分量 $V\cos\Lambda$ 直接以弹性扭角 $\hat{\theta}$ 作用于机翼 BC,而分量 $V\sin\Lambda$ 则由于弯曲变形诱导出一个法向速度 $V\sin\Lambda(\mathrm{d}w/\mathrm{d}\hat{y})$,由此诱导出了一个大小为 $(\mathrm{d}w/\mathrm{d}\hat{y})\tan\Lambda$ 的攻角,从而使垂直于刚轴方向上的攻角减小了,因此有效攻角 $\hat{\alpha}$ 可表示为

$$\hat{\alpha}(\hat{y}) = \theta(\hat{y}) - \frac{\mathrm{d}w(\hat{y})}{\mathrm{d}\hat{y}}\tan A \tag{1-86}$$

有效攻角由弹性扭转角 $\hat{\theta}$ 和弯曲变形 $(\mathrm{d}w(\hat{y})/\mathrm{d}\hat{y})$ 诱导产生的攻角组成。于是,单位展长机翼的升力为

$$L(\hat{y}) = q_{\mathrm{d}}\hat{c}\frac{\partial C_{\mathrm{L}}}{\partial \alpha}\left[\hat{\theta}(\hat{y}) - \frac{\mathrm{d}w(\hat{y})}{\mathrm{d}\hat{y}}\tan A\right]\cos^2\Lambda \tag{1-87}$$

对后掠翼机翼弹性特征的分析表明,后掠翼的弯曲和扭转是相互影响的,所以静气动弹性分析必须同时考虑弯曲和扭转这两方面的影响。如果在顺气流方向的横截面内描述后掠机翼的弹性特征,则后掠翼挠度 $w(y)$ 和来流方向的扭角 $\theta(y)$ 可用积分方程表示为

$$\theta(y) = \int_0^l C^{\theta z}(y,\eta) f(\eta)\,\mathrm{d}\eta + \int_0^l C^{\theta\theta}(y,\eta) m_{\mathrm{t}}(\eta)\,\mathrm{d}\eta \tag{1-88}$$

式中　$f(y)$ —— 顺气流方向单位宽度机翼上作用的横向合力;

　　$m_{\mathrm{t}}(y)$ —— 作用于顺气流方向微段上绕 y 轴上的力矩。

式(1-88)进一步可写为

$$\theta(y) = q_{\mathrm{d}}\int_0^l \left[C^{\theta z}(y,\eta) + e(\eta) C^{\theta\theta}(y,\eta)\right] c(\eta) C_{\mathrm{L}}(\eta)\,\mathrm{d}\eta +$$

$$q_{\mathrm{d}}\int_0^l C^{\theta\theta}(y,\eta) c^2(\eta) C_{\mathrm{MAC}}(\eta)\,\mathrm{d}\eta +$$

$$N\int_0^l \left[C^{\theta\theta}(y,\eta)\,\mathrm{d}\eta - C^{\theta z}(y,\eta)\right] m(\eta) g\,\mathrm{d}\eta \tag{1-89}$$

其矩阵形式为

$$\theta = q_{\mathrm{d}}(\boldsymbol{C}^{\theta\theta}\overline{\boldsymbol{E}} + \boldsymbol{C}^{\theta z})\overline{\boldsymbol{W}}\boldsymbol{C}_{\mathrm{Lc}} + q_{\mathrm{d}}\boldsymbol{C}^{\theta\theta}\overline{\boldsymbol{F}}\boldsymbol{W}\boldsymbol{C}_{\mathrm{MAC}} + \boldsymbol{N}(\boldsymbol{C}^{\theta\theta}\overline{\boldsymbol{G}} - \boldsymbol{C}^{\theta z})\overline{\boldsymbol{W}}\boldsymbol{M}_{\mathrm{g}} \tag{1-90}$$

式(1-90)进一步写为

$$\theta = q_{\mathrm{d}}\boldsymbol{E}\boldsymbol{C}_{\mathrm{Lc}} + q_{\mathrm{d}}\boldsymbol{F}\boldsymbol{C}_{\mathrm{MAC}} + \boldsymbol{N}\boldsymbol{G}\boldsymbol{M}_{\mathrm{g}} \tag{1-91}$$

式中

$$\boldsymbol{E} = (\boldsymbol{C}^{\theta\theta}\overline{\boldsymbol{E}} + \boldsymbol{C}^{\theta z})\overline{\boldsymbol{W}}, \quad \boldsymbol{F} = \boldsymbol{C}^{\theta\theta}\overline{\boldsymbol{F}}\overline{\boldsymbol{W}}, \quad \boldsymbol{G} = (\boldsymbol{C}^{\theta\theta}\overline{\boldsymbol{G}} - \boldsymbol{C}^{\theta z})\overline{\boldsymbol{W}}$$

为研究发散问题,可只保留与弹性扭转角有关的部分,即

$$\theta = q_{\mathrm{d}}\boldsymbol{E}\boldsymbol{C}_{\mathrm{Lc}} \tag{1-92}$$

与大展弦比直机翼一样,最终得到如下标准特征值问题:

$$\left(\frac{1}{q_{\mathrm{d}}}\boldsymbol{I} - \boldsymbol{A}_{\mathrm{aic}}^{-1}\boldsymbol{E}\right)\boldsymbol{C}_{\mathrm{Lc}}^{e} = \boldsymbol{0} \tag{1-93}$$

通过求解特征值可得到发散动压 q_{D}。

1.5.4　弹性机翼操纵面效率与操纵面反效

对带有副翼的弹性机翼,当飞机右副翼下偏、左副翼上偏时,飞机会绕飞机的纵轴方向滚转运动,令 p 为滚转角速度,称为滚转率。如果顺着飞行方向看飞机作逆时针滚转,则规定此时的滚转角速度 p 为正。当飞机以角速度 p 作滚转运动时,在展向 y 处便有一下洗速度 py,因此使攻角减小 py/V。此外,滚转角加速度 $\dot{p}$ 在位置 y 处还作用有惯性力 $my\dot{p}$,它对刚轴产生一个力矩,力臂为 d。假定机翼的扭转刚度为 GJ、气动中心线与弹性轴的距离 e 以及重心线与弹性轴的距离 d 均为常数。

机翼的扭转平衡方程为

$$\frac{\mathrm{d}}{\mathrm{d}y}\left[GJ\,\frac{\mathrm{d}\theta}{\mathrm{d}y}\right]=-\left[q_\mathrm{d}ce\frac{\partial C_\mathrm{L}}{\partial\alpha}\left(\theta-\frac{py}{V}\right)+q_\mathrm{d}ce\frac{\partial C_\mathrm{L}}{\partial\beta}\beta+q_\mathrm{d}c^2\frac{\partial C_\mathrm{MAC}}{\partial\beta}\beta+my\dot{p}d\right],\quad y\geqslant l_1$$

$$\frac{\mathrm{d}}{\mathrm{d}y}\left[GJ\,\frac{\mathrm{d}\theta}{\mathrm{d}y}\right]=-\left[q_\mathrm{d}ce\frac{\partial C_\mathrm{L}}{\partial\alpha}\left(\theta-\frac{py}{V}\right)+my\dot{p}d\right],\quad y\leqslant l_1$$

$$(1-94)$$

考虑匀速滚转情况,则有 $\dot{p}=0$,引入如下记号:

$$l_\mathrm{a}(y)=\begin{cases}1,&y\geqslant l_1\\0,&y\leqslant l_1\end{cases}\tag{1-95}$$

则方程式(1-94)可用一个方程来表示,即

$$\frac{\mathrm{d}^2\theta}{\mathrm{d}y^2}+\lambda^2\theta=\lambda^2\,\frac{py}{V}-K\lambda^2\beta l_\mathrm{a}(y)\tag{1-96}$$

式中

$$\lambda^2=\frac{q_\mathrm{d}ce}{GJ}\frac{\partial C_\mathrm{L}}{\partial\alpha},\quad K=\left(\frac{\partial C_\mathrm{L}}{\partial\beta}+\frac{c}{e}\frac{\partial C_\mathrm{MAC}}{\partial\beta}\right)\Bigg/\frac{\partial C_\mathrm{L}}{\partial\alpha}\tag{1-97}$$

方程式(1-94)的通解为

$$\theta(y)=\begin{cases}a_1\sin\lambda y+a_2\cos\lambda y+\dfrac{p}{V}y-K\beta,&y\geqslant l_1\\[2mm]b_1\sin\lambda y+b_2\cos\lambda y+\dfrac{p}{V}y,&y\leqslant l_1\end{cases}\tag{1-98}$$

对式(1-98)施加边界条件:

(1) 当 $y=0$ 时,$\theta=0$,则

$$b_2=0\tag{1-99}$$

(2) 当 $y=l$ 时,$\mathrm{d}\theta/\mathrm{d}y=0$,则

$$\lambda a_1\cos\lambda y+\lambda a_2\sin\lambda y+\frac{p}{V}=0\tag{1-100}$$

(3) 当 $y = l_1$ 时，$\theta(y)$ 连续，则

$$a_1 \sin\lambda y + a_2 \cos\lambda y + \frac{p}{V} l_1 - K\beta = b_1 \sin\lambda l_1 + \frac{p}{V} l_1 \qquad (1-101)$$

(4) 当 $y = l_1$ 时，$\mathrm{d}\theta/\mathrm{d}y$ 连续，则

$$a_1 \lambda \cos\lambda l_1 - a_2 \lambda \sin\lambda l_1 + \frac{p}{V} = b_1 \lambda \cos\lambda l_1 + \frac{p}{V} \qquad (1-102)$$

由此解得待定系数为

$$\left. \begin{aligned} a_1 &= -\frac{p}{V} \frac{1}{\lambda \cos\lambda l} + K\beta \cos\lambda l_1 \tan\lambda l_1 \\ a_2 &= K\beta \cos\lambda l_1 \\ b_1 &= a_1 - K\beta \sin\lambda l_1 \\ b_2 &= 0 \end{aligned} \right\} \qquad (1-103)$$

此时机翼的弹性扭转角分布就可写为

$$\theta(y) = \beta C_1(y) + \frac{pl}{V} C_2(y) \qquad (1-104)$$

式中

$$\left. \begin{aligned} C_1(y) &= -K \left[l_a(y)(1 - \cos\lambda(y - l_1)) - \frac{\sin\lambda(l - l_1)}{\cos\lambda l} \right] \\ C_2(y) &= \frac{y}{l} - \frac{\sin\lambda y}{\lambda l \cos\lambda l} \end{aligned} \right\} \qquad (1-105)$$

得到弹性扭转角分布后，机翼的升力分布就可表示为

$$\left. \begin{aligned} L(y) &= q_d c \left[\frac{\partial C_L}{\partial \alpha} \left(\theta - \frac{py}{V} \right) + \frac{\partial C_L}{\partial \beta} \beta \right], & l \geqslant l_1 \\ L(y) &= q_d c \frac{\partial C_L}{\partial \alpha} \left(\theta - \frac{py}{V} \right), & l \leqslant l_1 \end{aligned} \right\} \qquad (1-106)$$

设飞机绕其纵轴的转动惯量为 I_x，则飞机的滚转运动方程为

$$I_x \dot{p} = 2 \int_0^l L(y) y \,\mathrm{d}y = M_x \qquad (1-107)$$

式中　M_x—— 绕飞机纵轴的滚转力矩。

当飞行速度小于副翼反效速度时，偏转副翼将引起滚转力矩，它使飞机绕其纵轴滚转，滚转运动引起阻尼力矩。飞机在滚转力矩的作用下，滚转角速度增大，此时阻尼力矩也增加，它使飞机滚转速度减速。当滚转角速度偏转到一定程度时，副翼偏转引起的滚转力矩与滚转产生的阻尼力矩相等，飞机达到一定稳定的滚转角速度 p，这一状态称为稳态滚转状态。显然，对稳定滚转的平衡状态，滚转加速度 $\dot{p} = 0$，由式（1-107）可知，

绕 x 轴的转动力矩应为 0，于是有下式成立：

$$M_x = 2 \int_0^l L(y) y \mathrm{d}y = 2 \int_0^l q_\mathrm{d} c \left\{ \frac{\partial C_\mathrm{L}}{\partial \alpha} \left[\beta C_1(y) + \frac{pl}{V} C_2(y) - \frac{py}{V} \right] + \frac{\partial C_\mathrm{L}}{\partial \beta} \beta l_\mathrm{a}(y) \right\} \mathrm{d}y =$$

$$2 \int_0^l \left\{ q_\mathrm{d} c \frac{\partial C_\mathrm{L}}{\partial \alpha} \frac{pl}{V} \left[C_2(y) - \frac{y}{l} \right] + q_\mathrm{d} c \frac{\partial C_\mathrm{L}}{\partial \beta} \beta \left[C_1(y) + \frac{\partial C_\mathrm{L}/\partial \beta}{\partial C_\mathrm{L}/\partial \alpha} l_\mathrm{a}(y) \right] \right\} y \mathrm{d}y = 0$$

$$(1-108)$$

在稳态滚转状态下，副翼操纵效率一般用 $\partial(pl/V)/\beta$ 就表示单位副翼偏转角所引起的机翼翼尖螺旋角的大小。根据副翼操作效率的定义和式（1-108），得到副翼操作效率的具体表达式为

$$\eta_\mathrm{a} = \frac{\partial \left(\dfrac{pl}{V} \right)}{\partial \beta} = \frac{\displaystyle\int_0^l \left[C_1(y) + \frac{\partial C_\mathrm{L}/\partial \beta}{\partial C_\mathrm{L}/\partial \alpha} l_\mathrm{a}(y) \right] y \mathrm{d}y}{\displaystyle\int_0^l \left[\frac{y}{l} - C_2(y) \right] y \mathrm{d}y} =$$

$$\frac{\left(\dfrac{\cos\lambda_1}{\cos\lambda} - 1 \right) \dfrac{\partial C_\mathrm{L}/\partial \beta}{\partial C_\mathrm{L}/\partial \alpha} + \left(\dfrac{\cos\lambda_1}{\cos\lambda} - \lambda^2 \dfrac{l^2 - l_1^2}{2} - 1 \right) \dfrac{c}{e} \dfrac{\partial C_\mathrm{MAC}/\partial \beta}{\partial C_\mathrm{L}/\partial \alpha}}{\dfrac{\tan\lambda_1}{\lambda} - 1} \qquad (1-109)$$

飞机的净滚转力矩 M_x 为 0 时副翼完全失去了作用，此时对应的动压便是反效动压，如果继续增大飞行动压，副翼反效现象就会出现了，此时会出现这种情况：本来使飞机产生逆时针方向滚转的操纵却使飞机向顺时针方向滚转。

对机翼发散和操纵效率的研究表明，机翼的后掠角越大，则临界发散速度越高，但在相同的飞行状态下，副翼操纵效率却随后掠角的增大而降低。而后掠机翼在现代飞行器中被广泛采用，因此，后掠机翼的操纵效率问题是一个非常重要的静气动弹性问题。在实际设计过程中，可采用适当增加副翼的展长和弦长，增加机翼扭转刚度等措施提高副翼效率。

1.5.5　弹性机翼载荷重新分布

在对称飞行条件下，静气动弹性对机翼升力展向分布的影响是飞机结构设计需要考虑的一个重要因素。对于后掠机翼，由于机翼扭转变形会使总升力作用点沿展向向内移动，因此会使翼根弯矩减少，总升力作用点会沿着飞行方向向前移动，从而对飞机的静稳定性产生影响。如果知道飞机在对称飞行条件下的扭转角分布，就可以进一步确定其升力分布。

对于大展弦比弹性直机翼，考虑弹性机翼载荷重新分布的控制方程为

$$\frac{\mathrm{d}^2\theta}{\mathrm{d}y^2} + \lambda^2\theta = K \tag{1-110}$$

式中

$$\lambda^2 = \frac{q_\mathrm{d}ce}{GJ}\frac{\partial C_\mathrm{L}}{\partial\alpha}, \quad K = -\frac{1}{GJ}\left(\frac{\partial C_\mathrm{L}}{\partial\alpha}\alpha_0 q_\mathrm{d}ce + q_\mathrm{d}c^2 C_\mathrm{MAC} + Nmgd\right) \tag{1-111}$$

此非齐次微分方程的完全解是对应的齐次方程的通解与非齐次方程的特解之和，完全解的表达式为

$$\theta(y) = a_1\sin\lambda y + a_2\cos\lambda y + K/\lambda^2 \tag{1-112}$$

同样根据边界条件，确定表达式中的积分常数，可表示为

$$a_1 = -\frac{K}{\lambda^2}\tan\lambda l, \quad a_2 = -\frac{K}{\lambda^2} \tag{1-113}$$

由此得到机翼的扭转角分布为

$$\theta(y) = \frac{K}{\lambda^2}(1 - \tan\lambda l\sin\lambda y - \cos\lambda y) \tag{1-114}$$

在一定的初始攻角 α_0 下，机翼上的升力分布可表示为

$$L(y) = \frac{\partial C_\mathrm{L}}{\partial\alpha}(\alpha_0 + \theta(y))q_\mathrm{d}c \tag{1-115}$$

为寻求过载系数的表达式，需要根据过载系数的定义附加一个平衡条件，即

$$\int_0^l L(y)\,\mathrm{d}y = q_\mathrm{d}\alpha_0\int_0^l c\frac{\partial C_\mathrm{L}}{\partial\alpha}\mathrm{d}y + q_\mathrm{d}\int_0^l c\frac{\partial C_\mathrm{L}}{\partial\alpha}\theta(y)\,\mathrm{d}y = \frac{1}{2}NW \tag{1-116}$$

将式 (1-111) 代入式 (1-116)，得到过载系数 N 的表达式：

$$N = \frac{2GJ\ (\lambda l)^2\left[\dfrac{\partial C_\mathrm{L}}{\partial\alpha}e\alpha 0 + cC_\mathrm{MAC}\left(1 - \dfrac{\lambda l}{\tan\lambda l}\right)\right]}{\dfrac{\partial C_\mathrm{L}}{\partial\alpha}el\left[\dfrac{We\lambda l}{\tan\lambda l} - 2mgld\left(1 - \dfrac{\lambda l}{\tan\lambda l}\right)\right]} \tag{1-117}$$

将 α_0 用过载系数 N 来表达，即

$$\alpha_0 = \frac{NWle}{2GJ\lambda l\tan\lambda l} - \left(1 - \frac{\lambda l}{\tan\lambda l}\right)\left[\frac{Nmgl^2 d}{GJ\ (\lambda l)^2} + cC_\mathrm{MAC}\Big/\left(\frac{\partial C_\mathrm{L}}{\partial\alpha}e\right)\right] \tag{1-118}$$

大展弦比弹性机翼静气动弹性基本方程可用如下的统一方程来表示：

$$\theta = q_\mathrm{d}EC_\mathrm{Lc} - q_\mathrm{d}FC_\mathrm{MAC} + NGM_\mathrm{g} \tag{1-119}$$

代入迎角气动力表达式 $\boldsymbol{A}_\mathrm{aic}^s C_\mathrm{Lc}$，式 (1-119) 变为

$$\boldsymbol{A}_\mathrm{aic}^s C_\mathrm{Lc} = q_\mathrm{d}EC_\mathrm{Lc} + \boldsymbol{\alpha}_0 + q_\mathrm{d}FC_\mathrm{MAC} + NGM_\mathrm{g} \tag{1-120}$$

式中

$$\boldsymbol{\alpha}_0 = \boldsymbol{A}_\mathrm{aic}^s C_\mathrm{Lc}^0 \tag{1-121}$$

为刚性攻角分布向量;

$\boldsymbol{A}_{aic}^{s}$—— 对称升力分布时的空气动力影响系数矩阵。

根据过载系数的定义 $N = L/W$ 得到

$$\frac{1}{2} NW = q_d \int_0^l c C_L \mathrm{d}y \tag{1-122}$$

式 $(1-122)$ 的矩阵形式为

$$N = \frac{2q_d}{W} \boldsymbol{l}_e^{\mathrm{T}} \overline{\boldsymbol{W}} C_{Lc} \tag{1-123}$$

式中　　$\boldsymbol{l}_e = \begin{bmatrix} 1 & 1 & \cdots & 1 \end{bmatrix}^{\mathrm{T}}$;

$\overline{\boldsymbol{W}}$—— 展向积分加权矩阵。

将方程式 $(1-120)$ 中的过载系数用方程式 $(1-123)$ 代替,则得

$$C_{Lc} = \left(\boldsymbol{A}_{aic}^{s} - q_d E - q_d \frac{2}{W} G M_g \boldsymbol{l}_e^{\mathrm{T}} \overline{\boldsymbol{W}} \right)^{-1} (q_d F C_{MAC} + \boldsymbol{\alpha}_0) \tag{1-124}$$

规定刚性攻角分布向量 $\boldsymbol{\alpha}_0$ 后,便可由式 $(1-124)$ 求得展向 n 个配置点处的总升力分布 C_{Lc}。求得 C_{Lc} 后,即可由式 $(1-124)$ 求得过载系数 N。给定过载系数 N,且假设机翼无气动扭转和几何扭转,即 $\boldsymbol{\alpha}_0 = \boldsymbol{l}_e \alpha_0$,需要求确定 C_{Lc}^e 和 α_0。

由式 $(1-119)$ 得到

$$\boldsymbol{A}_{aic}^{s} C_{Lc}^e = q_d E (C_{Lc}^0 + C_{Lc}^e) + q_d F C_{MAC} + N G M_g \tag{1-125}$$

同时注意到

$$C_{Lc}^0 = (\boldsymbol{A}_{aic}^{s})^{-1} \boldsymbol{l}_e \boldsymbol{\alpha}_0 \tag{1-126}$$

由以上两式得到

$$(\boldsymbol{A}_{aic}^{s} - q_d E) C_{Lc}^e - q_d E (\boldsymbol{A}_{aic}^{s})^{-1} \boldsymbol{l}_e \boldsymbol{\alpha}_0 = q_d F C_{MAC} + N G M_g \tag{1-127}$$

考虑到 $C_{Lc} = C_{Lc}^0 + C_{Lc}^e$ 以及式 $(1-123)$ 由式 $(1-126)$ 得到

$$\boldsymbol{l}_e^{\mathrm{T}} \overline{\boldsymbol{W}} C_{Lc}^e - \boldsymbol{l}_e^{\mathrm{T}} \overline{\boldsymbol{W}} (\boldsymbol{A}_{aic}^{s})^{-1} \boldsymbol{l}_e \boldsymbol{\alpha}_0 = \frac{NW}{2q_d} \tag{1-128}$$

联立以上两式,得

$$\begin{bmatrix} \boldsymbol{A}_{aic}^{s} - q_d E & -q_d E (\boldsymbol{A}_{aic}^{s})^{-1} \boldsymbol{l} \\ \boldsymbol{l}_e^{\mathrm{T}} \overline{\boldsymbol{W}} & \boldsymbol{l}_e^{\mathrm{T}} \overline{\boldsymbol{W}} (\boldsymbol{A}_{aic}^{s})^{-1} \boldsymbol{l}_e \end{bmatrix} \begin{bmatrix} C_{Lc}^e \\ \boldsymbol{\alpha}_0 \end{bmatrix} = \begin{bmatrix} q_d F C_{MAC} + N G M_g \\ \dfrac{NW}{2q_d} \end{bmatrix} \tag{1-129}$$

求解出 C_{Lc}^e 和 α_0,进一步利用下式即可求得弹性机翼载荷的总升力分布 C_{Lc}:

$$C_{Lc} = C_{Lc}^e + (\boldsymbol{A}_{aic}^{s})^{-1} \boldsymbol{l}_e \boldsymbol{\alpha}_0 \tag{1-130}$$

1.6　机动过程分析

1.6.1　机动平衡情况

1.规范要求

CCAR25 部相关条款第 25.331 条(b),详见 1.2.6 节。

2.计算方法

机动平衡情况是对称机动中的一种基本情况。对于具有全动平尾的飞机来说,飞机首先是 1g 平飞状态,飞机由全动平尾进行配平,偏转升降舵使飞机缓慢抬头维持飞机的角加速度接近于零,并保持全动平尾的配平角不变,直至飞机达到最大正(负)载荷系数。对于机动平衡情况,CCAR25.335(b)中机动包线上的 A 到 I 点必须进行分析计算。在此机动的计算模拟中可能会出现飞机由于自身特性达不到限制载荷系数的情况,则按照实际情况计算。

民用飞机的平尾安定面通常采用微调形式。对于这种类型的平尾,目前有四种配平方式。

第一种微动平尾配平方式,其核心是:① 假定升降舵产生的俯仰力矩刚好配平阻尼力矩;② 无尾力矩(含发动机推力及阻力产生的力矩)完全由平尾安定面配平,其中包括迎角、下洗、微动平尾偏角的综合贡献。这种配平方式是一种假定,有一定的合理性(大部分力矩由迎角、下洗、微动角产生的力矩配平,仅阻尼力矩由舵面配平),但不太真实,是一种近似的数学处理方法。

第二种微动平尾配平方式,其核心是认为升降舵偏度为零,即舵面不参与配平,配平载荷完全由迎角、下洗及微动角贡献产生。

第三种微动平尾配平方式是较符合实际操作的方式。1g 水平飞行是一种长时间的飞行情况,通常完全采用微调平尾配平,以便使飞行员的操纵杆力为零。在其他过载下的配平,其中超过 1g 的部分,往往由舵偏来配平。该配平方式的核心是过载 1g 部分由平尾安定面配平,超过 1g 的过载部分由升降舵配平。

第四种微动平尾配平方式为失配平,在 CCAR25(C 部分)中没有规定这种计算状态,但在操稳规范中,则有失配平状态的考核。所谓失配平是指微动平尾的微调角没有正确地配平飞机,而其误配平部分,则由舵面来配平。按规范要求,失配平度定义为按实际速率偏转 3s 产生的平尾微动角。研究这种载荷状态的意义在于,它可能成为尾翼铰链力矩的临界情况。

3. 机动过程分析

机动平衡情况主要用于考核机翼、机身、平尾等部件的强度。过载 $1g$ 平衡也是其他机动情况的基础。

1.6.2 V_A 时的升降舵最大偏转

1. 规范要求

CCAR25 部相关条款第 25.331 条(c)1),详见 1.2.6 节。

2. 计算方法

对于对称机动中 V_A 时的升降舵最大偏转,机动仿真是先计算给定飞行速度、飞行高度下的 $1g$ 平飞状态,然后快速把升降舵操纵到可达到的最大偏度,机动过程中重心处的法向过载超过正限制过载[第 25.333 条(b) 的 A_2 点]或引起的尾翼法向载荷达到最大值(两者中取先到者),以后的飞机载荷不再考虑。

整个过程可假定速度不变,如有操纵的合理数据,升降舵偏转速率的取值只要不小于合理数据即可,无合理数据时采用阶跃输入。按照第 25.397(b) 条规定的驾驶员作用力的限制值算出当前速度下的升降舵最大上偏角,该值若未超过结构上相应的限制,偏角就取此最大上偏角,如果超过了就取结构上相应的限制偏角。

3. 机动过程分析

图 1-12 给出了机动中迎角(α)、法向载荷系数(n)、升降舵偏度(δ_e)、俯仰角加速度($\dot{q}$)、俯仰角速度(q)、平尾法向力(F_n)等参数随时间的变化曲线。此机动情况主要用于考核平尾、升降舵、后机身等部件临界载荷情况。

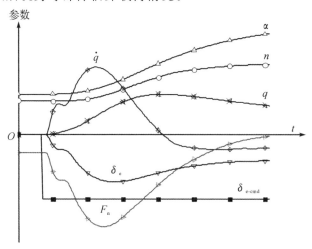

图 1-12　V_A 时的升降舵最大偏转机动参数曲线

1.6.3　规定的操纵器件移动

1.规范要求

CCAR25 部相关条款第 25.331 条(c)2),详见 1.2.6 节。

2.计算方法

对于对称机动中规定的操纵器件移动,机动仿真是先计算给定飞行速度和高度下的 1g 平飞状态,然后在 1g 平飞的基础上,通过偏转升降舵使飞机达到最大过载,机动过程中通过优化升降舵的偏度大小和保持时间来控制飞机的最大、最小俯仰角加速度等于或接近于规范规定的值。

3.机动过程分析

图 1-13 给出了机动中迎角(α)、法向载荷系数(n)、俯仰角加速度($\dot{q}$)、俯仰角速度(q)、升降舵偏度(δ_e)、平尾法向力等参数。

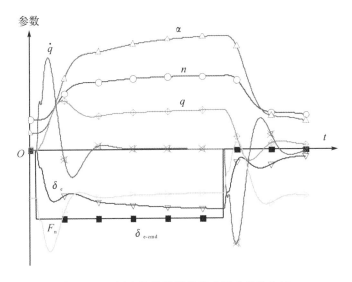

图 1-13　规定的操纵器件移动机动参数曲线

整个机动过程从平飞开始,偏舵时飞机抬头,载荷系数逐渐增加,然后保持舵偏角,在达到最大载荷系数前舵面返回某一位置以达到最大载荷系数并退出俯仰机动。舵偏角的大小没有直接规定,但规范规定了开始阶段载荷系数为 1 时的正俯仰角加速度的大小,实际上是对偏舵的大小作出了限制;规定了达到最大载荷系数时的负俯仰角加速度的大小,实际上是对返舵的大小作出了限制。通过优化升降舵的偏度大小和保持时间来控制飞机的最大、最小俯仰角加速度等于或接近于规范规定的值。

1.6.4　滚转机动

1. 规范要求

CCAR25 部相关条款第 25.349 条,详见 1.2.13 节。

2. 计算方法

对于滚转机动情况,仿真进行了正常推力的法向过载($0 \sim \frac{2}{3} n_{z\max}$)状态的滚转情况的机动过程仿真。先计算 V_A 时副翼最大偏转产生的最大稳态滚转角速度,然后将各个状态的最大滚转角速度作为输入,分别对 V_C 和 V_D 进行滚转机动过程仿真。

3. 机动过程分析

图 1-14 给出了滚转机动中法向载荷系数(n)、副翼偏度(δ_a)、滚转角加速度($\dot{p}$)、滚转角速度(p)、滚转倾斜角(ϕ)等参数随时间的变化曲线。规范中要求考虑最大角加速度和定常滚转两种情况,它们分别对应于机动过程中最大滚转角加速度和最大滚转角速度出现的时刻。滚转机动分为协调和非协调滚转。在滚转机动中,要控制法向载荷系数不会出现较大的变化。

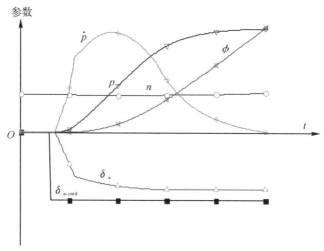

图 1-14　滚转机动参数曲线

1.6.5　偏航机动

1. 规范要求

CCAR25 部相关条款第 25.351 条,详见 1.2.14 节。

2. 计算方法

对于偏航机动情况,依据规范的规定,机动仿真是先以 1g 平飞为初始状态,迅速偏转方向舵使飞机出现超调侧滑角,待飞机达到稳定侧滑后,迅速把方向舵回到中立位置,飞机经过振荡后重新回归到初始的平飞状态。

3. 机动过程分析

图 1-15 给出了偏航机动中方向舵偏度(δ_r)、偏航角加速度($\dot{r}$)、偏航角速度(r)、侧滑角(β)、侧向过载(n_y)、垂尾法向力(F_n)等参数随时间的变化曲线。偏航机动是由方向舵偏转诱发的侧向机动。机动中因飞机产生侧滑,造成飞机不对称受载。方向舵偏转和侧滑使得垂尾产生很大的载荷。所以本情况是垂尾、后机身的主要受载情况。在偏航机动中,给定方向舵操纵指令为从 0 到最大,为阶跃输入,舵面将在控制律的控制下进行偏转。由于方向舵突然偏转到最大,飞机姿态还没来得及改变,侧滑角为 0,垂尾上的气动载荷主要由方向舵偏转产生,此时刻称为第 Ⅰ 设计点。随后,由于保持舵偏将使飞机达到超调侧滑角,此时,由侧滑产生的垂尾载荷和由方向舵偏转产生的垂尾载荷是相互抵消的,但载荷的作用点比较靠前,称此时为第 Ⅱ 设计点。最后,飞机达到稳定侧滑角,此时方向舵返回中立位置,称此时为第 Ⅲ 设计点。

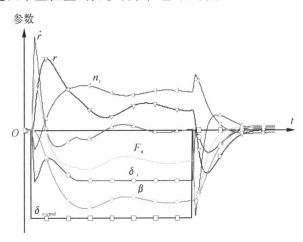

图 1-15 偏航机动参数曲线

1.6.6 发动机失效情况

1. 规范要求

CCAR25 部相关条款第 25.367 条,详见 1.2.15 节。

2. 计算方法

依据规范的规定,对于本情况的机动仿真是先计算给定飞行速度、飞行高度下的 1g 平飞状态,使临界发动机突然失效,飞机产生偏航力矩,然后开始操纵方向舵纠正飞行姿态,最终达到带方向舵偏度的 1g 平飞状态。

3. 机动过程分析

图 1-16 给出了发动机失效情况中发动机推力(T)、偏航角加速度($\dot{r}$)、偏航角速度(r)、侧滑角(β)、方向舵偏度(δ_r)、垂尾法向力(F_n)等参数随时间的变化曲线。发动机失效后,在不对称推力作用下,飞机将产生侧向运动,在这个过程中,飞机将承受很大的不对称载荷,尤其是垂尾、方向舵、后机身等部件,是一种重要的载荷情况。对于发动机失效诱发的偏航机动,可以认为基本上是一种平面运动,飞机倾斜角不大。驾驶员进行修正的过程中,横侧向操纵应协调进行。在停车-改出过程中,由于停车导致的侧滑载荷与方向舵偏转产生的载荷是叠加的,驾驶员过早地介入意味着飞机姿态变化小,侧滑角变小,受载不严重。规范规定,驾驶员的修正动作可以在飞机达到最大偏航速度时开始,但不能早于发动机停车后的 2s。

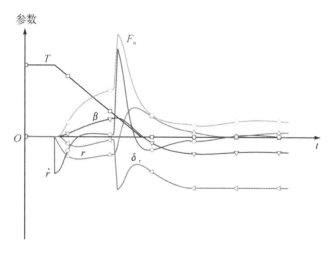

图 1-16 发动机失效情况机动参数曲线

1.7 突风载荷分析

1.7.1 离散突风

1. 离散突风定义

离散突风表现为确定性的风速变化,为确定性突风。最简单的离散突风模型是锐边突风(sharp edge gust)模型,如图 1-17 所示。锐边突风模型可表示为

$$W_G(t) = \begin{cases} W_0, & t > x/V \\ 0, & t < x/V \end{cases}$$

式中 W_0—— 突风速度幅值;

0——$W_G(t)$ 为常量。

坐标系 (x,z) 固连于飞行器上,坐标系 (x',z') 固连于大气中。在固连于飞行器的坐标系 (x,z) 中,坐标为 x 的任意一点在固连于大气的坐标系 (x',z') 中的坐标可表示为 $x'=x-Vt$,这里假定在 $t=0$ 时有 $x'=x$ 成立。

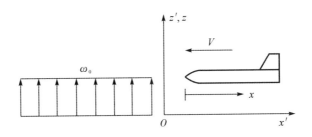

图 1-17　锐边突风模型

更为逼真的突风模型则考虑了突风场的空间尺度。在工程中评价飞机的飞行品质和突风响应特性时,广泛使用 1-cos 突风模型,如图 1-18 所示。1-cos 突风模型可表示为

$$w_g(t) = \begin{cases} \dfrac{w_g}{2}\Big(1-\cos\dfrac{2\pi x'}{l_g}\Big), & x/V < t < (x+l_g)/V \\ 0, & t \leqslant x/V \text{ 或 } t \geqslant (x+l_g)/V \end{cases}$$

式中　w_g—— 突风速度幅值;

　　　l_g—— 突风尺度,为正的常数。

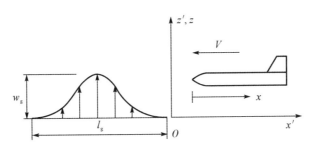

图 1-18　1-cos 突风模型

2.刚体机体分析方法

(1) 规范要求。CCAR25 部相关条款第 25.341(a) 条,详见 1.2.10 节。

(2) 计算方法。对于突风情况,依据适航的规定,机动仿真是先计算给定飞行速度、飞行高度下的 1g 平飞状态,然后将单个 1-cos 形对称的垂直或横向突风作用在飞机上,

通过动态分析确定结构各部分的载荷。图1-19～图1-21分别给出了上突风、下突风、侧突风机动中的参数随时间的变化曲线。

3. 弹性机体分析方法

（1）规范要求。CCAR25 部相关条款第 25.341(a)条。

（2）计算方法。工程方法计算离散突风下的弹性机体载荷时，需要的输入条件有用于结构动力学分析的飞机有限元模型、根据适航要求选取的突风模型和参数、气动外形和典型飞行包线参数。如果进行闭环情况下的突风响应分析，还需要飞控控制律、舵机模型和传感器模型等。

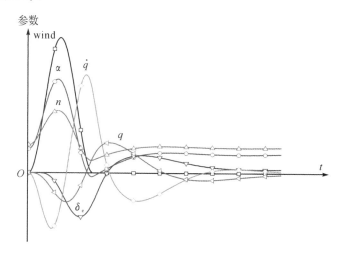

图1-19　离散上突风机动参数曲线

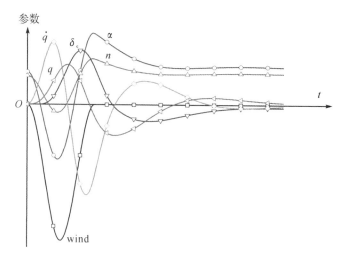

图1-20　离散下突风机动参数曲线

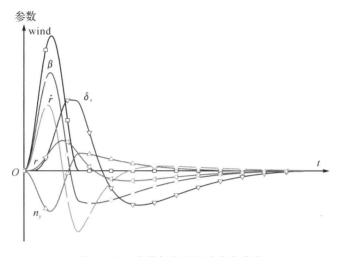

图 1 - 21　离散侧突风机动参数曲线

在进行无控情况下的突风响应分析时,首先采用偶极子格网法计算非定常气动力影响系数矩阵 $\boldsymbol{Q}_{qq}$, $\boldsymbol{Q}_{q\delta}$ 和 $\boldsymbol{Q}_g$,在气动弹性运动方程中引入谐振荡条件,可以得到频域内的弹性飞机运动方程,从而计算从突风输入 w_g 到广义坐标 q 输出的频率响应函数 $\boldsymbol{A}^{-1}\boldsymbol{D}$。

若关心的响应物理量为飞机结构的加速度,记某节点的加速度为 a,则输入为 w_g,输出为 a 的传递函数为

$$\boldsymbol{G}_a(\omega) = -\omega^2 \boldsymbol{\phi} \boldsymbol{A}^{-1} \boldsymbol{D} \tag{1-131}$$

式中　$\boldsymbol{\phi} = \begin{bmatrix} \phi_1 & \cdots & \phi_m \end{bmatrix}$,$\phi_i$ 表示该节点处的第 i 阶机体模态振型。

若关心的响应物理量为飞机结构元素的内力(即载荷),记该载荷为 p,与该元素相关的节点位移向量 $\boldsymbol{u}$,则输入为 w_g,输出为 p 的传递函数为

$$\boldsymbol{G}_p(\omega) = \boldsymbol{K}\boldsymbol{\Phi}\boldsymbol{A}^{-1}\boldsymbol{D} \tag{1-132}$$

式中　$\boldsymbol{K}$——元素刚度矩阵,元素内力与节点位移之间的关系为 $p = \boldsymbol{K}\boldsymbol{u}$;

　　　$\boldsymbol{\Phi}$——与该元素相关的节点的机体模态振型。

有控飞机的响应和载荷计算需要计及飞控控制律和惯导、舵机等环节的影响。

进行离散突风载荷分析时,首先通过傅里叶变换将时域内的离散突风速度转化为频域内的离散突风速度。根据线性系统理论,频域内的离散突风响应可以由以下公式得到:

$$\boldsymbol{a}(\mathrm{i}\omega) = \boldsymbol{G}_a(\omega) \cdot \boldsymbol{w}_g(\mathrm{i}\omega) \tag{1-133}$$

$$\boldsymbol{p}(\mathrm{i}\omega) = \boldsymbol{G}_p(\omega) \cdot \boldsymbol{w}_g(\mathrm{i}\omega) \tag{1-134}$$

其中，$G_a(\omega)$ 和 $G_p(\omega)$ 为由式(1-131)、式(1-132)得到的传递函数。

通过反傅里叶变换可以得到时域内的离散突风响应和结构内力。离散突风载荷计算的具体流程如图1-22所示。

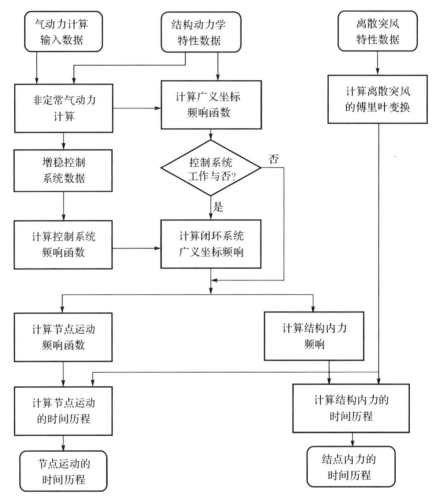

图1-22 离散突风载荷计算的流程

（3）突风响应分析算例。建立某飞机的结构有限元模型和气动力模型，计算离散突风引起的质心加速度、翼尖加速度和翼根弯矩时域响应，结果如图1-23～图1-25所示。由图可知：质心过载和翼根弯矩时域突风响应中的高频分量很小，其受突风尺度变化的影响很小；翼尖加速度中的高频分量受突风尺度变化的影响较大，当突风尺度为50m和100m时，翼尖加速度中的高频分量较大，当突风尺度为500m时，翼尖加速度的高频分量很小。

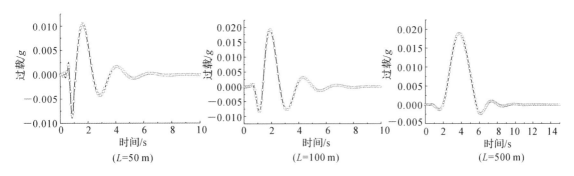

图 1 - 23 离散突风引起的质心处垂向过载

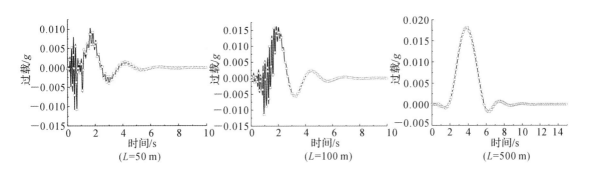

图 1 - 24 离散突风引起的翼尖处垂向过载

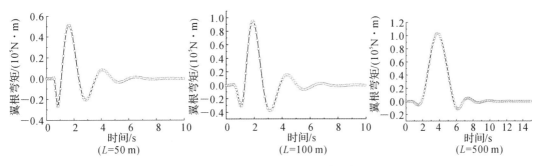

图 1 - 25 离散突风引起的翼根弯矩

1.7.2 连续突风

目前主要针对弹性机体。

1. 连续突风定义

突风主要由风切变和对流引起。风切变主要指如下几种情况:① 地形混合,即由障碍物或者地形的不规则性引起风的摩擦切变;② 由自由风切变引起,并且很大程度上由风剖面的垂直梯度决定,可以出现在不同的高度。对流则主要与云等天气状况有关。

突风剖面往往是连续和不规则的。通常把连续紊流剖面称为连续突风。

连续突风的特征是速度向量在其平均值附近脉动,因此可认为这种现象在"局部"是均匀的和各向同性的,也就是说在某一区域内均匀和各向同性的假设成立。为了能够方便地得出飞机在穿过突风时的载荷,需要将紊流的功率谱用函数或者列表表示出来,因此,根据测量的数据拟合出了许多大气紊流的功率谱函数。常用的局部谱模型有Von Karman模型和DRYDEN模型。一些欧美国家对紊流的功率谱进行过相当多的测量,主要通过两种手段:其一为在固定点处测量紊流的速度;其二为当飞机飞过突风区域时,利用机载设备(如VGH系统)进行测量。通过大量的测量以及计算,普遍认为Von Karman模型在高频的渐近线斜率与实际较为吻合,而从考虑飞机弹性振动的角度看,高频段正是人们比较感兴趣的。在工程中通常采用Von Karman模型。H. Press根据所得的试验结果,建议把一定高度处的紊流看作是很多局部过程的系集。这些局部过程都是平稳的、高斯型的、形态相同的(即功率谱密度的表达形式以及紊流尺度均相同),不同之处在于紊流速度的均方根值。连续突风整体模型常用于任务分析。

连续突风的功率谱密度由下式给出:

$$\Phi(\omega) = \frac{\sigma^2 L}{\pi V} \frac{1 + 3\left(\frac{\omega L}{V}\right)^2}{\left[1 + \left(\frac{\omega L}{V}\right)^2\right]^2}$$

式中　　ϕ——突风功率谱密度;

　　　　σ——突风速度均方根值;

　　　　ω——频率(rad/s);

　　　　L——突风尺度(m);

　　　　V——飞机飞行速度(m/s)。

2. 规范要求

CCAR25部相关条款第25.341(b)条、附录G。

3. 计算方法

进行连续紊流载荷分析时,在1.7.1节中获得突风响应传递函数的基础上,利用随机过程理论,可以得到连续紊流响应的功率谱密度函数,即

$$\Phi_a(\omega) = |\boldsymbol{G}_a(\omega)|^2 \Phi_g(\omega) \tag{1-135}$$

$$\Phi_p(\omega) = |\boldsymbol{G}_p(\omega)|^2 \Phi_g(\omega) \tag{1-136}$$

式中　　$\boldsymbol{G}_a(\omega)$ 和 $\boldsymbol{G}_p(\omega)$——由式(1-131)、式(1-132)得到的传递函数;

$\Phi_\text{g}(\omega)$—— 突风功率谱密度；

$\Phi_\text{a}(\omega)$—— 飞机结构节点加速度的功率谱密度$(\text{m/s})^2/(\text{rad/s})$；

$\Phi_\text{p}(\omega)$—— 飞机结构元素内力的功率谱密度。

在连续紊流载荷分析中，主要关心以下一些参数：

(1) 突风响应的均方根值 σ_y 为

$$\sigma_y = \sqrt{\int_0^{\omega_\text{c}} \Phi_y(\omega)\,\mathrm{d}\omega} \tag{1-137}$$

式中　　$\Phi_y(\omega)$—— 连续紊流响应量的功率谱密度；

ω_c—— 截止频率。

(2) 响应均方根值与突风均方根值之比 $\overline{A}$ 为

$$\overline{A} = \frac{\sigma_y}{\sigma_\text{g}} \tag{1-138}$$

式中　　σ_g—— 突风速度均方根值。

(3) 响应量功率谱密度绕零频率点的回转半径 N_0 为

$$N_0 = \sqrt{\int_0^{\omega_\text{c}} \omega^2 \Phi_y(\omega)\,\mathrm{d}\omega \Big/ \int_0^{\omega_\text{c}} \Phi_y(\omega)\,\mathrm{d}\omega} \tag{1-139}$$

(4) 超越频率 $N(y)$ 为

$$N(y) = N_0 \left[P_1 \exp\left(-\frac{|y|}{b_1 \overline{A}}\right) + P_2 \exp\left(-\frac{|y|}{b_2 \overline{A}}\right) \right] \tag{1-140}$$

式中　　P_1, P_2, b_1, b_2—— 与高度有关的参数；

$N(y)$—— 单位时间内响应量超过 y 值的平均超越次数。

(5) 响应量 x 与 y 的相关系数 ρ_{xy} 为

$$\rho_{xy} = \frac{\int_0^{\omega_\text{c}} \Phi_\text{g}(\omega)\{\text{Re}[G_x(\omega)] \cdot \text{Re}[G_y(\omega)] + \text{Im}[G_x(\omega)] \cdot \text{Im}[G_y(\omega)]\}\,\mathrm{d}\omega}{\sigma_x \sigma_y}$$

$$\tag{1-141}$$

式中　　σ_x, σ_y—— 响应量 x 与 y 的均方根值；

$G_x(\omega), G_y(\omega)$—— 响应量 x 与 y 的频响函数。

4. 突风响应分析算例

图 1-26 给出了手册计算方法(CTFRL)与 MSC. Nastran 软件计算的飞机重心处的垂向加速度响应功率谱密度对比。图 1-27 给出了 CTFRL 与 MSC. Nastran 软件计算的飞机机翼翼根处的剪力功率谱密度对比。图 1-28 给出了 CTFRL 与 MSC. Nastran 软件

计算的飞机机翼翼根处的扭矩功率谱密度对比。

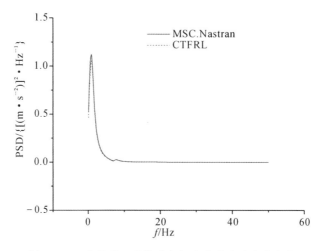

图 1 - 26　飞机重心处的垂向加速度响应功率谱密度

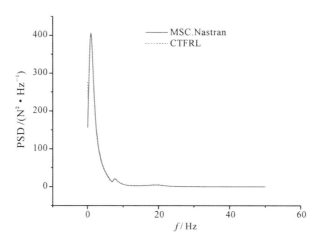

图 1 - 27　飞机机翼翼根处的剪力功率谱密度

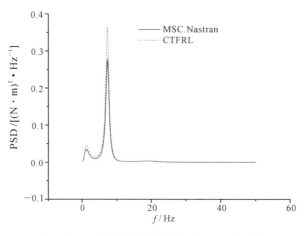

图 1 - 28　飞机机翼翼根处的扭矩功率谱密度

1.8　严重载荷筛选

根据适航要求,对重量、重心、惯矩、速度、高度、规范机动等多种参数组合进行载荷计算,将会得到数以万计的载荷情况。为了获得全机及各部件的严重载荷情况,必须对浩瀚的数据进行筛选。

严重载荷筛选的原则是在不遗漏并获取严重载荷情况的基础上,尽可能地减小计算工作量。

1.8.1　设计点方法

设计点方法可根据具体机动情况设定,确定某种机动状态下的设计点为严重载荷情况。如在偏航机动中,可设定最大方向舵偏角、最大侧滑角、稳态侧滑角三个设计点(见图 1-29);在非校验机动中可设定升降舵最大偏角、最大过载两个设计点;在校验机动中可设定过载 1g 时正俯仰角加速度限制、最大过载时负俯仰角加速度限制等两个设计点。

设计点方法,对于以气动载荷为主的机翼、平尾等部件很有效,而对于惯性载荷起主要作用的机身显得不足。

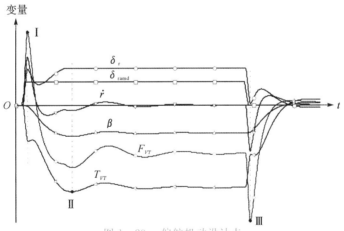

图 1-29　偏航机动设计点

1.8.2　参数分析法

参数分析法,即选择过载、角速度、角加速度、翼根剪弯扭等为目标参数,将这些目标参数到达极限值的情况作为严重载荷情况。也可对某个机动动作进行仿真,选取目标参数在机动过程时间历程中的极值点作为严重载荷情况。

按部件将多种载荷情况中的某一力素,如剪力、弯矩、扭矩等,单独作出它沿展向或轴向的极值线,可得单值包线。检索单值包线的外缘点,可得严重载荷情况。

图 1-30 和图 1-31 分别给出了某飞机机翼单值包线图。

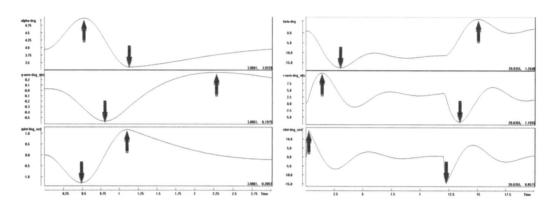

图 1-30　机动过程参数极值点示意图

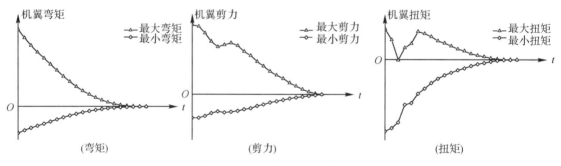

图 1-31　机翼弯剪扭单值包线

1.8.3　组合包线法

除了单值包线给出的极值载荷外,某些较大的但不是极值的载荷组合也有可能成为设计情况。组合包线法的采用正是对单值包线结果的补充,以保证不会遗漏临界载荷情况。一般采用的组合为剪力-弯矩、剪力-扭矩、弯矩-扭矩。

按全机各部件和载荷计算剖面的剪力、弯矩和扭矩,绘出弯矩-剪力、扭矩-剪力图,将各图的外缘点连接起来,形成包线。检索包线的外缘点,作为严重载荷情况。

图 1-32 给出了某飞机机翼剪力-扭矩、剪力-弯矩示意图。

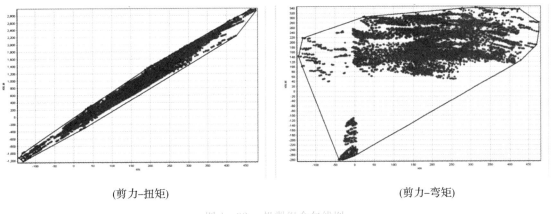

(剪力–扭矩)   (剪力–弯矩)

图 1 – 32   机翼组合包线图

1.9   全 机 平 衡 载 荷

全机平衡是指在飞行载荷情况分析时,必须综合考虑气动力、惯性力及在它们作用下所产生的结构变形引起的气动弹性增量,在它们的作用下全机处于动平衡状态。

全机载荷平衡最主要问题是怎样使计算机动过程使用的全机气动力特性与计算全机载荷分布使用的气动压力分布数据协调一致。因此,在整个飞行载荷设计过程中(尤其是详细设计阶段)要充分做好以下两个方面的事情:

(1) 对全机测压数据进行处理,以保证测压数据的正确性、合理性与可积分性;

(2) 以全机气动力特性为基准,对测压数据进行修正,使得测力、测压数据协调一致。

1.9.1   风洞试验全机测压数据处理

风洞试验全机测压数据处理包括如下两个方面:

(1) 测压数据插值处理。由于测压模型尺寸和测压位置的限制,全机测压模型的测压点不可能完全达到设计人员理想的要求。要根据不同部件、不同位置的"漏点"分别进行补齐或插值处理。

(2) 测压数据的平板处理。由于弹性飞机的载荷计算采用的是平板面元法,而外部气动力数据输入又只是修正它的气动力影响系数矩阵,所以必须将风洞试验得到的三维气动力压力分布压成平板,才能达到弹性载荷计算的目的。为了尽可能准确地将测压数据转换为平板压力分布,将飞机分为翼和体两大类分别进行处理,最后得到全机载荷计算模型下的非线性气动压力分布。

1.9.2 测力、测压数据协调

一般情况下,通过测压数据积分得到的全机气动特性与全机测力结果是会有一定差别的。在飞机的飞行载荷计算中,严重载荷计算状态来自飞机的机动过程计算,使用的是全机风洞测力数据,而全机平衡载荷又是根据与严重载荷计算状态相匹配的全机气动载荷分布计算得到的,使用的是风洞测压数据。如不进行两套数据的协调和匹配,所得到的全机载荷与所需要的载荷计算状态就会混乱。首先,将压力分布在理论上分为升力效应和力矩效应;然后,再将飞机分为纵向和横侧向区别对待(部件同上),简化了飞机载荷的复杂性。

经过多年、多个飞机型号风洞试验数据的积累和观察,通常情况下全机或部件测力试验结果的精度要高于测压积分结果,因此,在进行非线性气动力测力、测压数据协调时,以全机或部件测力风洞试验结果为基准,按如下方法修正全机测压风洞试验结果,使得全机测压试验的积分结果和全机或部件的测力风洞试验结果保持一致:

$$\boldsymbol{P}_1 = \boldsymbol{P}_p - \boldsymbol{A}_1^T \boldsymbol{A}_1 \boldsymbol{A}_1^T \left[\boldsymbol{A}_1 \boldsymbol{P}_p - \boldsymbol{M}_1 \right]$$

式中　　　　　　$\boldsymbol{P}_1$ —— 修正后的测压矩阵;

$\boldsymbol{P}_p$ —— 修正前的测压矩阵;

$$\boldsymbol{M}_1 = \begin{bmatrix} C_Y \\ M_Z \\ M_X \end{bmatrix}$$ —— 全机或部件测力矩阵;

$$\boldsymbol{A}_1 = \begin{bmatrix} D_{S1} & \dots & D_{SN} \\ -(X_1 - X_{1G})D_{S1} & \dots & -(X_N - X_{NG})D_{SN} \\ (Z_1 - Z_{1G})D_{S1} & \dots & (Z_N - Z_{NG})D_{SN} \end{bmatrix}$$

D_{S_i} —— 气动力面元面积,$i = 1 \sim N$;

X_i,Z_i —— 气动力面元面心坐标,$i = 1 \sim N$;

X_{iG},Z_{iG} —— 飞机重心坐标,$i = 1 \sim N$。

1.9.3 全机载荷平衡

使用测力、测压协调一致的数据,在全机飞行载荷分析时,对全机气动力特性进行弹性修正,根据全机运动方程得到的运动参数、飞行姿态调用全机气动压力分布数据和全机质量分布数据,使用可靠的方法和软件计算出全机气动载荷分布与惯性载荷分布,进一步得到由气动载荷与惯性载荷引起的结构弹性变形引起的弹性载荷增量。这些载荷综合起来基本上就是一个平衡载荷,其不平衡量一般不超过 1%,满足载荷设计误差的要求。

以下两种方法是没用经过测力、测压数据协调,在全机载荷平衡时采用的载荷修正方法。

1. 第一种全机平衡修正方法

用分布载荷计算之后得到的总压力中心位置及总载荷通过刚体动力学方程重新算出飞机的动态参数 $\dot{p},\dot{q},\dot{r}$(三个角加速度)。线加速度在重新求解时保持不变,仅三个角加速度的值与用飞行动力学方程求解总载荷时得出的值略有不同。造成这种差别的原因在于通过理论或测压试验求出的分布载荷的积分等于总载荷,但压心总会与飞行动力学方程中用到的焦点位置或力矩导数中隐含着的压力中心有差异。这种差异,将导致全机不平衡。

为了修正这种不平衡,通过下述步骤处理:

(1)保持重心处的过载 n_x,n_y,n_z 值不变,角加速度 $\dot{p},\dot{q},\dot{r}$ 采用重新求解刚体动力学方程得出新值。

(2)以重心处过载及角加速度为基础,求解每个待求点处的"局部过载",该"局部过载"等于由重心线加速度引起的平移过载与由角加速度引起的转动过载叠加。

(3)各计算点上的质量乘以该点处的局部过载即得该点处的惯性力,各计算点上的惯量特性乘以该点处的角加速度即得该点处的惯性力矩。

该方法的核心思想是:将气动力压心的计算误差,用全机惯性力来消除。由于这种误差不是很大,并且是通过全机各处的惯性力分布均匀地消除,在工程上是可以接受的,该方法的最大好处是全机平衡方便。

2. 第二种全机平衡修正方法

该方法是直接采用机动及突风模拟总载荷求解时得到的飞机动态参数($\dot{p},\dot{q},$ $\dot{r},\cdots$),根据该动态参数求出的惯性力叠加上气动力后,一般讲飞机是不平衡的,必须采用适当的方法予以修正。

通常采用修正机身气动载荷分布的办法来达到全机平衡,即在机身上采用自定形态的单位载荷,再取单位载荷的不同加权达到全机平衡。

这些修正载荷加在机翼-机身干扰区及尾翼-机身干扰区上。它们的物理属性归属于机翼对机身及尾翼对机身引起的机身干扰载荷。理论上,压力分布的理论计算或测压试验,其误差主要在干扰区及机身本身的气动力分布中,所以,将不平衡误差归于机身气动力分布(特别是机身受干扰区)而对其进行修正是合适的。工程上,机身的载荷主要有尾翼传过来的载荷、机翼传过来的载荷及机身惯性载荷。机身自身局部分布气动载荷量级很小,对机身的受载不起关键作用,所以对它进行某些局部的修正是可行的。

1.9.4　部件载荷

1. 机身

根据机动过程分析,通过筛选各个机动过程中飞行参数的极值点($n_{y\max}$,$n_{z\max}$,$\alpha_{\max}$,$\beta_{\max}$,$d_{e\max}$,$d_{r\max}$,$d_{a\max}$,$d_{sp\max}$,$\omega_{z\max}$,$\omega_{y\max}$,$n_{y\min}$,$n_{z\min}$,$\alpha_{\min}$,$\beta_{\min}$,$d_{e\min}$,$d_{r\min}$,$d_{a\min}$,$d_{sp\min}$,$\omega_{z\min}$,$\omega_{y\min}$等)和机身典型剖面位置的载荷极值点,得到多个载荷计算点。用典型剖面位置的载荷值分别绘制剪力-弯矩图和剪力-扭矩图,然后将每张图的外缘点连接起来形成载荷包线。机身典型剖面位置如图 1-33 和图 1-34 所示。

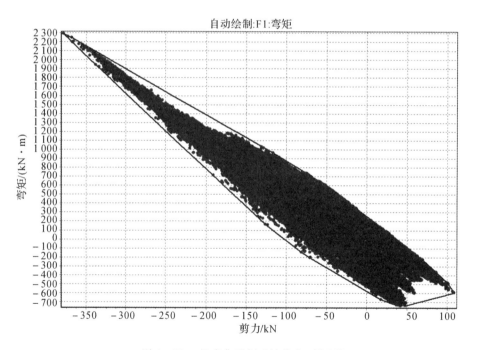

图 1-33　机身典型剖面的剪力-弯矩图

通过绘制机身典型剖面位置的载荷包线可以选出载荷包线上的点,这些点即是载荷设计点,其对应的参数即为载荷计算情况。将这些点检索出来,合并去掉重复的状态,得到了最终的严重载荷设计情况。

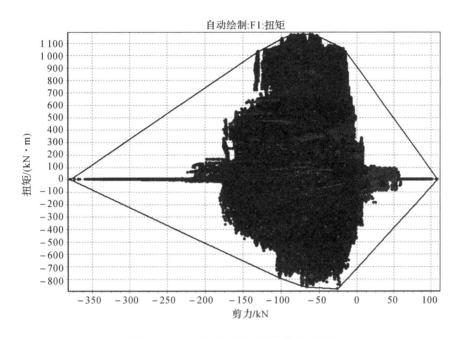

图 1 - 34   机身典型剖面的剪力-扭矩图

2. 机翼

根据机动过程分析,通过筛选各个机动过程中飞行参数的极值点(n_{ymax},n_{zmax},α_{max},β_{max},d_{emax},d_{rmax},d_{amax},d_{spmax},ω_{zmax},ω_{ymax},n_{ymin},n_{zmin},α_{min},β_{min},d_{emin},d_{rmin},d_{amin},d_{spmin},ω_{zmin},ω_{ymin} 等)和机翼典型剖面位置的载荷极值点,得到多个载荷计算点。用典型剖面位置的载荷值分别绘制剪力-弯矩图和剪力-扭矩图,然后将每张图的外缘点连接起来形成载荷包线。机翼典型剖面位置如图 1 - 35 和图 1 - 36 所示。

通过绘制机翼典型剖面位置的载荷包线可以选出载荷包线上的点,这些点即是载荷设计点,其对应的参数即为载荷计算情况。将这些点检索出来,合并去掉重复的状态,得到了最终的严重载荷设计情况。

3. 平尾

根据机动过程分析,通过筛选各个机动过程中飞行参数的极值点(n_{ymax},n_{zmax},α_{max},β_{max},d_{emax},d_{rmax},d_{amax},d_{spmax},ω_{zmax},ω_{ymax},n_{ymin},n_{zmin},α_{min},β_{min},d_{emin},d_{rmin},d_{amin},d_{spmin},ω_{zmin},ω_{ymin} 等)和平尾典型剖面位置的载荷极值点,得到多个载荷计算点。用典型剖面位置的载荷值分别绘制剪力-弯矩图和剪力-扭矩图,然后将每张图的外缘点连接起来形成载荷包线。平尾典型剖面位置如图 1 - 37 和图 1 - 38 所示。

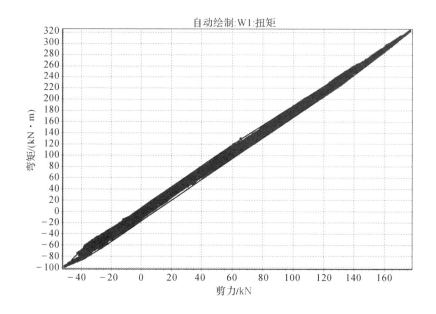

图 1-35　机翼典型剖面的剪力-弯矩图

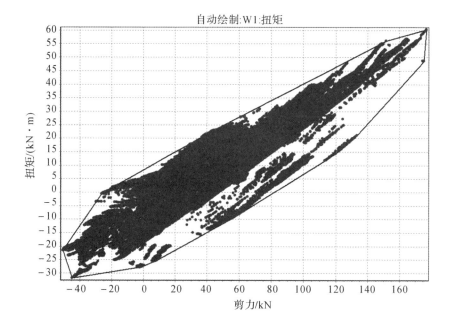

图 1-36　机翼典型剖面的剪力-扭矩图

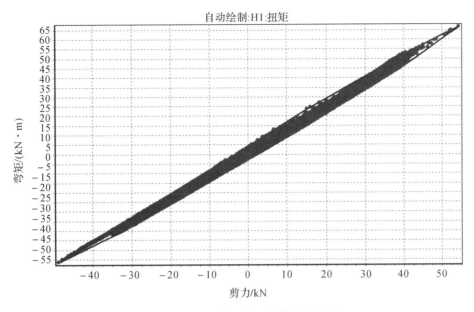

图 1-37　平尾典型剖面的剪力-弯矩图

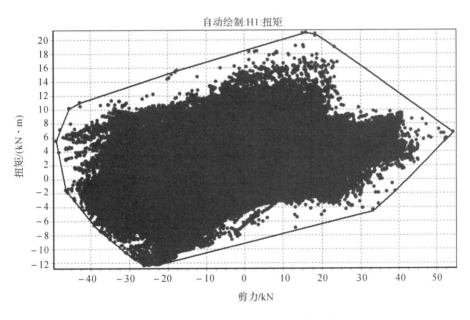

图 1-38　平尾典型剖面的剪力-扭矩图

通过绘制平尾典型剖面位置的载荷包线可以选出载荷包线上的点,这些点即是载荷设计点,其对应的参数即为载荷计算情况。将这些点检索出来,合并去掉重复的状态,得到了最终的严重载荷设计情况。

1. 垂尾

根据机动过程分析,通过筛选各个机动过程中飞行参数的极值点(n_{ymax},n_{zmax},α_{max},β_{max},d_{emax},d_{rmax},d_{amax},d_{spmax},ω_{zmax},ω_{ymax},n_{ymin},n_{zmin},α_{min},β_{min},d_{emin},d_{rmin},d_{amin},d_{spmin},ω_{zmin},ω_{ymin} 等)和垂尾典型剖面位置的载荷极值点,得到多个载荷计算点。用典型剖面位置的载荷值分别绘制剪力-弯矩图和剪力-扭矩图,然后将每张图的外缘点连接起来形成载荷包线。垂尾典型剖面位置如图 1-39 和图 1-40 所示。

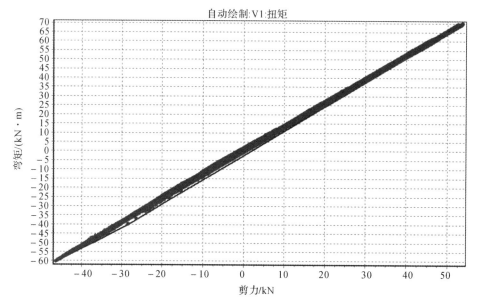

图 1-39 垂尾典型剖面的剪力-弯矩图

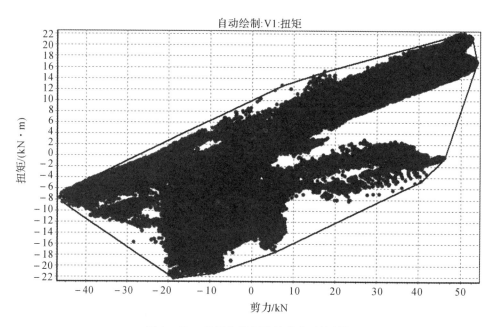

图 1-40 垂尾典型剖面的剪力-扭矩图

通过绘制垂尾典型剖面位置的载荷包线可以选出载荷包线上的点,这些点即是载荷设计点,其对应的参数即为载荷计算情况。将这些点检索出来,合并去掉重复的状态,得到了最终的严重载荷设计情况。

1.10　其他部件载荷

其他部件包括缝翼、襟翼、升降舵、副翼、方向舵、扰流板等部件。

其他部件的严重载荷状态应结合舵面偏转限制在机动过程中进行考虑。计算各部件在由机动仿真确定的载荷计算点处的载荷,并绘制剪力-弯矩、剪力-扭矩包络线,即可确定各部件的载荷严重状态。

1.10.1　襟翼和缝翼

襟翼和缝翼须按规定情况得出的临界载荷进行设计,并考虑从某一襟翼和缝翼位置转换到另一襟翼和缝翼位置(和空速时)所产生的载荷。确定襟翼和缝翼气动载荷(或气动系数)的依据是风洞和飞行试验结果。

根据第 25.345 条的规定,襟翼从中立到最大偏度任意受载情况进行机动仿真计算,得到襟翼的载荷值,用襟翼的载荷分别绘制剪力-弯矩图和剪力-扭矩图,然后将每张图的外缘点连接起来形成载荷包线。

通过绘制襟翼的载荷包线可以选出载荷包线上的点,这些点即是襟翼载荷设计点,其对应的参数即为襟翼载荷设计状态。将这些点检索出来,合并去掉重复的状态,得到了最终的襟翼严重载荷设计情况。

1.10.2　升降舵

根据机动仿真得到升降舵的载荷值,把升降舵的载荷分别绘制剪力-弯矩图和剪力-扭矩图,然后将每张图的外缘点连接起来形成载荷包络线。

通过绘制升降舵的载荷包线可以选出载荷包线上的点,这些点即是升降舵载荷设计点,其对应的参数即为升降舵载荷设计状态。将这些点检索出来,合并去掉重复的状态,得到了最终的升降舵严重载荷设计情况。

1.10.3　副翼

在机翼所有受载情况下研究副翼载荷,确定副翼气动载荷(或气动系数)的依据是风洞和飞行试验结果。但当缺少这种飞机副翼的风洞和飞行试验结果时,允许按类似飞机的数据或用计算来确定副翼载荷。

通过绘制副翼的载荷包线可以选出载荷包线上的点，这些点即是副翼载荷设计点，其对应的参数即为副翼载荷设计状态。将这些点检索出来，合并去掉重复的状态，得到了最终的副翼严重载荷设计情况。

1.10.4　方向舵

通过绘制方向舵的载荷包线可以选出载荷包线上的点，这些点即是方向舵载荷设计点，其对应的参数即为方向舵载荷设计状态。将这些点检索出来，合并去掉重复的状态，得到了最终的方向舵严重载荷设计情况。

1.10.5　扰流板

结合扰流板在不同构型下的实际用途，进行减速、起飞着陆、巡航、复飞等不同构型的机动过程仿真计算，得到扰流板的载荷值，用扰流板的载荷分别绘制剪力-弯矩图和剪力-扭矩图，然后将每张图的外缘点连接起来形成载荷包线。

通过绘制扰流板的载荷包线可以选出载荷包线上的点，这些点即是扰流板载荷设计点，其对应的参数即为方向舵载荷设计状态。将这些点检索出来，合并去掉重复的状态，得到了最终的扰流板严重载荷设计情况。

1.11　突风载荷减缓技术

1.11.1　突风载荷减缓介绍

飞机在大气中飞行，不可避免地会受到各种扰动气流的影响，从而引起附加的运动响应和结构载荷，而且随着航空科学技术的不断发展，人们对弹性飞机的性能要求不断提高，这就使弹性飞机向结构重量低、柔性大的趋势发展，这也就导致突风对飞机的影响更加复杂化。

突风对飞行器是一种外部激励，它不但会引起飞机刚体运动的改变，而且由于突风激励包含各种频率成分，会激发飞机的弹性模态，从而引起附加的结构载荷，而这种载荷是飞机结构强度设计的重要依据之一。

由于飞机的长周期模态和弹性模态一般都具有较小的阻尼，采用纯结构设计来实现突风减缓是非常困难的，需要付出巨大的代价。20 世纪六七十年代，随着主动控制技术（ACT）的发展，国外开始设计控制律主动地控制操纵面按照一定的规律偏转来实现突风减缓,并将突风减缓系统应用在 B-52,L1011-500,DC-10 以及 A320 等机型上,成功地减少了在严重大气扰动下的机翼载荷,并提高了在恶劣气象条件下的乘坐品质。

目前,国外飞机的突风减缓控制(GLA)方案主要分为以下三类:

(1) 前置反馈控制。前置反馈控制的优点是能够使飞机的操纵品质不发生改变,其缺点是需要获得足够的飞行器气动参数信息与精确的风场信息,控制器的设计需要受到重力测量系统的约束。B-52 飞行试验机和 Do128-6 的突风探测器均设置在机翼头部来测量风场信息。另外,美国曾利用机载激光雷达实现激光探测飞机 100m 外的风场信息,设计突风减缓系统。

(2) 后置反馈控制。后置反馈控制的优点是不需要对突风进行精确的测量但操纵品质可能会受到影响。后置反馈控制适用于减少突风对机翼结构模态的激励,减轻机翼的结构疲劳。

(3) 前置反馈控制与后置反馈控制结合。大多数突风减缓控制方案采用前置反馈控制与后置反馈控制相结合的方式。

1.11.2　突风载荷减缓分析算例

早在 20 世纪 60 年代,美国就开展了突风减缓控制方案的研究工作。美国 B-52 验证机的控制方案如图 1-41 所示。该验证机在驾驶舱位置处增加两个水平鸭翼和一个垂直鸭翼,并且在驾驶舱处安装垂直加速度计和侧向加速度计,将垂直加速度计采集的信号通过控制增益驱动水平鸭翼和垂直鸭翼偏转,用于减缓驾驶舱处的突风响应。

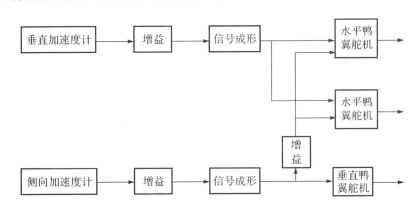

图 1-41　B-52 突风载荷减缓控制方案

DHC-6 的乘坐品质控制系统应用对称副翼偏转、升降舵及扰流片实现了垂直运动的突风减缓控制。为了使乘坐品质控制系统与人工操纵兼容使用各操纵面,将该飞机的原有操纵面进行分割,提供部分但足够的权限用于突风减缓。其中副翼分割出 40% 的翼面用于突风减缓控制,升降舵提供了 20% 的翼面。扰流片仅用于进场着陆,它从基本位置开始动作,以增强副翼,产生直接升力,实现着陆过程中的乘坐品质控制。

DHC-6 突风载荷减缓系统控制方案如图 1-42 所示。由图可知:质心处的法向加速度信号通过洗出网络馈送给副翼和扰流片,以改善飞机的乘坐品质。在该系统中俯仰角速度信号通过低通滤波器和洗出网络对升降舵实现控制,以改善飞机的操纵品质。各反馈通道均采用了洗出网络,这样做是为了消除转弯时对稳态加速度和俯仰速率的影响。

德国 DLR 飞行学院研制的 Do128-6 突风减缓和驾驶平稳系统(LARS)包括两个子系统,一个为开环系统,主要针对飞机的刚性扰动运动,可有效地改善飞机的操纵品质;另一子系统采用的是闭环控制,主要用于减缓弹性机翼的弯矩。LARS 突风减缓操纵面为襟翼、升降舵和扰流片。突风会引起升力的改变,这一升力的改变由机翼的直接升力控制(DLC)襟翼来补偿,而 DLC 襟翼偏转的动量则由升降舵来补偿。LARS 提供三对襟翼,可以实现升力和推力的独立控制,从而达到抑制突风响应的目的。该突风载荷减缓控制方案如图 1-43 所示。

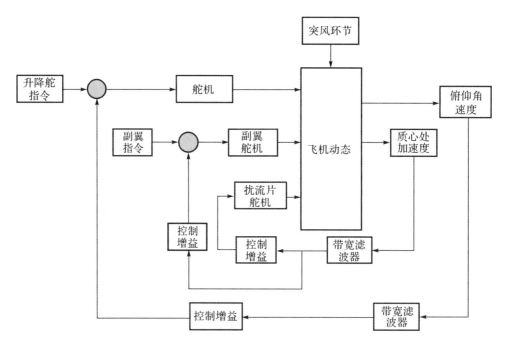

图 1-42 DHC-6 突风载荷减缓系统控制方案

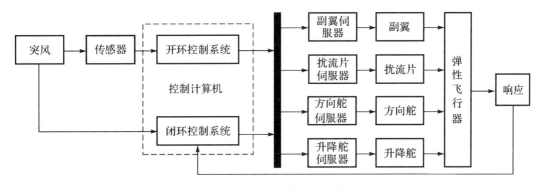

图 1-43 Do128-6 突风载荷减缓系统控制方案

C-5A 的 ALDCS 系统中的突风载荷减缓控制方案如图 1-44 所示。C-5A 采用的传感器有两类:① 机翼翼尖加速度传感器(共四个);② 机身角速率传感器(俯仰陀螺)。所采用的操纵面为副翼和内侧升降舵。该控制系统通过机翼的翼根弯矩、疲劳寿命等参数对比来衡量该系统的优劣。副翼和内侧升降舵偏转与垂直加速度、俯仰速率、控制杆位置、马赫数有关。俯仰速率输入提供俯仰阻尼。机翼垂直加速度计输入提供机翼一阶弯曲响应控制。机翼垂直加速度计输入抵消副翼俯仰力矩。

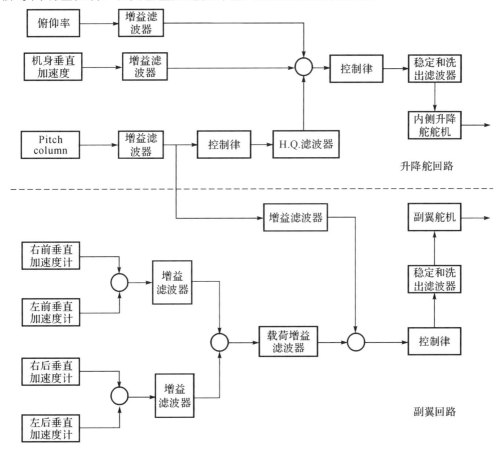

图 1-44 C-5A 突风载荷减缓控制方案

1.12   抖 振 载 荷

1.12.1   抖振载荷问题概述

在飞行器研制过程中,抖振定义为飞机结构(部件)由于气流中非定常分离流激励所导致的一种结构动态响应现象。当飞机跨声速或大迎角飞行时,机翼上会产生一个大的气流分离区,这就提供了激振,这种激振在给定点上,可以用均方根大小、频谱、空间和时间的相关程度和长度大小来表征。物体表面的气动压力脉动激起了飞机结构的动态响应现象,称之为抖振。民用飞机适航条例中的 CCAR25.427(d)条明确规定需要考虑尾翼的抖振载荷,在目前所掌握的资料中,比如《运输类飞机适航标准　技术咨询手册》以及《飞机设计手册第 9 册　载荷强度和刚度》等,都没有相关抖振载荷的计算方法。

按照产生抖振现象的飞机部件划分,飞机研制中的抖振大致可以分为两类:一类是机翼抖振,另一类是垂尾抖振。抖振会对飞机产生多种不利的影响,它虽然不像颤振那样立即导致结构的破坏,但是,它增加了结构的动态应力,产生疲劳断裂以及裂纹,降低了结构的疲劳寿命;限制飞机机动飞行,影响飞机的操纵性与稳定性,降低飞机的乘坐品质和安全性;影响了武器系统的瞄准、跟踪和射击精确度;影响了机载电子仪器的正常工作及正常使用;强烈的抖振会使驾驶员感到颠簸、烦恼和疲劳,工作效率下降,给飞行员造成很大的心理压力,严重的会使飞行员失去操纵能力,以致引起重大飞行事故。

1.12.2   抖振载荷分析主控方程

将飞机看作多自由度连续弹性体后,描述其运动的控制方程可以表述为拉格朗日方程。基于牛顿第二定律和能量关系,可以推导出保守弹性力学系统的拉格朗日方程广义坐标形式。工程应用时,需采用有限个自由度来得到该系统的近似解,这时就要采用 Rayleigh – Ritz 方法。略去拉格朗日方程推导过程,直接采用(AGARD)气动弹性手册的飞机拉格朗日运动方程的数学微分方程表达式:

$$M_n \ddot{q}_n(t) + D_n \dot{q}_n(t) + \omega_n^2 M_n q_n(t) + F_{Dn}(\dot{q}_1(t), \cdots, \dot{q}_N(t)) +$$
$$F_{Kn}(\dot{q}_1(t), \cdots, \dot{q}_N(t)) = P_n(t), \quad n = 1, \cdots, N$$

式中　M——广义质量;

D—— 结构阻尼；

ω—— 共振频率；

$\omega^2 M$—— 结构刚度；

F_D—— 与运动有关的气动阻尼；

F_K—— 与运动有关的气动刚度；

P—— 与运动无关的气动力。

主控方程表明：结构力随广义坐标 q_n 是线性的，但要求 q_n 的值相当小这才是正确的。气动力 F_D 和 F_K 可能是非线性的。每个自由度的作用同惯性力有关，并且就所涉及的结构变形来说，还同结构刚度和阻尼力有关。飞机表面上的气动力可分为取决于飞机振荡运动的力和与运动无关的力。所有这些力对每个自由度都是动态平衡的。由于以共振模态作为自由度的特殊选择，惯性力与刚度力（弹性力）之间不存在着耦合，只有气动力有耦合。如果共振频率分得很开，气动力耦合可以忽略，因而系统就像多个单自由度系统那样各自保持自身的运动。共振模态的形状和相应的 M_n，D_n 和 ω_n 的值可以用计算和地面振动试验来确定。

1.12.3　抖振载荷分析动力学系统

抖振载荷分析动力学系统由两部分组成：① 弹性的飞机结构；② 非定常分离流动导致的结构物面脉动气动力。这个脉动气动力作用在飞机结构上或者与飞机结构相互作用而产生不希望的运动，这里指结构的动态变形，"刚体"运动，或者是两者组合。非定常的脉动气动力是由飞机表面气流分离引起的，而气流分离或者由大迎角引起，或者由激波附面层干扰引起，或者由上游表面或凸出物体的紊乱尾流引起的。产生这种非定常气动力的气流可以称为"抖振气流"。由于"抖振气流"的复杂性，能普遍应用在已分离流中的抖振飞机解析模型实际上并不存在。到现在为止，已提出了两种典型的分析研究模型，它们是强迫振动模型和抖振颤振模型。强迫振动模型和抖振颤振模型实际上是两个极端情形，任何一种实际抖振情况都可以预期为介于这两者之间。

1.12.4　抖振载荷理论分析模型和特征量计算公式

在产生抖振流动的飞行状态下以等高度和等速度飞行的机翼（或者其他翼面）为例来说明抖振载荷理论模型。除了随机分量以外，现在考虑的唯一的一种气动力是与机翼弯曲振动速度的阻尼力成比例的。忽略气动惯性和气动刚度对普遍性没有多大损失,因为这些力同结构的对应的力相比一般是小量。在这些条件下,可以写出一组支配系统弯曲振动特性的微分方程:

$$M_n \ddot{n}_n(t) + C_n \dot{z}_n(t) + \omega_n^2 M_n z_n(t) = qs \int_0^l C_L(\zeta,t) h_n(\zeta) d\zeta, \quad n = 1,2,3,\cdots$$

式中 ζ—— 无因次展向坐标;

$z_n(t)$—— 第 n 阶弯曲模态某一点(比如翼尖)的挠度;

t—— 时间;

C_n—— 第 n 阶弯曲模态中气动和结构的广义阻尼系数;

M_n—— 第 n 阶弯曲模态的广义质量;

ω_n—— 第 n 阶弯曲模态的自然圆频率。

方程式右边是以系数形式表示的广义随机气动载荷。函数 $C_L(\zeta,t)$ 是随机的剖面升力系数;$s,q,h_n(\zeta)$ 分别是参考面积、自由流速压和第 n 阶弯曲模态的形状(参考点在翼尖)。利用广义简谐分析法,上述方程对翼尖的均方挠度近似表达式为

$$Y(t)^2 = q^2 s^2 \sum_{n=1}^{\infty} \frac{\prod \omega_n}{4 M_n^2 \omega_n^4 \left(\dfrac{c}{c_{cr}}\right)_n} C_{L,n}(\omega_n)$$

式中 $\left(\dfrac{c}{c_{cr}}\right)_n$—— 第 n 阶模态的广义阻尼系数与临界阻尼之比;

$c_{L,n}(\omega)$—— 第 n 阶模态的有效随机气动升力系数的功率谱;

s—— 参考面积。

假定系统具有小的阻尼并且有着分得很开的自然频率,那么除了共振频率附近区域之外,对总响应的贡献全是小量。这样,模态的耦合是可以忽略的,所以总响应可以认为是单自由度响应的线性叠加。

在弹性结构的研究中,通常希望得到结构上某一点的加速度或弯矩而不是结构的挠度。应用上述方程和一组联系一点的第 n 阶弯曲模态的加速度同该模态的翼尖振幅的系数,就可以得到加速度的表达式为

$$a^2(\zeta_0)_T = s^2 q^2 \sum_{n=1}^{\infty} \frac{K_n}{M_n^2} \frac{1}{\left(\dfrac{c_a}{c_{cr}} + \dfrac{c_s}{c_{cr}}\right)_n} \hat{C}_{L,n}(K_n)$$

式中　$a^2(\zeta_0)_{\mathrm{T}}$—— 在特定位置上的总均方根加速度；

K_n—— 第 n 阶自然振动模态的缩减频率，$K_n = \dfrac{b\omega_n}{V}$，其中 b 是机翼平均气

动弦长的参考长度；

V—— 自由流速度；

$\left(\dfrac{c_{\mathrm{a}}}{c_{\mathrm{cr}}} + \dfrac{c_{\mathrm{s}}}{c_{\mathrm{cr}}}\right)_n$—— 第 n 阶振动模态的气动、结构阻尼和临界阻尼之比的和；

$\hat{C}_{\mathrm{L},n}(K_n)$—— 缩减频率 K_n 的函数的有效随机气动升力数据的功率谱，$\hat{C}_{\mathrm{L},n}(K_n) = $

$\dfrac{V}{b}C_{\mathrm{L},n}(\omega_n)$。

这样，加速度就取决于以下变量：各量以有效随机气动升力系数的功率谱表示的气动激振力、气动的和结构的阻尼、广义质量以及每种重要的振动模态的缩减频率。气动激振力将来自非定常流动的计算，广义质量和振动模态缩减频率将来自模态分析或振动，气和结构阻尼的主要需来自于试验测量。

1.12.5　抖振分析流动控制方程

基于任意拉格朗日-欧拉法的三维可压缩非定常雷诺平均 N-S 方程是抖振非定常流动计算的控制方程。在直角坐标系下无量纲化（以平均气动弦长 C、来流密度 ρ_∞、来流声速 a_∞ 和来流温度 T_∞ 作为参考量）的积分形式为

$$\frac{\partial}{\partial t}\iiint\limits_{\Omega} \boldsymbol{Q}\,\mathrm{d}V + \iint\limits_{\partial\Omega} \boldsymbol{F}(\boldsymbol{Q}) \cdot \boldsymbol{n}\,\mathrm{d}S = \iint\limits_{\partial\Omega} \boldsymbol{G}(\boldsymbol{Q}) \cdot \boldsymbol{n}\,\mathrm{d}S$$

式中　Ω—— 控制体；

$\partial\Omega$—— 控制体单元的边界；

$\boldsymbol{n}$—— 控制体边界外法向单位矢量；

$\mathrm{d}V$—— 体积分的微元；

$\mathrm{d}S$—— 面积分的微元；

$\boldsymbol{Q}$—— 守恒变量；

$\boldsymbol{F}(\boldsymbol{Q})$—— 无黏通量；

$\boldsymbol{G}(\boldsymbol{Q})$—— 黏性通量。

1.12.6 翼面抖振载荷分析方法算例

运输类飞机所遇到的抖振现象往往有两类：① 当飞机接近阻力发散马赫数时，机翼在中等迎角附近会发生以翼面激波／附面层干扰流动机理所主导的抖振现象；② 当飞机在起飞、着陆阶段大迎角近（或深）失速飞行条件下，由飞机前部气动部件（如机翼、活动部件滑轨等的整流包、翼吊发动机、机身……）引出的脱体涡气流打在飞机尾部气动翼面（如平尾-升降舵、垂尾-方向舵或者 T 形尾翼）所引起的尾翼抖振现象。这两类抖振现象的最终气动表现形式是使翼面表面形成波动的非正常压强，进而产生非定常分布载荷和翼面的非定常抖振载荷（翼面根部弯矩、剪力、扭矩）。对于展向、弦向都远大于厚度方向的翼面而言，弯矩是主要边界载荷。此外，获得翼面的非定常压强方法有数值计算、风洞试验和飞行实测，以及对工程上极为重要的经验和半经验公式（在与湍流密切相关的分离流理论尚未有完备分析方法的情况下），现今是不能获得真正准确的翼面非定常压强的。以工程上最为成熟的翼根弯矩法为例对某翼面进行抖振载荷的算例计算方法演示：

第一步，将影响翼面抖振的参数（如飞行迎角）进行离散划分。

第二步，计算每个状态参数的非定常流动（如何选择合适的计算方法和流程参见专题研究报告部分），进而获得翼面表面的非定常压力分布，如图 1-45 所示。

第三步，数值积分得到翼面的非定常瞬态根部弯矩，进而获得根部弯矩系数随时间变化的列表函数，如图 1-46 所示。

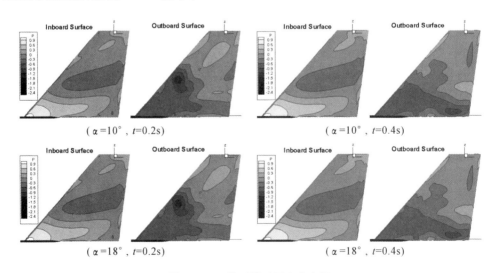

图 1-45　翼面瞬时压力分布图

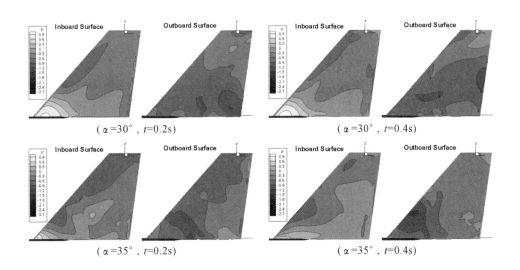

（α=30°，t=0.2s）   （α=30°，t=0.4s）

（α=35°，t=0.2s）   （α=35°，t=0.4s）

续图 1－45　翼面瞬时压力分布图

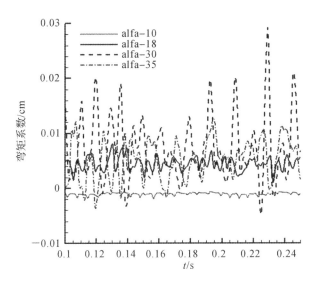

图 1－46　翼根弯矩系数随时间变化历程函数图

第四步，利用如下公式计算根部弯矩平均值 $\bar{\sigma}$，这里采用算术平均值：

$$\bar{\sigma}=\frac{\sum\limits_{i=1}^{N}\sigma_i}{N}$$

式中　　σ_i——瞬态根部弯矩；

　　　　N——时间采样总点数。

第五步,利用如下公式计算翼面根部弯矩均方根值 $x_1 = x - 80\% L_f$(翼面根部弯矩脉动响应强度是用其均方根值 $x_1 = x - 80\% L_f$ 来度量的):

$$\sigma' = \sqrt{\frac{1}{N} \sum_{i=1}^{N} (\sigma_i - \bar{\sigma})^2}$$

式中　$\bar{\sigma}$——根部弯矩平均值;

　　　σ_i——瞬态根部弯矩;

　　　N——时间采样总点数。

第六步,实际应用中,为便于同气动量进行分析对比,常将根部弯矩转化为根部弯矩系数:

$$C'_m = \frac{\sigma'}{qS\bar{c}}$$

式中　S——外露翼面积;

　　　$\bar{c}$——翼面平均气动弦长。

第七步,得到翼面根部弯矩系数均方根值随迎角的变化函数,如图 1 - 47 所示,进而可以从图中分析插值得到翼面的抖振边界和抖振载荷。图中 A 点横坐标迎角是计算得到的抖振边界,B 点是风洞试验得到的抖振边界。其他迎角下的抖振载荷(翼根弯矩)亦可从图中直接获得。

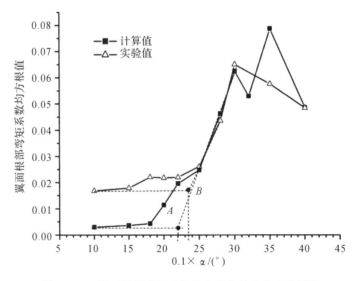

图 1 - 47　翼面根部弯矩系数均方根值随迎角变化情况

1.13 试飞验证

在飞机的设计中,结构强度计算所依据的外载荷一般都是通过理论计算、风洞试验以及设计经验来确定的。由于飞机实际受载情况的复杂性,理论计算和风洞试验不可能完全模拟真实受载情况,所以强度计算的外载荷可能与飞机实际使用中所承受的真实载荷有所不同。因此,在飞机的适航试飞中往往进行飞机载荷测量的飞行试验,以此来验证飞机的载荷设计,并寻求飞机及其各部件载荷的规律性,进而改进飞机载荷设计。通过飞行载荷的实测验证,可以达到以下四个目的:第一,确定或证实严重飞行状态;第二,验证载荷分析方法;第三,提供确定型号飞机发展前途的数据基础;第四,满足适航规章合格审定的要求。

1.13.1 适航验证要求

在CCAR25C分部中的结构总则中明确指出:"除非另有说明,所规定的空气、地面和水载荷 …… 必须保守地近似于或接近地反映真实情况。除非表明确定受载情况的方法可靠,否则用以确定载荷大小和分布的方法必须用飞行载荷测量来证实。"

1.飞行载荷测量需求及范围

飞行载荷测量需求及范围必须是经过局方和申请人逐项讨论并达成一致的,这样的评定应该建立在下列条件的基础上:

(1)待审定飞机和申请方以前开发的飞机或已获批准的飞机进行设计特点上的比较,新的或重要的不同设计点应该进行识别和审定。

(2)申请方通过分析模型或风洞试验对载荷大小及分布进行验证的经验。这些经验是被申请方积累到早期发展的或已获批准的飞机类型或模型中,这些验证应该由申请方纳入飞行载荷测量程序中并获得局方的认可。

(3)如果待审查飞机的构型和尺寸和早期发展的或已获批准的飞机类型相似,分析模型,例如载荷验证的CFD方法对风洞试验结果有效并且可以满足早期发展飞行试验经验的载荷验证,可能足够来决定飞行载荷不需要进一步的飞行试验。

(4)如果申请方对已经取证的飞机做了修改,但不能使用已经取证的飞机载荷来说明那些改动,则要求申请方必须通过飞行载荷分析来证明这种变化。通常来说,载荷分析需要验证,也可能需要飞行载荷测量。

新的或设计特征上的重要变化包括但不局限于:

a) 翼吊发动机与机身发动机；

b) 双发相对于三发或者多发动机；

c) 下单翼与上单翼；

d) 传统平尾与 T 形尾翼；

e) 第一次使用大后掠角；

f) 重要飞行包线扩展；

g) 增加小翼；

h) 操纵面构型的重大调整；

i) 翼型，尺寸（展向、面积）的重大差异；

j) 高升力构型的重要改变；

k) 动力装置安装／构型的重大变化；

l) 飞机主要尺寸大的变化。

尽管是相似的飞机，尽管申请方有早期通过飞行试验进行载荷验证的经验，下面典型部件的局部载荷仍然是不可预计的，需要在飞行试验中进行测量：

a) 高升力装置载荷；

b) 操纵面铰链力矩；

c) 尾翼的抖振载荷；

d) 任一特殊装置载荷。

对于非确定性的载荷条件，例如失速抖振，申请方应该编写足够多可被接受的飞行载荷测量以便选出一种可靠的方法预计合适的设计载荷。

2. 飞行载荷测量内容

飞行载荷测量主要内容包括以下方面：

（1）主要气动面上的压力／气动力／净弯剪扭测量；

（2）分析飞行结果时必须用到的飞行力学参数测量；

（3）高升力装置载荷及偏角；

（4）基本操纵面的铰链力矩和偏角；

（5）由滚转／偏航操作或者抖振引起的尾翼非对称载荷；

（6）局部载荷计算或测量不准确或不可信的地方应该进行应变或响应测量。

1.13.2 试飞测量方法

飞行载荷测量所使用的方法与风洞试验相类似，通常使用两种方法：一种是应变计测量法(测力法),另一种是压力分布测量法(测压法)。飞行载荷应变计测量法是将应变计电桥直接改装在飞机结构上,经过地面载荷校准试验后在飞行中测量作用在飞机上的载荷。至于压力分布飞行试验则是将压力传感器直接布置在真实的飞机上在飞行中进行压力分布测量的。通常来说,应变计法适用于主要升力面弯剪扭测量、主要飞行控制面铰链力矩测量以及由滚转 / 偏航操作或者抖振引起的尾翼非对称载荷,而压力分布法则适用于主升力面压力 / 气动力测量以及高升力装置载荷。

1. 应变计法

用应变计法测量飞行载荷的基本原理如下:第一,确定预测结构的测量剖面位置,并在所选择的测量剖面的合理位置上改装应变计电桥;第二,合理地支持飞机,在改装好应变计电桥的飞机结构部件上施加校准载荷进行载荷标定试验(或称载荷校准试验),根据获取的校准试验数据建立载荷与应变计电桥响应间的关系式(亦即载荷方程);第三,进行飞行试验,利用测试仪器记录各种飞行受载情况下的飞行状态参数和应变计电桥的响应,根据飞行中测量得到的应变计电桥响应和地面校准试验得到的载荷方程,计算被测结构在实际飞行状态下承受的飞行载荷。下面着重介绍用应变计法测量飞行载荷的校准试验原理。

世界上较早的然而是经典的飞行载荷测量校准试验方法是在 NACA – 1178 报告中以平尾载荷的校准试验为例介绍的,校准试验加载是采用在被测结构上施加点载荷的方法。

设在机翼某测量剖面上改装了 j 个应变计电桥,并在 n 个翼面位置上分别施加了点载荷,若施加的剪力载荷分别为 $V'_1, V'_2, \cdots, V'_n$,弯矩载荷分别为 $M'_1, M'_2, \cdots, M'_n$,扭矩载荷分别为 $T'_1, T'_2, \cdots, T'_n$,各应变计电桥的输出分别为 $\mu_1, \mu_2, \cdots, \mu_j$,则通过最小二乘法计算可得到下列载荷方程:

$$V = \beta_{11}\mu_1 + \beta_{12}\mu_2 + \cdots + \beta_{1j}\mu_j$$
$$M = \beta_{21}\mu_1 + \beta_{22}\mu_2 + \cdots + \beta_{2j}\mu_j$$
$$T = \beta_{31}\mu_1 + \beta_{32}\mu_2 + \cdots + \beta_{3j}\mu_j$$

上述方程中的 β_{1j}, β_{2j} 和 β_{3j} 分别是要求测量的剪力、弯矩和扭矩载荷方程的系数。

下面以某测量剖面的剪力载荷方程的建立为例,说明校准试验的原理。

如果在该测量剖面有 j 个应变计电桥是可用的,并且它们都是所需要的,那么施加的校准载荷个数 n 要大于 j,这样利用最小二乘法可计算出载荷方程系数。用矩阵形式表示,剪力方程的系数由下式计算:

$$\begin{bmatrix} V'_1 \\ V'_2 \\ \vdots \\ V'_n \end{bmatrix} = \begin{bmatrix} \mu_{11} & \mu_{21} & \cdots & \mu_{j1} \\ \mu_{12} & \mu_{22} & \cdots & \mu_{j2} \\ \vdots & \vdots & & \vdots \\ \mu_{1n} & \mu_{2n} & \cdots & \mu_{jn} \end{bmatrix} \begin{bmatrix} \beta_{11} \\ \beta_{12} \\ \vdots \\ \beta_{1j} \end{bmatrix}$$

或

$$V'_n = \boldsymbol{\mu}_{nj} \boldsymbol{\beta}_{1j}$$

利用电桥响应的转置矩阵左乘上述方程,则

$$\boldsymbol{\mu}_{nj}{}^{\mathrm{T}} V'_n = \boldsymbol{\mu}_{nj}{}^{\mathrm{T}} \boldsymbol{\mu}_{nj} \boldsymbol{\beta}_{1j}$$

通过解 j 个联立方程,可得到载荷系数 $\boldsymbol{\beta}_{1J}$

$$\boldsymbol{\beta}_{1J} = (\boldsymbol{\mu}_{nj}{}^{\mathrm{T}} \boldsymbol{\mu}_{nj})^{-1} (\boldsymbol{\mu}_{nj}{}^{\mathrm{T}} V'_n)$$

当 n 个剪力值为 V'_n 的校准载荷作用在 n 个加载点上时,n 个弯矩值和 n 个扭矩值也就确定下来了,按照上述过程,同样可以确定弯矩方程和扭矩方程的载荷系数。

载荷方程的估算标准差是通过下列步骤给出的。

方程计算的剪力 V 的残差用 $\boldsymbol{\varepsilon}_v$ 表示,校准施加的剪力载荷用 V' 表示,则

$$\boldsymbol{\varepsilon}_v = V - V'$$

剪力方程的残差平方和

$$\sum \boldsymbol{\varepsilon}_v^2 = \sum V_n^2 - \boldsymbol{\beta}_{1j} \boldsymbol{\mu}_{nj}{}^{\mathrm{T}} V'_n$$

剪力方程的估算概差(对正态分布的随机变量而言,随机变量的概差是指落在数学期望对称区间内的概率为 1/2 时,此对称区间的长度之半)为

$$\mathrm{P.E.}(V) = 0.6745 \sqrt{\frac{\sum \boldsymbol{\varepsilon}_v^2}{n - q + 1}}$$

剪力方程系数的概差 P.E. $(\boldsymbol{\beta})$ 可由方程的估算概差 P.E. (V) 和下列矩阵主对角线上的项得到:

$$\begin{bmatrix} m_{11} & m_{12} & \cdots & m_{1j} \\ m_{21} & m_{22} & \cdots & m_{2j} \\ \vdots & \vdots & & \vdots \\ m_{j1} & m_{j2} & \cdots & m_{jj} \end{bmatrix} = (\boldsymbol{\mu}_{nj}{}^{\mathrm{T}} \boldsymbol{\mu}_{nj})^{-1}$$

$$\begin{bmatrix} \text{P. E.}(\beta_{11}) \\ \text{P. E.}(\beta_{12}) \\ \vdots \\ \text{P. E.}(\beta_{1j}) \end{bmatrix} = \text{P. E.}(\boldsymbol{V}) \begin{bmatrix} \sqrt{m_{11}} \\ \sqrt{m_{22}} \\ \vdots \\ \sqrt{m_{jj}} \end{bmatrix}$$

在计算出载荷方程系数及其系数的概差之后,就能优化载荷方程,将无应电桥和多余电桥逐个从方程中剔出。通常,无应电桥的载荷系数值不论与其本身的概差相比还是与其他的载荷系数值相比都要小得多,多余电桥的特点则是在所有的载荷系数中其概差最大。将一个或多个多余或无应电桥去掉,并重新计算载荷方程系数,可得到最优的载荷方程结果。

对于改装了应变计电桥并经地面载荷校准试验的飞机结构部件,在飞行试验中,由于受到飞行载荷的作用,测载结构上改装的应变计电桥就会产生响应,根据飞行中实测采集记录的应变计电桥响应及地面校准试验得到的载荷方程便可获取飞行载荷测量结果。

2. 压力分布法

用压力分布法进行飞行载荷测量,其基本原理与风洞试验相同,差异主要在于试验件的不同(前者是真实的飞机,后者常是模型飞机)和试验环境的不同(前者是在实际的大气环境中飞行,后者是在风洞中吹风)。它们都需在预测的飞机表面上安装压力传感器,并在试验中用数据采集记录设备获取试验数据。通过试验数据处理,获取测量剖面的压力分布,并进而通过对表面压力分布数据的积分获取试验状态下预测结构上作用的气动载荷。通过压力分布测量还可以确定机翼上最小压力点位置、气流分离特性等。因此压力分布测量是研究飞行器气动特性、进行强度校核、验证计算方法是否准确的一个重要手段。

通过飞行试验对飞行器各部件,如机翼、尾翼、操纵面、高升力舵面、外挂物、发动机唇口等部件表面进行的飞行压力分布测量,可获取实际飞行中作用在上述部件上的空气动力载荷大小及分布,从而验证飞行器及其各部件载荷计算模型及风洞试验结果是否准确可靠。除此之外,空气动力载荷测量还包括附面层特性测量、边界层速度分布测量、翼面抖振载荷测量和壁面摩擦力测量等多个领域。

国内外飞行试验领域常用的压力分布测量方法,按测量设备及原理分为常规压力分布测量法及光学压力分布测量法,其中常规压力分布测量法又包括扫描阀法、膜式压力传感器法。

1.13.3　飞行载荷测量大纲

飞行载荷测量的测量点应该考虑到影响被验证载荷的主要参数变化,这些参数包括载荷系数、速度、高度、重心、重量、动力、燃油载荷、减速装置、飞机设计限制下的襟翼位置以及起落架条件(收起／放下)等。这些参数变化范围必须充足以便可以向设计载荷条件进行外推。一般来说,飞行试验条件不必超过大约 80% 的限制载荷。

新机飞行载荷测量的飞行试验应按规定的受载情况和构型进行全面的验证。应采用逐次逼近的方式逐步达到严重飞行状态。民机飞行载荷测量一般要求达到限制载荷的 80%,要进行的机动飞行主要包括对称机动飞行和横／侧机动飞行。适航规章中规定的机动飞行包括急剧机动和稳态机动。

1. 对称机动

条款 CCAR25.331 给出了对称机动的两种设计情况,即机动平衡及 V_A 状态下的俯仰机动:

(1) 推拉机动(Roller-Coasters)。推拉机动是在 1g 基准水平上载荷系数随时间正弦变化的机动。该机动包括襟翼收上情况下的 $+2g \sim 0g$ 范围内进行的机动,以及襟翼放下情况的 $+1.6g \sim 0g$ 范围内进行的机动。

(2) 收敛转弯(Wind-up-Turns)。收敛转弯是因其恒定空速特性才被采用的一种机动。有两种类型的收敛转弯机动:连续的和递增的。连续收敛转弯保持动压(速度)不变,载荷系数稳定增加;当人体或数据采集以及该两者都有限制时,主要采用递增收敛转弯。例如,使用压力测量方法,需要让压力在每个增加的载荷系数上保持稳定时,则采用递增收敛转弯。

(3) 对称拉起和对称推杆。对称拉起和对称推杆是军用规范合格审定要求的机动。有几种不同类型的拉起和推杆机动,如常规对称拉起和推杆,急剧对称拉起和推杆,急剧对称拉起和推杆并急剧制动回中立,急剧对称拉起和推杆并急剧制动至 1/2 反向升降舵偏度。

(4) 升降舵和安定面协调操纵机动(Elevators/stabilizer Trades)。升降舵和安定面协调操纵机动的目的是测定安定面与升降舵结合位置的载荷。在安定面于整个范围内活动时,用升降舵保持配平速度进行机动或按最大可用升降舵限制。

2. 横／侧机动

条款 CCAR25.349,CCAR25.351,CCAR25.367 分别给出了滚转机动、偏航机动、非对称载荷的设计情况。通常来说,滚转机动是通过非协调滚转改出机动,验证极大滚转角加速度下载荷计算情况,偏航机动则是通过稳定偏航及非对称动力模拟进行验证的。

（1）非协调滚转改出。非协调滚转改出是规范合格审定要求的机动。有三种非协调滚转改出要进行,它们是常规非协调滚转改出、急剧非协调滚转改出并急剧制动和着陆进场滚转改出。

（2）偏航机动。偏航机动有三种。第一种机动是稳定偏航,通过偏转并保持方向舵直到飞机稳定在一个固定的侧滑角。第二种机动是使方向舵急剧偏转并迅速返回至中立位置。该机动产生动态超调侧滑。动态超调定义为其侧滑角超过稳态侧滑角的状态。军用规范还要求一种非对称推力机动,即非对称功率模拟。它模拟由发动机故障和偏转方向舵而引起的偏航载荷。对于民用飞机来说,进行稳定偏航机动,通常包括保持方向舵零偏角的非对称推力,以及用逐渐偏舵保持零侧滑和稳定侧滑的非对称推力。

压力分布测量飞行试验科目应根据所测部件的载荷特点来安排。高升力部件(襟翼、缝翼)的飞行科目通常包括:

ⅰ）低空大表速;

ⅱ）失速;

ⅲ）正常起飞、着陆、复飞。

对于民用运输机,安装在机翼上的主起落架在着陆过程中承受的载荷可能会构成机翼结构的严重受载情况,因此,在飞行载荷测量试飞中,应考虑不同着陆姿态下的机翼载荷测量与分析等。

1.13.4　飞行载荷验证流程

民用飞机飞行载荷验证分析的最重要目的是验证载荷分析方法及输入数据,因此在飞行载荷测量结束后,应将实测载荷结果(载荷大小及分布)与计算模型进行对比分析,从而判断设计载荷保守与否。其验证流程如图 1-48 所示。

1.13.5　飞行载荷验证分析

根据飞行载荷实测数据,可以得到飞行中机翼各测量剖面上作用的气动载荷(有时直接用结构载荷)。对任一感兴趣的高度和马赫数,可以给出图 1-49 所示各剖面的气动载荷与重心法向过载(或飞机升力系数)之间的关系曲线(图中三角形表示对称机动中左机翼实测载荷,小圆环表示右机翼实测载荷),从而可以得到单位过载产生的载荷。

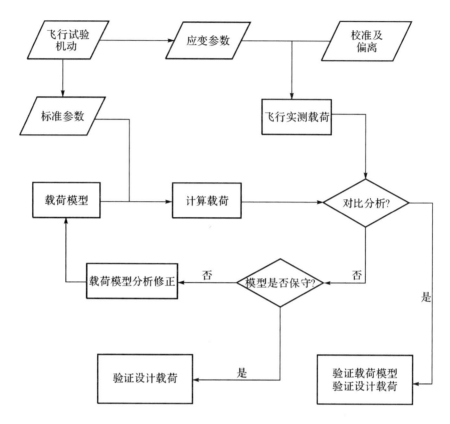

图 1 - 48　飞行载荷验证流程

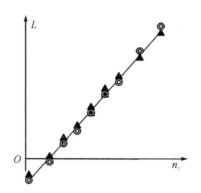

图 1 - 49　典型机翼载荷随载荷系数的变化

　　为了便于分析载荷规律,有时可以绘制各剖面的气动载荷与飞行速压之比值和飞机升力系数(或重心法向过载)之间的关系曲线,如图 1 - 50 所示。

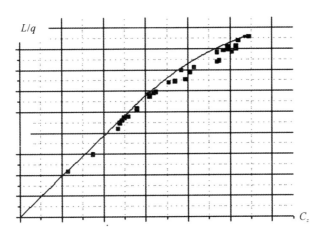

图 1-50 载荷与速压之比同升力系数之间的关系曲线

民机载荷测量要求飞行到 0.8 倍的限制过载,而限制过载情况下的飞行载荷通过外推得到。在对称机动情况下,利用单位过载的机翼载荷曲线和零过载截距,可以得到任意过载时的绝对载荷:

$$L_n = (L/n)n + L_0$$

式中　　L_n—— 过载为 n 时的绝对载荷;

　　(L/n)—— 当马赫数为 Ma_J 时,从过载 / 载荷曲线上获取的单位过载的载荷;

　　　　n—— 由指定的绝对载荷确定的过载;

　　　　L_0—— 在合理的曲线上由马赫数和零过载确定的载荷。

通常飞机的总质量在试验中是可充分控制的,使得任何质量修正可以忽略。要修正时,可按下列方法进行:

$$(L/n)_c = \frac{W_s}{W_m}\left[(L/n)_m + (L/n)_I\right] - (L/n)_I$$

式中　　$(L/n)_c$—— 修正值;

　　$(L/n)_m$—— 测量值;

　　$(L/n)_I$—— 质量分布的影响;

　　　　W_s—— 标准总质量;

　　　　W_m—— 飞行载荷测量时的飞机总质量。

对于每个测量剖面上的载荷(剪力、弯矩或扭矩),可以按马赫数、高度和质量条件来画出曲线。

外推到限制过载时的机翼剪力(V)和弯矩(M)载荷如图 1-51 所示。

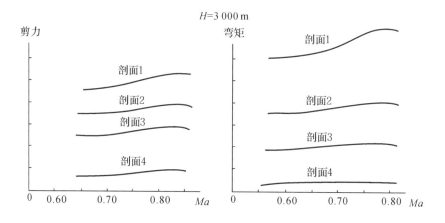

图 1-51 外推到限制过载时的典型机翼载荷

根据外推得到的载荷可与设计给出的载荷进行比较,借以得到在不同高度、马赫数下各种严重受载情况下的载荷验证情况,进而明确设计给出的载荷是否偏于保守。

对于舵面铰链力矩载荷实测结果的分析,除直接比较铰链力矩结果外,可根据实测的铰链力矩计算机动飞行时不同马赫数、不同高度下的铰链力矩系数,将实测的铰链力矩系数与设计的铰链力矩系数相比较。

$$m_{h} = \frac{M_{h}}{qSL}$$

式中 L—— 机翼参考长度;

        q—— 飞行速压;

      m_{h}—— 铰链力矩系数;

     M_{h}—— 飞行实测的舵面铰链力矩;

      S—— 机翼参考面积。

根据计算得到的铰链力矩系数还可导出铰链力矩系数对舵面偏角、迎角、侧滑角、飞机角速度等的导数。

总之,通过大量的类似以上飞行载荷实测验证结果的分析,可以证实或修正载荷预计结果,开展风洞与飞行试验的相关性研究,总结规律,反复地验证和改进载荷预计方法,提高新机研制的质量。国外航空发达国家正是基于几十年来对多种型号飞机的飞行载荷实测验证,才有了可靠的载荷预计方法及软件用于他们的新机设计,并且直到目前为止仍采用飞行试验方法仔细地加以载荷验证。

1.14 CCAR23 部验证方法

1.14.1 概述

本节针对 CCAR23 中有关飞行载荷的适航要求,给出飞行载荷计算方法,载荷的计算包括平衡机动载荷、单发停车载荷、偏航机动载荷、俯仰机动载荷、垂直突风载荷、侧向突风载荷和滚转机动载荷等 7 种情况,最后给出某飞机飞行载荷计算算例。

1.14.2 原始数据

飞行载荷计算使用的原始数据包括机翼、平尾和垂尾的几何数据,各操纵面的几何数据,全机质量数据,发动机螺旋桨拉力和阻力数据,纵横向气动力系数及导数等。

纵向气动力系数及导数包括襟翼收起和放下状态全机气动力系数、襟翼收起和放下状态不同升降舵偏角的全机升力数据、平尾升力、平尾下洗角和平尾速度阻滞系数、俯仰力矩系数和升力系数动导数等。

横航向导数包括全机偏航力矩系数对侧滑角的导数、全机滚转力矩系数对副翼偏角的导数、全机滚转力矩系数对方向舵偏角的导数、全机偏航力矩系数对方向舵偏角的导数、全机侧向力系数对方向舵偏角的导数、全机无尾侧向力系数对侧滑角的导数、单独垂尾侧向力系数对侧滑角的导数。

由于全机气动力系数 C_L,C_D 和无尾的气动力系数 C_{LNT},C_{DNT} 是在风轴系下给出的,需要先依据全机迎角向机体坐标系进行转换,获得体轴系的气动力系数 C_{ZNT},C_{XNT},C_{ZA} 和 C_{XA}。

1.14.3 平衡机动载荷计算

CCAR23 中平衡机动载荷相关条款包括 23.331 条、23.333 条、23.335 条、23.337 条、23.343 条、23.345 条、23.349 条、23.421 条、23.473 条。

平衡载荷计算过程中,使用全机力和力矩系数建立平衡方程,考虑角速度引起的平尾阻尼力和机翼(实际是机翼机身组合体)阻尼力,假定平尾阻尼力作用在平尾气动中心,机翼阻尼力作用在机翼气动中心。平尾载荷由升降舵舵偏引起的平尾载荷和迎角变化引起的平尾载荷两部分组成。

根据 CCAR23.421(a) 的平衡条件,建立全机法向力和俯仰力矩平衡方程。

设飞机载荷系数为 n 时,平衡机动状态 $\ddot{\theta}=0$,$\dot{\theta}=(n-1)g/V_T$(式中 V_T 为真速),则:

机翼上的俯仰阻尼载荷为 $-\dfrac{\partial C_{ZNT}}{\partial \alpha}\dot\theta L_W QS/V_T$，作用点在机翼气动中心；平尾上的俯仰阻尼载荷为 $C_{LH\alpha}\dot\theta L_{HCG}/[(V_T\sqrt{\eta_H})\eta_H QS]$，作用点在平尾气动中心。

升降舵的偏转角为 δ_e，升降舵偏转产生的气动载荷为 $C_{L\delta_e}\delta_e\eta_H QS$，作用点在升降舵偏角引起的平尾力的气动中心，其到全机重心的 x 向距离为 $L_{H\delta}$。

发动机拉力 T，作用点在螺旋桨中心，Z 向坐标为 Z_{NA}。

全机不偏舵的俯仰气动力矩系数 C_{mA}（相对于全机质心）为

$$C_{mA}=C_m-0.01(X_{IN}-X_{CGC})C_{ZA}+C_{XA}(Z_{IN}-Z_{CG})/C-2T(Z_{NA}-Z_{CG})/(QSC)$$

全机法向力平衡方程为

$$C_{ZA}+C_{LH\alpha}\dot\theta L_{HCG}\sqrt{\eta_H}/V_T+C_{L\delta_e}\delta_e\eta_H-\dfrac{\partial C_{ZNT}}{\partial\alpha}\dot\theta L_W/V_T=C_{NA}=nW/(QS)$$

俯仰力矩平衡方程为

$$C_{mA}C-C_{LH\alpha}\dot\theta L_{HCG}L_{HCG}\sqrt{\eta_H}/V_T-C_{L\delta_e}\delta_e\eta_H L_{H\delta_e}-\dfrac{\partial C_{ZNT}}{\partial\alpha}\dot\theta L_W L_W/V_T=0$$

联立求解上述两个方程，可以获得如下方程：

$$C_{NA}+\dfrac{\partial C_{ZNT}}{\partial\alpha}\dfrac{\dot\theta L_W}{V_T}(1+L_W/L_{H\delta e})=C_{ZA}+CC_{mA}/L_{H\delta_e}-$$

$$C_{LH\alpha}\dot\theta L_{HCG}\sqrt{\eta_H}(L_{HCG}/L_{H\delta_e}-1)/V_T$$

方程左边表达式为常数，右边是机身迎角 α 的函数。建立方程右边表达式随机身迎角 α 的变化曲线，可插值求出与方程左边表达式值对应的 α 值。将该 α 值代入法向力平衡方程，可以求出该状态下的升降舵舵偏角。

$$\delta_e=(C_{NA}-C_{ZA}-C_{LH\alpha}\dot\theta L_{HCG}\sqrt{\eta_H}/V_T+\dfrac{\partial C_{ZNT}}{\partial\alpha}\dot\theta L_W/V_T)/(\eta_H C_{L\delta e})$$

平尾迎角贡献载荷 $\quad F_H(\alpha)=\big[(C_{ZA}-C_{ZNT})+C_{LH\alpha}\dot\theta L_{HCG}\sqrt{\eta_H}/V_T\big]QS$

平尾舵偏贡献载荷 $\qquad\qquad F_H(\delta_e)=C_{L\delta e}\delta_e\eta_H QS$

平尾总载荷 $\qquad\qquad\qquad F_H=F_H(\alpha)+F_H(\delta_e)$

机身 X 和 Z 向力系数求解。

当襟翼收起时：

$$C_{ZB}=K_1 C_{ZNT}$$

$$C_{XB}=K_1 C_{XNT}$$

当襟翼放下时：

$$C_{ZB}=K_1 C_{ZNT}+K_2(C_{ZNTC}-C_{ZNT})$$

$$C_{XB}=K_1 C_{XNT}+K_2(C_{XNTC}-C_{XNT})$$

机翼 X 向力系数：
$$C_{XW} = C_{XNT} - C_{XB}$$

机翼载荷：
$$F_{XW} = C_{XW}QS$$

$$F_{ZW} = nW - F_H - C_{ZB}QS$$

1.14.4　俯仰机动载荷计算

CCAR23 中俯仰机动载荷相关条款包括 23.335 条、23.337 条、23.343 条、23.397 条、23.423 条。

1.14.4.1　非校验机动

依据 CCAR23.423(a) 的规定：当速度为 V_A 时，将俯仰操纵器件突然向后移动到最大和突然向前移动到最大，直至操纵止动点或驾驶员限制作用力，取两者中的临界情况。按驾驶员限制作用力确定俯仰操纵器件最大移动量，如驾驶员限制作用力不起作用，按结构限动确定俯仰操纵器件最大移动量。按结构限动取升降舵向上最大偏转角和向下最大偏转角。

飞机纵向二自由度运动方程组为
$$M(\dot{\theta} - \dot{\alpha})V_T = [C_{L\alpha}\Delta\alpha + C_L(\delta_e)]QS$$

$$I_Y\ddot{\theta} = [C_{m\alpha}\Delta\alpha + C_{m\dot{\alpha}}\dot{\alpha}C/(2V_T) + C_{m\dot{\theta}}\dot{\theta}C/(2V_T) + C_m(\delta_e)]QSC$$

升降舵偏转角 δ_e 为时间函数，依赖于操舵规律，操舵规律可依据 GJB 67.2A 确定。求解纵向运动方程组得到 $\Delta\alpha$ 和 θ，利用下面的公式计算平尾载荷和全机载荷系数。

平尾迎角：$\Delta\alpha_H = \left(1 - \dfrac{d\varepsilon}{d\alpha}\right)\Delta\alpha + \left(\dfrac{d\varepsilon}{d\alpha}\right)(L_{HCG}/V_T)\dot{\alpha} + L_{HCG}/(\sqrt{\eta_H}V_T)\dot{\theta}$

平尾迎角贡献载荷增量：
$$\Delta F_H(\alpha) = C_{L\alpha H}\Delta\alpha_H QS_H\eta_H$$

平尾偏舵贡献载荷增量：
$$\Delta F_H(\delta_e) = C_{L\delta_e}\delta_e QS$$

平尾载荷增量：
$$\Delta F_H = \Delta F_H(\alpha) + \Delta F_H(\delta_e)$$

平尾总载荷：
$$F_H = \Delta F_H + F_{HBAL}$$

过载增量：
$$\Delta n = (C_{L\alpha}\Delta\alpha + C_L(\delta_e))QS/(Mg)$$

机翼载荷：
$$F_{ZW} = (1 + \Delta n)Mg - F_H$$

1.14.4.2　校验机动

按照 CCAR23.423(b) 规定：当速度大于 V_A 时，将俯仰操纵器件突然向后移动，随后向前移动，产生表 1-1 中法向加速度和角加速度的组合。

表 1-1　法向过载和角加速度

情况	法向加速度 /n	角加速度 /(rad·s^{-2})
抬头	1.0	$(39/V)n_m(n_m-1.5)$
低头	n_m	$(-39/V)n_m(n_m-1.5)$

其中，n_m 为用于飞机设计的正限制机动载荷系数；V 为初始速度。其中速度 V 的单位为 kn。

对于此情况先计算 $n=1$ 时的平衡载荷，再叠加平尾载荷增量，得各部件载荷，即

平尾载荷增量：
$$\Delta F_H = I_Y \ddot{\theta}/L_{HCG}$$

平尾总载荷：
$$F_H = \Delta F_H + F_{HBAL}$$

机翼载荷：
$$F_{ZW} = n_m Mg - F_H$$

1.14.5　滚转机动载荷计算

CCAR23 中滚转机动相关条款包括 23.349 条和 23.455 条。

副翼偏转角 δ_a 为时间函数，依赖于操舵规律，操舵规律可依据 GJB 67.2A 确定，如图 1-52 所示。

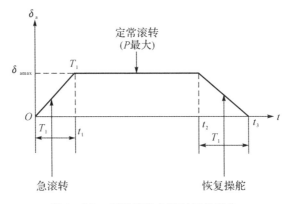

图 1-52　副翼偏转角随时间的变化

计算滚转机动载荷需要先确定各速度下最大副翼偏转角 δ_{amax}。按照 CCAR23.455 条规定，δ_{amax} 按下列公式确定：

当速度 V_A 时，$(\delta_{amax})_{V_A}$ 为副翼操纵器件结构最大偏度或受驾驶力限制的最大偏度。

当速度 V_C 时，$(\delta_{amax})_{V_C} = \left\{ C_{l\delta_a} \dfrac{2V_T}{B}/C_{lp} \right\}_{V_C} \times (\delta_{amax})_{V_A}$。

当速度 V_D 时，$(\delta_{amax})_{V_D} = \dfrac{1}{3}\left\{ C_{l\delta_a} \dfrac{2V_T}{B}/C_{lp} \right\}_{V_D} \times (\delta_{amax})_{V_A}$。

滚转运动方程为

$$I_X \dot{p} = \left[K_{\delta_a} C_{l\delta_a} \delta_a + C_{lp} pB/(2V_T) \right] QSB \tag{1-142}$$

式中　　K_{δ_a} —— 副翼大偏度修正系数；

　　　　B —— 机翼展长。

滚转机动考虑定常滚转、急滚转和恢复操舵三种情况。

(1) 定常滚转。此时 $\dot{p} = 0$ 代入式(1-142)解得

$$\left[pB/(2V_T) \right]_{max} = -K_{\delta_a} C_{l\delta_a}/C_{lp} \delta_{amax}$$

最大滚转角速度与最大舵偏角的关系式为

$$p_{max} = -(K_{\delta_a} C_{l\delta_a}/C_{lp}) \delta_{amax} (2V_T/B) \tag{1-143}$$

阻尼力矩：　　　　　　$L(p) = C_{lp} \left[B/(2V_T) \right] p_{max} QSB$

滚转力矩：　　　　　　$L(\delta_a) = K_{\delta_a} C_{L\delta_a} \delta_{amax} QSB$

(2) 急滚转。由式(1-143)得

$$K_{\delta_a} C_{l\delta_a} = -C_{lp}(B/(2V_T)) p_{max}/\delta_{amax} \tag{1-144}$$

把式(1-144)代入式(1-142)得

$$I_X \dot{p} = \left[C_{lp} pB/(2V_T) - C_{lp}(B/(2V_T)) p_{max} \delta_a/\delta_{amax} \right] QSB \tag{1-145}$$

把 $\delta_a/\delta_{amax} = t/t_1$ 代入式(1-145)：

$$\dot{p} + A_1 p = A_1 p_{max} t/t_1$$

式中　　　　　　　　　$A_1 = -QSBC_{lp}(B/(2V_T))/I_X$

$$p = p_{max}(A_1 t - 1 + e^{-A_1 t})/A_1/t_1 \tag{1-146}$$

当 $t = t_1$ 时

$$p_{t=t_1} = p_{max}(A_1 t_1 - 1 + e^{-A_1 t_1})/A_1/t_1$$

$$\dot{p}_{t=t_1} = p_{max}(1 - e^{-A_1 t_1})/t_1$$

$$(pB/(2V_T))_{t=t_1} = p_{t=t_1} B/(2V_T)$$

阻尼力矩：　　　　　　$L(p) = C_{lp}(pB/(2V_T))_{t=t_1} QSB$

滚转力矩：　　　　　　$L(\delta_a) = K_{\delta_a} C_{L\delta_a} \delta_{amax} QSB$

(3) 恢复操舵。

当 $t_2 \leqslant t \leqslant t_3$ 时，由式(1-146)得

$$p = p_{max} - p_{max} \left[A_1(t-t_2) - 1 + e^{-A_1(t-t_2)} \right]/(A_1(t_3-t_2)) =$$
$$p_{max} \left[A_1(t_3-t) + 1 - e^{-A_1(t-t_2)} \right]/\left[A_1(t_3-t_2) \right] =$$
$$p_{max}(-1 + e^{-A_1(t-t_2)})/(t_3-t_2)$$

当 $t = t_3$ 时，有　　　　　　　　　$t_3 - t_2 = t_1$

$$p_{t=t_3} = p_{max}(1 - e^{-A_1 t_1})/(A_1 t_1)$$

$$\dot{p}_{t=t_3} = p_{\max}(-1 + e^{-A_1 t_1})/t_1$$

$$(pB/(2V_T))_{t=t_3} = p_{t=t_3} B/(2V_T)$$

阻尼力矩： $L(p) = C_{lp}(pB/(2V_T))_{t=t_3} QSB$

因为 $\delta_a = 0$，所以 $L(\delta_a) = 0$。

上述载荷与 $n = 0,1$ 和 $\dfrac{2}{3}n_{\max}$ 时的平衡载荷组合可得滚转机动总载荷。

1.14.6 偏航机动载荷计算

CCAR23R3 相关条款包括 23.441 条。

偏航机动是垂尾和后机身的主要受载情况。在低速时，方向舵可以偏转到结构限制偏度，随着速度增加，方向舵铰链力矩增大，驾驶力成为方向舵舵偏的限制，从而使舵偏减小。各速度下的舵偏度 δ_{rmax} 根据驾驶力和操纵系统特性求出。偏航机动载荷计算考虑以下情况：

(1) 按 CCAR23.441(a) 确定的 V_A 时的三种载荷情况：

1)CCAR23.441(a) 1) 规定的蹬舵载荷：

垂尾舵偏贡献载荷： $F_V(\delta_r) = \dfrac{d\alpha_V}{d\delta_r} C_{La_V} \delta_r QS_V \eta_V$

$$\frac{d\alpha_V}{d\delta_r} = \left(\frac{C_{y\delta_r}}{S_V/S}\right) \Big/ C_{La_V}$$

垂尾总载荷： $F_V = F_V(\delta_r)$

2) CCAR23.441(a)(2) 规定的最大侧滑角载荷：

垂尾舵偏贡献载荷： $F_V(\delta_r) = \dfrac{d\alpha_V}{d\delta_r} C_{La_V} \delta_r QS_V \eta_V$

垂尾迎角贡献载荷： $F_V(\beta) = C_{La_V} \alpha VQS_V \eta_V$

垂尾总载荷： $F_V = F_V(\delta_r) + F_V(\beta)$

3) CCAR23.441(a)(3) 规定的偏航恢复载荷：

垂尾迎角贡献载荷： $F_V(\beta) = C_{La_V} \alpha VQS_V \eta_V$

垂尾总载荷： $F_V = F_V(\beta)$

(2) 对于通勤类飞机需附加按 CCAR23.441(b) 确定的机动情况。

飞机偏航的二自由度方程为

$$I_Z \ddot{\psi}_1 - \{C_{nr}[\dot{\psi}_1 B/(2V_T)] + C_{n\beta}\beta_1 + C_{n\delta_r}\delta_r\}QSB = 0$$

$$M(\dot{\psi}_1 + \dot{\beta}_1)V_T + \{C_{yr}[\dot{\psi}_1 B/(2V_T)] + C_{y\beta}\beta_1 + C_{y\delta_r}\delta_r\}QS = 0$$

最大稳态静侧滑角通过定常侧滑状态获得，对于定常侧滑

$$\ddot{\psi}_1 = \dot{\beta}_1 = 0$$

从而得到

$$\beta_{\max} = (C_{yr}C_{n\delta_r} - C_{y\delta_r}C_{nr} + M_{U4}C_{n\delta_r})/(C_{y\beta}C_{nr} - C_{yr}C_{n\beta} - M_{U4}C_{n\beta})\delta_r$$

$$\dot{\psi}_1 = -[(C_{y\beta}C_{n\delta_r} - C_{y\delta_r}C_{n\beta}) \times 2 \times V_T/B]/[C_{y\beta}C_{nr} - C_{yr}C_{n\beta} - M_{U4}C_{n\beta}]\delta_r$$

其中

$$M_{U4} = M \times 4/(1.225SB)$$

垂尾迎角：

$$\alpha_V = \beta_{\max} - \dot{\psi}_1 L_{VO}/V_T$$

垂尾舵偏贡献载荷：

$$F_V(\delta_r) = \frac{d\alpha_V}{d\delta_r}C_{L\alpha V}\delta_r QS_V\eta_V$$

垂尾迎角贡献载荷：

$$F_V(\beta) = C_{L\alpha V}\alpha_V QS_V\eta_V$$

垂尾总载荷：

$$F_V = F_V(\delta_r) + F_V(\beta)$$

1.14.7 单发停车载荷计算

CCAR23 单发停车载荷相关条款包括 23.367 条、23.397 条。

按规章要求单发停车载荷计算应包括最小操纵速度 V_{MCA} 至设计俯冲速度 V_D 的各种速度。飞机单发停车及随后的驾驶员操纵方向舵动作主要使飞机产生侧向运动,因此建立全机侧向二自由度动力学方程如下:

$$I_z\ddot{\psi} - \left(C_{nr}\frac{\dot{\psi}b}{2V_T} + C_{n\beta}\beta + C_{n\delta_r}\delta_r\right)qSb - (T+D)L_E = 0$$

$$m(\dot{\psi} + \dot{\beta})V_T + \left(C_{yr}\frac{\dot{\psi}b}{2V_t} + C_{y\beta}\beta + C_{y\delta_r}\delta_r\right)qS = 0$$

式中　b——机翼展长;

C_{nr}——全机偏航力矩系数对偏航当量角速度$\left(\dfrac{\dot{\psi}b}{2V_T}\right)$的导数;

$C_{n\beta}$——全机偏航力矩系数对侧滑角 β 的导数;

$C_{n\delta_r}$——全机偏航力矩系数对方向舵偏角 δ_r 的导数;

C_{yr}——全机侧向力系数对偏航当量角速度$\left(\dfrac{\dot{\psi}b}{2V_T}\right)$的导数;

$C_{y\beta}$——全机侧向力系数对侧滑角 β 的导数;

$C_{y\delta_r}$——全机侧向力系数对方向舵偏角 δ_r 的导数;

D——螺旋桨风车阻力;

L_E——发动机轴线到机身轴线的水平距离;

m——飞机质量;

I_z——全机相对质心绕 Z 轴的转动惯量;

q——速压;

S——机翼面积;

T—— 螺旋桨拉力；

V_T—— 飞机真空速；

β—— 侧滑角；

$\dot{\beta}$—— 侧滑角速度；

$\dot{\psi}$—— 偏航角速度；

$\ddot{\psi}$—— 偏航角加速度；

δ_r—— 方向舵偏转角。

方程中方向舵偏转角 δ_r 和螺旋桨拉力及阻力都是时间的函数。δ_r 的规律如图 1-53 所示。

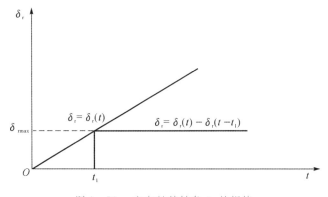

图 1-53　方向舵偏转角 δ_r 的规律

方向舵由中立位置到最大偏转角 δ_{rmax} 所需时间 t_1 依据 GJB 67.2008A 取 0.2s。对于速度 V_{MC} 情况，方向舵偏转角可以偏转到结构限制的最大偏转角。对于其他速度情况，根据方向舵传动比及驾驶力限制确定最大偏转角。

螺旋桨由最大拉力变为最大阻力的时间可保守地取为 1.0s（一般大于 3s）。发动机故障引起的螺旋桨拉力的衰减和阻力增加规律，如图 1-54 所示。

飞机的侧向动力学方程为线性微分方程，具有可叠加性。为了计算方便，将方程分解为两组：

（1）驾驶员实施纠正动作的运动方程：

$$I_z\ddot{\psi}_1 - \left(C_{nr}\frac{\dot{\psi}_1 b}{2V_T} + C_{n\beta}\beta_1 + C_{n\delta_r}\delta_r\right)qSb = 0$$

$$m(\dot{\psi}_1 + \dot{\beta}_1)V_T + \left(C_{yr}\frac{\dot{\psi}_1 b}{2V_T} + C_{y\beta}\beta_1 + C_{y\delta_r}\delta_r\right)qS = 0$$

（2）驾驶员未实施纠正动作的运动方程：

$$I_z\ddot{\psi}_2 - \left(C_{nr}\frac{\dot{\psi}_2 b}{2V_T} + C_{n\beta}\beta_2\right)qSb - (T+D)L_E = 0$$

$$m(\dot{\psi}_2 + \dot{\beta}_2)V_{\text{T}} + \left(C_{\text{yr}}\frac{\dot{\psi}_2 b}{2V_{\text{T}}} + C_{\text{y}\beta}\beta_2\right)qS = 0$$

分解前后的参数具有以下关系：

$$\psi = \psi_1 + \psi_2, \quad \beta = \beta_1 + \beta_2$$

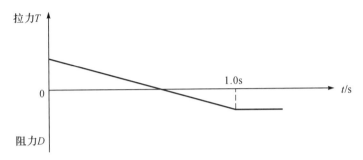

图 1-54　螺旋桨拉力衰减/阻力增加规律

对于单发停车情况，按 CCAR23.367(b) 条规定，驾驶员的纠正动作起始于达到最大偏航速率 $\dot{\psi}_{\max}$ 的时刻，但不早于发动机损坏后 2s。根据时间历程计算单发停车载荷，驾驶员实施纠正动作产生的载荷在方向舵最大舵偏时达到最大，即在 0.2s 时刻，方向舵达到最大舵偏，驾驶员实施纠正动作产生的载荷达到最大，该载荷与未实施纠正动作的对应时刻的载荷叠加得到发动机失效产生的非对称载荷。运动方程可按如下方法求解。

驾驶员实施纠正动作的二自由度侧向动力学方程（为方便起见，略去下标1）：

$$I_z\ddot{\psi} - \left[C_{\text{nr}}\frac{\dot{\psi}b}{2V_{\text{T}}} + C_{\text{n}\beta}\beta + C_{\text{n}\delta_{\text{r}}}\delta_{\text{r}}\right]qSb = 0$$

$$m(\dot{\psi} + \dot{\beta})V_{\text{T}} + \left(C_{\text{yr}}\frac{\dot{\psi}b}{2V_{\text{T}}} + C_{\text{y}\beta}\beta + C_{\text{y}\delta_{\text{r}}}\delta_{\text{r}}\right)qS = 0$$

当 $0 \leqslant t \leqslant t_1$ 时，侧向动力学方程解为

$$\beta(t) = \frac{\delta_{\text{r}}}{\omega_{\text{n}}^2}\left\{\left(\frac{2nk_1}{\omega_{\text{n}}^2} + k_2\right) + k_1 t + \left[\frac{n}{\omega}\left(\frac{2nk_1}{\omega_{\text{n}}^2} + k_2\right) - \frac{k_1}{\omega}\right]e^{nt}\sin\omega t - \right.$$
$$\left. \left(\frac{2nk_1}{\omega_{\text{n}}^2} + k_2\right)e^{nt}\cos\omega t\right\}$$

$$\dot{\beta}(t) = \frac{\delta_{\text{r}}}{\omega_{\text{n}}^2}\left\{k_1 + \left[\left(\frac{n^2}{\omega} + \omega\right)\left(\frac{2nk_1}{\omega_{\text{n}}^2} + k_2\right) - \frac{nk_1}{\omega}\right]e^{nt}\sin\omega t - k_1 e^{nt}\cos\omega t\right\}$$

$$\ddot{\beta}(t) = \frac{\delta_{\text{r}}}{\omega_{\text{n}}^2}\left\{\left[n\left(\left[\frac{n^2}{\omega} + \omega\right]\left(\frac{2nk_1}{\omega_{\text{n}}^2} + k_2\right) - \frac{nk_1}{\omega}\right] + \omega k_1\right]e^{nt}\sin\omega t - \right.$$
$$\left. \left[\omega\left(\left(\frac{n^2}{\omega} + \omega\right)\left(\frac{2nk_1}{\omega_{\text{n}}^2} + k_2\right) - \frac{nk_1}{\omega}\right) - nk_1\right]e^{nt}\cos\omega t\right\}$$

$$\dot{\psi}(t) = \frac{-1}{\left(mV_{\mathrm{T}} + \frac{bC_{\mathrm{yr}}}{2Vt}qS\right)} \left[mV_{\mathrm{T}}\dot{\beta} + (C_{\mathrm{y\beta}}\beta + C_{\mathrm{y\delta_r}}\dot{\delta}_{\mathrm{r}})\, qS\right]$$

$$\ddot{\psi}(t) = \frac{-1}{\left(mV_{\mathrm{T}} + \frac{bC_{\mathrm{yr}}}{2Vt}qS\right)} \left[mV_{\mathrm{T}}\ddot{\beta} + (C_{\mathrm{y\beta}}\dot{\beta} + C_{\mathrm{y\delta_r}}\dot{\delta}_{\mathrm{r}})\, qS\right]$$

式中

$$\omega_{\mathrm{n}}^2 = \frac{qSb}{I_Z}\left[\left(1 + \frac{bC_{\mathrm{yr}}}{2V_{\mathrm{T}}}\frac{qS}{mV_{\mathrm{T}}}\right)C_{\mathrm{n\beta}} - \frac{bC_{\mathrm{nr}}}{2V_{\mathrm{T}}}\frac{qS}{mV_{\mathrm{T}}}C_{\mathrm{y\beta}}\right]$$

$$k_1 = \frac{qSb}{I_Z}\left[\frac{bC_{\mathrm{nr}}}{2V_{\mathrm{T}}}\frac{qS}{mVt}C_{\mathrm{y\delta_r}} - \left(1 + \frac{bC_{\mathrm{yr}}}{2V_{\mathrm{T}}}\frac{qS}{mV_{\mathrm{T}}}\right)C_{\mathrm{n\delta_r}}\right]$$

$$k_2 = -\frac{qSb}{mV}C_{\mathrm{y\delta_r}}$$

$$n = -\left(\frac{qS}{mV_{\mathrm{T}}}C_{\mathrm{y\beta}} - \frac{bC_{\mathrm{nr}}}{2V_{\mathrm{T}}}\frac{qSb}{I_Z}\right)\bigg/2$$

$$k_3 = -n/\omega_{\mathrm{n}}$$

$$\omega = \sqrt{1 - k_3^2}\,\omega_{\mathrm{n}}$$

当 $t \geqslant t_1$ 时，$\delta_{\mathrm{r}} = \delta_{\mathrm{r}}(t) - \delta_{\mathrm{r}}(t - t_1)$，侧向动力学方程解为

$$\beta = \beta(t) - \beta(t - t_1)$$

$$\dot{\beta} = \dot{\beta}(t) - \dot{\beta}(t - t_1)$$

$$\ddot{\beta} = \ddot{\beta}(t) - \ddot{\beta}(t - t_1)$$

$$\dot{\psi} = \dot{\psi}(t) - \dot{\psi}(t - t_1)$$

$$\ddot{\psi} = \ddot{\psi}(t) - \ddot{\psi}(t - t_1)$$

垂尾迎角贡献载荷

$$F_{\mathrm{V}}(\beta) = C_{\mathrm{Lav}}\alpha_{\mathrm{v}}\eta_{\mathrm{v}}qS_{\mathrm{v}} = C_{\mathrm{Lav}}\left(\beta - \frac{\dot{\psi}L_{\mathrm{v}}}{Vt}\right)\eta_{\mathrm{v}}qS_{\mathrm{v}}$$

式中　　C_{Lav}—— 垂尾升力线斜率（相对于垂尾面积）；

　　　　α_{v}—— 垂尾迎角；

　　　　η_{v}—— 垂尾效率；

　　　　S_{v}—— 垂尾面积；

　　　　L_{v}—— 重心到垂尾 25%MAC 的水平距离。

垂尾舵偏贡献载荷：　　　$F_{\mathrm{V}}(\delta_{\mathrm{r}}) = C_{\mathrm{Lav}}\dfrac{\mathrm{d}\alpha_{\mathrm{v}}}{\mathrm{d}\delta_{\mathrm{r}}}\eta_{\mathrm{v}}qS_{\mathrm{v}}\delta_{\mathrm{r}}$

垂尾总载荷：　　　　　$F_{\mathrm{V}} = F_{\mathrm{V}}(\beta) + F_{\mathrm{V}}(\delta_{\mathrm{r}})$

飞机侧向载荷系数：　$n_{\mathrm{y}} = \left(\dfrac{\dot{\psi}b}{2Vt}C_{\mathrm{yr}} + C_{\mathrm{y\beta}}\beta + C_{\mathrm{y\delta_r}}\delta_{\mathrm{r}}\right)qS/(mg)$

单发停车驾驶员不实施纠正动作的二自由度运动方程(为方便起见略去下标 2)为

$$I_z\ddot{\psi} - \left[C_{nr}\left(\frac{\dot{\psi}b}{2V_T}\right) + C_{n\beta}\beta\right]qSb - (T+D)L_E = 0$$

$$m(\dot{\psi}+\dot{\beta})V_T + \left[C_{yr}\left(\frac{\dot{\psi}b}{2V_T}\right) + C_{y\beta}\beta\right]qS = 0$$

利用变换:

$$C_{n\delta_r} = \frac{L_E}{qSb}$$

$$\delta_r = T + D$$

$$C_{y\delta_r} = 0$$

$$\frac{\mathrm{d}\alpha_v}{\mathrm{d}\delta_r} = 0$$

可以将运动方程变换成与驾驶员实施纠正动作的运动方程相同的形式,应用同一方法求解。

垂尾总载荷:
$$F_V = F_V(\beta_1) + F_V(\delta_r) + F_V(\beta_2)$$

1.14.8　突风载荷计算

CCAR23 中突风载荷相关条款包括 23.333 条、23.341 条、23.343 条、23.425 条、23.443条。

突风载荷是飞机在不平稳大气中飞行,由扰动气流引起的附加载荷。CCAR23 规定了飞机遇到离散的垂直突风和侧向突风时的载荷计算方法。突风载荷计算飞机速度考虑 V_F,V_B,V_C 和 V_D 四种设计速度,相应的突风速度已经在规范中规定。

1.14.8.1　垂直突风载荷计算方法

全机垂直突风载荷系数增量为

$$\Delta n = K_g U_{de} Va / (1.63Wg/S)$$

式中　　$K_g = \dfrac{0.88\mu_g}{5.3+\mu_g}$——突风缓和系数;

$\mu_g = \dfrac{2(Wg/S)}{\rho Cag}$——飞机质量比;

U_{de}——突风速度,m/s;

ρ——大气密度,kg/m³;

Wg/S——具体载荷情况下的适用的飞机重力产生的翼载,N/m²;

C——平均几何弦长,m;

g—— 重力加速度，$\mathrm{m/s^2}$；

V—— 飞机当量速度，$\mathrm{m/s}$；

a—— 飞机法向力系数曲线的斜率，$\mathrm{rad^{-1}}$。

机翼和平尾的载荷按下列公式计算：

平尾法向力系数曲线斜率：
$$a_{\mathrm{H}} = a - \frac{\partial C_{\mathrm{ZNT}}}{\partial \alpha}$$

平尾载荷增量：
$$F_{\mathrm{HG}} = \frac{a_H}{a} \Delta n W g$$

机翼载荷增量：
$$F_{\mathrm{WG}} = \Delta n W g - F_{\mathrm{HG}}$$

全机俯仰力矩：
$$M_{\mathrm{y}} = F_{\mathrm{WG}} X_{\mathrm{CG}} - F_{\mathrm{HG}} L_{\mathrm{HCG}} + C_{\mathrm{m\alpha NT}} \Delta \alpha Q S C$$

其中
$$\Delta \alpha = K_{\mathrm{g}} U_{\mathrm{de}} / V$$

全机俯仰角加速度：
$$\ddot{\theta} = M_{\mathrm{y}} / I_{\mathrm{Y}}$$

机翼载荷：
$$F_{\mathrm{w}} = F_{\mathrm{WG}} + F_{\mathrm{W1gB}}$$

平尾载荷：
$$F_{\mathrm{H}} = F_{\mathrm{HG}} + F_{\mathrm{H1gB}}$$

1.14.8.2 侧向突风载荷计算方法

侧向突风时垂尾载荷：
$$F_{\mathrm{V}} = \frac{1}{1.63} K_{\mathrm{gt}} U_{\mathrm{de}} V a_{\mathrm{Vt}} S_{\mathrm{Vt}}$$

式中
$$K_{\mathrm{gt}} = 0.88 u_{\mathrm{gt}} / (5.3 + \mu_{\mathrm{gt}})$$ —— 突风缓和系数；

$$\mu_{\mathrm{gt}} = 2Wg / (\rho C_{\mathrm{t}} g a_{\mathrm{Vt}} S_{\mathrm{Vt}}) (K / l_{\mathrm{Vt}})^2$$ —— 侧向重量比；

U_{de}—— 规定的突风速度，$\mathrm{m/s}$；

ρ—— 空气密度，$\mathrm{kg/m^3}$；

W—— 在特定载荷情况下适用的飞机重量，kg；

S_{Vt}—— 垂尾面积，$\mathrm{m^2}$；

C_{t}—— 垂尾平均几何弦长，m；

a_{Vt}—— 垂尾升力曲线斜率，$1/\mathrm{rad}$；

K—— 偏航方向回转半径，m；

l_{Vt}—— 从飞机重心到垂尾压心的距离，m；

g—— 重力加速度，$\mathrm{m/s^2}$；

V—— 飞机当量速度，$\mathrm{m/s}$。

全机侧向力：
$$F_{\mathrm{Y}} = C_{\mathrm{y\beta}} \Delta \beta Q S$$

其中：

全机突风侧滑角增量：
$$\Delta \beta = K_{\mathrm{g}} U_{\mathrm{de}} / V$$

机身和机翼侧向力：
$$F_{WB} = F_Y - F_V$$

侧向过载：
$$n_y = F_Y / Wg$$

偏航力矩：
$$M_Z = -F_{WB}L_W + F_{VG}L_{VCG} + C_{n\beta NT}\Delta\beta QSB$$

偏航角加速度：
$$\ddot{\psi} = M_Z / I_Z$$

1.14.9 算例

飞机质量为 8 000kg，相对质量中心的转动 $I_X = 70\,000\text{kg} \cdot \text{m}^2$，$I_Y = 60\,000\text{kg} \cdot \text{m}^2$，$I_Z = 100\,000\text{kg} \cdot \text{m}^2$。重心 25%MAC，$x = 7.5\text{m}$，$z = 0.7\text{m}$。

飞机的基本参数见表 1-2，进行飞行载荷计算，表 1-3 为平衡载荷计算结果，表 1-4 为俯仰机动载荷计算结果，表 1-5 为滚转机动原始数据和计算结果，表 1-6 为偏航机动计算结果，表 1-7 为单发停车载荷计算结果，表 1-8 为垂直突风载荷计算结果，表 1-9 为侧向突风载荷计算结果。

表 1-2　飞机基本参数

参数名称	数值和单位	参数名称	数值和单位
机翼面积	35.518m²	垂尾面积	7.013 2m²
平尾面积	10.496m²	机翼平均气动弦长	1.974 4m
机翼展长	18.9m	垂尾展长	3.472m
平尾展长	7.0m	正限制机动载荷系数	2.94
发动机中心在机体座标系（x 轴与机身构造水平线重合）下的 z 座标	1.1m	发动机中心到机身对称轴的 y 向距离	2.5m
机翼面积	35.518m²	垂尾面积	7.013 2m²
设计巡航速度	387.4km/h	设计俯冲速度	461.0km/h
设计襟翼放下速度	231.5km/h	最小可操纵速度	150.3km/h
起飞时襟翼偏角	10.0°	着陆时襟翼偏角	30.0°
升降舵最大下偏角度	15.0°	升降舵最大上偏角度	−28.0°
垂尾升力线斜率（参考面积为垂尾面积）	2.371 6rad⁻¹	平尾升力线斜率（参考面积为平尾面积）	3.228 2rad⁻¹

续表

参数名称	数值和单位	参数名称	数值和单位
垂尾气动中心到机翼 25%MAC 的 x 向距离	7.761m	平尾气动中心到机翼 25%MAC 的 x 向距离	7.898 9m
襟翼收起状态下机身升力占全机去平尾的升力的比例	0.090 77	襟翼放下产生的机身附加升力占全机去平尾的附加升力的比例	0.088
机翼气动中心到机翼前缘的距离相对机翼平均气动弦长的比值	25%MAC	风洞气动中心到机翼前缘的距离相对机翼平均气动弦长的比值	25%MAC
机翼 25%MAC 气动中心在机体座标系下的 z 座标	1.36m	无尾的法向力系数曲线的斜率（襟翼收起状态）	5.216 4rad^{-1}
无尾俯仰力矩系数曲线的斜率（襟翼收起状态）	0.584 3rad^{-1}	无尾俯仰力矩系数曲线的斜率（襟翼放下状态）	0.207 2rad^{-1}

表 1-3 平衡载荷计算结果

质量 M /kg	重心 X_{CGC} /%MAC	载荷系数 N	速度 V /km/h		攻角 α /(°)	升降舵偏角 δ_e /rad	平尾载荷			机翼载荷		机身载荷	
							F_{HA} /N	F_{HDE} /N	F_H /N	F_{ZW} /N	F_{XW} /N	F_{BZ} /N	F_{BX} /N
8 000	25	2.94	V_A	279.72	17.57	−0.22	21 222	−16 012	5210	204 987	−45 117	20 464	−4 507
8 000	25	2.94	V_C	387.4	6.63	−0.012 1	331	−2 218	−1 887	211 440	−13 281	21 107	−1 335
8 000	25	2.94	V_D	461	3.71	0.025 7	−8 730	5 840	−2 890	212 352	−2 351	21 198	−246
8 000	25	1.96	V_A	279.72	9.37	−0.040 1	5 752	−3 810	1 941	138 051	−14 573	13 781	−1 459
8 000	25	1.96	V_C	387.4	3.28	0.026 3	−7 720	4 616	−3 104	142 639	−417	14 239	−50
8 000	25	1.96	V_D	461	1.5	0.057 6	−20 058	12 410	−7 648	146 770	4 917	14 652	476
8 000	25	1	V_S	163.13	18.68	−0.341 6	6 856	−4 970	1 887	69 619	−16 142	6 950	−1 612
8 000	25	1	V_{AP}	207.02	8.31	−0.017 4	1 395	−956	439	70 935	−6 340	7 081	−635
8 000	25	1	V_A	279.72	3.13	0.033 5	−5 038	3 176	−1 862	73 028	−9	7 290	−3
8 000	25	1	V_{B1}	276.49	3.28	0.031 9	−4 769	2 969	−1 800	72 971	−223	7 285	−26
8 000	25	1	V_{B2}	286.03	2.86	0.036 4	−5 675	3 573	−2 102	73 246	378	7 312	35

续表

质量 M/kg	重心 X_{CGC}/%MAC	载荷系数 N	速度 V/km/h		攻角 α/(°)	升降舵偏角 δ_e/rad	平尾载荷			机翼载荷		机身载荷	
							F_{HA}/N	F_{HDE}/N	F_H/N	F_{ZW}/N	F_{XW}/N	F_{BZ}/N	F_{BX}/N
8 000	25	1	V_C	387.4	0.35	0.068 4	−21 125	11 589	−9 536	80 005	5 550	7 987	545
8 000	25	1	V_D	461	−0.54	0.089 2	−32 750	18 598	−14 152	84 203	10 195	8 405	1 003
8 000	25	1	V_{MC}	150.3	15.28	−0.208 4	4 078	−4 802	−724	71 993	−13 442	7 187	−1 343
8 000	25	0	V_A	279.72	−2.71	0.115 5	−17 154	10 227	−6 927	6 298	4 732	629	468
8 000	25	0	V_C	387.4	−2.72	0.110 9	−30 848	18 060	−12 788	11 628	9 050	1 161	
8 000	25	0	V_D	461	−2.75	0.120 9	−40 881	24 629	−16 252	14 777	12 713	1 475	1 258
8 000	25	−1.177	V_{AP}	207.02	−16.24	0.516 5	−21 833	15 447	−6 386	−78 154	−11 593	−7 802	−1 159
8 000	25	−1.177	V_C	387.4	−6.26	0.175 3	−43 868	25 550	−18 317	−67 307	5 475	−6 719	538
8 000	25	2	V_{AF}	186.56	12.91	−0.089 7	−155	−3 752	−3 906	146 429	−16 615	14 389	−1 645
8 000	25	1	V_{SF}	131.92	12.7	−0.044 5	−1 062	−962	−2 024	73 280	−8 044	7 200	−797
8 000	25	1	V_{AF}	186.56	0.65	0.057 6	−9 727	2 280	−7 446	78 280	5 535	7 622	535
8 000	25	1	V_F	231.5	−3.12	0.100 4	−17 392	5 483	−11 910	82 410	11 697	7 956	1 138
8 000	25	0	V_{AF}	186.56	−10.69	0.214 8	−17 920	8 072	−9 847	9 096	11 136	752	1 065
8 000	25	0	V_F	231.5	−10.69	0.222 4	−24 929	11 680	−13 250	12 260	16 245	990	1 553

表 1 − 4 俯仰机动载荷计算结果(V_C, V_D 和 V_F)

V/km/h	M/kg	n/g	$\ddot{\theta}$/rad·s^2	I_Y/kg·m^2	ΔF_H/N	F_{HBAL}/N	F_H/N	F_{ZW}/N
387.4	8 000	1	0.789 3	60 000	−5 995.6	−9 536	−15 531.6	93 987.6
387.4	8 000	2.94	−0.789 3	60 000	5 995.6	−1 887	4 108.6	226 552
461	8 000	1	0.663 3	60 000	−5 038.4	−14 152	−19 190.4	97 646.4
461	8 000	2.94	−0.663 3	60 000	5 038.4	−2 890	2 148.4	228 512.2
231.5	8 000	1	0.312	60 000	−2 369.9	−11 910	−14 279.9	92 735.9
231.5	8 000	2	−0.312	60 000	2 369.9	−6 813	−4 443.1	161 355.1

表 1 - 5　滚转机动原始数据和载荷计算结果($H=0\text{m}$)

动作阶段	$\dfrac{M}{\text{kg}}$	$\dfrac{X_{CGC}}{\%}$ MAC	$\dfrac{I_X}{\text{kg}\cdot\text{m}^2}$	N_Z	$\dfrac{V}{\text{km/h}}$		$\dfrac{\delta_a}{(°)}$	$\dfrac{P}{1/\text{s}}$	$\dfrac{\dot{P}_{\text{MAX}}}{1/\text{s}^2}$	$\dfrac{L_P}{\text{N}\cdot\text{m}}$	$\dfrac{L_{\delta_a}}{\text{N}\cdot\text{m}}$
急滚转	8 000	25	70 000	1.96	V_A	279.72	50	0.19	1.164	-23 580	105 062
定常滚转	8 000	25	70 000	1.96	V_A	279.72	50	0.846 6	0	-105 062	105 062
恢复操舵	8 000	25	70 000	1.96	V_A	279.72	50	0.656 6	-1.164	-81 482	0
急滚转	8 000	25	70 000	1.96	V_C	387.4	25.0	0.264 8	1.558 5	-49 641	158 735
定常滚转	8 000	25	70 000	1.96	V_C	387.4	25.0	0.846 6	0	-158 735	158 735
恢复操舵	8 000	25	70 000	1.96	V_C	387.4	25.0	0.581 8	-1.558 5	-109 094	0
急滚转	8 000	25	70 000	1.96	V_D	461	6.1	0.102 1	0.586 8	-23 295	64 368
定常滚转	8 000	25	70 000	1.96	V_D	461	6.1	0.282 2	0	-64 368	64 368
恢复操舵	8 000	25	70 000	1.96	V_D	461	6.1	0.180 1	-0.586 8	-41 073	0

表 1 - 6　偏航机动载荷数据和计算结果

		V_A		14501Y01
原始数据	1	M	kg	8 000
	2	VEAS	km/h	279.72
	3	Q	PA	3 697.8
	4	SV	m²	7.013
	5	CLAV	1/rad	2.371 6
	6	AV	rad	0.392 7
	7	DADDR	—	-0.634 01
	8	DR	rad	0.277 22
	9	DR	deg	15.9
	10	CYB	1/rad	0.862 4
	11	CYDR	1/rad	-0.296 9
	12	CNB	1/rad	0.082 93
	13	CNDR	1/rad	-0.120 63
	14	IZ	kg×m²	100 000
	15	S	m²	35.5
	16	B	m	18.9
	17	BMAX	rad	0.392 7

续表

		V_A		14501Y01
最大舵偏	18	$F_{V(DR)}$	N	−10 810
	19	$F_{V(B)}$	N	0
	20	F_V	N	−10 810
	21	DDPSI	rad/s^2	−0.829 69
过漂侧滑	22	$F_{V(DR)}$	N	−10 810
	23	$F_{V(B)}$	N	24 152
	24	F_V	N	13 342
	25	DDPSI	rad/s^2	−0.021 7
偏航恢复	26	$F_{V(DR)}$	N	0
	27	$F_{V(B)}$	N	16 101
	28	F_V	N	16 101
	29	DDPSI	rad/s^2	0.538 67
原始数据	1	M	kg	8 000
	2	VEAS	km/h	387.4
	3	Q	PA	7 092.8
	4	SV	m^2	7.013
	5	CLAV	1/rad	2.371 6
	6	AV	rad	0.146 88
	7	DADDR	—	−0.657
	8	DR	rad	0.096 11
	9	DR	deg	5.5
	10	CYB	1/rad	0.835 28
	11	CYDR	1/rad	−0.307 66
	12	CNB	1/rad	0.079 55
	13	CNDR	1/rad	−0.123 22
	14	IZ	kg * m^2	100 000
	15	S	m^2	35.5
	16	B	m	18.9
	17	BMAX	rad	0.144 94

续表

	V_A				14501Y01
蹬舵	18	$F_{V(DR)}$	N		$-7\,449$
到最	19	$F_{V(B)}$	N		17 327
大静	20	F_V	N		9 878
侧滑	21	DDPSI	$\mathrm{rad/s^2}$		$-0.014\,88$
	22	$F_{V(DR)}$	N		0
最大	23	$F_{V(B)}$	N		17 327
静侧滑	24	F_V	N		17 327
	25	DDPSI	$\mathrm{rad/s^2}$		0.5487

表 1 - 7　单发停车载荷计算结果

情况编号	$\dfrac{V_A}{\mathrm{km/h}}$	$\dfrac{\beta}{\mathrm{rad}}$	$\dfrac{\delta_r}{\mathrm{rad}}$	$\dfrac{\ddot\psi}{\mathrm{rad/s^2}}$	$\dfrac{F_{VB}}{\mathrm{N}}$	$\dfrac{F_{VD}}{\mathrm{N}}$	$\dfrac{F_V}{\mathrm{N}}$
34001E01	271.54	0.007 51	0.296 92	$-0.838\,44$	988	$-11\,578$	$-10\,590$
134001E01	271.54	$-0.075\,39$	0	$-0.054\,55$	$-4\,879$	0	$-48\,790$
TOTAL	271.54	$-0.067\,88$	0.296 92	$-0.892\,99$	$-3\,891$	$-11\,578$	$-15\,469$

表 1 - 8　垂直突风载荷计算结果 ($h=0\mathrm{m}$)

情况编号	$\dfrac{M}{\mathrm{kg}}$	$\dfrac{X_{ac}}{\%\mathrm{MAC}}$	$\dfrac{V}{\mathrm{km/h}}$	$\dfrac{D_{AN}}{g}$	$\dfrac{V_{DE}}{\mathrm{ft/s}}$	$\dfrac{F_{ZW}}{1g}{\mathrm{N}}$	$\dfrac{F_{XW}}{1g}{\mathrm{N}}$	$\dfrac{F_H}{1g}{\mathrm{N}}$	$\dfrac{F_{ZB}}{1g}{\mathrm{N}}$	$\dfrac{F_{XB}}{1g}{\mathrm{N}}$	$\dfrac{F_H}{G}{\mathrm{N}}$	$\dfrac{F_{ZW}}{G}{\mathrm{N}}$	$\dfrac{F_{XW}}{G}{\mathrm{N}}$
12001G01	8000	25	VB1 276.49	1.89	66	72971	-223	-1800	7285	-26	14534	123121	-32306
12003G01	8000	25	VB1 276.49	-1.89	-66	72971	-223	-1800	7285	-26	-14534	-120617	377
12005G01	8000	25	VC 387.4	2	50	80005	5550	-9536	7987	545	15428	129031	-18227
12007G01	8000	25	VC 387.4	-2	-50	80005	5550	-9536	7987	545	-15428	-127801	496
12009G01	8000	25	VD 461	1.19	25	84203	10195	-14152	8405	1003	9179	76428	-6659
12011G01	8000	25	VD 461	-1.19	-25	84203	10195	-14152	8405	1003	-9179	-76058	2267
12013G01D	8000	25	VF 231.5	0.66	25	82410	11697	-11910	7956	1138	3885	44014	-6086
12015G01D	8000	25	VF 231.5	-0.66	-25	82410	11697	-11910	7956	1138	-3885	-43076	3490

情况编号	$\dfrac{F_{ZB}}{G}{\mathrm{N}}$	$\dfrac{F_{XB}}{G}{\mathrm{N}}$	$\dfrac{MY}{\mathrm{N}}$	$\dfrac{F_N}{\mathrm{N}}$	$\dfrac{F_{ZW}}{\mathrm{N}}$	$\dfrac{F_{XW}}{\mathrm{N}}$	$\dfrac{F_{ZB}}{\mathrm{N}}$	$\dfrac{F_{XB}}{\mathrm{N}}$	$\dfrac{\Delta\alpha}{\mathrm{rad}}$	$\dfrac{\ddot\theta_Y}{\mathrm{rad/s^2}}$
12001G01	10270	-3221	-85310	12734	196092	-32529	17555	-3247	0.1993	-1.4218

续表

情况编号	M/kg	$X_{\alpha c}$/%MAC	V/(km/h)	D_{AN}/g	V_{DE}/(ft/s)	$\dfrac{F_{ZW}}{1g}$/N	$\dfrac{F_{XW}}{1g}$/N	$\dfrac{F_H}{1g}$/N	$\dfrac{F_{ZB}}{1g}$/N	$\dfrac{F_{XB}}{1g}$/N	$\dfrac{F_H}{G}$/N	$\dfrac{F_{ZW}}{G}$/N	$\dfrac{F_{XW}}{G}$/N
12003G01	−12775	41	85310	−16334		−47646	154	−5490	15			−0.1993	1.4218
12005G01	12560	−1811	−90554	5892		209036	−12677	20547	−1266			0.1077	−1.5092
12007G01	−13790	59	90554	−24964		−47796	6046	−5803	604			−0.1077	1.5092
12009G01	7818	−650	−53879	−4973		160630	3536	16223	353			0.0453	−0.898
12011G01	−8187	241	53879	−23331		8145	12462	218	1244			−0.0453	0.898
12013G01D	4023	−593	−27429	−8025		126424	5611	11979	545			0.0886	−0.4571
12015G01D	−4962	327	27429	−15795		39334	15187	2994	1465			−0.0886	0.4571

表 1 - 9　侧向突风载荷计算结果

情况编号 $H=0\text{m}$	M/kg	$X_{\alpha c}$/%MAC	I_Z/(kg·m²)	V/(km/h)	V_{DE}/(ft/s)	K_G	F_Y/N	F_{VG}/N	F_{WB}/N	M_Z/(N·m)	$\dfrac{N_Y}{g}$	FIPP/(rad/s²)
112501G01	8000	25	100000	VB1　276	66	0.8285	23754	12348	11406	44052	0.3028	0.4405
112503G01	8000	25	100000	VC　387	50	0.8289	24449	13013	11436	43288	0.3116	0.4329
112505G01	8000	25	100000	VD　461	25	0.829	14493	7736	6756	25510	0.1847	0.2551
112507G01D	8000	25	100000	VF　232	25	0.829	7278	3885	3393	12810	0.0928	0.1281

第 2 章 地 面 载 荷

符 号 说 明

W —— 对应状态的飞机重量,kg。

W_L —— 着陆设计重量,kg。

W_T —— 设计起飞重量,kg。

g —— 重力加速度,9.806 65m/s²。

Y —— 升力,N。

V_x —— 飞机触地瞬间的水平速度,m/s。

V_y —— 飞机触地瞬间的垂直速度,m/s。

V_{L1} —— 相应着陆重量和标准海平面条件下的失速速度,m/s。

V_{L2} —— 相应着陆重量和高度以及比标准温度高 22.8℃ 的热天温度下失速速度,m/s。

A —— 停机状态飞机重心至前轮轴的水平距离,m。

B —— 停机状态飞机重心至主轮轴的水平距离,m。

D —— 停机状态主轮轴到前轮轴的水平距离,m。

L —— 停机状态飞机主轮轴到尾轮轴的距离,m。

E —— 停机状态飞机重心到地面的垂直距离,m。

T —— 两主轮间距离,m。

BL_{cg} —— 重心偏离飞机对称面的偏移量,m。

m_{pen} —— 前起落架的减缩质量,kg。

μ —— 地面平均摩擦因数。

n_n —— 前起落架垂直限制载荷系数。

n_m —— 主起落架垂直限制载荷系数。

V_n —— 前起落架垂向载荷,N。

D_n —— 前起落架航向载荷,N。

S_n —— 前起落架侧向载荷,N。

V_m —— 主起落架垂向载荷,N。

D_m —— 主起落架航向载荷,N。

S_m —— 主起落架侧向载荷,N。

F_{TOW} —— 牵引载荷,N。

2.1　引　　言

飞机着陆从起落架第一次接地,一直到下次起飞时起落架最后离地为止,这段时间内飞机在地面运动产生的所有载荷称为地面载荷。地面载荷作为飞机所受外载荷不可或缺的一部分,不仅为起落架设计提供输入,而且也可能构成机身、机翼等部件的设计要素。起落架设计应该首先满足静强度的设计要求,即能够承受100%设计载荷的试验考核,保证飞机在起飞、着陆过程中起落架不发生静力破坏。因此,准确、合理地确定地面载荷十分必要。

目前,国际通行的适航标准主要有美国联邦航空局(FAA)的 FAR25 部、欧洲航空安全局(EASA)的 CS25 部(原为 JAR25 部),根据设计技术的进步以及航空事故的经验积累,各国航空管理当局对适航标准进行不断的修订。例如,截至目前 FAR25 部已修订了 130 多次,这也从侧面说明了,西方发达国家通过半个多世纪的发展,在适航规章的研究和应用方面日臻成熟。

就国内而言,航空起步比较晚,而且最早引入的是苏联的规范体系,建立完善的适航认证体系的工作还是起步于 20 世纪 80 年代对 FAR25 部的翻译和消化上。通过 30 多年的发展,在经历了运七、新舟 60、运十二、ARJ - 21 飞机等适航取证的经验积累以及相应的国内适航规章的修订基础上,适航认证体系取得了长足的进步。但同国外相比,国内航空界在对适航条款理解、验证方法以及取证经验上还存在很大差距。尤其就地面载荷条款而言,对于条款的理解不透彻,导致在验证方法上存在一些值得商榷的地方。

近年来,随着飞机设计以及计算机技术的发展,传统将飞机作为刚性体进行工程地面载荷估算的手段已略显过时和不足,载荷的精准化分析和试验手段目前已逐步取得突破和发展。由于飞机着陆和滑跑过程中机体的柔性、气动力以及起落架缓冲特性的影响,会在一定程度上对地面载荷产生附加效应,并且通过特定的传递函数在机体上产生响应载荷,因此,合理而准确的数学模型的建立以及可靠的飞行试验验证手段,势必成为地面动态载荷研究的基础。这不但有助于设计人员突破验证方法、认识上的桎梏，而且也是对传统工程方法估算载荷的弥补。

本章以 CCAR25 部 C 分部规定的地面载荷适航条款为基础，通过对条文的逐条解释，引出各条款的验证方法并给出工程计算公式或者动态分析方程，最后通过特定算例加深对条款的理解。另外，本手册首次针对 CCAR23 部的地面载荷条款规定，补充了相关的内容以作为对正常类、实用类、特技类和通勤类飞机适航取证工作的咨询基础。

需要说明一点，本手册所规定的地面载荷计算方法，主要适用于常规式起落架布局飞机的地面载荷计算。对于非常规布局的起落架，例如多支柱式布局的起落架，则应该在遵循适航条款验证方法的基础上，采用相应于飞机构型的分配原则来确定其单个支柱载荷的大小。

2.2　地面载荷适航要求

2.2.1　概述

我国虽然在民航飞机适航研究方面与欧美发达国家存在一定的差距，但是，CCAR25 的修订工作目前仍保持了与 FAR25，CS25 部相当高的同步率，然而，国内设计人员对于条款的理解和应用经验上还存在着相当的差距。本节通过对条款的解读，并对其中涉及的概念进行解释，再结合与其他相关民航规章的条款对比，旨在帮助设计人员快速、准确地把握条款的要求。

飞机从一次全停着陆直到下一次起飞离地，可以根据其状态特征分为：从 1g 升力减速到着陆、无升力的稳态地面滑行和操纵、加速到 1g 升力离地。那么相应地，本节条款涉及的地面载荷情况可据此分为几大类：着陆撞击载荷、地面滑行载荷、地面操纵载荷、地面维护载荷等。

其中，除第 25.471 条为地面载荷总要求和第 25.511 条为机轮载荷分配要求之外，其他条款如下所列：

（1）着陆撞击载荷：

1）第 25.473 条：着陆载荷情况和假定；

2）第 25.477 条：起落架布置；

3）第 25.479 条：水平着陆情况；

4）第 25.481 条：尾沉着陆情况；

5)第 25.483 条:单个起落架着陆情况;

6)第 25.485 条:侧向载荷情况;

7)第 25.487 条:回跳着陆情况。

(2)地面滑行及地面操纵:

1)第 25.489 条:地面操纵情况;

2)第 25.491 条:滑行、起飞和着陆滑跑;

3)第 25.493 条:滑行刹车情况;

4)第 25.495 条:转弯;

5)第 25.497 条:尾轮侧偏;

6)第 25.499 条:前轮侧偏与操纵;

7)第 25.503 条:回转;

8)第 25.507 条:倒行刹车。

(3)地面维护情况:

1)第 25.509 条:牵引载荷;

2)第 25.519 条:顶升和系留装置。

2.2.2　第 25.471 条　总则

1.条款原文

(a)载荷和平衡。对于限制地面载荷,采用下列规定:

1)按本部分得到的限制地面载荷,认为是施加于飞机结构的外力;

2)在每一规定的地面载荷情况中,外载荷必须以合理的或保守的方式与线惯性载荷和角惯性载荷相平衡。

(b)临界重心。必须在申请合格审定的重心范围内选择临界重心,使每一起落架元件获得最大设计载荷。必须考虑前后、垂直和横向的飞机重心。如果下列两项成立,且偏离飞机中心线的重心横向位移使主起落架的载荷不超过对称受载情况下临界设计载荷的 103%,则可以选用这种重心横向位移,而不必考虑其对主起落架元件载荷或对飞机结构的影响。

1)重心横向位移是由于旅客或货物在机身内随机布置,或由于燃油的随机非对称装载或非对称使用造成的;

2)按第 25.1583(c)2)条所制定的对随机可调配载重的适当装载说明,保证重心的横向位移不超过上述限制范围。

(c)起落架尺寸数据。图 2-1 所示给出了起落架基本尺寸数据。

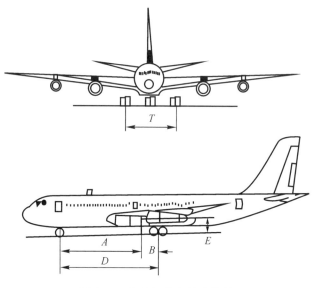

图 2-1　起落架基本尺寸数据

2. 条款解释

(1)本条(a)限制地面载荷的含义和确定：

1)"限制载荷"是指飞机在实际使用中可能出现的最大载荷。本部分规定的地面载荷均为限制载荷。

2)限制地面载荷是指飞机与地面接触过程中施加于飞机结构的外力。在计算每一种规定的地面载荷时，采用施加惯性力矩的方法使飞机满足平衡要求。

(2)本条(b)临界重心与选用：重心位置的变化直接影响着起落架地面载荷的大小，因此计算起落架地面载荷时，应考虑飞机重心位置的前后、垂直和横向的变化。

在审定认可的重心范围内选择的临界重心位置，应使起落架每一元件在着陆和地面操纵情况中都得到最大设计载荷。

飞机重心的横向位移是由于旅客或货物在机身内的随机位置与燃油的随机非对称装载或非对称使用造成的。如果飞行手册中所有列入的随机可调配载重的装载说明，保证飞机重心的横向位移在飞行中不会超过相应的限制范围，即当飞机重心横向位移使单侧主起落架载荷不超过对称受载情况下临界设计载荷的103%，选用此重心横向位移时，可不必考虑其对主起落架元件载荷或对飞机结构的影响。

3. 与其他规范对比

CCAR23.471 条要求很简单，只包括 CCAR25.471 中(a)条要求，没有详细的临界重心和起落架尺寸数据要求。

FAR23.471 条和 CS23.471 条与 CCAR23.471 条无差异。

2.2.3　第 25.473 条　着陆载荷情况和假定

1. 条款原文

(a)对于第 25.479 条至第 25.485 条中规定的着陆情况,假定飞机按下列情况接地:

1)以第 25.479 条和第 25.481 条中定义的姿态;

2)设计着陆重量(以最大下沉速度着陆情况中的最大重量)时的限制下沉速度为 3.05m/s(10ft/s);

3)设计起飞重量(以减小的下沉速度着陆情况中的最大重量)时的限制下沉速度为 1.83m/s(6ft/s);

4)如果能表明飞机具有不能达到上述规定的下沉速度的设计特征,可以修改此下沉速度。

(b)除系统或程序显著影响升力外,可以假定飞机升力不超过飞机重力。

(c)飞机和起落架载荷的分析方法至少应考虑下列要素:

1)起落架动态特性;

2)起旋和回弹;

3)刚体响应;

4)机体结构动态响应(若显著)。

(d)起落架动态特性必须按第 25.723(a)条中确定的试验来验证。

(e)可以通过考虑滑行速度和轮胎压力的效应来确定轮胎与地面之间的摩擦因数,此摩擦因数不必大于 0.8。

2. 条款解释

(1)第 25.473(a)1)条阐明了飞机着陆时,重心处限制垂直惯性载荷系数的选择与飞机升力的有关规定:

1)第 25.473 条地面载荷情况指的是着陆情况。着陆情况是指飞机以某种姿态和某一速度着陆,由起落架与地面撞击所产生的受载情况。第 25.479 条至第 25.485 条规定的载荷情况都是着陆撞击情况。依据飞机的受载特点,将着陆分为对称着陆和非对称着陆。第 25.479 条水平着陆情况和第 25.481 条尾沉着陆情况为对称着陆,第 25.483 条单轮着陆情况和第 25.485 条侧向载荷情况为非对称着陆。

2)飞机接地瞬间重心向下的速度即为下沉速度。飞机接地后地面反力的作用将使下沉速度迅速减小而变为零,在此过程中飞机产生了向下的惯性力。下沉速度大小直接影响着飞机重心处的惯性载荷系数。飞机重心处所选定的限制垂直惯性载荷系数,不得小于由规定的限制下沉速度、飞机姿态和承受的阻力所确定的值。

3)假定在整个着陆撞击过程中,飞机升力不超过飞机重量且作用于飞机重心。

(2)本条(b)说明,如果能表明飞机具有不能达到上述规定的下沉速度的设计特征,可以根据飞行实测统计并经适航认可修改此下沉速度。

(3)本条(c)对应所要求的限制下沉速度的最小限制惯性载荷系数必须根据落震试验来验证。

3. 与其他规范对比

CCAR23.473 条与 CCAR25.473 条差异较大。

第 23.473 条　地面载荷情况和假定条文

(a)除了第 23.479 条、第 23.481 条和第 23.483 条可以按本条(b)和(c)允许的设计着陆重量(以最大下沉速度着陆时的最大重量)来表明其符合性外,必须按设计最大重量来表明其符合本章的地面载荷要求。

(b)设计着陆重量可以低至下列数值:

1)如果最小油量足够在最大连续功率下工作至少半小时所消耗的油量,加上等于最大设计重量与设计着陆重量之差的油量,则可取为95%的最大重量;

2)设计最大重量减去 25%总燃油重量。

(c)如果下列两项成立,则多发飞机的设计着陆重量可以小于本条(b)的规定:

1)飞机符合第 23.67 条(b)1)或(c)的一台发动机不工作情况下的爬升要求。

2)飞机符合第 23.1001 条中应急放油系统的要求。

(d)对本章规定的地面载荷情况,飞机重心处所选定的限制垂直惯性载荷系数,不得小于用 $0.510(Wg/S)^{1/4}$ m/s$(0.902(Wg/S)^{1/4}$ m/s;$4.4(Wg/S)^{1/4}$ ft/s)的下沉速度(V)着陆时所能得到的值,但此下沉速度不必大于 3.05m/s(10ft/s),也不得小于 2.13m/s(7ft/s)。

(e)可以假定在整个着陆过程中,机翼升力不超过飞机重量的 2/3,并作用在重心处。地面反作用力载荷系数可以等于惯性载荷系数减去上述假定的机翼升力与飞机重量的比值。

(f)如果用能量吸收试验来确定对应于所要求的限制下沉速度的限制载荷系数,则这些试验必须根据第 23.723 条(a)的要求进行。

（g）在设计最大质量时,用于设计的限制惯性载荷系数不得小于 2.67,限制地面反作用力载荷系数也不可小于 2.0,除非在使用中预期会遇到的粗糙地面上,以速度直到起飞速度的滑行中,上述两系数不会被超过。

比较:

CCAR25 中设计着陆重量（以最大下沉速度着陆情况中的最大重量）时的限制下沉速度为 3.05m/s;CCAR23 要求的下沉速度不必大于 3.05m/s,也不得小于 2.13m/s,与机翼面积和飞机重量有关。

CCAR25 假定着陆过程中飞机升力不超过飞机重力,CCAR23 假定在整个着陆过程中,机翼升力不超过飞机重量的 2/3。

CCAR23 要求在设计最大重量时,用于设计的限制惯性载荷系数不得小于 2.67,限制地面反作用力载荷系数也不可小于 2.0。

FAR23.473 条和 CS23.473 条与 CCAR23.473 条无差异。

2.2.4　第 25.477 条　起落架布置

1. 条款原文

当采用正常的操纵技术时,第 25.479 条至第 25.485 条适用于具有常规布置的前、主起落架或主、尾起落架的飞机。

2. 条款解释

条款第 25.479 条至第 25.485 条仅适用于常规单支柱前或后三点布局飞机,对于非常规布局的飞机,例如多支柱式布局的飞机,则建议在遵循适航条款验证方法的基础上,采用相应于飞机构型的简化原则将非常规布局等效为常规布局进行分析计算。

3. 与其他规范对比

CCAR23.477 与 CCAR25.477 略有不同。CCAR25.477 条中包括了 CCAR25.485 条,而 CCAR23.477 条中不包括。

FAR23.477 条和 CS23.477 条与 CCAR23.477 条无差异。

2.2.5　第 25.479 条　水平着陆情况

1. 条款原文

（a）假定飞机以水平姿态接地,与地面平行的向前速度分量在 V_{L1} 到 $1.25V_{L2}$ 的范围内并处于第 25.473 条中规定的情况下:

1）V_{L1} 等于相应着陆重量和标准海平面条件下的 V_{S0}（TAS）;

2)V_{L2}等于相应着陆重量和高度,以及比标准温度高 22.8℃(41℉)的热天温度下的 V_{S0}(TAS);

3)申请获准在超过 18.5km/h(10kn)的风速下顺风着陆,则必须研究增大接地速度的影响。

(b)对于尾轮式飞机的水平着陆姿态,必须检查本条规定的情况。此时飞机水平基准线是水平的,如图 2-2 所示。

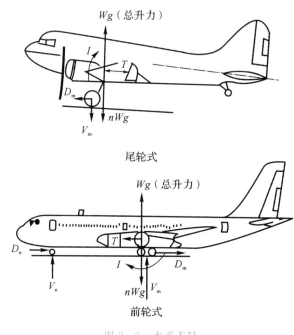

尾轮式

前轮式

图 2-2 水平着陆

I—平衡所需的角惯性力; T—惯性力的向前分量

(c)对于图 2-2 所示的前轮式飞机的水平着陆姿态,必须检查本条规定的情况并假定飞机处于下列姿态:

1)主轮接地,前轮稍离地面;

2)前轮和主轮同时接地(如果在规定的下沉和向前速度下能够合理地获得这种姿态)。

(d)除本条(a)条规定的受载情况外,对(a)条中计算的最大地面垂直反作用力,采用下列规定:

1)必须将起落架和直接受影响的连接结构设计成最大地面垂直反作用力与一个向后的且不小于该最大地面垂直反作用力 25%的阻力相结合。

2)必须考虑在侧偏着陆中可能出现的最严重的载荷组合,缺乏对此情况的更合理

的分析时,应作下列研究:

ⅰ)应考虑一个等于第 25.473 条中最大地面反作用力 75％的垂直载荷与分别为该垂直载荷的 40％和 25％的向后和侧向载荷相组合。

ⅱ)假定减震器和轮胎变形相当于第 25.473(a)2)条的最大地面反作用力产生的变形的 75％。不必考虑该载荷与轮胎泄气的组合情况。

3)认为垂直分力和阻力分力的合力作用在轮轴中心线上。

2.条款解释

水平着陆是飞机着陆载荷情况之一。该情况可能成为起落架及直接受其影响的连接结构、飞机部件(机翼及机身)、大质量部件(外部燃油箱、发动机舱)的严重受载情况。应当采用静态分析结合动态分析方法来确定设计载荷。

(1)第 25.479(a)条对计算该情况载荷时的飞机姿态、与地面平行的分速度和飞机重心垂直方向惯性载荷系数提出要求。惯性载荷系数应符合第 25.473 条的要求。地面分速度应在 V_{L1} 到 $1.25V_{L2}$ 的范围内考虑。飞机为水平接地姿态。

(2)第 25.479(a)3)条规定当申请批准所设计飞机在大于 18.5km/h(10kn)的风速下顺风着陆时,必须研究由此引起飞机接地速度的增加以及对着陆载荷的影响。

(3)第 25.479(c)条规定,对前三点式飞机在进行第 25.479(a)～(c)条的载荷计算时,必须考虑两种不同的水平着陆姿态,即主轮着陆姿态和三点着陆姿态。主轮着陆姿态假定飞机着陆冲击期间功量全部由飞机主轮吸收,此时前轮处于刚要接地而又不曾接地的状态。三点着陆姿态假定飞机着陆撞击期间前轮和主轮同时触地,因此要对主轮和前轮的载荷分别进行研究。

对于水平着陆情况,应考虑第 25.473(c)条规定着陆动态响应的影响。在飞机着陆过程中,机轮接地前是静止不旋转的。接地后飞机的向前滑动和地面摩擦力的作用使机轮带转起来,机轮相应受到阻力作用,当机轮阻力出现最大值时的载荷便是最大起旋载荷。最大起旋时的阻力载荷应与同一瞬间的垂直载荷组合作用,该受载情况的摩擦因数与飞机的滑动和轮胎压力的影响有关,其值不必大于 0.8,当垂直载荷出现最大值,即最大垂直载荷时,该载荷也要与同一瞬间的阻力载荷组合作用,其摩擦因数可取 0.25。由于起落架支柱在起旋阻力的作用下产生向后的弹性变形,随着起旋载荷的急速减小,起落架支柱将会向前回弹,产生一个向前作用的回弹力(水平载荷),该载荷最大值便是最大回弹载荷。对该情况还要考虑与水平载荷峰值同一瞬间的垂直载荷的组合作用。

最大起旋和最大回弹载荷必须应用于起落架、直接受影响的连接结构,以及外部燃油箱和短舱一类的大质量部件。

3. 与其他规范对比

CCAR23.479 条与 CCAR25.473 条有差异。

第 23.479 条　水平着陆情况

(a)对于水平着陆,假定飞机处于下列姿态:

1)对于尾轮式飞机,处于正常水平飞行姿态。

2)对于前轮式飞机,其姿态为下列两种:

ⅰ)前轮和主轮同时接触地面;

ⅱ)主轮接地和前轮稍离地面。

本条(a)2)ⅰ)项的姿态可以用于要求按本条(a)2)ⅱ)进行的分析中。

(b)在研究着陆情况时,必须把阻力分量与相应的瞬时垂直地面反作用力恰当地组合起来,阻力分量为模拟把轮胎和机轮加速到着陆速度(起旋)所需要的力。起旋阻力载荷(回弹)迅速减小引起的向前作用的水平载荷必须在向前的载荷达到峰值时与垂直的地面反作用力相组合,假定机翼升力,且轮胎滑动摩擦因数为 0.8。然而,阻力载荷不得小于最大垂直地面反作用力的 25%(忽略机翼升力)。

(c)在确定着陆情况的机轮起旋和回弹载荷时,如果缺乏具体的试验或更为合理的分析,则必须使用基于 NACA - TN - 8863 中阐述的方法。如果使用了该方法,则设计时采用的阻力分量不得小于第 23.479(b)条中给出的值。

(d)对带有翼尖油箱或由机翼支持的大型外挂质量(如涡轮螺旋桨或喷气发动机)的飞机,其翼尖油箱和支撑油箱或大型外挂质量的结构,必须根据本条(a)1)或(a)2)ⅱ)水平着陆情况的动态响应的影响来设计。在计算动态响应的影响时,可以假定飞机升力等于飞机重力。

比较:

CCAR23 给出了起旋和回弹载荷简便计算方法,另外要求对机翼上的翼尖油箱或大型外挂质量进行着陆动态响应分析。

FAR23.479 条和 CS23.479 条与 CCAR23.479 条无差异。

2.2.6　第 25.481 条　尾沉着陆情况

1. 条款原文

(a)假定飞机以尾沉姿态接地,与地面平行的向前速度分量在 V_{L1} 至 V_{L2} 的范围内,并在第 25.473 条中规定的情况下,其中:

1)V_{L1}等于相应着陆重量和标准海平面条件下的V_{S0}(TAS)；

2)V_{L2}等于相应着陆重量和高度，以及比标准温度高 22.8℃(41℉)的热天温度下的V_{S0}(TAS)；

3)认为垂直分力和阻力分力的合力作用在主轮轴的中心线上。

(b)对于尾轮式飞机的尾沉着陆情况，假定按图 2－3，主、尾机轮同时接地，且作用于尾轮上的地面反作用力方向如下：

1)垂直向上；

2)与地平线成 45°角通过轮轴指向后上方。

(c)对于前轮式飞机的尾沉着陆情况，假定飞机姿态按图 2－3 相应于失速迎角，或相应于除主轮外飞机所有部分均不触地时所允许的最大迎角，两者中取小者。

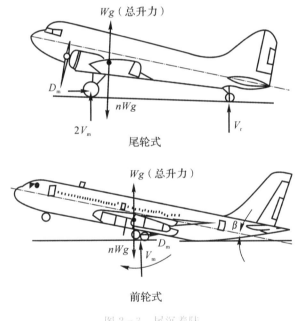

图 2－3　尾沉着陆

2.条款解释

尾沉着陆是飞机着陆载荷情况之一，与第 25.479 条水平着陆情况具有类似的载荷性质。本条只考虑对称着陆。

采用与第 25.479 条水平着陆类似的分析方法可以满足本条各款的要求，但应注意到以下的区别：

(1)飞机尾沉着陆载荷情况计算时必须考虑与地面平行的向前速度分量的要求。

(2)前三点式飞机主轮触地时刻，飞机的迎角为假定飞机处于失速的迎角或除主轮外飞机所有部分均不触地所允许的最大迎角两者中的较小者。

（3）尾沉着陆情况只分析最大起旋和最大回弹载荷情况，不分析最大垂直载荷情况。

3. 与其他规范对比

CCAR23.481 条与 CCAR25.481 条略有不同。

第 23.481 条　尾沉着陆情况

（a）对尾沉着陆，假定飞机处于下列姿态：

1）对于尾轮式飞机，主轮和尾轮同时接地；

2）对于前轮式飞机，失速姿态或相应于除主轮外飞机所有部分均不触地时所允许的最大迎角，两者中取迎角较小者。

（b）对尾轮式或前轮式飞机，假定在最大垂直载荷出现以前，机轮的圆周速度已达到了飞机的水平速度，地面反作用力为垂直的。

比较：

CCAR23.481 条要求最大垂直载荷出现时，阻力载荷为 0。

FAR23.481 条和 CS23.481 条与 CCAR23.481 条无差异。

2.2.7　第 25.483 条　单个起落架着陆情况

1. 条款原文

对于单起落架着陆情况，假定飞机按图 2-4 处于水平姿态，以一个主起落架接地，在这种姿态下采用下列规定：

（a）地面反作用力必须与按第 25.479(d)1)条规定得到的该侧载荷相同。

（b）每一不平衡的外侧载荷必须由飞机的惯性力以合理的或保守的方式予以平衡。

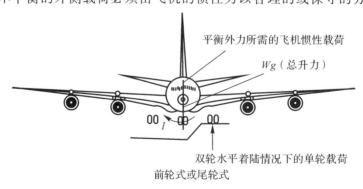

图 2-4　单轮着陆

2. 条款解释

单轮着陆是指飞机处于水平姿态,以一侧主起落架接地时的受载情况。

严格地说,飞机着陆时总是一侧主轮首先接地,然后另一侧主轮再接地,最后才前轮着地。真正的两点对称着陆是很少的,就是说单轮着陆是客观存在的。对起落架来说,单轮着陆并非是一个严重情况,因为此时有一个很大的恢复力矩,使接地的一侧主起落架载荷还没达到最大值时,飞机便倒向另一侧主轮,变成两点式着陆状态。规章中之所以单独列出这一受载情况,是因为该情况对机体结构来说是一种不对称的受载情况,为了确保飞机结构具有足够的强度,应对该载荷情况进行符合性验证。

3. 与其他规范对比

CCAR23.483 与 CCAR25.483 条文名称略有不同,内容基本相同。

FAR23.483 条和 CS23.483 条与 CCAR23.483 条无差异。

2.2.8　第 25.485 条　侧向载荷情况

1. 条款原文

除第 25.479(d)2)条外,还应考虑下列情况:

(a)对于侧向载荷情况,假定按图 2-5 的受力情况,飞机处于水平姿态,仅以主轮接地。

(b)向内作用且等于垂直反作用力 80% 的侧向载荷(在一侧)和向外作用且等于垂直反作用力 60% 的侧向载荷(在另一侧)必须与在水平着陆情况下得到的最大地面垂直反作用力的一半相组合。假定这些载荷作用在轮胎接地点上并为飞机的惯性力所平衡,可以假定阻力载荷为零。

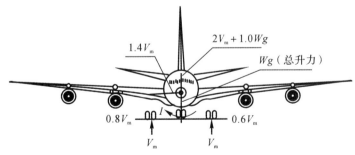

V_m 为水平着陆时每一主起落架最大地面垂直反作用力的一半
V_n 前起落架地面反作用力=0 处于水平姿态的前轮式或尾轮式飞机

图 2-5　侧向载荷情况

2. 条款解释

(1)侧向载荷情况是指飞机下降至接近地面时,遇到侧风的情况下,驾驶员用一航向角克服侧向气流对飞机影响的着陆情况。此时飞机仅以主轮接地,前轮不承载,飞机保持水平姿态。

(2)本条(b)给出了侧向载荷情况地面反作用力的组合情况、载荷作用点及确定方法。

3. 与其他规范对比

CCAR23.485 条与 CCAR25.485 条要求不同。

第 23.485 条　侧向载荷情况

(a)对侧向载荷情况,假定飞机处于水平姿态,仅以主轮接地,减震支柱和轮胎处于静态位置。

(b)限制垂直惯性载荷系数必须为 1.33,垂直地面反作用力在主起落架间平均分配。

(c)限制侧向惯性载荷系数必须为 0.83,侧向地面反作用力在两主起落架之间分配如下:

1)0.5(W)作用在一侧主起落架上,方向向内;

2)0.33(W)作用在另一侧主起落架上,方向向外。

(d)假定本条(c)规定的侧向载荷作用在接地点上,并且可假定阻力为零。

比较:

CCAR23.485 中规定地面反力和侧向载荷系数与 CCAR25.485 中的完全不同。此处直接规定了垂向惯性载荷系数以及侧向惯性载荷系数的取值,并且两侧主起落架的作用力分配也与 CCAR25 存在差异。

FAR23.485 条和 CS23.485 条与 CCAR23.485 条无差异。

2.2.9　第 25.487 条　回跳着陆情况

1. 条款原文

(a)起落架及其支承结构,必须按飞机从着陆表面回跳过程中出现的载荷进行检查;

(b)在起落架完全伸出但不与地面接触情况下,20.0 的载荷系数必须作用在起落架非弹起部分上,此载荷系数的作用方向必须与非弹起部分相对于起落架弹起部分伸出到极限位置时的运动方向相一致。

2. 条款解释

回跳着陆情况是指飞机在着陆过程中,由于操纵不当或者缓冲器在正行程与反行程中的滞耗功量小(即起落架本身缓冲性能设计不合理)等原因,飞机着陆时出现弹跳现象,使起落架机轮完全离地。由于弹跳,缓冲器活塞杆会在高压气体的作用下,突然伸出而产生反弹载荷,因为这种现象是在一瞬间产生的,所以将引起很大的载荷系数。它主要用于校核缓冲器内部零件、活塞杆、外筒下端的螺母等有关零件的强度。

3. 与其他规范对比

CCAR23,FAR23 和 CS23 无此条款。

2.2.10 第 25.489 条 地面操纵情况

1. 条款原文

除非另有规定,起落架和飞机结构必须按第 25.491 条至第 25.509 条中的情况进行检查。此时,飞机为设计机坪重量(地面操作情况的最大重量),不考虑机翼升力,可以假定起落架减震支柱和轮胎处于静态位置。

2. 条款解释

地面操纵情况是指飞机在地面使用和操纵过程中所遇到的各种受载情况。其中包括飞机在直线滑行时由跑道不平度所引起的受载情况,以及由于人为采用了某种操纵动作使飞机改变原来运动状态而产生的载荷情况,例如刹车、转弯、回转、牵引和前轮侧偏等。这些情况也是起落架和飞机结构的重要受载情况。

地面操纵情况在第 25.491 条至第 25.509 条中给出。具体计算方法均已在各条中有明确规定。其相同之处为:

(1)认为飞机处于地面停机状态,机翼升力为零,起落架缓冲支柱和轮胎的压缩量取静态位置。

(2)飞机重量取设计机坪重量。

3. 与其他规范对比

CCAR23 无此条款,但 CCAR23.473(a)条(重量要求)和 CCAR23.493 条(压缩量要求)表述了与本条相同的意思。

2.2.11 第25.491条 滑行、起飞和着陆滑跑

1. 条款原文

在相应的地面速度和批准的重量范围内,假定飞机结构和起落架承受不小于飞机在正常运行时可以合理预期的最粗糙地面上得到的载荷。

2. 条款解释

起飞滑跑可能构成起落架和全机的载荷计算情况。推荐使用动力分析方法,以保证飞机能够承受正常运行中在合理预期的最粗糙跑道上滑行所产生的载荷。

3. 与其他规范对比

CCAR23 无此条款,但 CCAR23.235 条表述了与本条相同的意思。

2.2.12 第25.493条 滑行刹车情况

1. 条款原文

(a)假定按图 2-6 的受力情况,尾轮式飞机处于水平姿态,载荷作用在主轮上。飞机限制垂直载荷系数,在设计着陆重量时为 1.2,在设计机坪重量时为 1.0。阻力载荷(等于垂直反作用力乘以数值为 0.8 的摩擦因数)必须与地面垂直反作用力相组合,并作用在轮胎接地点上。

(b)对于前轮式飞机,限制垂直载荷系数,在设计着陆重量时为 1.2,在设计机坪重量时为 1.0。阻力载荷(等于垂直反作用力乘以数值为 0.8 的摩擦因数)必须与地面垂直反作用力相组合,并作用在每个带刹车机轮的接地点上,按图 2-6,必须考虑下列两种姿态:

1)所有机轮都接地的水平姿态,载荷分配给主起落架和前起落架,并假定俯仰加速度为零;

2)仅以主轮接地的水平姿态,俯仰力矩由角惯性力平衡。

(c)如果证实在每一很可能的受载情况下,有效阻力载荷均不能达到垂直反作用力的 80%,则可取低于本条(a)和(b)规定的阻力载荷。

(d)装有前起落架的飞机必须承受由于突然施加的最大刹车力使飞机动态俯仰运动而产生的载荷。假定飞机在设计起飞重量下,前起落架和主起落架接地并且稳态垂直载荷系数为 1.0。稳态前起落架反作用力必须与本条(b)和(c)所规定的由于突然施加最大刹车力而产生的最大前起落架垂直反作用力增量相组合。

(e)在缺乏更合理的分析的情况下,本条(d)所规定的前起落架垂直反作用力必须依照下式计算：

$$V_n = \frac{W_T}{A+B}(B + \frac{f\mu A E}{A+B+\mu E})$$

式中　　μ —— 摩擦因数，取 0.8；

f —— 动态响应系数，除能证实更低的系数外，采用 2.0，在缺乏其他资料的情况下，可由下式确定：

$$f = 1 + \exp[(-\pi\xi)/(1-\xi^2)^{1/2}]$$

式中　　ξ —— 针对主起落架有效接地点的刚体俯仰模态的有效临界阻尼比。

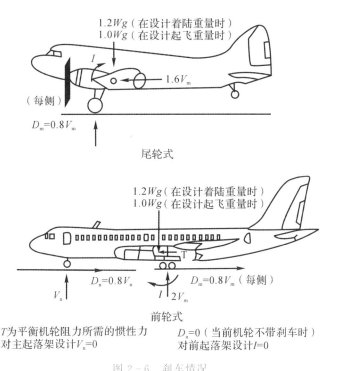

图 2-6　刹车情况

2. 条款解释

(1)对机轮上装有刹车装置的飞机，在地面运行时常使用刹车来改变其运动状态。刹车情况可分为对称刹车和非对称刹车。本节讲的是对称刹车，其中包括两点水平姿态的滑行刹车和三点姿态的滑行刹车。

(2)第 25.493(b)条阐明了前轮式飞机滑行刹车受载情况。对于前轮式飞机必须考虑两种飞机姿态：一是所有机轮都接地的水平姿态，二是仅以主轮接地的水平姿态。

(3)第 25.493(c)条规定，若证实在每一可能的受载情况下，有效阻力载荷均不能达到垂直反作用力的 80%，则可以取低于该值的载荷。

3. 与其他规范对比

CCAR23.493 条与 CCAR25.493 条要求不同。

第 23.493 条　滑行刹车情况

对滑行刹车情况,减震支柱和轮胎在静态位置,并采用下列规定:

(a)限制垂直载荷系数必须为 1.33;

(b)姿态和接地状态,必须符合第 23.479 条所述的水平着陆情况;

(c)阻力方向的反作用力等于机轮垂直反作用力乘上数值为 0.8 的摩擦因数,它必须作用于每个带刹车机轮的接地点上,但是阻力方向的反作用力不必超过按限制刹车扭矩所决定的最大值。

比较:

CCAR23.493 条中规定的限制垂直载荷系数与 CCAR25.493 条不同。

FAR23.493 条和 CS23.493 条与 CCAR23.493 条无差异。

2.2.13　第 25.495 条　转弯

1. 条款原文

按图 2-7 的受力情况,假定飞机处于静态位置,用操纵前起落架或采用足够的发动机动力差的方法进行定常转弯,以使作用在重心处的限制载荷系数在垂直方向为 1.0,在横向为 0.5。每一个机轮的侧向地面反作用力必须是垂直反作用力的 50%。

2. 条款解释

转弯情况是飞机地面操纵时侧向力最大受载情况。该情况是指飞机在地面运行时,借助发动机动力差或用操纵前起落架的方法进行稳定转弯状态下的起落架受载情况。

假定飞机处于静态位置,用操纵前起落架或采用足够的发动机动力差的方法进行定常转弯,在飞机重心处的垂直方向限制载荷系数为 1.0,横向为 0.5。每一个机轮的侧向地面反作用力是垂直反作用力的 50%。

飞机转弯时在各起落架上有侧向力产生,这些侧向力的合力即为飞机作曲线运动的向心力,与向心力相对应的离心惯性力作用在飞机重心上,二者构成翻滚力矩,此力矩使外侧主起落架加载,内侧主起落架卸载,重心处的飞机惯性力与机轮反作用力完全平衡。

3. 与其他规范对比

CCAR23,FAR23 和 CS23 无此条款。

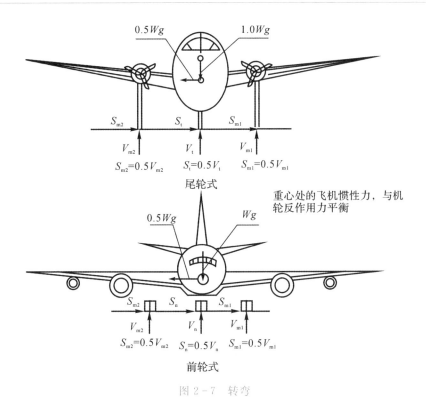

图 2 - 7 转弯

2.2.14 第 25.497 条 尾轮侧偏

1. 条款原文

（a）假定等于尾轮静载荷的地面垂直反作用力与等值的侧向分力相组合。

（b）如果尾轮可偏转，则假定尾轮相对飞机纵轴转动 90°，其合成载荷通过轮轴。

（c）如果装有锁、转向操纵装置或减摆器，仍假定尾轮处于拖曳位置，且侧向载荷作用于轮胎接地点上。

2. 条款解释

略。

3. 与其他规范对比

CCAR23.497 条与 CCAR25.497 条名称和内容安排上有不同。

第 23.497 条 尾轮补充情况

在确定尾轮及受其影响的支撑结构的地面载荷时，采用下列规定：

（a）对于障碍载荷，在机尾下沉着陆情况下得到的限制地面反作用力，假设是向上和向后 45° 通过轮轴作用。可以假定减震支柱和轮胎在静态位置。

（b）对于侧向载荷，假定等于尾轮静载荷的限制垂直地面反作用力与等值的侧向分力相组合。此外采用下列规定：

1）如果尾轮可偏转，则假定尾轮相对飞机纵轴转动90°，其合成地面载荷通过轮轴；

2）如果装有锁、转向操纵装置或减摆器，仍假定尾轮处于拖曳位置，并且侧向载荷作用于轮胎接地点上；

3）假定减震支柱和轮胎在静态位置。

（c）如果采用尾轮、缓冲器或吸能装置来表明对第23.925条（b）的符合性，则要满足下列要求：

1）必须针对尾轮、缓冲器或吸能装置确定适当的设计载荷；

2）尾轮、缓冲器或吸能装置的支持结构必须设计成能承受本条（c）1）的载荷。

比较：

CCAR23.497（b）条中内容与CCAR25.497条相同，CCAR23.497（a）条表述的意思与CCAR25.481（b）条中内容一致。

FAR23.497条和CS23.497条与CCAR23.497条无差异。

2.2.15　第25.499条　前轮侧偏与操纵

1. 条款原文

（a）假定飞机重心处的垂直载荷系数为1.0，前轮接地点处的侧向分力等于该处地面垂直反作用力的80%。

（b）假定在使用一侧主起落架刹车而产生的载荷情况下飞机处于静态平衡，前起落架及其连接结构和重心以前的机身结构，必须按下列载荷设计：

1）飞机重心处的垂直载荷系数为1.0；

2）飞机重心处向前作用的载荷为一侧主起落架上垂直载荷的80%；

3）作用于前起落架接地点处的侧向载荷和垂直载荷是为保持静态平衡所需的载荷；

4）飞机重心处的侧向载荷系数为零。

（c）如果本条（b）规定的载荷导致前起落架的侧向载荷超过前起落架垂直载荷的80%，则可以把设计前起落架的侧向载荷限制为垂直载荷的80%，而未被平衡的侧偏力矩假定由飞机的惯性力所平衡。

（d）除前起落架及其连接结构和前机身结构以外的其他结构，受载情况即为本条（b）规定的情况，但做如下补充：

1）如果在每一很可能的受载情况下，有效阻力载荷均不能达到垂直反作用力的80%，则可取用较低的阻力载荷；

2）重心处向前作用的载荷，不必超过按第25.493（b）条规定的作用于一个主起落架上的最大阻力载荷。

（e）在设计前起落架及其连接结构和前机身结构时，必须考虑正常满操纵扭矩和等于前起落架最大静态反作用力 1.33 倍的垂直力的组合作用,此时,取飞机设计机坪重量,前起落架处于任一转向操纵位置。

2. 条款解释

前轮侧偏主要是指飞机滑跑过程中,由于前轮受侧向力干扰或一侧主起落架刹车造成前轮偏离中心位置时,在前起落架上产生侧向载荷的受载情况。

(1)本条(a)规定了前轮受侧向力作用时的载荷情况,飞机重心处的垂直载荷系数是 1.0,在前轮接地点产生侧向载荷,其值为该点垂直地面反作用力的 80%。

(2)本条(b)规定了使用一侧主起落架刹车而产生的载荷情况。此时,飞机处于静态平衡,前起落架及其连接结构和前机身结构必须能够承受以下载荷情况:

1)飞机重心处的垂直载荷系数是 1.0;

2)飞机重心处向前作用的载荷为一侧主起落架上垂直载荷的 80%;

3)重心处的侧向载荷为零;

4)作用于前起落架接地点处的侧向载荷和垂直载荷用于保持飞机的静态平衡。

(3)本条(c)同时规定了,如果本条(b)规定的载荷导致前起落架的侧向载荷超过前起落架垂直载荷的 80%,则可以把设计前起落架的侧向载荷限制为垂直载荷的 80%,而未被平衡的侧偏力矩假定由飞机的惯性力所平衡。

(4)本条(d)规定了除前起落架及其连接结构和前机身结构以外的其他结构必须能够承受本条(b)款规定的载荷情况,但对阻力载荷和重心处向前的载荷系数做了限定:

1)当阻力载荷均不能达到垂直反作用力的 80%时,可取较低的阻力载荷;

2)同时又要求飞机重心处的向前作用载荷不需超过按第 25.493 条(b)规定的作用于一个主起落架上的最大阻力载荷。

前起落架及其连接结构和前机身结构除了需要满足上述条款要求外,还需满足本条(e)的规定,即必须考虑正常满操纵扭矩和等于前起落架最大静态反作用力 1.33 倍的垂直力的组合作用,此时,取飞机设计机坪重量,前起落架处于任一转向操纵位置。

3. 与其他规范对比

CCAR23.499 条与 CCAR25.499 条名称和内容要求不同。

第 23.499 条　前轮补充情况

在确定前轮及受其影响的支撑结构的地面载荷时,假定减震支柱及轮胎处于静态位置,下列要求必须得到满足:

(a)对于向后载荷,轮轴上的限制力分量必须为下述载荷:

1)垂直分量为机轮静载荷的 2.25 倍;

2)阻力分量为垂直载荷的 0.8 倍。

(b)对于向前载荷,轮轴上的限制力分量必须为下述载荷:

1)垂直分量为机轮静载荷的 2.25 倍;

2)向前的分量为垂直载荷的 0.4 倍。

(c)对于侧向载荷,接地点上的限制力分量必须为下述载荷:

1)垂直分量为机轮静载荷的 2.25 倍;

2)侧向分量为垂直载荷的 0.7 倍。

(d)对于带有由液压或其他动力操纵的可转向操纵式前轮的飞机,在设计起飞重量、前轮处于任一转向操纵位置时,必须假定其承受满操纵扭矩和等于作用在前起落架上的最大静反作用力 1.33 倍的垂直反作用力的组合载荷。如果装有扭矩限制装置,则可将操纵扭矩降至该装置允许的最大值。

(e)如果可转向操纵式前轮与方向舵脚蹬有直接的机械连接,则该机构必须设计成能承受第 23.397 条(b)规定的驾驶员最大操纵力引起的转向操纵扭矩。

比较:

CCAR23.499 条中规定的垂直载荷、向前载荷、向后载荷和侧向载荷都与CCAR25.499 条完全不同。

FAR23.499 条和 CS23.499 条与 CCAR23.499 条无差异。

2.2.16　第 25.503 条　回转

1.条款原文

(a)假定飞机绕一侧主起落架回转,且该侧的刹车刹住。限制垂直载荷系数必须为1.0,摩擦因数为 0.8。

(b)假定飞机按图 2-8 所示处于静态平衡,而载荷作用在轮胎接地点上。

2.条款解释

回转情况即打地转情况。

打地转的操纵方法是将一侧主起落架用刹车刹死,飞机将绕此机轮打转。对于多轮起落架,飞机将绕所有的机轮接触地面的形心打转。

该情况为起落架受扭转力矩和其他载荷的综合加载情况,是飞机地面操纵时起落架所承受的载荷情况之一。

3.与其他规范对比

CCAR23 无此条款,相关内容在 CCAR23.511 条规定,要求与 CCAR25.503 条一致。

2.2.17　第 25.507 条　倒行刹车

1.条款原文

(a)飞机必须处于三点静止地面姿态,与地面平行的向前水平反作用力必须施加在每个带刹车机轮的接地点上,此限制载荷必须等于每一机轮垂直载荷的 55%,或等于由 1.2 倍名义最大刹车扭矩产生的载荷。两者中取小值。

(b)对于前轮式飞机,俯仰力矩必须由角惯性力平衡。

(c)对于尾轮式飞机,地面反作用力的合力必须通过飞机重心。

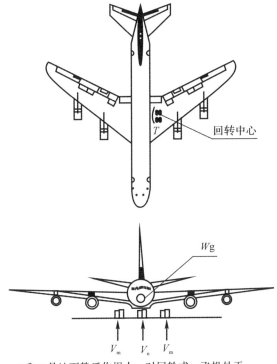

V_n和V_m是地面静反作用力。对尾轮式,飞机处于三点姿态。假定绕一侧主起落架装置回转

图 2-8 回转(前轮式和尾轮式)

2. 条款解释

(1)倒行刹车习惯称为反向刹车。倒行就是使用反推力装置或向后牵引飞机的运动。如果飞机在倒行过程中两主轮同时使用刹车,起落架的地面反力就是倒行刹车受载情况。这也是飞机结构和起落架所承受的地面操作载荷情况之一。

(2)本条(b)给出前轮式飞机平衡方式。

3. 与其他规范对比

CCAR23.507 条为千斤顶载荷,条款名称和内容与 CCAR25.507 条完全不同。

2.2.18 第 25.509 条 牵引载荷

1. 条款原文

(a)第 25.509(d)条规定的牵引载荷必须分别考虑。这些载荷必须施加于牵引接头上,且平行于地面。此外,采用下列规定:

1)作用于重心处的垂直载荷系数必须等于 1.0。

2)减震支柱和轮胎必须处于其静态位置。

3)W_T 为设计机坪重量,牵引载荷 F_{TOW} 取下列数值:

ⅰ)$0.3W_T g(N)$,对 W_T 小于 13 600kg 的飞机;

ⅱ)$[(6W_T+204\ 100)/70]\times g(N)$,对 W_T 在 13 600～45 400kg 的飞机;

ⅲ)$0.15W_T g(N)$,对于 W_T 超过 45 400kg 的飞机。

(b)对于牵引点不在起落架上但靠近飞机对称平面的情况,采用为辅助起落架规定的阻力和侧向牵引载荷分量。对于牵引点位于主起落架外侧的情况,采用为主起落架规定的阻力和侧向牵引载荷分量,在不能达到规定的旋转角时,必须采用可能达到的最大旋转角。

(c)本条(d)规定的牵引载荷必须受到如下的反作用:

1)在主起落架上的牵引载荷的侧向分量,必须受到侧向力反作用,该侧向力作用于承受此载荷的机轮的静地面线上。

2)在辅助起落架上的牵引载荷以及在主起落架上的牵引载荷的阻力方向分量,必须受到下述载荷的反作用:

ⅰ)在承受牵引载荷的机轮轴线上,必须施加一个反作用力,其最大值等于垂直反作用力,为达到平衡,必须施加足够的飞机惯性力;

ⅱ)所有载荷必须由飞机惯性力相平衡。

(d)规定的牵引载荷见表 2-1。

2. 条款解释

牵引情况属于飞机地面操纵情况之一,飞机靠牵引车牵引在地面运行。牵引载荷施加于牵引接头上,且平行于地面。该情况用于牵引接头及其连接结构的设计。

同时,规定了作用于重心处的垂直载荷系数必须等于 1.0,减震支柱和轮胎必须处于其静态位置,本条款中的 W_T 为设计机坪重量。

(1)本条（a)给出了牵引时的飞机姿态,牵引载荷 F_{TOW} 的作用方式及取值方法。

(2)本条（b)给出了牵引点不在起落架上时,确定牵引力的方法。

(3)本条（c)给出了牵引点载荷的平衡方式。

(4)本条（d)规定了牵引载荷值。

3.与其他规范对比

CCAR23.509 条与 CCAR25.509 条要求基本一致。

FAR23.509 条和 CS23.509 条与 CCAR23.509 条无差异。

表 2－1　牵引载荷规则

牵引点	位置	载荷		
		数值	序号	方向
主起落架		每个主起落架 0.75F_{TOW}	1	向前,平行于阻力轴
			2	向前,与阻力轴成 30°
			3	向后,平行于阻力轴
			4	向后,与阻力轴成 30°
辅助起落架	转向前	1.0F_{TOW}	5	向前
			6	向后
	转向后		7	向前
			8	向后
	从前面转 45°	0.5F_{TOW}	9	向前,在机轮平面内
			10	向后,在机轮平面内
	从后面转 45°		11	向前,在机轮平面内
			12	向后,在机轮平面内

2.2.19　第 25.511 条　地面载荷:多轮起落架装置上的非对称载荷

1.条款原文

(a)总则。假定多轮起落架装置承受本分部本条(b)～(f)规定的限制地面载荷。此外,采用下列规定:

1)串列支柱式起落架结构是一种多轮装置;

2)依据本条(b)～(f)确定起落架装置的总载荷时,可以忽略因轮组上载荷非对称分配所引起的载荷合力作用点的横向位移。

(b)限制载荷在轮组上的分布、充气轮胎。对于每一着陆、滑行和地面操作情况,必须计及下列因素的影响来确定起落架轮组上限制载荷的分配:

1)机轮数目及其实际排列。对于车架式起落架装置,在确定前、后各对机轮的最大设计载荷时,必须考虑着陆撞击过程中车架的任何跷板运动的影响。

2)由于制造允差、轮胎膨胀和轮胎磨损的组合引起的各轮胎直径的任何差异可以假定轮胎直径的最大差异等于计及制造允差、轮胎膨胀和轮胎磨损以后得到的各种直径变化最不利组合的 2/3。

3)任何不等的轮胎充气压力,假定最大变化量为轮胎名义充气压力的±5%。

4)拱度为零的跑道,以及可近似表示为与水平面成 1.5%斜率的上拱型跑道。对前起落架装置,路拱的影响必须按位于路拱每一侧斜坡上的状态来考虑。

5)飞机姿态。

6)任何结构变位。

(c)泄气轮胎。必须根据本条(d)～(f)规定的载荷情况考虑泄气轮胎对结构的影响,并计及机轮的实际排列情况。此外,采用下列规定:

1)对于多轮起落架装置,必须考虑其中任何一个轮胎泄气,对于有四个或更多机轮的起落架装置,必须考虑其中任何两个临界轮胎的泄气。

2)地面反作用力必须施加在轮胎充气的那些机轮上。但是,对于有一个以上减震支柱的多轮起落架装置,可以考虑由于轮胎泄气引起的减震支柱伸出长度的差异,把地面反作用力合理地分配给泄气和充气轮胎。

(d)着陆情况。对于有一个和两个轮胎泄气的情况,施加于每个起落架装置上的载荷,假定分别为每一规定着陆情况中作用在每一起落架的限制载荷的 60%和 50%。但是,对于第 25.485 条侧向载荷情况,必须施加垂直载荷的 100%。

(e)滑行和其他地面操作情况。对于有一个和两个轮胎泄气的情况,采用下列规定:

1)重心处施加的侧向载荷系数或阻力载荷系数或同时作用的此两者,必须是最临界的数值,其值可分别达到规定的滑行和其他地面操作情况中最严重情况的限制载荷系数(限制侧向载荷系数或限制阻力载荷系数或同时作用的此两者)的 50%(一轮泄气)和 40%(两轮泄气)。

2)对于第 25.493(a)和(b)2)条的滑行刹车情况,每个充气轮胎上的阻力载荷,不得小于无泄气轮胎载荷对称分配时每个轮胎上的阻力载荷。

3)重心处的垂直载荷系数必须分别为无泄气轮胎时载荷系数的 60%(一轮泄气)和

50%(两轮泄气),但不得小于 1.0。

不必考虑回转情况。

(f)牵引情况。对于有一个和两个泄气轮胎的情况,牵引载荷 F_{TOW} 必须分别为规定载荷的 60% 和 50%。

2.条款解释

本条例地面载荷部分从第 25.471 条至第 25.509 条给出了飞机着陆和地面运行时起落架上的总载荷。由于起落架并非都是一个支柱一个机轮,而往往是一个支柱带有两个或多个机轮,因此必须进一步确定地面总载荷在各个机轮上的分配关系。确定了机轮上载荷分配后,方可对轮轴支架及起落架结构进行内力分析与结构设计。可见,确定起落架上总载荷在机轮上的分配是极为重要的。

(1)多轮起落架装置指一个支柱下有两个以上轮子的装置,如共轴双轮式、四轮小车式、串列支柱式等。研究多轮装置机轮载荷分配的实际意义在于下述三个方面:

1)机轮载荷非均匀分配使地面总载荷合力作用点偏离起落架支柱轴线,由此产生的附加力矩,可能对支柱以上的起落架主体结构造成影响;

2)机轮载荷非均匀分配必将使用于设计校核的轮胎最大载荷增大,而轮胎承受的最大垂直载荷按规定不得超过该机轮的径向破坏载荷;

3)机轮载荷非均匀分配必将在支柱以下结构中产生最大设计内力。

本条(a)2)项中提出在确定起落架装置的总载荷时,可以忽略因轮组上载荷非对称分配所引起的载荷合力作用点的横向位移。

(2)本条(b)载荷在轮组上的分配(充气轮胎):对多轮式起落架除要考虑总载荷在各个机轮上等值分配外,还要考虑总载荷在各个机轮上的非对称分配情况。造成这种不对称分配的因素是,机轮数目及其实际排列、轮胎直径的差异、轮胎充气压力的不均匀、跑道凸度、结构变形等。对于车架式结构还要适当考虑着陆时车架的任何往复运动的影响。

(3)本条(c)~(f)给出多轮起落架的泄气轮胎数量、地面作用力施加方式及取值范围。

3.与其他规范对比

CCAR23.511 条与 CCAR25.511 条要求不同。

第 23.511 条　地面载荷:多轮起落架装置上的非对称载荷

(a)回转载荷。假定飞机在下述状态围绕一侧主起落架回转:

1)在回转组件上的刹车是刹死的;

2)相应于限制垂直载荷系数 1.0 和摩擦因数 0.8 的载荷,施加于这个主起落架及其支承结构上。

(b)非均匀轮胎载荷。第 23.471 条至第 23.483 条确定的载荷必须以 60％和 40％的分配关系,依次施加于每个双轮起落架的双轮和轮胎上。

(c)泄气轮胎载荷。对轮胎泄气的情况,采用下列规定

1)必须将第 23.471 条至第 23.483 条确定的载荷的 60％,依次施加于起落架的每一个机轮上;

2)第 23.485 条和第 23.493 条确定的限制阻力和侧向载荷的 60％及限制垂直载荷的 100％或本条(c)1)所得到的较小的垂直载荷,必须依次施加于双轮起落架的每一个机轮上。

比较:

CCAR23.511 条规定了多轮起落架回转情况、双轮情况和轮胎泄气情况的载荷,比 CCAR25.511 条简略。

CCAR23.511(a)条表述的意思与 CCAR25.503 条中内容一致。

FAR23.511 条和 CS23.511 条与 CCAR23.511 条无差异。

2.2.20 第 25.519 条 顶升和系留装置

1. 条款原文

(a)总则。飞机必须设计成在最临界的重量和重心组合情况下,能够承受本条(b)(当适用时)和(c)的地面静载荷情况所引起的限制载荷。必须规定每个千斤顶垫的最大允许限制载荷。

(b)顶升。飞机上必须有顶升用的设施,当飞机支承于千斤顶上时,这些设施必须能承受下列限制载荷:

1)当由起落架顶升飞机的最大停机坪重量时,飞机结构必须设计成能承受单独作用于每个顶升点的垂直静反作用力 1.33 倍的垂直载荷,以及该垂直载荷与 0.33 倍垂直静反作用力的沿任何方向作用的水平载荷的组合。

2)当由飞机其他结构顶升飞机的最大批准顶升重量时:

ⅰ)飞机结构必须设计成能承受单独作用于每个顶升点的垂直静反作用力 1.33 倍的垂直载荷,以及该垂直载荷与 0.33 倍垂直静反作用力的沿任何方向作用的水平载荷的组合。

ⅱ)千斤顶垫与局部结构必须设计成能承受单独作用于每个顶升点的垂直静反作

用力 2.0 倍的垂直载荷,以及该垂直载荷与 0.33 倍垂直静反作用力的沿任何方向作用的水平载荷的组合。

(c)系留。提供系留点时,主系留点及局部结构必须能承受任何方向的 120km/h(65kn)水平风引起的限制载荷。

2.条款解释

略。

3.与其他规范对比

CCAR23 中无此条,顶起载荷在 CCAR23.507 条规定,系留载荷在 CCAR23.415 条规定,CCAR23 中系留载荷的内容与 CCAR25 中的相同。

2.3 地面载荷验证方法

2.3.1 地面载荷的确定

飞机在起飞、着陆和地面运行过程中总是处于动平衡状态,所以计算条款所规定的各情况地面限制载荷时,必须考虑施加由飞机的平动和转动所产生的惯性力,这样将动力学问题依据达朗贝尔原理转换为静力学问题处理,使飞机在气动力、地面反作用力、惯性力的作用下满足平衡要求。

(1)气动力:按照第 25.473(b)条、第 25.489 条的规定施加。

(2)地面反力:按照所计算的飞机重量、载荷系数和飞机姿态确定。可参见各受载情况的具体计算章节。

(3)惯性力:按飞机整体平衡条件的要求施加。

2.3.2 临界重心的确定

(1)为使每一起落架获得最大设计载荷,设计中所使用的重量分布和重心位置应是最严重的情况。在同一重量下,由于装载的不同配置使重心位置不同,在计算前、主起落架各自的着陆停机载荷时,应按各自严重的重心位置考虑。一般情况下,在计算主起落架时,应选取重心后限,在计算前起落架时,应选取重心前限。

(2)必须考虑由于旅客或者货物在机身内随机分布引起的,或者是由燃油随机非对称的装载或使用引起的飞机重心横向位移。如果重心横向位移使主起落架载荷不大于在对称受载条件下临界设计载荷的 103%,可以不考虑这种重心横向位移对主起落架的载荷以及对飞机结构的影响。有关重心横向位移时的地面载荷计算均在各条对比分析中加以说明。

2.3.3 起落架载荷系数

起落架外力作用点处,在某方向上的所有外力的合力与相应的起落架上承受的停机载荷的比值。

2.3.4 起落架载荷符号规定

对后面的验证方法给出主要符号说明,图 2-9 所示为三向载荷的正方向。

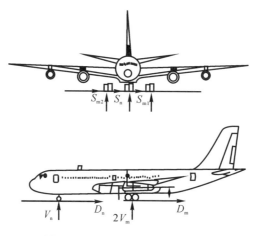

图 2-9 V.D.S 三向载荷正方向

2.3.5 着陆载荷情况的确定

1. 验证方法

飞机着陆时,起落架承受的载荷大小取决于飞机重量、下沉速度、飞机姿态、缓冲特性和跑道特性等,它们之间的关系比较复杂,要借助于运动学和动力学的方法,建立起落架撞击动力学模型和系统运动微分方程组,再根据初始条件及边界条件去求解这些方程,求得前、主起落架的着陆撞击载荷,详见第 25.479 条。

在起落架打样设计阶段只能用工程方法来选择确定一个垂直载荷系数。

(1)经验确定法。通过与同类型飞机的起落架(包括结构形式、着陆功量、充填参数配置等)比较之后,参考它们的载荷系数确定。此外,为了使飞机着陆时充分利用轮胎,在起落架载荷系数的确定中,还应该考虑到机轮的最大使用载荷应尽量接近机轮的最大允许载荷值。这种方法确定的载荷系数必须由以后的动力分析及落震试验来验证。

(2)结合缓冲系统参数设计确定垂直载荷系数。本方法也是从预先假定一个使用

垂直载荷系数 n 出发,假定在整个着陆过程中,飞机升力不超过飞机重量,且作用于飞机重心。按第 25.473 条规定的下沉速度和起落架当量载荷(着陆时)与传力系数等,确定轮胎与缓冲器应吸收的使用功,进行缓冲器参数的配置计算。通过逐次逼近计算,可求得满足使用功和功量储备能力要求的缓冲器压缩行程,并确定出缓冲器相应的充气初压力 P_0 和初容积 V_0。在整个计算过程都未涉及缓冲器阻尼油孔的大小,而是把这个重要问题归结到所选取的效率系数中去了。对于所选定的 n 是否能符合实际情况,有待于起落架的落震试验来证实,如果落震试验结果表明垂直载荷系数试验值不能满足设计确定值,则必须修改此设计值,并重新评估起落架以及起落架与机体连接区的强度。本条要求在确定飞机重心处的限制垂直惯性载荷系数时不仅要选用设计着陆重量,而且还应选用设计起飞重量,不过二者所对应的下沉速度不同。

如果飞机的设计特征在设计着陆重量时的下沉速度不可能达到 3.05m/s,在设计起飞重量时的下沉速度不可能达到 1.83m/s,则允许适当降低下沉速度值。

必须根据第 25.723(a)条的要求进行能量吸收试验,通过起落架缓冲系统的能量吸收试验表明不会超过对应于所规定限制下沉速度的限制垂直载荷系数。

2. 对比分析

(1)《苏联飞机适航性标准》(简称"苏联标准")。

1)下沉速度。在该标准中缓冲系统的要求一节,下沉速度按下面经验公式计算:

$$V_y^{\partial} = V_y + 0.025 V_x$$

式中　　V_x——飞机触地瞬间的水平速度,m/s;

　　　　V_y——飞机触地瞬间的垂直速度,m/s。

采用的 V_y 值不得超过 1.5m/s。

对于地面效应对气动系数有重大影响的飞机,V_y^{∂} 的值应根据专门计算加以修正。如果要求在未铺筑的机场上经常使用飞机,则 V_y^{∂} 值必须由研制方根据可用的设计和使用经验选定。V_y^{∂} 在所有情况下都不得小于 2.8m/s。

2)机翼升力。在吸收能量的过程中,对于主起落架,机翼的升力应取等于飞机重量。对于前起落架,机翼的升力 $Y = P_{K1}$,P_{K1} 等于 $9.81 m_{pen}$,m_{pen} 为前起落架减缩质量。

m_{pen} 按下式确定:

$$m_{pen} = \frac{m}{(1 + a^2 / i_z^2)}$$

式中　　α　——由前轮轮轴到飞机重心的水平距离,m;

　　　　m　——飞机质量,kg;

i_z —— 飞机对 z 轴的惯性半径,m。

(2)《英国民航适航性要求》(BCAR)。

1)下沉速度。在地面载荷中规定:在设计着陆重量下,$V = 5.0 + 0.06V_\infty (\text{ft/s})$,但不小于 7 ft/s 和不大于 10 ft/s,其中 V_∞ 是在着陆重量下当襟翼处于着陆位置且没有滑流影响时的失速速度(当量空速)。

在设计起飞重量下,垂直下沉速度应不小于 6ft/s;

2)机翼升力。对于着陆情况,可假定飞机是有升力的,认为升力等于重力。对于起飞和滑行情况,应假定机翼上升力为零。

(3)情况对比。着陆时能量吸收情况对比结果见表 2-2。

表 2 - 2　着陆时能量吸收情况对比

对比标准		情况说明	每个起落架上的静载荷	下沉速度 V		最大垂直反力	
				计算公式	能量吸收值		
苏联标准	主轮	着陆重量下两点着陆	$W_L/2$	$V_y + 0.025V_x$ 并不小于 2.8m/s	V	M_1	
	前轮	着陆重量下三点着陆	$\dfrac{m}{1+a^2/i^2}$		V	N_1	
BCAR	主轮	着陆重量下两点着陆	$W_L/2$	$5.0 + 0.06V_{S0}$ 不小于 7ft/s 不大于 10ft/s	V	V_1	M_1,M_2 取大者
					1.2V	V_2	
		起飞重量下两点着陆	$W_T/2$		6 ft/s	V_3	
	前轮	着陆重量下三点着陆	$W_L\dfrac{B+0.4E}{D}$		V	V_4	N_1,N_2 取大者
					1.2V	V_5	
		起飞重量下三点着陆	$W_T\dfrac{B+0.4E}{D}$		6ft/s	V_6	
CCAR 25	主轮	着陆重量下两点着陆	$W_L/2$		3.05m/s	M_1,M_2 取大者	
		起飞重量下两点着陆	$W_T/2$		1.83m/s		
	前轮	着陆重量下三点着陆	$W_L\dfrac{B+0.25E}{D}$		3.05m/s	N_1,N_2 取大者	
		起飞重量下三点着陆	$W_T\dfrac{B+0.25E}{D}$		1.83m/s		

2.3.6　水平着陆分析

1.静态分析方法

静态分析方法的要点是以轮胎(主轮或前轮)垂直载荷为基准,做出适当假定后确定起旋和回弹载荷,并进行垂直与水平载荷的组合。

对于有同类型起落架可参考的情况,在飞机设计开始阶段就有可供选用的起落架数据。对于起落架与飞机同时设计的情况,设计和计算参数有一个反复调整和修正的过程,载荷计算过程也相应比较复杂。

最大垂直载荷情况的机轮垂直载荷,其确定值为

$$\begin{cases} V_M = n_m W_L g/2 & \text{(对主起)} \\ V_N = n_n \dfrac{B + \mu E}{D} W_L g & \text{(对前起)} \end{cases}$$

载荷系数 n_m,n_n 一般控制在 $2.0 \sim 2.5$ 之间,对于大型飞机可控制在 $1.5 \sim 2.0$ 之间,也可根据缓冲器系统参数配置估算。

最大起旋载荷情况和最大回弹载荷情况的地面垂直载荷,是以最大垂直载荷情况的机轮垂直载荷为基准乘以适当的系数确定的;最大起旋载荷情况、最大回弹载荷情况、最大垂直载荷情况这三种情况中对应水平载荷是以该情况的机轮垂直载荷乘以相应的系数得到的。

最大起旋载荷情况和最大回弹载荷情况的载荷计算可参考波音公司的方法,假定缓冲支柱处于压缩 20% 的位置,以此垂直反作用力为基准,乘以摩擦因数 0.55 和动力放大系数,确定出起旋载荷和回弹载荷,并将垂直载荷与水平载荷相组合。对于起旋载荷动力放大系数取 1.28;对于回弹载荷动力放大系数取 0.9。

在缺乏相应的落震试验数据的情况下,对起旋载荷和回弹载荷的计算可以参考表 2-3 中的方法;在有落震试验数据支持的情况下,可根据试验结果对所选参数进行修正。

表 2-3　起旋载荷及回弹载荷计算

载荷类型	垂直载荷	水平载荷	备　　注
最大起旋载荷	$\xi_{su} V_{M,N}$	$\mu K_{su} \xi_{su} V_{M,N}$	$\mu = 0.55$;$K_{su} = 1.28$
最大回弹载荷	$\xi_{sb} V_{M,N}$	$-\mu K_{sb} \xi_{sb} V_{M,N}$	$\mu = 0.55$;$K_{sb} = 0.9$

注:ξ_{su},ξ_{sb} 的取值可参照 20% 压缩时的动态垂直载荷与最大垂直载荷比例确定,如缺乏相应的分析式试验参考的情况下,可参考:

当 $V_x \leqslant 22.2 \text{m/s}$ 时,$\xi_{su} = 0.55$,$\xi_{sb} = 0.6$;当 $V_x \geqslant 44.4 \text{m/s}$ 时,$\xi_{su} = 0.75$,$\xi_{sb} = 0.8$;

当 $22.2 \text{m/s} < V_x < 44.4 \text{m/s}$ 时,采用线性插值求得 ξ_{su} 和 ξ_{sb}。

2. 动态分析方法

本方法有助于建立一个合理的结构动力学计算模型,并指出采用动态分析方法计算飞机水平着陆载荷时应当遵守的一般原则。

（1）计算情况的确定。计算情况由以下各种条件组合而成：

1）装载情况：

ⅰ）最大着陆重量下，由各种典型的燃油和商载配置构成的最大前重心和最大后重心情况；

ⅱ）使用空机重量加结构余油的着陆重量重心情况。

2）下沉速度：按第 25.473（a）条要求。

3）接地水平分速度：在海平面高度上飞机以 V_{L1} 水平分速度着陆。在申请批准的高海拔机场上飞机以 $1.25V_{L2}$ 水平分速度着陆。申请批准在大于 18.5km/h（10kn）的顺风环境下着陆时，应考虑增大的接地速度。

（2）飞机的计算模型。计算模型是指建立一组包含适当自由度数的动力学微分方程，同时建立描述各种运动关系和受力关系的代数方程组。采用数值方法求解这些方程以得到载荷的时间历程结果。建立动力学方程时，广义坐标的选取，可视不同的起落架形式而定。计算模型的建立可按以下原则进行：

1）应当使用飞机全机计算模型，以便考虑前起落架和主起落架的安装位置、起落架系统的不同结构和不同性能以及飞机不同着陆姿态时的载荷。

2）飞机的刚体运动自由度至少应当包括垂直方向运动、水平方向运动和俯仰运动三个自由度。应当考虑飞机结构的弹性影响。飞机结构的弹性可以用其弹性模态及对应的广义坐标来描述。一般说来，考虑飞机结构前几阶弹性模态就已足够。

飞机全机运动方程如下：

$$\begin{cases} m_{AP}\ddot{X}_{CG} = -L\sin\alpha_1 + D\cos\alpha_1 - 2T_F\cos(\alpha_T + \theta) + \sum F_X \\ m_{AP}\ddot{Z}_{CG} = L\cos\alpha_1 + D\sin\alpha_1 - 2T_F\sin(\alpha_T + \theta) + \sum F_Z - m_{AP}g \\ I_{AP}\ddot{\theta} = M + 2T_F[H_T\cos\alpha_T + L_T\sin\alpha_T] - \sum[F_Z(X_B - X_{CG}) - F_X(Z_{CG} - Z_B) + M_G] \end{cases}$$

飞机结构弹性方程式为

$$\boldsymbol{m}\ddot{\boldsymbol{q}} = -\boldsymbol{K}\boldsymbol{q} - \boldsymbol{C}\dot{\boldsymbol{q}} + \sum[\boldsymbol{\varphi}_X(F_X\cos\theta - F_Z\sin\theta) +$$

$$\boldsymbol{\varphi}_Z(F_X\sin\theta + F_Z\cos\theta) + \boldsymbol{\varphi}_T M_G$$

式中　　　　m_{AP}——飞机质量，kg；

　　　　　I_{AP}——飞机俯仰惯性矩，kg·m²；

　　　　　$\ddot{X}_{CG}$——飞机重心水平向前运动加速度，m/s²；

　　　　　$\ddot{Z}_{CG}$——飞机重心垂直方向运动加速度（向上为正），m/s²；

　　　　　$\ddot{\theta}$——飞机俯仰运动角加速度（抬头为正），rad/s²；

L—— 飞机总气动升力(气流轴),N;

D—— 飞机总气动阻力(气流轴),N;

M—— 气动力对飞机重心的俯仰力矩,抬头为正,N·m;

T_F—— 单台发动机推力,沿推力轴线方向,假定为双发飞机,N;

α_1,θ—— 角度,定义如图 2-10 所示,rad;

α_T—— 发动机推力轴线与机身参考线的夹角,rad;

L_T,H_T—— 在体轴系发动机推力作用点与飞机重心之间的水平和垂直距离,m;

F_X—— 起落架传给飞机结构的水平载荷,向后为正,N;

F_Z—— 起落架传给飞机结构的垂直载荷,向上为正,N;

M_G—— 起落架传给飞机结构的俯仰方向力矩,使飞机抬头为正,N·m;

X_B,Z_B—— 起落架传给飞机结构的载荷作用点在体轴系与飞机重心之间的水平和垂直方向距离,m;

m,C,K—— 飞机结构弹性模态对应的广义质量矩阵,广义阻尼矩阵和广义刚度矩阵;

$q,\dot{q},\ddot{q}$—— 与结构模态对应的广义坐标列阵及其广义速度和广义加速度列阵;

$\varphi_X,\varphi_Z,\varphi_T$—— 起落架传给飞机结构的载荷作用点处各阶模态的 X,Z 方向和俯仰转角的模态函数值。

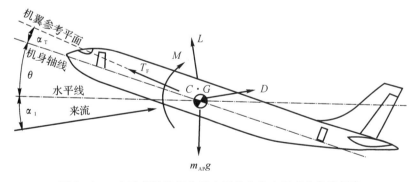

图 2-10　水平着陆情况作用在飞机上的力和有关角度规定

3) 描述起落架系统运动的自由度数应视主起落架和前起落架系统各自具体的结构形式而定,应当至少满足对缓冲器动力学和轮胎动力学行为描述的需要。为了正确反映起旋和回弹载荷的性质,起落架计算模型中应计及支柱(支柱式起落架)在前、后方向的弹性变形。

4)数值求解的时间历程长度应至少保证机轮起旋和回弹载荷出现,一般为 $0.4 \sim 0.8s$。

(3)气动力和发动机推力。着陆冲击计算必须考虑飞机气动力的作用。可以只将飞机的总气动力(升力、阻力和俯仰力矩)加在飞机重心处而不考虑分布气动力的效果。气动力的计算通常基于风洞试验或飞行试验的数据,应当考虑到襟翼位置、飞机迎角、平衡调整片的作用、升降舵偏角、扰流板的使用、近地影响和起落架放下的构型等因素。

发动机推力应取实际飞机着陆时的推力值,但可以不考虑着陆撞击过程中推力的变化。

(4)起落架系统参数的确定。起落架系统参数是指描述起落架系统各种力学行为的参数(包括起落架构型和缓冲器、轮胎特性等)。其中某些物理参数(如:油孔阻尼系数和气体压缩多变指数等)难以精确给定,应当经过起落架落震模拟计算和起落架落震试验数据的对比分析来确定。

(5)飞机结构部件载荷和载荷情况的确定。对于常规的飞机构型,着陆撞击可以只计算机翼、机身等部件选定站位上的载荷。起落架机轮的最大起旋载荷情况、最大垂直载荷情况和最大回弹载荷情况,根据计算的载荷时间历程由对应时刻的垂直和水平方向载荷组合确定。飞机结构上每一站位按其剪力、弯矩和扭矩出现最大和最小值的时刻确定其严重载荷情况。

3. 对比分析

第25.473(c)条指出最大起旋和最大回弹情况必须应用于起落架、直接受影响的连接结构以及外部燃油箱和短舱一类的大质量部件。FAR25 的前身即 CAM4b.231 条规定,最大起旋和最大回弹情况仅适用于起落架、直接受影响的连接结构以及外部燃油箱和短舱一类的大质量部件。

2.3.7 尾沉着陆分析

其验证方法参见水平着陆分析,应考虑垂直、航向载荷在地面和起落架坐标系的转换。

除按本条款要求计算尾沉着陆外,建议根据波音公司经验增加有关俯仰着陆情况的条款作为补充计算情况,可采用静态或者动态分析方法进行。因为对于机身较长的飞机,俯仰着陆情况可能构成前起落架或前机身的严重载荷情况。

1. 静态分析方法

在没有合理的时间历程分析时,应考虑前起落架刚好接地之前飞机具有 8(°)/s 的低头俯仰角速度而俯仰角加速度为零。假定飞机垂直撞击能量已被主起落架吸收,前起落架和前机身应根据随后产生的前起落架反作用力及其引起的俯仰惯性载荷来设计。

2. 动态分析方法

仿真从尾沉姿态主起落架接地开始,到前起落架触地和起落架转回弹完成为止。

俯仰着陆情况的动态分析方法与尾沉着陆情况类似,其区别仅在于:

(1) 飞机下沉速度取零;

(2) 飞机主轮触地后机身以 8(°)/s 的匀角速度使机头下沉直至前轮触地;

(3) 数值求解的时间历程长度应至少保证前起落架机轮的起旋和回弹载荷出现。

2.3.8　单主起落架着陆分析

(1) 飞机着陆姿态:单轮着陆时,飞机保持两点水平姿态仅以一侧主起落架触地,飞机平衡图如图 2-4 所示。

(2) 载荷:确定单轮着陆时的起落架载荷必须满足以下条件。

1) 飞机重心处选定的限制垂直惯性载荷系数满足第 25.473 条要求。

2) 只考虑机轮最大垂直载荷情况,满足第 25.479(d)1) 条规定。不包括着陆时机轮最大起旋载荷情况和最大回弹载荷情况。

3) 每一不平衡的外载荷必须由飞机的惯性力以合理的或保守的方式予以平衡。如在重心处施加平衡垂直方向外力的惯性力和平衡飞机滚动的角惯性力。

1. 静态载荷

接地边的主起落架:

$$
\begin{cases}
V_{\mathrm{M}} = M_1 \\
D_{\mathrm{M}} \geqslant 0.25 V_{\mathrm{M}}(\text{逆航向}) \\
S_{\mathrm{M}} = 0
\end{cases}
$$

式中　V_{M} —— 主起落架垂直载荷,N;

　　　　D_{M} —— 主起落架阻力载荷,N;

　　　　S_{M} —— 主起落架侧向载荷,N;

　　　　M_1 —— 按第 25.479 条规定确定的最大垂直反作用力,N。

2. 对比分析

(1)《英国民航适航性要求》(BCAR)。在主轮装置章节中,给出了单轮着陆主轮上的载荷。垂直力 M 为 $nW_L/2$ 或 $nW_T/2$ 两者中较大者,阻力为 $(0 \sim 0.4)Ma$,侧向力为 $(0 \sim 0.25)Ma$,W_L 为飞机着陆重量,W_T 为飞机起飞重量。

飞机姿态为前三点式:对应于从失速迎角的姿态或后机身刚刚离地的姿态中的较小的迎角值,到前轮刚刚离地姿态间的所有姿态。

(2)对比结果见表 2-4。

表 2-4　对比分析表

对比标准	飞机姿态	地面限制载荷		
		V_M	D_M	S_M
苏联标准	三点着陆或水平着陆	着陆时的最大垂直反力 M_1		
BCAR	飞机处于水平姿态到机尾下沉姿态间所有姿态	M_1 或 M_2	$0 \sim 0.4V_M$	$0 \sim 0.25V_M$
CCAR25	飞机处于水平姿态	按第 25.473 条确定的最大垂直反作用力 M_1	$\geqslant 0.25V_M$（逆航向）	0

2.3.9　侧向载荷分析

飞机应保持水平姿态,仅以主轮接地。载荷作用在轮胎接地点并为飞机的惯性力所平衡,如图 2-5 所示。作用在主起落架上的垂直载荷,等于对称水平着陆情况下最大垂直载荷的一半。指向飞机对称面一侧主起落架上的侧向载荷,等于该起落架垂直载荷的 0.8 倍;指向翼尖一侧主起落架上的侧向载荷,等于该起落架垂直载荷的 0.6 倍。两个方向的侧向载荷同时作用。

1. 静态载荷

假定阻力载荷为 0,侧向载荷指向飞机对称面一侧的主起落架载荷为

$$\begin{cases} V_M = 0.5M_1 \\ D_M = 0 \\ S_M = -0.8V_M（指向飞机内侧） \end{cases}$$

侧向载荷指向翼尖一侧的主起落架载荷为

$$\begin{cases} V_M = 0.5M_1 \\ D_M = 0 \\ S_M = 0.6V_M（指向飞机外侧） \end{cases}$$

对同一侧主起落架,两个方向的侧向载荷受力情况均应分别进行分析,这一点对摇臂式起落架,尤其是对具有不对称结构的半轮叉式起落架更应如此。

2. 对比分析

波音公司在侧向载荷情况中还考虑了对应于最大回弹载荷的情况。该情况垂直载荷与侧向载荷的确定与第 25.485(b) 条相同，只是阻力载荷不再为零，取 $D_M = -\mu K_{sb} V_M$，左、右主起落架阻力相等，其中 μ 为摩擦因数，K_{sb} 为回弹动态放大系数。

(1)《苏联飞机适航性标准》。在该标准中，两主起落架受侧撞击着陆属于侧向载荷情况。

飞机以主轮接地，尾部防撞支点正好与地面相切，但又不接触地面，合成撞击载荷垂直地面并通过主轮轴线，其值为 $0.75M_1$，侧向力应根据相应的垂直载荷和倾角下该机轮的试验值 $P_Z = f(P_Y, \beta_Y)$ 来确定。

初算时可以取：

对于吸收使用功：$\beta_Y = \pm 10°$，$P_Z/P_Y = \pm 0.4$；

对于吸收最大功：$\beta_Y = \pm 5°$，$P_Z/P_Y = \pm 0.3$。

(2) 对比结果见表 2-5。

表 2-5　对比分析表

对比标准	飞机姿态	地面限制载荷		
		V_M	D_M	S_M
苏联标准	飞机处于机尾下沉姿态仅主轮接地	$0.75M_1$	0	$0.4V_M$ $0.3V_M$
CCAR25	飞机处于水平姿态，仅主轮接地	$0.5M_1$	0	$\pm 0.8V_M$ ($\pm 0.6V_M$)

2.3.10　回跳着陆载荷分析

确定起落架回跳反弹载荷的方法有两种，一是依据作用在起落架非弹起部分质量上的载荷系数来确定，二是依据缓冲器气体压力来确定。

1. 静态载荷

(1) 依据载荷系数确定反弹载荷

$$F_{rb} = n_{rb} m_{rb} g$$

式中　F_{rb} —— 反弹载荷，N；

　　　n_{rb} —— 回跳时作用在非弹起部分质量上的载荷系数，条文规定该载荷系数为 20.0；

m_{rb} —— 非弹起部分零件的质量,kg。

起落架非弹起部分零件应包括:

1) 对支柱式起落架:机轮、轮轴、下防扭臂、活塞杆等;

2) 对摇臂式起落架:机轮、轮轴、连杆、摇臂、活塞杆等。

(2) 依据缓冲器气体压力确定反弹载荷

$$F_{rb} = PF_aK_a$$

式中 P —— 缓冲器内初始充气压力,Pa;

       F_a —— 缓冲器气腔横截面积,m²;

       K_a —— 考虑气体压缩比的系数。

反弹载荷的方向与非弹起部分相对于起落架弹起部分伸出到极限位置的运动方向一致。

2. 对比分析

在《苏联飞机适航性标准》中也有同样的载荷情况。

2.3.11 滑行载荷分析

1. 静态分析方法

地面滑行情况一般分为起飞和着陆两个阶段,其中对起落架和全机构成设计情况的主要是在起飞阶段。

飞机在滑行过程中,由于滑行速度较大,再加上跑道粗糙度等因素的影响,滑行载荷为动态载荷,在设计中,应按动态分析方法进行。如果在条件不足或缺乏更加合理的分析方法时,可采用下列计算方法作为替代:

(1) 飞机在仅以主起落架触地的姿态下,进行滑跑时,对作用在主起落架上的载荷应考虑垂直载荷、侧向载荷和阻力载荷的共同作用,各向载荷可按下列方法计算。

垂直载荷: $V_M = \dfrac{W_t g}{2} \times 1.5$

阻力载荷: $D_M = \pm 0.2 V_M$

侧向载荷: $S_M = \pm 0.2 V_M$

其中,W_t 为飞机设计起飞重量。

(2) 对于前起落架和主起落架同时触地的情况,对作用在前起落架和主起落架上的各向载荷按下列方法计算。

作用在前起落架上的各向载荷:

1）垂直载荷：
$$V_N = 1.7 V_{tj \times n}$$

阻力载荷：
$$D_N = \pm 0.2 V_N$$

侧向载荷：
$$S_N = \pm 0.2 V_N$$

其中，$V_{tj \times n}$ 为作用在前起落架上的停机载荷。

2）作用在主起落架上的各向载荷：

垂直载荷：
$$V_M = 1.7 V_{tj \times m}$$

阻力载荷：
$$D_M = \pm 0.2 V_M$$

侧向载荷：
$$S_M = \pm 0.2 V_M$$

其中，$V_{tj \times m}$ 为作用在主起落架上的停机载荷。

上述计算方法作为动态分析方法的一种替代算法，其计算公式是通过对试验数据和分析数据的统计分析得到的一种经验公式。通过在多个型号设计中的实际应用表明，利用上述计算方法所得到的结果是比较保守的，能够满足型号设计的要求。

在实际使用中，对主起落架，按上述计算方法进行设计分析时，应选取计算结果较大的一组进行设计。

2.动态分析方法

动态分析方法是通过对滑跑情况的分析，建立一组合理的结构动力学来模拟计算飞机在整个滑跑过程中的动态响应。采用动态分析方法可以按载荷的时间历程进行分析，也可以使用功率谱分析方法，本手册推荐采用按载荷的时间历程进行分析。

（1）计算情况确定：计算情况由以下各种条件组合而成。

1）装载情况：考虑最大起飞重量时最大前重心和最大后重心对应的装载情况；

2）滑跑速度：以 10m/s 到 15m/s 为速度间隔，在适当速度范围内做不同匀速下的滑跑计算，该滑跑速度范围应包括可能出现的最大滑跑载荷的滑跑速度；

3）襟翼位置：可以考虑不同襟翼位置情况或者只考虑襟翼零度位置；

4）跑道：按适航条款第 25.235 条要求的，应使用"合理预期的最粗糙跑道"，跑道数据可使用美国 SAN FARANCISCO INTLRUNWAY 28R 的跑道数据或者具有相当粗糙度的跑道数据，有条件可以考虑使用其他不同跑道数据。

另一种替代方法为离散颠簸计算，这是假定飞机以各种可能的滑行速度通过一个 $(1 - \cos)$ 型的单个颠簸跑道剖面以取代全跑道的滑跑计算。离散颠簸计算的跑道剖面输入为以下函数：

$$h(S) = \pm \frac{1}{2} A \left[1 - \cos\left(\frac{2\pi}{l} S\right) \right]$$

式中　h —— 跑道剖面高度（即颠簸高度）,m;

　　　S —— 滑跑距离,m;

　　　A —— 颠簸幅值,m;

　　　l —— 离散颠簸波长,m。

不同波长 l 和幅值 A 的关系可采用 AC25.491 - 1 的规定:

$$A = 0.030\ 48 + 0.003\ 665\sqrt{l}$$

式中　A —— 颠簸幅值,m;

　　　l —— 颠簸波长,m。

（2）飞机的计算模型。参见 2.3.6 节着陆动态分析模型。作跑道滑跑计算时,飞机通过整个跑道,计算的时间视跑道的长度和滑跑速度而定。

（3）气动力和发动机推力。滑跑动态分析建议不考虑气动力影响,发动机推力仅为了适应飞机匀速滑跑的需求。

2.3.12　滑行刹车载荷分析

1.两点刹车静态分析方法

对于两点姿态刹车情况,飞机应保持两点水平姿态,仅以主轮接地,前起落架不承载,俯仰力矩由角惯性力平衡,如图 2 - 11 所示。

飞机限制垂直载荷系数 n_z 在设计着陆重量时为 1.2,在设计起飞重量时为 1.0。

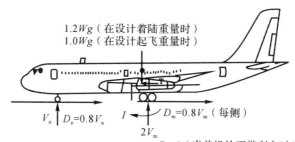

图 2 - 11　滑行刹车情况计算示意图

T —平衡机轮阻力所需的惯性力　　　　　　$D_n = 0$(当前机轮不带刹车时)

对主起落架设计 $V_n = 0$　　　　　　　　　　对前起落架设计 $I = 0$

阻力载荷必须与地面垂直反作用力相结合,载荷作用在轮胎接地点。

每一侧主起落架机轮上的载荷计算公式为

$$
\begin{cases}
V_M = 0.5Wgn_z \\
D_M = 0.8V_M \\
S_M = 0
\end{cases}
$$

式中　　V_M —— 作用在主起落架上的垂直载荷,N;

　　　　D_M —— 作用在主起落架上的阻力载荷,N;

　　　　S_M —— 作用在主起落架上的侧向载荷,N。

2.三点刹车静态分析方法

对于三点姿态刹车情况,飞机应保持所有机轮都接地的水平姿态。

飞机限制垂直载荷系数 n_z 在设计着陆重量时为 1.2,在设计起飞重量时为 1.0。

阻力载荷必须与地面垂直反作用力相结合,载荷作用在轮胎接地点。

计算该情况下前起落架载荷时,假定角惯性力为零($I = 0$),此时由刹车载荷引起的低头力矩由前轮的增载和主轮的卸载来平衡。

根据该载荷情况分为以下两种计算情况。

(1)前轮带刹车装置的情况。

1)前起落架载荷:

$$
\begin{cases}
V_N = \dfrac{Wgn_zB + (D_N + 2D_M)E}{D} \\
D_N = 0.8V_N \\
S_N = 0
\end{cases}
$$

式中　　V_N —— 作用在前起落架上的垂直载荷,N;

　　　　D_N —— 作用在前起落架上的阻力载荷,N;

　　　　S_N —— 作用在前起落架上的侧向载荷,N。

2)主起落架载荷:

$$
\begin{cases}
V_M = \dfrac{Wgn_zA - (D_N + 2D_M)E}{2D} \\
D_M = 0.8V_M \\
S_M = 0
\end{cases}
$$

(2)前轮不带刹车装置的情况。

1)前起落架载荷:

$$
\begin{cases}
V_\mathrm{N} = \dfrac{Wgn_z B + 2D_\mathrm{M}E}{D} \\[3mm]
D_\mathrm{N} = 0 \\[2mm]
S_\mathrm{N} = 0
\end{cases}
$$

2）主起落架载荷：

$$
\begin{cases}
V_\mathrm{M} = \dfrac{Wgn_z A - 2D_\mathrm{M}E}{2D} \\[3mm]
D_\mathrm{M} = 0.8V_\mathrm{M} \\[2mm]
S_\mathrm{M} = 0
\end{cases}
$$

注意，无论是计算两点刹车情况还是三点刹车情况，若能证实在每一个可能的受载情况下，有效阻力载荷均不能达到垂直反作用力的 80%，则阻力载荷可取由刹车机轮的刹车限制扭矩所确定的刹车力。

3. 对比分析

（1）国外分析方法介绍。

1）波音公司计算方法。对滑行刹车情况，波音公司所采用的计算方法，考虑了重心侧偏对起落架载荷影响，相应的计算公式如下：

ⅰ）三点姿态（前轮带刹车装置的情况）

前起落架载荷：

$$
\begin{cases}
V_\mathrm{N} = \dfrac{Wgn_z(B + E\mu_\mathrm{M})}{D + E\mu_\mathrm{M} - E\mu_\mathrm{N}} \\[3mm]
D_\mathrm{N} = \mu_\mathrm{N}V_\mathrm{N} \\[2mm]
S_\mathrm{N} = \dfrac{D_{\mathrm{M}1}(BL_{\mathrm{CG}} + 0.5T) + D_{\mathrm{M}2}(BL_{\mathrm{CG}} - 0.5T) + D_\mathrm{N} \times BL_{\mathrm{CG}}}{D}
\end{cases}
$$

右侧主起落架载荷：

$$
\begin{cases}
V_{\mathrm{M}2} = Wgn_z\left(0.5 + \dfrac{BL_{\mathrm{CG}}}{T}\right) - 0.5V_\mathrm{N} \\[3mm]
D_{\mathrm{M}2} = \mu_\mathrm{M}V_{\mathrm{M}2} \\[2mm]
S_{\mathrm{M}2} = -0.5S_\mathrm{N}
\end{cases}
$$

左侧主起落架载荷：

$$
\begin{cases}
V_{\mathrm{M}1} = Wgn_z - V_\mathrm{N} - V_{\mathrm{M}2} \\[2mm]
D_{\mathrm{M}1} = \mu_\mathrm{M}V_{\mathrm{M}1} \\[2mm]
S_{\mathrm{M}1} = 0.5S_\mathrm{N}
\end{cases}
$$

式中　　BL_{CG} —— 重心侧偏量(假定重心向右侧偏 BL_{CG}),m;

　　　　T —— 左右主起落架轮胎间距,m;

　　　　μ_M —— 主起落架机轮摩擦因数,本章规定 $\mu_M=0.8$ 或根据刹车系统提供的有效阻力载荷确定;

　　　　μ_N —— 前起落架机轮摩擦因数,本章规定 $\mu_N=0.8$ 或根据刹车系统提供的有效阻力载荷确定。

ⅱ)三点姿态(前轮无刹车装置的情况)

前起落架载荷:

$$\begin{cases} V_N = \dfrac{Wgn_z(B+E\mu_M)}{D+E\mu_M} \\ D_N = 0 \\ S_N = \dfrac{D_{M1}(BL_{CG}+0.5T)+D_{M2}(BL_{CG}-0.5T)}{D} \end{cases}$$

右侧主起落架载荷:

$$\begin{cases} V_{M2} = Wgn_z\left(0.5+\dfrac{BL_{CG}}{T}\right)-0.5V_N \\ D_{M2} = \mu_M V_{M2} \\ S_{M2} = -0.5S_N \end{cases}$$

左侧主起落架载荷:

$$\begin{cases} V_{M1} = Wgn_z - V_N - V_{M2} \\ D_{M1} = \mu_M V_{M1} \\ S_{M1} = 0.5S_N \end{cases}$$

ⅲ)两点姿态

右侧主起落架载荷:

$$\begin{cases} V_{M2} = Wgn_z\left(0.5+\dfrac{BL_{CG}}{T}\right) \\ D_{M2} = \mu_M V_{M2} \\ S_{M2} = 0 \end{cases}$$

左侧主起落架载荷:

$$\begin{cases} V_{M1} = Wgn_z - V_{M2} \\ D_{M1} = \mu_M V_{M1} \\ S_{M1} = 0 \end{cases}$$

2)《英国民航适航性要求》(BCAR)规定。在 BCAR 相关章节中,分别给出了刹车滑行和动力刹车两种情况,且规定:

ⅰ)刹车滑行。该情况飞机处于三点停机姿态,升力为零,并且认为刹车滑行情况与起飞滑跑情况类似,所不同的是在遇到斜坡之前就已经刹车。此时,飞机主起落架所承受的垂直载荷为

$$f\frac{W_{\mathrm{T}}}{2}\left[\frac{A-\dfrac{2ED_{\mathrm{M}}}{fW_{\mathrm{T}}}}{A+B}\right]$$

式中　　W_{T} —— 飞机的最大起飞重量,N。

D_{M} —— 每个主起落架的阻力载荷,其定义是主起落架上每一机轮的最高合格刹车力矩之和或刹车滑行情况的相应垂直反作用载荷 0.8 倍,两者中取较小者,N。

f —— 单轮或并列机轮式起落架,对直径等于或小于 30in(1in=2.54cm) 的轮胎应取 2.33,对于直径等于或大于 60in 的轮胎应取 1.8,两者之间为线性变化。纵列机轮式起落架的 f 值应取相应于上述轮胎尺寸给定值的 75%,但 f 值不应小于 1.5。

A —— 重心和前起落架机轮中心连线之间测定的水平距离,m。

B —— 重心和主起落架机轮中心连线之间测定的水平距离,m。

E —— 重心高出地面的垂直高度,m。

ⅱ)动力刹车。该情况适用于前起落架。假定飞机滑行时的初始总垂直反作用力为 $1.0W_{\mathrm{T}}$,并且突然使用刹车。这种情况引起前起落架反作用力的动俯仰,考虑这种情况的经验方法是将刹车阻力产生的静载荷乘以 2.0。

(2)对比结果。通过与国外其他几种计算方法的对比分析,可以看出对于滑行刹车情况,这几种分析方法的区别在于:

1)飞机姿态不同。BCAR 所对应的刹车情况是飞机处于停机位置,而波音计算方法、CCAR25 和 CS25 则规定飞机处于两点水平和三点水平两种姿态,计算时对这两种姿态分别考虑。

2)限制载荷值不同。在 BCAR 中主起落架的限制垂直载荷系数增加了 f 倍,$f=1.8\sim2.33$,前起落架考虑一个动载荷系数 2。

3)重心侧偏影响。在波音公司所采用的计算方法中,对滑行刹车情况考虑了重心

侧偏对起落架载荷的影响。

对比分析结果见表 2-6。

表 2-6   滑行刹车情况对比分析表

对比标准	飞机姿态		地面限制载荷		
			垂直载荷	阻力载荷	侧向载荷
BCAR	停机姿态	刹车滑行	主起落架	$V_M = f \dfrac{W_T}{2} \left(A - \dfrac{\dfrac{2ED_M}{fW_T}}{A+B} \right)$	$D = 0.8V_M$ 或主起落架上每一机轮的最大合格刹车力矩之和,两者取小者	0
	停机姿态	动力刹车	前起落架	$V_N = W_T \left(\dfrac{B + \dfrac{4ED_M}{W_T}}{A+B} \right)$	a)0 到 $0.4V_N$;b)0 到对应于可应用的最大前轮刹车阻力的阻力载荷	0
CCAR25 同 CS25	滑行刹车	主起落架	前轮带刹车: $V_M = \dfrac{Wg n_z A - (D_N + 2D_M)E}{2D}$ 前轮不带刹车: $V_M = \dfrac{Wg n_z A - 2D_M \times E}{2D}$	$D_M \leqslant 0.8V_M$	0
		前起落架	前轮带刹车: $V_N = \dfrac{Wg n_z B + (D_N + 2D_M)E}{D}$ 前轮不带刹车: $V_N = \dfrac{Wg n_z B + 2D_M E}{D}$	$D_N \leqslant 0.8V_N$	0

2.3.13   转弯载荷分析

1.静态分析方法

在进行转弯载荷分析时,假定飞机处于静态位置,转弯时在各起落架上都有侧向力产生。这些侧向力的合力即为飞机做曲线运动的向心力,与向心力相对应的离心惯性力作用在飞机的重心上,二者构成翻滚力矩。此力矩使外侧主起落架加载,内侧主起落架卸载。重心处的飞机惯性力与机轮反作用力完全平衡,如图 2-12 所示。

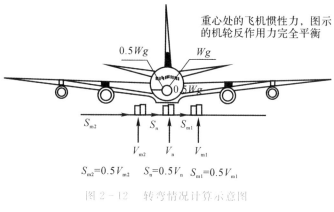

图 2-12 转弯情况计算示意图

$$S_{m2}=0.5V_{m2}; \quad S_n=0.5V_n; \quad S_{m1}=0.5V_{m1}$$

假定作用在飞机重心处的限制载荷系数在垂直方向 n_z 为 1.0,在横向 n_y 为 0.5。飞机重量取最大设计重量。

侧向载荷系数 n_y 取决于转弯时飞机的速度及转弯半径,即

$$n_y = \frac{V^2}{Rg}$$

式中　　V —— 飞机转弯时的速度,m/s;

　　　　R —— 飞机转弯半径,m;

　　　　g —— 重力加速度,m/s²。

在这里规定 $n_y=0.5$,但它不应大于飞机在某种结构布局下发生翻倒时的载荷系数(对前轮式飞机,当发生翻滚时,$n_y = \frac{0.5AT}{DE}$)。

对前三点式布局的飞机:

$$\begin{cases} V_{M1} = \frac{Wgn_zA}{2D} - \frac{Wgn_zEn_y}{T}\text{(内侧主起落架)} \\[2mm] V_{M2} = \frac{Wgn_zA}{2D} + \frac{Wgn_zEn_y}{T}\text{(外侧主起落架)} \\[2mm] V_N = \frac{Wgn_zB}{D}\text{(前起落架)} \end{cases}$$

$$\begin{cases} D_{M1} = 0 \\ D_{M2} = 0 \\ D_N = 0 \end{cases}$$

$$\begin{cases} S_{M1} = n_y V_{M1} \\ S_{M2} = n_y V_{M2} \\ S_N = n_y V_N \end{cases}$$

2.对比分析

(1) 波音公司计算方法。波音公司按下述方法考虑飞机重心侧向偏移对转弯情况起落架地面载荷的影响。

对采用前三点式布局的飞机：

$$\begin{cases} V_N = \dfrac{W g n_z B}{D} \\ D_N = 0 \\ S_N = -n_y V_N \end{cases}$$

$$\begin{cases} V_{M2} = W g n_z \left(\dfrac{A}{2D} + \dfrac{B L_{CG}}{T} \right) + \dfrac{n_y W g n_z E}{T} \\ D_{M2} = 0 \\ S_{M2} = -\dfrac{n_y}{n_z} V_{M2} \end{cases}$$

$$\begin{cases} V_{M1} = W g n_z \left(\dfrac{A}{2D} - \dfrac{B L_{CG}}{T} \right) - \dfrac{n_y W g n_z E}{T} \\ D_{M1} = 0 \\ S_{M1} = \dfrac{n_y}{n_z} V_{M1} \end{cases}$$

(2) 英国民航适航性要求(BCAR)。在《英国民航适航性要求(BCAR)》中对飞机转弯及摆动情况的计算进行了说明。

对于该情况要求：

1) 飞机姿态:对采用前三点式布局的飞机,计算时飞机姿态取三点停机姿态。

2) 主起落架载荷。

ⅰ) 垂直载荷:

外侧机轮:$V_{M_{in}} = \dfrac{W_T}{2} \left(\dfrac{A}{A+B} + \dfrac{E}{T} \right)$,

内侧机轮:$V_{M_{out}} = \dfrac{W_T}{2} \left(\dfrac{A}{A+B} - \dfrac{E}{T} \right)$。

ⅱ) 阻力载荷为零。

ⅲ) 侧向载荷。侧向载荷向内侧作用:$0.5 V_{M_{in}}$。

侧向载荷向外侧作用：$-0.5V_{M_{out}}$。

3）前起落架载荷。转弯和摆动情况不作为前起落架的设计情况，该情况下的前起落架载荷由 BCAR 规定的机动情况代替，该机动情况指飞机在柔软或粗糙地面急转弯时的情况。

与 CCAR25 对比分析见表 2-7。

表 2-7　转弯情况对比分析表

对比标准	飞机姿态			地面限制载荷		
				垂直载荷	阻力载荷	侧向载荷
BCAR	停机姿态	转弯或摆动	主起落架	$V_M = \dfrac{W_T}{2}\left(\dfrac{A}{A+B} \pm \dfrac{E}{T}\right)$	0	$\pm 0.5V_M$
			前起落架	不考虑		
CCAR25	飞机处于静态位置	转弯	主起落架	$V_M = \dfrac{Wgn_z A}{2D} \pm \dfrac{Wgn_z En_y}{T}$	0	$0.5V_M$
			前起落架	$V_N = \dfrac{Wgn_z B}{D}$	0	$0.5V_N$

2.3.14　尾轮侧偏载荷分析

对于采用尾轮式起落架布局的飞机，在设计中应考虑尾轮受侧向力干扰的情况。此时，飞机处于三点姿态，作用在尾轮上的侧向力分力等于尾轮所承受的地面垂直反作用力，且作用在轮胎接地点。

在设计起飞重量下，假定重心处的垂直载荷系数 n_z 为 1.0。

（1）尾轮：

$$
\begin{cases}
V_T = \dfrac{Wgn_z B}{L} \\
D_T = 0 \\
S_T = \pm V_T
\end{cases}
$$

式中　L——尾轮至重心的水平距离，m。

（2）主起落架。因尾轮的侧偏引起飞机偏摆，在主起落架上将产生同样侧向力并与尾轮的侧向力平衡。

$$
\begin{cases}
V_{\mathrm{M}} = \dfrac{Wgn_z(L-B)}{2L} \\[2mm]
D_{\mathrm{M}} = 0 \\[2mm]
S_{\mathrm{M}} = \mp\, 0.5 S_{\mathrm{T}}（主起落架）
\end{cases}
$$

2.3.15　前轮侧偏载荷分析

1. 前轮侧向干扰静态分析方法

前轮受侧向力干扰时，前轮接地点处的侧向力分力等于该处地面垂直反作用力的 80%，飞机处于三点姿态，在设计起飞重量下假定重心处的垂直载荷系数 n_z 为 1.0。

（1）前起落架：

$$
\begin{cases}
V_{\mathrm{N}} = \dfrac{Wgn_z B}{D} \\[2mm]
D_{\mathrm{N}} = 0 \\[2mm]
S_{\mathrm{N}} = \pm\, 0.8 V_{\mathrm{N}}
\end{cases}
$$

（2）主起落架。因前起落架的侧向偏摆将造成飞机向左或向右偏摆，在主起落架上将产生侧向力与前起落架的侧向力平衡。

$$
\begin{cases}
V_{\mathrm{M'}} = \dfrac{Wgn_z A}{2D} \\[2mm]
D_{\mathrm{M}} = 0 \\[2mm]
S_{\mathrm{M}} = \mp\, 0.5 S_{\mathrm{N}}（主起落架）
\end{cases}
$$

2. 非对称刹车静态分析方法

计算非对称刹车状态下前轮侧偏情况时，飞机重心处的垂直载荷系数取 1.0，向前作用的惯性载荷取一侧主起落架上垂直载荷的 80%。

使用一侧主起落架刹车而产生的摆头力矩，可以由前轮及非刹车边主轮上产生的侧向力构成的力矩来平衡，重心处的侧向载荷为零。如果前轮侧向载荷超过前轮垂直载荷的 80%，可限制为 80%，未被平衡的侧偏力矩假定由飞机的惯性力平衡。

使用一侧主起落架刹车时飞机受力平衡和地面反作用力如图 2-13 所示。

（1）前起落架：

$$
\begin{cases}
V_{\mathrm{N}} = \dfrac{Wgn_z B - D_{\mathrm{M2}} E}{D} \\[2mm]
D_{\mathrm{N}} = 0 \\[2mm]
S_{\mathrm{N}} = -\dfrac{D_{\mathrm{M2}} T}{2D}（\leqslant 0.8 V_{\mathrm{N}}）
\end{cases}
$$

（2）主起落架:刹车边（主轮 2）

$$\begin{cases} V_{M2} = \dfrac{Wgn_zA - D_{M2}E}{2D} \\[2mm] D_{M2} = 0.8V_{M2} \\[2mm] S_{M2} = -0.5S_N \end{cases}$$

非刹车边（主轮 1）

$$\begin{cases} V_{M1} = \dfrac{Wgn_zA + D_{M2}E}{2D} \\[2mm] D_{M1} = 0 \\[2mm] S_{M1} = 0.5S_N \end{cases}$$

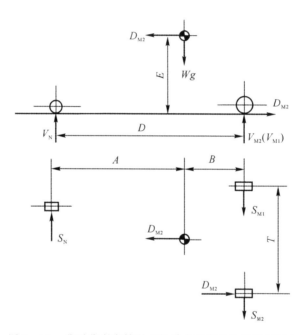

图 2-13　非对称刹车情况飞机受力平衡及地面反作用力

　　非对称刹车状态下的前轮侧偏情况是前起落架及其连接结构和前机身结构的设计情况,除此之外的所有其他结构的受载情况,也应按此情况的规定进行确定。但在计算时,对机轮阻力载荷和重心向前的载荷系数做了限定。

　　1）当刹车机轮的有效刹车阻力不能达到垂直反作用力 0.8 倍的有效阻力时,可选用较低的阻力载荷;

　　2）同时又要求飞机重心处向前作用的载荷不需要超过滑行刹车情况下所确定的作用于一侧主起落架上的最大阻力载荷。

3. 前轮满静态操纵

当设计前起落架及其连接结构和前机身结构时,还应考虑到正常满静态操纵扭矩情况。该情况是指在飞机静止不动的情况下,操纵前起落架左右转动。所产生的合成扭矩可根据正常满操纵扭矩(或摩擦因数)来确定,同时与前起落架最大静态反作用力的垂直反作用力组合。

4. 对比分析

(1)波音公司计算方法。波音公司按下述方法计算前轮侧偏情况,计算时主要考虑飞机重心侧向偏移对该情况起落架地面载荷的影响。

1)前轮受侧向力的干扰:

$$\begin{cases} V_N = \dfrac{Wgn_z B}{D} \\ D_N = 0 \\ S_N = \pm n_y V_N \end{cases}$$

$$\begin{cases} V_{M2} = Wgn_z \left(\dfrac{BL_{CG}}{T} + 0.5 \right) - 0.5 V_N \\ D_{M2} = 0 \\ S_{M2} = \mp 0.5 S_N \end{cases}$$

$$\begin{cases} V_{M1} = Wgn_z - V_{M2} - V_N \\ D_{M1} = 0 \\ S_{M1} = \pm 0.5 S_N \end{cases}$$

2)非对称刹车:

$$\begin{cases} V_N = \dfrac{Wgn_z [B + E\mu_M(0.5 + BL_{CG}/T)]}{D + 0.5E\mu_M} \\ D_N = 0 \\ S_N = \dfrac{D_{M2}(BL_{CG} - 0.5T)}{D} \end{cases}$$

$$\begin{cases} V_{M2} = Wgn_z \left(\dfrac{BL_{CG}}{T} + 0.5 \right) - 0.5 V_N \\ D_{M2} = \mu_M V_{M2} \\ S_{M2} = -0.5 S_N \end{cases}$$

$$\begin{cases} V_{M1} = Wgn_z - V_{M2} - V_N \\ D_{M1} = 0 \\ S_{M1} = 0.5S_N \end{cases}$$

（2）其他规范计算情况对比分析。

1）前轮满静态操纵。在《英国民航适航性要求》（BCAR）地面载荷章中，对该情况也做了相应的规定。

各规范的对比结果见表 2-8。

表 2-8　前轮满静态操纵情况对比分析表

CCAR25	第25.499(e)条　当设计前起落架及其连接结构和前机身结构时，必须考虑正常满操纵扭矩和等于前起落架最大静态反作用力1.33倍的垂直反力的组合作用。此时，取飞机设计机坪重量，前起落架处于任一转向操纵位置
BCAR	1.33×满操纵力矩（加于固定前轮） $V = 1.33W_T\left(\dfrac{A}{A+B}\right)$ $D = 0$ $S = 0$ 当在规定的垂直载荷作用下机轮上受到满操纵扭矩时，没有外界阻力载荷或侧向载荷施加到前轮

2）非对称刹车。《英国民航适航性要求》（BCAR）地面载荷章节中，在"机动动作"情况对一个主轮刹车时的载荷情况也做了相应的规定。

对该情况下前起落架的受载情况与CCAR25的规定比较见表 2-9。

表 2-9　非对称刹车情况下前轮侧偏对比分析表

对比标准	载荷情况	飞机姿态	地面限制载荷		
			垂直载荷	阻力载荷	侧向载荷
BCAR	机动动作（一个主轮刹车、无升力）	停机位置	$V_N = 1.75W_T\left(\dfrac{B+\dfrac{ED_M}{1.75W_T}}{A+B}\right)$	$0 \sim 0.4V_N$	0到相应的最大侧向载荷，但不小于$0.25V_N$
CCAR25	前轮侧偏	停机位置	$V_N = \dfrac{Wgn_zB - D_{M2}E}{D}$	0	$\dfrac{D_{M2}T}{2D} \leqslant 0.8V_N$

2.3.16 回转载荷分析

1. 静态分析方法

回转情况即为打地转情况。

计算时,飞机处于停机状态,地面将摩擦力矩施加于刹车边主起落架上,载荷作用于轮胎接地点。该情况的地面反作用力及飞机的受力平衡如图 2-14 所示。

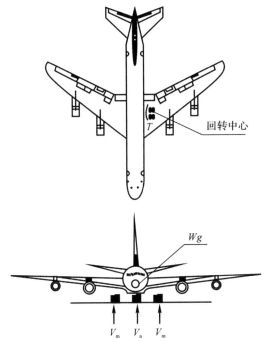

V_n和V_m是地面静反作用力。对尾轮式,飞机处于三点姿态。假定绕一侧主起落架装置回转

图 2-14 回转情况受力图

V_n 和 V_m 是地面静反作用力。对尾轮式飞机处于三点姿态。假定绕一侧主起落架装置回转

飞机重量取设计机坪重量,不考虑飞机升力。重心处的垂直载荷系数 n_z 取 1.0,刹车边机轮摩擦因数取 0.8。

(1)前起落架:

$$\begin{cases} V_N = \dfrac{Wg n_z B}{D} \\ D_N = 0 \\ S_N = 0 \end{cases}$$

(2)主起落架,刹车边载荷的计算公式为

$$\begin{cases} V_{\mathrm{M}} = \dfrac{Wgn_z A}{2D} \\ D_{\mathrm{M}} = 0 \\ S_{\mathrm{M}} = 0 \\ M_{\mathrm{M}} = 0.8 V_{\mathrm{M}} \dfrac{t}{2} \end{cases}$$

式中：

1）对共轴双轮主起落架，t 为左右轮距；

2）对前后布局的双轮主起落架，t 为前后轮距；

3）对单轮主起落架，t 为轮胎极限压缩时与地面接触图形长轴的长度；

4）对四轮小车式主起落架，t 为四轮接地点的对角线长度。

非刹车边载荷的计算公式为

$$\begin{cases} V_{\mathrm{M}} = \dfrac{Wgn_z A}{2D} \\ D_{\mathrm{M}} = 0 \\ S_{\mathrm{M}} = 0 \end{cases}$$

2. 对比分析

对于回转情况，波音公司采用下列方法计算，计算时，考虑飞机重心侧向偏移对该情况起落架地面载荷的影响。

计算公式为

$$\begin{cases} V_{\mathrm{N}} = \dfrac{Wgn_z B}{D} \\ D_{\mathrm{N}} = 0 \\ S_{\mathrm{N}} = 0 \end{cases}$$

$$\begin{cases} V_{\mathrm{M_1}} = Wgn_z \left(\dfrac{A}{2D} + \dfrac{BL_{\mathrm{CG}}}{T} \right) \\ D_{\mathrm{M_1}} = 0 \\ S_{\mathrm{M_1}} = 0 \end{cases}$$

$$\begin{cases} V_{M_1} = Wgn_z - V_{M_2} - V_N \\ D_{M_1} = 0 \\ S_{M_1} = 0 \\ M_{M_1} = \mu_M V_{M_2} \dfrac{t}{2} \end{cases}$$

2.3.17　倒行刹车载荷分析

1. 静态分析方法

倒行刹车情况也称为反向刹车情况,计算该情况时,飞机姿态取三点停机姿态,飞机重量取地面操作时的最大重量,不考虑机翼升力,重心处的垂直载荷系数 n_z 取1.0。向后的水平惯性力等于两个主轮的刹车阻力之和。刹车引起的抬头力矩由重心处的惯性力矩来平衡。

对前三点式布局的飞机,倒行刹车情况的地面反作用力和飞机受力平衡图如图 2-15 所示。

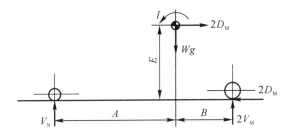

图 2-15　倒行刹车情况地面反作用力和飞机受力平衡图

(1)主起落架:

$$\begin{cases} V_M = \dfrac{Wgn_z A}{2D} \\ D_M = 0.55V_M \text{(或 } D_M = \dfrac{1.2M_{\max}}{R}, \text{两者中取小者)} \\ S_M = 0 \end{cases}$$

式中　$M_{\max}$ ——一个主起落架所有机轮总的最大静刹车力矩,N·m;

　　　R ——机轮滚转半径,m。

(2)前起落架:

$$\begin{cases} V_N = \dfrac{Wgn_zB}{D} \\ D_N = 0 \\ S_N = 0 \end{cases}$$

2. 对比分析

(1) 波音公司计算方法。对倒行刹车情况,波音公司采用下列方法计算,计算时,考虑飞机重心侧向偏移对该情况起落架地面载荷的影响。

前起落架:

$$\begin{cases} V_N = \dfrac{Wgn_zB}{D} \\ D_N = 0 \\ S_N = 0 \end{cases}$$

主起落架:

$$\begin{cases} V_{M_2} = Wgn_z\left(\dfrac{A}{2D} + \dfrac{BL_{CG}}{T}\right) \\ D_{M_2} = -\mu_M V_{M_2} \\ S_{M_2} = 0 \end{cases}$$

$$\begin{cases} V_{M_1} = Wgn_z - V_{M_2} - V_N \\ D_{M_1} = -\mu_M V_{M_1} \\ S_{M_1} = 0 \end{cases}$$

式中 μ_M 取 0.55,航向载荷取计算值或由 1.2 倍名义最大静刹车力矩产生的载荷两者中的小者。

(2) 其他规范计算情况对比分析。在《英国民航适航性要求》(BCAR) 地面载荷章节中,分别给出了主起落架和前起落架向后滚动情况的计算说明,认为计算时飞机处于静止位置,飞机以等于 $1.0W_T$ 的总垂直地面反作用力向后滚动和遇到在每个机轮上产生向前载荷的垫块或其他障碍物,以及满刹车时的向后滚动。

1) 主起落架载荷(向后滚动,无升力、刹车或不刹车)

垂直载荷:

$$V_M = \dfrac{W_T}{2}\left(\dfrac{A}{A+B}\right)$$

阻力载荷:

ⅰ) 向前作用的为 $0.7V_M$;

ⅱ) 向前的力对应于充分使用刹车时的向后滚动。

侧向载荷为零。

2）前起落架载荷（向后滚动,无升力）

垂直载荷：

$$V_N = W_T\left(\frac{B}{A+B}\right)$$

阻力载荷：

ⅰ）向前作用的为 $0.7V_N$；

ⅱ）当可使用刹车时向前的力对应于充分使用刹车时的向后滚动。

侧向载荷为零。

对比结果见表 2-10。

表 2-10 倒行刹车情况对比分析表

对比标准	载荷情况	飞机姿态	地面限制载荷		
			垂直载荷	阻力载荷	侧向载荷
BCAR	向后滚动情况	停机姿态	$V_M = \frac{W_T}{2}\left(\frac{A}{A+B}\right)$	a. 向前作用的为 $0.7V_M$； b. 向前的力对应于充分使用刹车时的向后滚动	0
	向后滚动情况	停机姿态	$V_N = W_T\left(\frac{B}{A+B}\right)$	a. 向前作用的为 $0.7V_N$； b. 当可使用刹车时向前的力对应于充分使用刹车时的向后滚动	0
CCAR25	25.507 条倒行刹车	停机姿态 前三点式 主起落架	$V_M = \frac{Wgn_zA}{2D}$	$D_M = 0.55V_M$ 或 $\frac{1.2M_{max}}{R}$，取小者	0
		前起落架	$V_N = \frac{Wgn_zB}{D}$	0	

2.3.18　牵引载荷分析

1.牵引载荷 F_{tow} 的取值范围

在确定各种牵引情况的牵引载荷时,一般要考虑跑道的坡度、启动静态阻力、滚动摩擦阻力及飞机水平惯性力等因素。CCAR25.509(a) 条根据经验给出了牵引载荷 F_{TOW} 取值范围如下：

(1)$0.3W_Tg$ (N)——对于质量小于 13 600kg 的飞机；

(2)$(6W_T + 204\,100)g/70$(N)——对于质量在 13 600～45 400kg 的飞机；

(3)0.15$W_T g$（N）——对于质量超过 45 400kg 的飞机。

其中，W_T 为设计机坪质量。

2. 根据牵引点的位置，牵引载荷的确定方法

（1）牵引点在前、主起落架上，则牵引载荷分别按第 25.509(d) 条的取值规定；

（2）牵引点不在起落架上，但靠近飞机对称平面，则牵引载荷取辅助起落架的规定值；

（3）牵引点在主起落架两侧，则牵引载荷取主起落架的规定值。

在牵引中前轮强迫定向时，牵引载荷的方向与前进方向的夹角不允许超过前起落架的极限转角。偏转角一般应满足第 25.509(d) 条中要求的偏转角度。如果结构达不到，则可取结构设计允许的最大偏角。

3. 牵引情况载荷的确定

（1）基本规定与假设：

1）飞机处于地面三点姿态；

2）飞机质量取设计机坪质量 W_T；

3）不考虑机翼升力，作用于重心处的垂直载荷系数为 1.0；

4）减震支柱和轮胎必须处于静态位置；

5）若结构达不到要求的机轮偏转角度，则可取结构允许的最大偏角。

（2）牵引时飞机的平衡与地面反力：

1）垂直载荷。分别作用在前、主起落架上，通过轮轴中心且垂直地面，其值为 1.0$W_T g$。

2）阻力载荷。在辅助起落架上的牵引载荷以及在主起落架上的牵引载荷的阻力方向分量必须由下述的力平衡：在承受牵引载荷的机轮轴线上，必须施加一个反作用力，其最大值等于垂直反作用力。为达到平衡，在飞机上必须施加足够的惯性力。所有载荷必须由飞机惯性力相平衡。

（3）侧向载荷。在主起落架上的牵引载荷的侧向分量由机轮接地点上的静侧向力平衡。

2.3.19 多轮起落架装置上的非对称载荷分析

1. 载荷分配说明

（1）充气轮胎上载荷不均匀分配可采取两种不同的方式。一种方式是统一规定分配比例，另一种方式则是要用分析方法来确定。

第25.511(b)条给出了影响起落架轮组上限制载荷分配的因素,可采用静力分析的方法计算多轮载荷的分配问题。

考虑到结构变形对载荷的重新分配有较大的影响,为便于分析和计算,将整个起落架分为两部分考虑,以活塞杆与车架的交点为分割点,分为上、下两部分,上部分的变形采用小变形原理,用位移法求解,而下部分的结构(包括车架和轮胎)采用大变形原理,平衡方程的建立以变形后的结构为准,这样就出现了非线性方程,需用反复迭代的方法求解。

按照这种方法计算出的结果不仅有载荷,而且有结构变形,因此在起落架的强度分析中,不仅计入了结构变形引起的载荷重新分配,而且考虑了由载荷作用点的偏移而引起的附加力矩,这就使计算结果更加合理。

(2) 对于多轮起落架装置还需考虑因轮胎泄气造成的载荷非对称分配对起落架结构的影响。对于多轮起落架必须考虑其中一个轮胎泄气,对于有四个或更多机轮的起落架装置,必须考虑其中任何两个轮胎泄气。

当轮胎泄气时,施加于每个起落架装置上的载荷见表2-11。地面载荷应施加在轮胎充气的那些机轮上。但是,对于有一个以上减震支柱的多轮起落架装置,可以考虑由于轮胎泄气引起的减震支柱伸出长度的差异,把地面反作用力合理地分配给泄气和充气轮胎。

表 2 - 11　轮胎泄气后的起落架载荷表

载荷情况	一轮胎泄气	二轮胎泄气	注
着陆	每一起落架的限制载荷的60%施加给起落架	每一起落架的限制载荷的50%施加给起落架	侧向载荷情况起落架施加垂直载荷的100%
滑行与地面运行	重心处施加的侧向载荷系数或阻力载荷系数或同时作用的此两者,取原规定情况的限制载荷系数的50%。重心处的垂直载荷系数为无泄气轮胎时载荷系数的60%,但不得小于1.0	重心处施加的侧向载荷系数或阻力载荷系数或同时作用的此两者,取原规定情况的限制载荷系数的40%。重心处的垂直载荷系数为无泄气轮胎时载荷系数的50%,但不得小于1.0	第25.493(a)条和(b)2)条的滑行刹车情况,每个充气轮胎上的阻力载荷不得小于无泄气轮胎载荷对称分配时每个轮胎上的阻力载荷
牵引	规定载荷的60%	规定载荷的50%	

2. 对比分析

在各适航标准中,对充气轮胎和泄气轮胎的载荷分配均有相应的要求,不同之处是对充气轮胎的载荷分配,BCAR 给出了限制要求。

在 BCAR 中给出了"装置上从一侧到另一侧的力的分配,不应小于 55∶45"。

2.3.20 CCAR23 部验证方法

1. 地面载荷情况和假定

首先要确定飞机的设计着陆重量和设计最大重量,并选取重心位置。着陆时的飞行速度取 $1.2V_{S0}$,依据机翼面积和飞机重量确定下沉速度,着陆时机翼升力为飞机重力的 2/3。在设计阶段地面反力载荷系数由经验和缓冲系统参数分析确定,最后由落震试验验证。

2. 水平着陆情况

对尾轮式飞机水平着陆只有两点水平情况,对前轮式飞机水平着陆有两点水平和三点水平两种情况,着陆过程中要考虑机轮起旋、回弹和最大垂直 3 种受载状态。可以先按 CCAR23 附录 C 确定最大垂直载荷,然后按附录 D 确定起旋和回弹载荷。

3. 两点水平着陆

a) 最大垂直载荷。

主起落架垂直力: $V_M = n_m Wg/2$

主起落架水平力: $D_M = k(n_m + L)Wg/2$

式中　　k——W 等于或小于 1 361kg 时 $k=0.25$;W 等于或大于 2 722kg 时,$k=0.33$。

　　　　在上述重量之间时,k 为线性变化。

b) 起旋载荷和回弹载荷。

主起落架起旋载荷:

作用在主机轮上的最大向后水平力为

$$F_{Hmax} = \frac{1}{r_e}\sqrt{\frac{2I_w(V_H - V_C)\mu F_{Vmax}}{T_s}}$$

式中　　　r_e —— 机轮的有效滚转半径,m;

　　　　　I_w —— 滚动组件的转动惯量,kg·m²;

V_H—— 与地面接触瞬时,平行于地面的飞机线速度(假定为 $1.2V_{S0}$,m/s);

V_C—— 预先旋转的轮胎的圆周速度,m/s;

μ —— 有效摩擦因数(可用 0.8);

F_{Vmax}—— 机轮上的最大垂直力,N,须申明落震试验的结果,且对前、主起落架给出当量计算方法;

T_s—— 从与地面接触至机轮达到最大垂直力之间的时间间隔,s,无试验数据时可按下式计算:

$$T_s = \frac{V_v - \sqrt{V_v^2 - 29.8 d_v n_g}}{14.9 n_g}$$

式中 V_v —— 飞机下沉速度,ft/s;

d_v —— 轮胎变形 $+0.5$ 缓冲支柱全伸长量对应的轮心垂直位移,ft;

n_g —— 地面反力载荷系数。

如果从上述公式得出的 F_{Hmax} 值超过 $0.8 F_{Vmax}$,则 F_{Hmax} 必须采用 $0.8 F_{Vmax}$ 的值,如果 F_{Hmax} 小于两点水平着陆最大垂直载荷中的 D_M,则 F_{Hmax} 取其值。

主起垂直力:$V_M = F_{Hmax}/0.8$(垂直力为导出量,见 F_{Hmax} 的计算)

主起水平力:$\qquad\qquad\qquad D_M = F_{Hmax}$

主起落架回弹载荷:

$$V_M = F_{Hmax}/0.8$$
$$D_M = -F_{Hmax}$$

4. 三点水平着陆

a) 最大垂直载荷:

前起落架垂直力:$\qquad\qquad V_N = n_n W g \frac{b'}{d'}$

前起落架水平力:$\qquad\quad D_N = k(n_n + L)W g \frac{b'}{d'}$

主起落架垂直力:$\qquad\qquad V_M = n_m W g \frac{a'}{2d'}$

主起落架水平力:$\qquad\quad D_M = k(n_m + L)W g \frac{a'}{2d'}$

式中 a',b',d'—— 定义如图 2-16 所示。

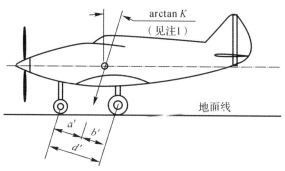

图 2 - 16　水平着陆示意图

注 1:K 可以确定如下:

$W \leqslant 1\ 361$ kg 时,$K = 0.25$;

$W \geqslant 2\ 722$ kg 时,$K = 0.33$;

在上述重量之间时,采用线性插值的办法。

b) 起旋和回弹载荷:

三点水平着陆起旋和回弹载荷的计算方法与两点水平着陆相同。

5. 机尾下沉着陆

主起落架垂直力:　　　　　　　$V_M = n_m W g / 2$

主起落架水平力:　　　　　　　$D_M = 0$

6. 单轮着陆

触地一侧主起落架垂直力:　　　$V_M = n_m W g / 2$

主起落架水平力:　　　$D_M = k(n_m + L)W g / 2$

7. 前起落架补充情况

飞机姿态为三点静态停机姿态。

a) 向后载荷情况:

前起落架垂直力:　　　　　$V_N = 2.25 W g \dfrac{B}{A + B}$

前起落架水平力:　　　　　$D_N = 0.8 V_N$

b) 向前载荷情况:

前起落架垂直力:　　　　　$V_N = 2.25 W g \dfrac{B}{A + B}$

前起落架水平力:　　　　　$D_N = -0.4 V_N$

c) 侧向载荷情况:

前起落架垂直力:　　　　　$V_N = 2.25 W g \dfrac{B}{A + B}$

前起落架水平力：$\qquad D_N = 0$

前起落架侧向力：$\qquad S_N = 0.7V_N$

d) 操纵转向情况：

前起落架垂直力：$\qquad V_N = 1.33Wg\dfrac{B}{A+B}$

前起落架扭矩：$\qquad M_t = 1.33M_q$

式中　M_q——飞机满操纵扭矩，N·m。

6. 主起落架侧向载荷情况

主起落架垂直力：$\qquad V_M = \dfrac{1.33Wg}{2}$

主起落架水平力：$\qquad D_M = 0$

一侧主起落架侧向力，方向向外：$\quad S_{M1} = 0.33Wg$

另一侧主起落架侧向力，方向向内：$\quad S_{M2} = 0.5Wg$

7. 滑行刹车

与水平着陆相似，对尾轮式飞机滑行刹车只有两点情况，对前轮式飞机滑行刹车有两点和三点两种情况。

(1) 两点滑行刹车。飞机姿态与两点水平着陆情况相同。

主轮胎与地面最大摩擦力：$\qquad F_f = M_{SCM}/R_M$

主起落架垂直力：$\qquad V_M = \dfrac{1.33Wg}{2}$

主起落架水平力：$\qquad D_M = MIN(0.8V_M, F_f)$

式中　M_{SCM}　——　机轮落架最大刹车扭矩，N·m；

$\qquad R_M$　——　主机落架滚动半径，m。

(2) 三点滑行刹车。飞机为三点水平着陆姿态，假定前轮无刹车。

全机平衡方程为$\qquad 2V_M + V_N = 1.33Wg$

$$D_M = MIN(0.8V_M, F_f)$$

$$1.33WgB + 2D_M E = V_N(A+B)$$

解平衡方程可得前、主起落架载荷。

8. 牵引载荷

适航规章 CCAR23.509 条关于牵引载荷的要求与 CCAR25.509 相同，因此验证方法与 CCAR25 相同。

9. 千斤顶顶起载荷

支承点垂直力：$\qquad V_F = 1.35F_A$

支承点航向力： $\qquad D_F = \pm 0.4 F_A$

支承点侧向力： $\qquad S_F = \pm 0.4 F_A$

式中 F_A—— 支承点静反力，N。

考虑水平载荷与垂直载荷的所有组合。

2.4 地面载荷算例

以某型飞机的参数作为输入，按照 23 部条款计算对应各条款的地面载荷。

某飞机起落架为前三点布局，主轮有刹车，前起落架可转向，牵引点位于前起落架轮轴上，顶起点为前三点布局位于机身上，载荷计算所需原始数据见表 2-12 和表 2-13，计算结果见表 2-14 ～ 表 2-22，载荷按机体坐标系 $Oxyz$ 给出。

表 2-12　原始数据

原始数据	数　值
前主轮距 D/m	3.2
前轮转动惯量 $I_N/(\mathrm{kg \cdot m^{-2}})$	0.146
前轮有效滚动半径 R_{NE}/mm	150
主轮转动惯量 $I_M/(\mathrm{kg \cdot m^{-2}})$	1.936 7
主轮有效滚动半径 R_{ME}/mm	290
主起落架机轮最大刹车力矩 $M_{SCM}/(\mathrm{N \cdot m^{-1}})$	8 517
两点着陆地面反力载荷系数 n_m	2.3
三点着陆地面反力载荷系数 n_n	2.5
前顶起点坐标 /mm	(3 630, 0, -943.8)
后顶起点坐标 /mm	(9 384, ±1 002, -1 059)
飞机接地瞬间平行于地面的线速度 $V_H = 1.2V_{S0}/(\mathrm{m \cdot s^{-1}})$	41.6
飞机限制下沉速度 /(m·s⁻¹)	3.05

表 2-13　重量重心数据

状态	重量 /kg	重心 /m		转动惯量 /(kg·m⁻²)		
		X	Z	I_{xx}	I_{yy}	I_{zz}
设计着陆重量	8 000	8.007	0.389	36 471	63 471	88 234
设计最大重量	8 450	7.800	0.442	41 721	62 151	91 318

表 2－14　两点水平着陆情况载荷

	最大垂直	起旋	回弹
设计着陆重量 W/kg		8 000	
前起落架轮心 x 坐标 $F_{\mathrm{SN}}/\mathrm{mm}$	2 758	2 758	2 758
前起落架轮心 z 坐标 $Z_{\mathrm{N}}/\mathrm{mm}$	－ 1 744	－ 1 744	－ 1 744
主起落架轮心 x 坐标 $F_{\mathrm{SM}}/\mathrm{mm}$	8 466	8 447	8 447
主起落架轮心 z 坐标 $Z_{\mathrm{M}}/\mathrm{mm}$	－ 1 523	－ 1 543	－ 1 543
俯仰姿态角 $C_{\mathrm{TA}}/(°)$	1.11	0.92	0.92
设计着陆重量 W/kg	8 000	8 000	8 000
主起落架垂直力 $V_{\mathrm{M}}/\mathrm{N}$	90 224	56 265	56 265
主起落架水平力 $D_{\mathrm{M}}/\mathrm{N}$	38 409	45 012	－ 45 012
主起落架 x 向力 $F_{\mathrm{XM}}/\mathrm{N}$	36 652	44 103	－ 45 910
主起落架 z 向力 $F_{\mathrm{ZM}}/\mathrm{N}$	90 952	56 981	55 535
俯仰力矩 $M_{\mathrm{Y}}/(\mathrm{N·m})$	－ 223 644	－ 220 573	128 434
x 向载荷系数 N_{X}	0.93	1.12	－ 1.17
z 向载荷系数 N_{Z}	2.99	2.12	2.08
俯仰角加速度 $\ddot{\theta}/(\mathrm{rad·s^{-2}})$	－ 3.52	－ 3.48	2.02

表 2－15　三点水平着陆情况载荷

	最大垂直	起旋	回弹
设计着陆重量 W/kg		8 000	
前起落架轮心 x 坐标 $F_{\mathrm{SN}}/\mathrm{mm}$	2 766	2 763	2 763
前起落架轮心 z 坐标 $Z_{\mathrm{N}}/\mathrm{mm}$	－ 1 677	－ 1 704	－ 1 704
主起落架轮心 x 坐标 $F_{\mathrm{SM}}/\mathrm{mm}$	8 466	8 447	8 447
主起落架轮心 z 坐标 $Z_{\mathrm{M}}/\mathrm{mm}$	－ 1 523	－ 1 543	－ 1 543
俯仰姿态角 $C_{\mathrm{TA}}/(°)$	0.14	0.21	0.21
a'/mm	4 048	4 046	4 046
b'/mm	1 157	1 145	1 145
主起落架垂直力 $V_{\mathrm{M}}/\mathrm{N}$	76 268	51 435	51 435
主起落架水平力 $D_{\mathrm{M}}/\mathrm{N}$	31 882	41 148	－ 41 148

续 表

	最大垂直	起旋	回弹
前起落架垂直力 V_N/N	43 602	22 615	22 615
前起落架水平力 D_N/N	18 228	18 092	$-$18 092
主起落架 x 向力 F_{XM}/N	31 699	40 956	$-$41 339
主起落架 z 向力 F_{ZM}/N	76 342	51 588	51 281
前起落架 x 向力 F_{XN}/N	18 123	18 007	$-$18 176
前起落架 z 向力 F_{ZN}/N	43 646	22 682	22 547
x 向载荷系数 N_X	1.04	1.27	$-$1.29
z 向载荷系数 N_Z	3.17	2.27	2.26

表 2 – 16　尾下沉着陆情况载荷

设计着陆重量 M/kg	8 000
主起落架轮心 x 坐标 F_{SM}/mm	8 466
主起落架轮心 z 坐标 Z_M/mm	$-$1 523
俯仰姿态角 C_{TA}/(°)	9.94
主起落架垂直力 V_M/N	90 224
主起落架水平力 D_M/N	0
主起落架 x 向力 F_{XM}/N	$-$15 578
主起落架 z 向力 F_{ZM}/N	88 869
俯仰力矩 M_Y/NM	$-$21 978
x 向载荷系数 N_X	$-$0.4
z 向载荷系数 N_Z	2.93
俯仰角加速度 $\ddot{\theta}$/(rad · s^{-2})	$-$0.35

表 2 – 17　单轮着陆情况载荷

	最大垂直	起旋	回弹
设计着陆重量 W/kg		8 000	
前起落架轮心 x 坐标 F_{SN}/mm	2 758	2 758	2 758
前起落架轮心 z 坐标 Z_N/mm	$-$1 744	$-$1 744	$-$1 744
主起落架轮心 x 坐标 F_{SM}/mm	8 466	8 447	8 447

续表

	最大垂直	起旋	回弹
主起落架轮心 z 坐标 Z_M/mm	−1 523	−1 543	−1 543
俯仰姿态角 C_{TA}/(°)	1.11	0.92	0.92
主起落架垂直力 V_M/N	90 221	56 265	56 265
主起落架水平力 D_M/N	38 407	45 012	−45 012
主起落架 x 向力 F_{XM}/N	36 649	44 103	−45 910
主起落架 z 向力 F_{ZM}/N	90 950	56 981	55 535
x 向载荷系数 N_X	0.47	0.56	−0.59
z 向载荷系数 N_Z	1.83	1.39	1.37
俯仰角加速度 $\ddot{\theta}$/(rad·s^{-2})	−1.76	−1.74	1.01
滚转角加速度 $\ddot{\varphi}$/(rad·s^{-2})	3.99	2.5	2.44
偏航角加速度 $\ddot{\psi}$/(rad·s^{-2})	−0.66	−0.8	0.83

表 2−18　主起落架侧向情况载荷

设计最大重量 M/kg	8 450
主起落架轮心 x 坐标 F_{SM}/mm	8 524
主起落架轮心 z 坐标 Z_M/mm	−1 423
俯仰姿态角 C_{TA}/(°)	2.1
主起落架垂直力 V_M/N	55 108
主起落架水平力 D_M/N	0
主起落架 x 向力 F_{XM}/N	−2 017
主起落架 z 向力 F_{ZM}/N	55 071
主起落架 y 向力向外 F_{YME}/N	27 347
主起落架 y 向力向内 F_{YMI}/N	41 435
x 向载荷系数 N_X	−0.05
y 向载荷系数 N_Y	0.83
z 向载荷系数 N_Z	1.33

续　表

	滚转角加速度 $\ddot{\varphi}/(\mathrm{rad \cdot s^{-2}})$	3.55
	俯仰角加速度 $\ddot{\theta}/(\mathrm{rad \cdot s^{-2}})$	-1.16
	偏航角加速度 $\ddot{\psi}/(\mathrm{rad \cdot s^{-2}})$	0.55

表 2 - 19　滑行刹车情况载荷

	两点	三点
设计最大重量 M/kg	8 450	
前起落架轮心 x 坐标 F_{SN}/mm	2 758	2 780
前起落架轮心 z 坐标 Z_{N}/mm	$-1 744$	$-1 566$
主起落架轮心 x 坐标 F_{SM}/mm	8 524	8 524
主起落架轮心 z 坐标 Z_{M}/mm	$-1 423$	$-1 423$
俯仰姿态角 $C_{TA}/(°)$	2.1	0.03
A/mm	—	5 019
B/mm	791	725
C/mm	2 180	2 155
主起落架垂直力 V_{M}/N	55 108	37 036
主起落架水平力 D_{M}/N	29 369	29 369
前起落架垂直力 V_{N}/N	0	36 143
主起落架 x 向力 F_{XM}/N	27 332	29 347
主起落架 z 向力 F_{ZM}/N	56 146	37 054
前起落架 x 向力 F_{XN}/N	0	-22
前起落架 z 向力 F_{ZN}/N	0	36 143
x 向载荷系数 N_{X}	0.66	0.71
z 向载荷系数 N_{Z}	1.36	1.33

表 2 - 20　前起落架补充情况载荷

	向后	向前	侧向	操纵转向
设计最大重量 M/kg	8 450			
前起落架轮心 x 坐标 F_{SN}/mm	2 780	2 780	2 780	2 780
前起落架轮心 z 坐标 Z_{N}/mm	$-1 566$	$-1 566$	$-1 566$	$-1 566$

续 表

	向后	向前	侧向	操纵转向
主起落架轮心 x 坐标 F_{SM}/mm	8 524	8 524	8 524	8 524
主起落架轮心 z 坐标 Z_M/mm	$-1\,423$	$-1\,423$	$-1\,423$	$-1\,423$
俯仰落架姿态角 $C_{TA}/(°)$	0.03	0.03	0.03	0.03
前起落架垂直力 V_N/N	23 453	23 453	23 453	13 863
前起落架水平力 D_N/N	18 763	$-9\,381$	0	0
前起落架 x 向力 F_{XN}/N	18 748	$-9\,395$	-14	-8
前起落架 z 向力 F_{ZN}/N	23 465	23 447	23 453	13 863
前起落架 y 向力 F_{YN}/N	0	0	$\pm16\,417$	0
前起落架支柱扭矩 $M_t/(N·m)$	—	—	—	$\pm2\,157$

表 2 - 21 牵引情况载荷

	前起落架向前摆（向前牵引）	前起落架向前摆（向后牵引）	前起落架从前面转 45°（向前牵引）	前起落架从前面转 45°（向后牵引）
设计最大重量 M/kg	8 450			
前起落架轮心 x 坐标 F_{SN}/mm	2 780	2 780	2 780	2 780
前起落架轮心 z 坐标 Z_N/mm	$-1\,566$	$-1\,566$	$-1\,566$	$-1\,566$
主起落架轮心 x 坐标 F_{SM}/mm	8 524	8 524	8 524	8 524
主起落架轮心 z 坐标 Z_M/mm	$-1\,423$	$-1\,423$	$-1\,423$	$-1\,423$
俯仰姿态角 $C_{TA}/(°)$	0.03	0.03	0.03	0.03
主起落架垂直力 V_M/N	40 562	33 376	37 757	34 688
前起落架垂直力 V_N/N	1 744	19 103	7 355	13 492
前起落架纵向牵引力 D_T/N	24 861	$-24\,861$	8 790	$-8\,790$
前起落架侧向牵引力 S_T/N	0	0	8 790	$-8\,790$

表 2 - 22 千斤顶顶起情况载荷

设计最大重量 M/kg	8 450
前顶起点静反力 F_A/N	22 813
左后顶起点静反力 F_{BL}/N	30 028

续 表

右后顶起点静反力 F_{BR}/N	30 028
前顶起点垂直力 V_A/N	30 797
前顶起点纵向力 D_A/N	±9 125
前顶起点侧向力 S_A/N	±9 125
左后顶起点垂直力 V_{BL}/N	40 538
左后顶起点纵向力 D_{BL}/N	±12 011
左后顶起点侧向力 S_{BL}/N	±12 011
右后顶起点垂直力 V_{BR}/N	40 538
右后顶起点纵向力 D_{BR}/N	±12 011
右后顶起点侧向力 S_{BR}/N	±12 011

注:必须考虑水平载荷与垂直载荷的所有组合。

主起落架载荷正方向定义如图 2-17 所示,前起落架载荷正方向定义与主起落架相同,但前起落架用下标"n"表示。

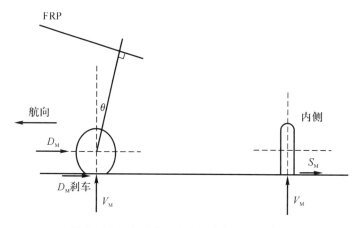

图 2-17   主起落架载荷正方向定义示意图

2.5   试 飞 验 证

我国飞机地面载荷测量起步于 20 世纪 60 年代中期,由于受到多种条件的限制,初期阶段此项技术发展是缓慢的。近 20 年来,除完成大量军机的地面载荷实测外,我国完成了运七、运八飞机起落架载荷测量、伊尔-76 飞机的起落架载荷测量等。近年来,我国正在开展 ARJ21 飞机的起落架载荷测量。由于新研制的民用飞机较少,在如何实施民机的地面载荷验证分析方面距国外航空先进国家的水平尚有较大的差距。

民机载荷实测验证技术研究内容包括民机飞行载荷实测验证技术、民机地面载荷实测验证技术以及对 CCAR25 有关飞机载荷测量验证条款的说明。本章论述用应变法进行地面载荷实测验证的相关技术，主要包括基本原理、测试改装、应变计载荷校准、飞行试验及数据处理方法等几个部分。

2.5.1　适航验证要求

CCAR25 中第 25.301 条(b)中规定："除非另有说明，所规定的空气、地面和水载荷必须与计及飞机每一质量项目的惯性力相平衡。这些载荷的分布必须保守地近似于或接近地反映真实情况。除非表明确定受载情况的方法可靠，否则用以确定载荷大小和分布的方法必须用飞行载荷测量来证实。"这提出了进行地面载荷试飞验证的必要性。

2.5.2　试飞验证方法

1. 概述

本节在借鉴部分文献资料和总结近几年所进行的起落架载荷测量工作的经验、教训基础上，从测量方法、试验机的改装、起落架载荷校准、飞行大纲和数据的采集处理及分析等五个方面介绍地面载荷的验证方法，部分技术环节尚属首次披露，其中不足之处在所难免，部分技术是借鉴某些军机项目的科研成果，但考虑到其不失通用性的一面而列于此处，望多多包涵和不吝指正。

2. 应变法载荷测量方法

(1)基本原理。简单地说，应变法测量地面载荷就是通过将飞机地面载荷的直接承受部件——起落架改造成应变式载荷传感器，通过飞机地面使用期间实测的起落架结构应变，确定地面载荷。应变法测量飞机地面载荷的基本流程如图 2-18 所示，首先对飞机起落架加装应变计，然后对其进行载荷校准，确定应变计电桥响应和已知载荷的关系-载荷方程，最后通过实测的应变计电桥响应和载荷方程得到欲测的载荷。

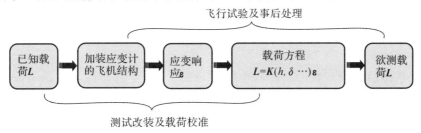

图 2-18　应变法测量飞机地面载荷的基本流程

载荷方程是将起落架结构应变数据转换为既定欲测载荷数据的中间数学环节,本质上是起落架结构刚度特性的一种数学表述。某一确定行程下的起落架载荷方程系数是利用载荷校准试验获取的起落架所受载荷与其作用下结构应变响应数据,通过线性回归处理得到的。但由于缓冲器行程会随所受载荷变化而变化,因此,起落架载荷方程一般是通过在一系列缓冲器固定行程上进行载荷校准,根据校准结果估算的一组方程组。因此,起落架载荷方程在形式上是一组以欲测载荷参数为自变量、应变参数为因变量的方程组。载荷求解的过程其实就是根据测得的应变数据解一组以载荷参数为未知数的方程组。

(2)轮心集中载荷测量模型。起落架所受载荷基本上决定于在触地区轮胎同跑道表面的相互作用力和(或)力矩、刹车力矩以及着陆撞击过程中由于机轮起转和起落架支柱弹性引起的惯性回弹力。在起落架实际受载时,变化的轮胎压缩量和飞机姿态,使相对于起落架的地面载荷实际作用点和力线也在不断变化,导致不能直接施加模拟载荷进行载荷校准。

机轮轮心是地面载荷经轮胎上传路径中一个相对起落架确定的位置,也是上述起落架惯性回弹载荷的参考作用点。这里将地面载荷等效到以机轮轮心为参考点的质点力系中,连同惯性载荷一起,统一为机体坐标轴系下的三个力和三个力矩,得到轮心六分量载荷模型,如图 2-19 所示。显然,基于此模型的各载荷分量可以在校准试验中方便地进行模拟施加。而由此得到的轮心载荷结果,可按照需要进行等效转换。

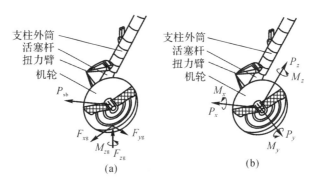

图 2-19 轮心六分量载荷模型示意图

(a)接地点载荷模型; (b)轮心六分量载荷模型

(3)线性变换原理。轮心处的六个载荷分量组成了一个线性独立的六分量向量,起落架结构上多个部位的应变也可视为一个多维向量。应变法载荷测量以结构遵循线性假设和迭加原理为前提,即某一载荷与其作用下的应变计电桥的响应成线性关系,一个力系作用下的某个应变计电桥的响应等于该力系各载荷分量分别作用引起的应变计电桥响应之和。于是,载荷测量可视为两个向量间的线性变换。

轮心载荷向量用 $\boldsymbol{P}$ 表示,维数为 6×1,应变计电桥的向量用 $\boldsymbol{\varepsilon}$ 表示,n 个应变组成的应变计电桥的向量维数为 $n \times 1$:

$$\left.\begin{array}{l} \boldsymbol{P} = \begin{bmatrix} P_X & P_Y & P_Z & M_X & M_Y & M_Z \end{bmatrix}^{\mathrm{T}} \\ \boldsymbol{\varepsilon} = \begin{bmatrix} \varepsilon_1 & \varepsilon_2 & \cdots & \varepsilon_n \end{bmatrix}^{\mathrm{T}} \end{array}\right\} \tag{2-1}$$

基于线性变换的载荷测量可表示为

$$\boldsymbol{\varepsilon} = \boldsymbol{B}\boldsymbol{P} \tag{2-2}$$

式中　$\boldsymbol{B}$——两向量的线性变换矩阵,阶数为 $n \times 6$:

$$\boldsymbol{B} = \begin{bmatrix} b_{11} & b_{12} & b_{13} & \cdots & b_{16} \\ b_{21} & b_{22} & b_{23} & \cdots & b_{26} \\ b_{31} & b_{32} & b_{33} & \cdots & b_{36} \\ \vdots & \vdots & \vdots & & \vdots \\ b_{i1} & b_{i2} & b_{i3} & \cdots & b_{i6} \end{bmatrix} \tag{2-3}$$

其中,第 i 个应变计电桥的输出式为

$$\varepsilon_i = \sum b_{ij} P_j \tag{2-4}$$

即结构上某处的应变计电桥的响应与各输入载荷线性相关,显然这也符合常用结构材料的线弹性力学机理。

载荷测量的地面应变计校准工作主要包括通过试验获取已知载荷 $\boldsymbol{P}$ 下的应变计电桥的响应 $\boldsymbol{\varepsilon}$,并通过线性回归确定变换矩阵 $\boldsymbol{B}$;而载荷测量的飞行后载荷计算环节则是按校准确定的变换矩阵 $\boldsymbol{B}$ 和飞行实测应变计电桥的向量 $\boldsymbol{\varepsilon}$ 确定载荷向量 $\boldsymbol{P}$,数学上是求解式(2-2)表示的将 $\boldsymbol{P}$ 视为未知数的线性方程组。只要各电桥线性良好,理论上便可由数量等于或大于未知载荷变量个数的任意应变计电桥的组合进行载荷计算。

(4) 含误差项的载荷测量模型。载荷校准时,载荷向量和应变计电桥的向量均经过信号采集、放大、传输等多个环节后记录下来的,而变换矩阵又经过了统计计算等数据处理环节才得到,其必定含有一定误差,可表示为 $\hat{\boldsymbol{B}} = \boldsymbol{B} + \delta\boldsymbol{B}$,式中 $\boldsymbol{B}$ 为名义变换矩阵,$\delta\boldsymbol{B}$ 为误差矩阵。飞行时应变计电桥响应的测量也是经过了诸如粘贴工艺、电磁干扰、温度效应、采集记录仪器等多个环节采集和记录下来的,也必然存在测量误差,可表示为 $\hat{\boldsymbol{\varepsilon}} = \boldsymbol{\varepsilon} + \delta\boldsymbol{\varepsilon}$,式中,$\boldsymbol{\varepsilon}$ 为应变计电桥响应的的名义值,$\delta\boldsymbol{\varepsilon}$ 为应变计电桥响应的误差。因此,式(2-2)可改写为

$$(\boldsymbol{B} + \delta\boldsymbol{B})\hat{\boldsymbol{P}} = \boldsymbol{\varepsilon} + \delta\boldsymbol{\varepsilon} \tag{2-5}$$

式中 $\hat{P} = P + \delta P$——包含求解误差 δP 的载荷解。

载荷计算的实质是解式(2-5)表示的一个方程系数和右端项均包含一定误差的线性方程组。

(5)载荷方程鲁棒性。鲁棒性是用于描述客观具有不确定性的系统模型的健壮程度的一个概念,音译自英文单词Robust。在由式(2-5)表示的载荷计算模型中,方程两边的误差项均对模型构成了不确定性,自然也有鲁棒性问题,即载荷方程对变换矩阵误差和应变测量误差的免疫能力,称为载荷方程的鲁棒性,这里以方程解的相对误差为切入点分析其评价指标。

显然,载荷方程中各变量的名义值间的关系准确成立,即 $BP = \varepsilon$,其中 B 为非奇异系数矩阵,ε 为非零的应变计电桥响应的测量向量,经过推导有

$$\frac{\| \delta P \|_v}{\| P \|_v} \leqslant \frac{\| B^{-1} \| \| B \|}{1 - \| B^{-1} \| \| \delta B \|} \left(\frac{\| \delta B \|}{\| B \|} + \frac{\| \delta \varepsilon \|_v}{\| \varepsilon \|_v} \right) \tag{2-6}$$

由式(2-6)可以看出,在模型和应变测量误差一定的情况下,方程组解的相对误差 $\| \delta P \|_v / \| P \|_v$ 对系数相对误差 $\| \delta B \| / \| B \|$ 和应变相对误差 $\| \delta \varepsilon \|_v / \| \varepsilon \|_v$ 的敏感程度可以由 $\| B^{-1} \| \| B \|$ 表征,其值随 $\| B^{-1} \| \| B \|$ 的增大而增大。这里将 $\| B^{-1} \| \| B \|$ 定义为载荷方程对误差的敏感因子 K:

$$K = \| B^{-1} \| \| B \| \tag{2-7}$$

其理想值为 1。系数矩阵的敏感因子客观反映了该载荷方程的鲁棒性,其值越小,载荷方程的鲁棒性就越好。

(6)基于鲁棒性的载荷方程优选方法。由以上分析可见,并不是只要各电桥线性良好,就能由数量等于或大于未知载荷变量数的任意应变计电桥响应的组合组成的载荷方程计算欲测载荷,而必须认识到客观存在的校准结果和飞行实测应变误差对测量结果的影响。至此,得到合适载荷方程的方法也就明确了,如图2-20所示,首先计算包含全部电桥的式(2-2)中的系数矩阵 B_a,然后评价并选取由线性度足够好的电桥组成的子矩阵 B_l,再从 B_l 中选取敏感因子较小的、秩不小于载荷分量数的子矩阵 B_e,进行结果综合评判,必要时调整拟合度和鲁棒性的要求,直至结果满意,得到优选的载荷方程。

3.试验机的改装

(1)应变计电桥改装。用应变法进行飞机地面载荷测量,应变计电桥的改装是首先要进行的,也是最重要的,因为只有获取了合适部位的应变计电桥响应,才能谈得上利用结构应变计电桥响应和所受载荷间的关系-载荷方程。那么何为合适的应变计电桥改装部位呢? 主要有以下几个方面。

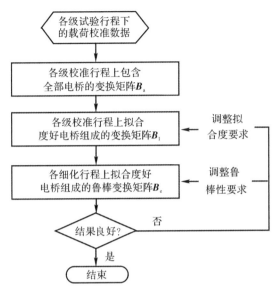

图 2-20 载荷方程优选方法流程

第一,可行性和可靠性。可行性主要指所选部位可以进行应变计的粘贴、组桥及防撞、防潮等防护工作。

第二,所选部位的应变计电桥响应与待测载荷的数学关系要尽量保证线性度、滞后、重复性、灵敏度以及零漂和蠕变等方面的要求,以满足飞机结构载荷测量基本假设。

第三,尽量满足"叠加原理",即几个载荷分量共同作用下的应变计电桥响应应等于各载荷分量分别单独作用下的应变计电桥响应之和,以兼顾各种载荷分量单独和共同作用的实际受载工况下的载荷测量。

第四,结构上的多个应变计电桥应互为补充地对全部载荷分量分别敏感,既保证各载荷分量间的充分解耦,又不浪费测试飞机上宝贵的测试资源和应变改装工作的人力和物力。

飞机起落架通常有支柱式、摇臂式、半摇臂式、多轮多支柱等多种结构形式,一般包括机轮、轮轴、活塞杆、摇臂、防扭臂、支柱、撑杆、收放作动筒等结构件,典型截面内力通常包括轴向力、弯矩、剪力及扭矩等。对民机而言,起落架的典型结构特点是多采用多轮结构形式。图 2-21 所示是典型双轮支柱式起落架。

在改装应变计电桥前,首先对起落架结构进行受力分析,按经典工程梁理论将起落架简化为刚桁架混合结构,布置对应于欲测载荷的应变计电桥。图 2-22 示出了一种起落架载荷测量应变计电桥的典型改装部位,电桥改装在空心轴的内表面及机轮轴承接触区域的内部。每个电桥都备份安装。垂直剪力电桥感受垂直载荷分量。垂直弯矩电桥感受垂直反作用力和侧向弯曲载荷。利用垂直剪力和弯矩两个电桥,能够建立侧向载荷方程。必须假定侧向载荷的反作用力点,因为弯矩电桥的力矩输出量是力臂长度的函数。所有侧向载荷都应加在轮胎的半径上,但这种半径将随轮胎的变化而变化。因此,由最好的侧向载荷方程得到的最终载荷仅与这种半径假设有关。对阻力载荷的测量可使用弯矩电桥,因为弯矩电桥比常规的四有效桥臂剪力电桥有更大的电平输出。

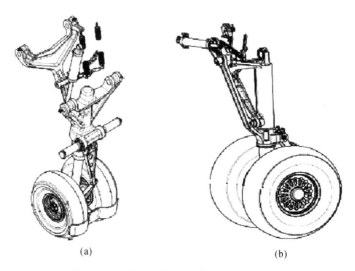

(a)   (b)

图 2-21   典型双柱式起落架结构示意图

(a) 前起落架; (b) 主起落架

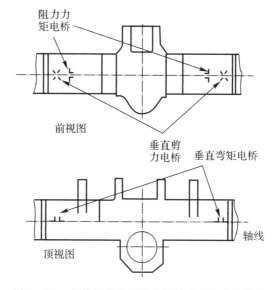

图 2-22   起落架载荷测量典型的应变计改装位置

此外,为了验证地面载荷对飞机结构的影响,在机体的不同位置(包括机翼、机身发动机支架等)上也改装应变计,以同时获取作用在重要位置处的剪力、弯矩和扭矩载荷。

值得指出的是,有的起落架可能在其轮轴上不宜改装应变计电桥,这时往往改装在支柱、斜撑杆、防扭臂等结构的适当位置上。

(2) 测试设备改装。

1) 应变测量设备的改装。除在结构上改装应变计电桥外,还必须改装应变信号采集记录设备,主要包括采集器和记录器等,通常用采集器有 770 机载数据采集系统、KAM500 机载数据采集系统,记录器通常有 D120F 记录系统等。

2) 其他传感器及测量设备的改装。飞行试验时,需测量与载荷分析相关的飞机运动参数和飞行环境参数。一般来说,在飞行试验中测量以下参数:① 地速;② 飞机离地几何高度;③ 飞机重心处的法向、航向和侧向过载;④ 操纵力、操纵位移和操纵面偏角;⑤ 俯仰角、偏航角和滚转角;⑥ 俯仰、偏航和滚转角速度;⑦ 俯仰、偏航和滚转角加速度;⑧ 迎角、侧滑角;⑨ 飞机重量和重心;⑩ 飞机着陆下沉速度;⑪ 地面转弯半径;⑫ 起落架偏角;⑬ 缓冲器压缩量;⑭ 刹车压力;⑮ 风速、风向;⑯ 轮胎充气压力;⑰ 其他参数。

应根据具体的测量要求,选择适用的传感器和记录设备,并采用适宜的测量方法。

4. 起落架载荷校准试验

(1) 载荷校准试验方法。对起落架而言,由于受载过程中,由缓冲器行程变化而引起的结构刚度的变化,直接导致了应变计电桥响应系数随载荷变化的非线性特性。解决这一问题的通常作法是,在一系列设定的缓冲支柱压缩行程上进行校准加载,获取每个设定行程下起落架校准载荷及相应的应变计电桥响应结果。

目前,采用的起落架载荷测量校准方法主要有专用平台联机载荷校准方法、离机组件级载荷校准方法和离机部件级载荷校准方法等。起落架载荷校准的主要技术分支示意图如图 2 - 23 所示。

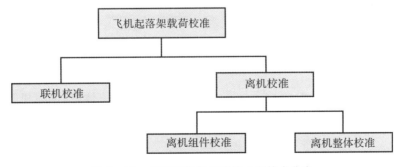

图 2 - 23　起落架载荷校准的主要技术分支

应该注意的是,在进行载荷校准试验时应考虑飞行阶段复杂测试环境可能导致的与载荷校准试验的差异性。比较可靠的方法是采用系统级的载荷校准,即校准过程中使用飞行阶段应变测量的整套仪器设备,甚至相关软件。系统级载荷校准的说明如图2-24所示。

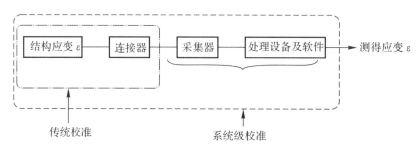

图 2-24 系统级载荷校准

1)专用平台联机载荷校准试验方法。专用平台联机载荷校准,是通过将飞机的起落架置于专用校准平台上,实现对起落架的载荷校准。这种方法的加载平台结构示意图如图2-25所示,主要由上、下两部分组成,下部由地脚和底座支撑组成,上部由中间通过力传感器连接的上、下两层结构组成,通过高强度钢珠支撑在下部结构上。

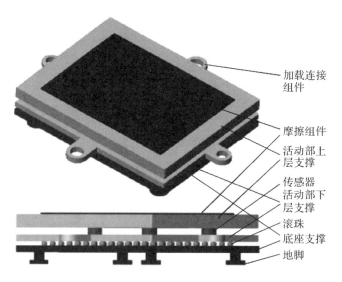

图 2-25 专用平台结构示意图

试验加载的原理如图2-26所示,通过向上顶和向下拉机体,借助飞机重力或/和施加的垂直方向的载荷改变平台对起落架的垂向支持力实现垂直载荷的施加。通过推拉平台活动部上层支撑,实现起落架侧向和航向载荷的加载,其中内侧向校准加载时左右主起落架间的载荷可自平衡;航向加载时,可借助自平衡原理实现前、主起落架正负航向载荷的校准加载,但由于前、主起落架所需加载量级往往相差较大,所以主起落架载荷校准尚需要额外通过前机身或飞机减速伞挂钩等附加航向约束。图 2-27 是专用平台联机载荷校准的试验现场资料。图 2-28 ～ 图 2-31 是典型校准载荷加载方式示意图。

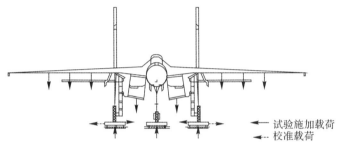

試验施加载荷
←-- 校准载荷

图 2-26　专用平台联机载荷校准加载原理

图 2-27　专用平台联机载荷校准加载原理

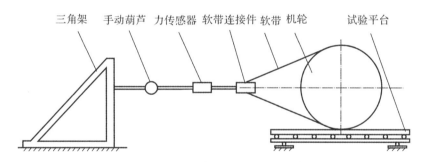

三角架　手动葫芦　力传感器　软带连接件　软带　机轮　试验平台

图 2-28　轮心正负航向载荷加载示意图

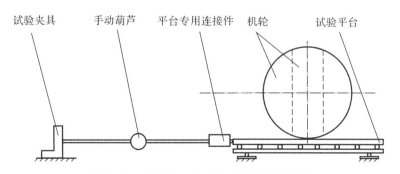

试验夹具　手动葫芦　平台专用连接件　机轮　试验平台

图 2-29　接地点正负航向载荷加载示意图

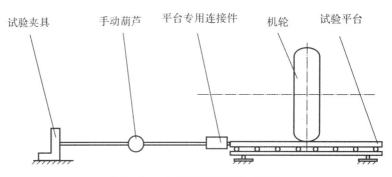

图 2-30　外侧向载荷加载示意图

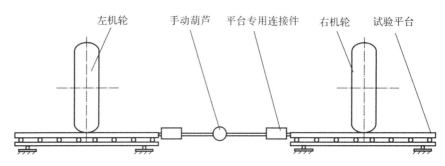

图 2-31　左右主起落架内侧向载荷加载示意图

2）离机组件级载荷校准试验方法。离机组件级的起落架载荷校准试验方法的原理是，从直接获取的内部组件所受载荷通过载荷等效折算为需要的起落架整体所受载荷。图 2-32 是这种方法的试验现场照片资料，图 2-32(a) 是 ARJ21-700 型飞机主起落架扭力臂的加载现场，图 2-32(b) 是 ARJ21-700 型飞机主起落架主支柱的加载现场。

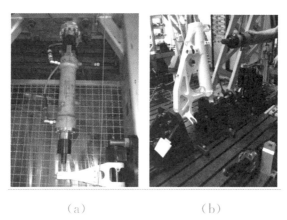

（a）　　　　　　　　　　（b）

图 2-32　离机组件级载荷校准试验现场

3）离机部件级载荷校准方法。这种方法是单独将整个被试起落架约束于试验台架上,将机轮更换为设计布置了多个加载接头的试验假轮,通过这些接头施加校准试验载荷。图2-33是其原理图,图2-34是现场照片。

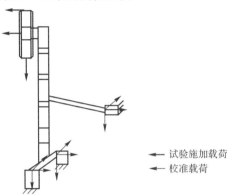

图 2-33　离机部件级载荷校准试验力学原理

图 2-34　离机部件级载荷校准试验现场照片

（2）载荷施加方式。起落架载荷校准的加载方式主要有千斤顶（见图 2-35）、手动葫芦（见图 2-36）及液压协调加载系统（见图 2-37）等。

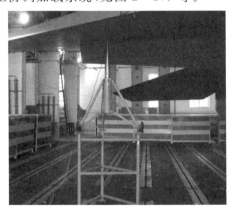

图 2-35　手动千斤顶加载方式

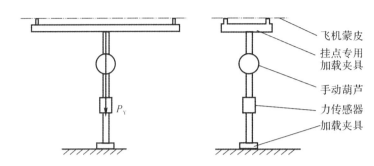

图 2 - 36 手动葫芦加载方式

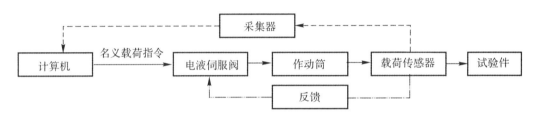

图 2 - 37 液压协调加载系统框图

（3）校准试验的现场监控和数据采集与记录。在载荷校准试验中,应变计电桥响应的测试最好采用与飞行试验测量相同的仪器设备及校线,以尽可能地提高载荷测量的质量。为了确保校准试验的成功和安全,试验中要对施加载荷、约束反力等进行适当的监控。图 2 - 38 示出了某飞机起落架载荷校准试验的测试监控系统框图。

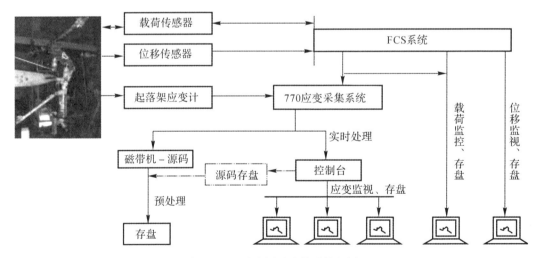

图 2 - 38 试验测试监控系统框图

（4）校准试验的数据处理。对起落架载荷校准试验所获取的载荷与应变计电桥响应数据进行分析并建立载荷方程,是衔接飞行试验阶段的重要工作。

（5）应变计电桥响应分析和响应系数计算。

1）应变电桥响应特性分析。众所周知，当力作用在物体上时，将引起物体产生变形，飞机结构也不例外，应变法测量载荷正是利用了这一物理特性。载荷测量基本假设是结构遵循线性并满足叠加原理，应变计电桥是载荷测量的最基本单元，好的应变计电桥静态响应特性是保证载荷测量质量的基础，也就是要遵循的所谓"响应要好"的电桥选取原则。具体包括对线性度、灵敏度、迟滞及重复性等几个主要的电桥静态响应特性的评价。

线性度 e_1 指电桥的载荷校准曲线与拟合直线的偏离程度，又称非线性误差，如图 2-39(a) 所示，其计算式为

$$e_1 = \pm \Delta y_{max} / y_{F.S.} \times 100\% \qquad (2-8)$$

灵敏度 S_n 指电桥输出改变量与引起该变化的载荷改变量之比，也就是拟合直线的斜率，其计算式为

$$S_n = \Delta y / \Delta x \qquad (2-9)$$

虽然试验条件没变，但由于材料的内摩擦、部件装配部位的间隙及摩擦等因素，加载过程和卸载过程的应变计电桥响应特性曲线是不重合的，迟滞 e_h 用来描述这种不重合的程度，如图 2-39(b) 所示，其计算式为

$$e_h = \pm \Delta y_{max} / y_{F.S.} \times 100\% \qquad (2-10)$$

重复性 e_r 指在条件不变，但多条载荷-应变曲线所存在的不一致的程度如图 2-38(c) 所示，其计算式为

$$e_r = \pm \Delta y_{max} / y_{F.S.} \times 100\% \qquad (2-11)$$

其中 Δy_{max} 为 y_{max1} 和 y_{max2} 中的较大者。数据的离散程度常用随机误差描述，故也可通过标准偏差 s 计算重复性：

$$e_r = \pm (2 \sim 3) s / y_{F.S.} \times 100\% \qquad (2-12)$$

电桥选取时应遵循的原则是表示线性度的 e_1 要小，灵敏度的 S_n 要大，迟滞的 e_h 要小，重复性的 e_r 要小。另外还要注意电桥的稳定性、零漂、温漂等响应特性。

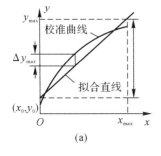 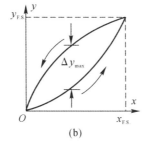 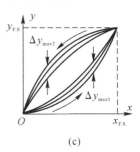

图 2-39　电桥静态响应主要特性衡量指标

(a) 线性度；　(b) 迟滞；　(c) 重复性

2）应变计电桥响应系数计算。众所周知，校准试验时，结构的应变计电桥响应由外载荷引起，结构应变与所受载荷的关系为

$$
\begin{bmatrix} \varepsilon_1 \\ \varepsilon_2 \\ \vdots \\ \varepsilon_i \end{bmatrix} = \begin{bmatrix} b_{11} & b_{12} & b_{13} & \cdots & b_{1j} \\ b_{21} & b_{22} & b_{23} & \cdots & b_{2j} \\ b_{31} & b_{32} & b_{33} & \cdots & b_{3j} \\ \vdots & \vdots & \vdots & & \vdots \\ b_{i1} & b_{i2} & b_{i3} & \cdots & b_{ij} \end{bmatrix} \begin{bmatrix} P_x \\ P_y \\ P_z \\ \vdots \\ P_x^\alpha P_y^\beta P_z^\gamma \end{bmatrix} \overset{\text{记为}}{=} \boldsymbol{B} \begin{bmatrix} P_x \\ P_y \\ P_z \\ \vdots \\ P_x^\alpha P_y^\beta P_z^\gamma \end{bmatrix} \tag{2-13}
$$

载荷校准的任务就是确定系数矩阵，当然由于起落架缓冲器行程的变化，需要根据最大行程范围和使用工况对应的行程等因素选定几个行程量。

在处理试验数据时，响应系数的计算是基于最小二乘法的线性回归原理，在MATLAB软件环境下编程完成计算的。因变量 ε 与诸载荷自变量有下面关系：

$$
\varepsilon = b_0 + b_1 P_x + b_2 P_y + b_3 P_z + b_4 M_x + b_5 M_y + b_6 M_z + e \tag{2-14}
$$

确定参数 b_i 时采用最小二乘法，也即使残差平方和

$$
\sum e^2 = \sum \left[\varepsilon - (b_0 + b_1 P_x + b_2 P_y + b_3 P_z + b_4 M_x + b_5 M_y + b_6 M_z) \right]^2 \tag{2-15}
$$

达到最小。对式（2-15）求偏导，令其为零，解方程组可得

$$
\left. \begin{aligned} & \frac{\partial e'e}{\partial b} = -2X'Y + 2X'Xb = 0 \\ & X'Y = X'Xb \\ & b = (X'X)^{-1}X'Y \end{aligned} \right\} \tag{2-16}
$$

（6）载荷方程建立。建立载荷方程的内涵包括两个层面：一是从所粘贴的含有冗余的应变电桥中确定哪些参与载荷方程，二是确定参与建立载荷方程的应变电桥的系数。

针对固定行程的起落架载荷校准而言，载荷方程的建立前文已经阐述，而由于缓冲器行程在受载过程中的变化而使电桥响应系数是行程的函数，非校准行程下的载荷方程的建立则依对应行程与校准行程进行插值得到的响应系数如法炮制获得。通常的做法是视缓冲器满行程较之起落架结构的相对大小以及电桥响应系数随行程变化的梯度大小估计，选取 3～5 个行程值，对应变电桥载荷校准试验获取的数据进行处理，建立对应于各自行程的载荷方程。在飞行试验阶段，载荷计算所需非校准行程的载荷方程的电桥组合取与其最接近的固定行程下的组合，而载荷方程系数则用前述插值法计算。

5. 飞行试验大纲

地面载荷实测验证飞行试验的目的是验证在飞机使用手册允许的飞行状态下，飞

机起落架强度安全的载荷条件。其主要任务有:实测预定的典型飞行状态下的起落架载荷,研究起落架受载的规律性;通过对载荷规律的研究,在对载荷设计计算方法验证和／或修正以及极限飞行状态确定的基础上,进行接近极限状态的飞行试验,验证临界地面操作状态下的起落架具有足够的安全性并确定载荷余量。

飞行试验项目主要有滑行、起飞、着陆、地面维护等,包括起飞前的发动机试车、前后牵引、最大起飞重量、最大着陆重量、中断起飞的剧烈刹车、滑行中的急剧刹车、最小转弯半径转弯、侧风起飞和着陆等。

(1)起飞试验:在适用机场,采用逐步逼近的方式进行最大起飞重量和严重装载构型状态以及最大侧风条件下的起飞试验。

(2)着陆试验:分别进行两点、三点和机尾下沉状态的着陆试验,着陆重量达到要求值,着陆下沉速度达到相应重量适用的最大值,着陆偏航角和倾斜角要达到允许的最大值。

(3)刹车试验:最大力和最大施加速率操作刹车踏板或手柄。① 在允许的试验重量和最大刹车速度下进行急剧刹车;② 进行最大非对称刹车;③ 最大反向刹车。

(4)转弯试验:进行转弯试验,采用逐步缩小转弯半径和逐步增大转弯速度的方式,至允许的最小转弯半径下和最大转弯速度状态。

(5)打地转试验:在允许的最大重量下,采用刹死一侧主机轮并偏转前轮,以发动机推力使飞机按允许的最大角速度进行试验。

(6)发动机试车试验:采用维护制动措施,将发动机加速到最大对称推力和最大非对称推力;采用最大可用刹车,将发动机加速到最大使用检查功率和推力。

(7)牵引试验:以适用的牵引方式,进行允许的最大加速度的牵引试验,前进和后退都要进行。

在起落架载荷测量试飞中,有时难以达到设计要求的下沉速度以及转弯半径与转弯速度的严重组合等。在飞行试验中,应循序渐进,逐步逼近严重情况,应在临界状态／构型并以不小于80％的设计着陆下沉速度下至少进行一次着陆试验。通过对各种不同受载情况下的载荷分析,验证起落架在严重受载情况下的载荷。

6.数据采集、处理和分析

(1)数据的采集与预处理。起落架载荷测量数据(主要是应变计电桥响应数据)的采集速率一般可取 256 个／s,采样速率太低,易导致较大的测量误差。 为保证飞行试验中的应变计电桥响应不会超出量程范围的数码值,在飞行前应变计电桥应平衡在一个适中的位置。这意味着在确定应变计电桥平衡值时必须考虑飞机重量等对起落架的影响。

起落架载荷测量零位值的选取是重要的,通常将水平非加速飞行、起落架处于全伸长状态取为零位。但是,机轮、轮胎和刹车装置等的重量在确定零位值时必须加以考虑。

对于飞行试验中获取的测量参数数据,应当仔细予以分析,要确保各应变计电桥响应结果是可靠的,如果有的应变计电桥出现故障、应变计电桥特性发生变化,应当及时辨别并及时、适当加以处理;在可用多个方程同时测量某一个载荷分量时,充分研究载荷测量结果的可靠性、稳定性。对于其他参数的测量也要予以充分的注意,尤其是像下沉速度等,要能正确地划分出不同的任务段。总之,通过飞行数据的预处理,要保证能够得到正确的飞行状态和正确的地面载荷测量结果。

(2)载荷实测验证。在地面载荷的飞行试验后,根据测量的各飞行参数可得到起落架在不同飞机构型、不同受载情况下承受的载荷。要充分研究这些数据:一方面着重分析研究在各种严重受载状态下,起落架的载荷规律、起落架达到或可能达到的极值载荷;另一方面,根据大量实测的状态结果和载荷结果,分析起落架载荷的分布。就地面载荷的实测验证来说,主要包括三个方面:一是将实测载荷与经静力试验考核验证通过的设计包线对比,以确认起落架结构在试飞期间的安全;二是统计分析实测载荷数据与对应飞行参数的关系,分析载荷规律,为强度包线的确认和验证以及飞行包线的扩展提供结构安全性的支持;三是将典型设计状态的实测载荷与设计载荷进行对比,总结设计载荷计算方法的利弊得失。图2-40是飞行载荷验证的流程示意图。

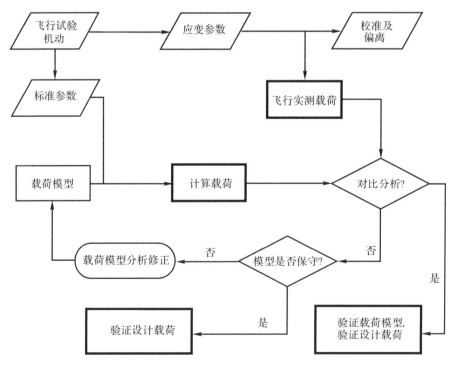

图2-40 飞行载荷验证流程

图 2-41 是实测的垂直载荷 P_y 对纵向载荷 P_x 的图形与设计包线对比图。类似的,可绘制实测的垂直载荷 P_z 对侧向载荷 P_z 的图形与设计包线对比图,以及实测的纵向载荷 P_x 对侧向载荷 P_z 的图形与设计包线对比图。

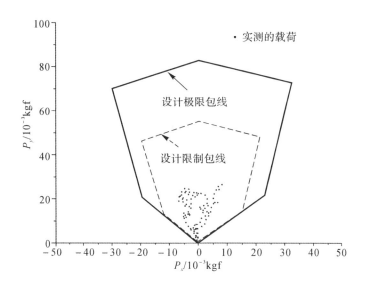

图 2-41　实测与设计包线的纵向载荷 P_x 和垂直载荷 P_y 的图形

(3) 缓冲器缓冲性能实测验证。缓冲器效率反映了起落架吸收着陆撞击能量的工作性能,太"硬"或太"软"的缓冲器效率都比较低,通常要求设计的缓冲器效率达到75% 以上。缓冲器效率由缓冲器轴向载荷对行程所作曲线下面的面积与最大载荷与最大行程所围矩形的面积的比值表示,计算公式为

$$\eta_{缓冲器} = \frac{\int_0^{S_{max}} P_{axis} dS}{S_{max} P_{axis\text{-}max}} \times 100\% \qquad (2-17)$$

式中　　　P_{axis} —— 实测缓冲器轴向载荷;

　　$P_{axis\text{-}max}$ —— 实测缓冲器轴向载荷最大值;

　　　　S —— 实测缓冲器行程;

　　　S_{max} —— 实测缓冲器行程最大值。

图 2-42 是某型飞机实测的某次着陆撞击主起落架缓冲器轴向载荷对缓冲器行程的曲线,作为对比,图中同时给出了该缓冲器的静压曲线,其中实测的缓冲器效率为 83%。

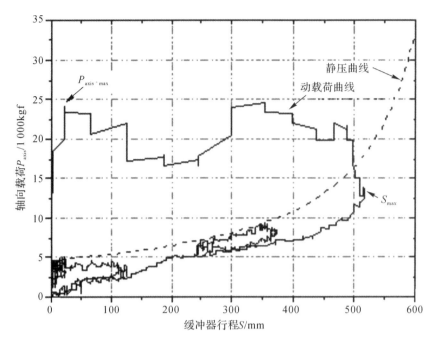

图 2 - 42   着陆撞击过程缓冲器行程与实测轴向载荷关系曲线

2.5.3　应用实例

下面给出某飞机主起落架载荷测量试飞的简要情况。

某飞机采用前三点式起落架布局,主轮距 4.5m,前主轮距 6.0m,飞机正常起飞重量为 27t,设计着陆重量为 24t,设计最大下沉速度为 3m/s。飞机前、主起落架均为可收放支柱式起落架,前起落架为并列式双轮结构,带有前轮转弯操纵机构,主起落架为支柱式单轮结构。前、主起落架缓冲器行程均为 400mm。

为测量飞机主起落架载荷,在起落架轮轴、活塞杆、支柱、防扭臂等承力部件上加装了 18 组应变计电桥。应变计电桥的载荷校准试验是在将起落架从飞机上拆下、安装于试验台架上进行的,试验时分别在 4 个缓冲器行程下重复进行所有工况的加载。图 2 - 43 是进行缓冲器行程 60mm 下的载荷校准试验现场照片。

利用载荷校准试验数据,通过对各电桥线性度、灵敏度、迟滞及重复性等电桥响应特性的分析,选取了各方面表现均衡的 9 个应变电桥,计算了应变电桥对各载荷分量的响应系数。表 2 - 23 是计算得到的各电桥响应系数。

据此,兼顾各电桥响应特性和全部电桥组合下的载荷方程系数矩阵的条件数,分别优选得到 4 个缓冲器行程下的载荷方程系数矩阵。采用"就近原则",即实测缓冲器行程最接近哪个试验行程,载荷方程就用哪个试验行程下的载荷方程,计算得到实测载荷。图 2 - 44 是实测得到的典型飞行起落主起落架载荷-时间历程图。

图 2-43　载荷校准试验现场局部

表表表 2-23　电桥响应系数表

电　桥	载　荷					
	P_x	P_y	P_z	M_x	M_y	M_z
	μ_ε/kN			$\mu_\varepsilon/(kN \cdot m)$		
S_1	−7.23	6.62	−7.25	11.69	−19.56	13.15
S_2	−0.16	−9.82	6.77	23.46	12.77	8.83
S_3	1.85	−1.88	3.73	0.87	6.18	100.84
S_4	−20.77	−0.05	2.70	−2.80	−66.07	−7.55
S_5	−3.84	2.79	−8.03	−9.64	−18.18	0.75
S_6	10.15	1.48	−9.77	1.81	32.84	7.95
S_7	−7.75	−6.91	22.94	21.73	−1.61	−1.53
S_8	39.93	1.22	−16.38	−13.97	−7.05	−32.22
S_9	−14.38	2.14	−10.24	−5.02	−5.80	5.00

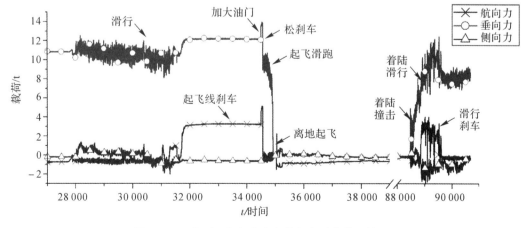

图 2-44　典型飞行起落主起落架实测载荷-时间历程

第 3 章　水　载　荷

符　号　说　明

A　——　受载面积，m^2。

C_1　——　水上飞机操纵经验系数。

C_2　——　龙骨处局部压力经验系数。

C_3　——　舭处局部压力经验系数。

C_4　——　分布压力经验系数。

C_5　——　非沉浸浮筒水载荷的经验系数。

C_{to}　——　确定起飞载荷系数的经验系数。

C_x　——　沉浸浮筒的纵向阻力系数。

C_v　——　沉浸浮筒的侧向力系数。

F　——　水载荷合力，N。

g　——　重力加速度，m/s^2。

H　——　海浪的波高，m。

K_1　——　水载荷系数沿船体纵向分布系数。

K_2　——　船体站位加权系数。

K_3　——　沉浸浮筒水载荷的经验系数。

n　——　载荷系数。

P_k　——　龙骨上的压力，N/s^2。

P_{ch}　——　舭处的压力，N/s^2。

P　——　分布压力，N/s^2。

R　——　载荷计算点到重心距离与惯性半径之比。

V_{S0}　——　着水失速速度，m/s。

V_{S1} ——　起飞失速速度,m/s。

W ——　水上飞机重量,kg。

ρ ——　水的质量密度,kg/m³。

α ——　几何角度,(°)。

$\Delta\alpha$ ——　α 的增量。

θ ——　几何角度,(°)。

β ——　船体斜升角,(°)。

Δ ——　旋转体的排水体积,m³。

υ ——　椭圆旋转体的运动速度,m/s。

m ——　平板的附加质量。

ω ——　正交板的挠度。

$\overline{m}$ ——　正交板每单位面积的平均质量。

b ——　y 方向的正交板长度。

B ——　有效扭转刚度。

$X_1(x)$ ——　板在 x 方向的一阶振动模态。

V ——　刚体入水速度,向下为正。

$\overline{\omega}$ ——　物体湿表面的平均挠曲速度。

C_{air} ——　在气垫中的声速。

C_a ——　在大气中的声速。

P_a ——　大气压。

γ ——　绝热比值,取 1.4。

A_0 ——　最大加速度因子。

K ——　附连质量因子。

τ ——　水上飞机相对静水面的纵倾角,(°)。

τ_{yx} ——　水上飞机相对于波浪的有效纵倾角,(°)。

γ_0 ——　水上飞机相对静水面的初始航迹角,(°)。

$V_{zs.s}$ ——　飞机相对静水面的着水速度($V_{zs}=K_v V_{zs}$,$K_v=V_{zs.s}/V_{zs}$),m/s。

V_{zs} ——　触水时飞机的着水速度,m/s。

V_z ——　着水时下沉速度(初始速度的垂直分量),m/s。

V_{air}	——	相对空气的速度（初始速度水平分量），m/s。
θ	——	水上飞机着水时所遇波浪的波倾角，(°)。
V_w	——	水上飞机着水时的水面风速，m/s。
V_b	——	水上飞机着水时的波速，m/s。
λ	——	波长，m。
σ	——	圆频率。
a	——	波幅。
V_{sp}	——	水平速度，m/s。
h_d	——	着水过程中瞬时浸水深度系数。
$P_{舵}$	——	水舵限制载荷，N。
F_{1x}	——	空气阻力，N。
F_{2x}	——	水阻力，N。
F_R	——	连接接头所受的拉力，N。
C_{1x}	——	水上飞机处于降落迎角时的阻力系数。
$P_{起}$	——	起落架水中收放限制载荷，N。
W_{max}	——	飞机牵引出水时的重量。
$\tan\varphi_{wr}^{\circ}$	——	下滑道坡度角。
f_{fr}	——	摩擦因数。
k_{dyn}	——	动力系数。
$k_{unbalance}$	——	分支力不平衡系数。
x_c	——	分布压力的中心，m。

下标：

a	——	后部。
b	——	波浪。
ch	——	舭处。
f	——	前部。
k	——	龙骨处。
to	——	起飞。
x,y,z	——	分别为船体坐标系的纵向、侧向、垂向。

w　——　　水／风。

zs　——　　着水。

zx　——　　重心。

3.1　引　　言

　　水上飞机和水陆两栖飞机是指可在水面起降或既可在水面起降又可在陆上起降的固定翼飞机,其是适于水域、地域飞行使用的多功能特种飞行器,在森林灭火、水上救援、水面应急运输等民用方面,具有许多独特的优势。水载荷是指水上飞机和水陆两栖飞机在水面起降过程中,飞机与水面撞击产生的载荷,该载荷是控制水上飞机和水陆两栖飞机机体结构完整性、使用安全性的主要载荷情况之一,直接关系到飞机结构轻质、长寿命和高可靠性的实现,也是研发水上飞机和水陆两栖飞机的重要技术基础。

　　水上飞机和水陆两栖飞机在近海、远海、内陆江河湖泊、水库等水域起飞降落过程中,承受了复杂的水载荷,如着水撞击载荷和水面滑行载荷。这些载荷的存在,会引起飞机结构的动力响应。严重的响应,一方面使冲击区域承受巨大的压力,可能导致局部结构破坏;另一方面将引起整个机体剧烈的振动,当其与低频波浪叠加时,可能导致飞机强度的丧失。

　　针对结构物入水冲击问题,国内外已经开展了一系列理论和试验研究工作。1932年,V. H. Wagner 将 Von Karman 的方法理论化,又考虑到冲击时水面的抬升现象,提出了小斜升角模型的近似平板理论。B. Milwitzhy 考虑到水上飞机冲击滑行过程中的俯仰力矩、滑行角与 V 形船体的斜升角等因素,采用无量纲分析方法简化了数学模型。1952 年 Monaghan 总结了用于理论计算的水上飞机入水理论,提出了考虑尾部气流损失的最大撞水过载近似公式。在上述理论和试验研究的基础上,国内外学者综合评估了对飞机着水载荷有影响的各项主要因素,以经验公式的形式制定了水上飞机和水陆两栖飞机水载荷计算标准。

　　水上飞机和水陆两栖飞机着水过程涉及空气、水、飞机三者之间的气、液、固三相强非线性相互作用,水载荷包括滑水载荷、着水载荷,其影响要素主要包括飞机几何参数和运动参数、水面情况(波浪要素、风况)、着水位置、弹性变形等。

　　水载荷分析的主要手段包括理论分析、数值仿真、模型试验和实机测试等。理论分析以现有的适航标准提供的理论方法为基础。数值方法以 ALE 算法和 SPH 算法为主,主要解决两相或三相流固耦合问题。试验主要包括楔形体试验、单机身着水撞击试验、全机无动力着水撞击试验、实机水载荷测试等。

水载荷是控制水上飞机和水陆两栖飞机机体结构强度、刚度、耐久性和损伤容限特性的主要载荷之一。本章主要针对 CCAR25 部进行解释说明（对 CCAR23 部情况进行单独说明）并解释、说明有关水载荷分析各条款的要求、意义及验证方法。本章主要内容包括水载荷分析计算的理论基础与分析方法、水载荷作用域与分布规律、水载荷分析计算中主要因子（系数／参数）的确定、着滑水载荷-时间历程、着滑水载荷的试验方法等，以便于工程设计的实现，提高水载荷分析的可靠度和置信水平。

3.2　水载荷适航条款解释

3.2.1　概述

运输类水上飞机和水陆两栖飞机的水载荷设计必须满足 CCAR25 的要求，以满足适航要求，准确理解以及合理地符合相关条款是民用飞机地面载荷设计的关键。而对于正常类、实用类、特技类和通勤类飞机，则按照 CCAR23 的要求执行。

水上飞机和水陆两栖飞机在水面上起飞、滑水、着水的过程中，飞机受到复杂的水动载荷和惯性载荷，决定这些载荷的主要因素包括飞机的着滑水重量及其分布、转动惯量、机身底部触水部位的几何外形及结构弹性、机身底部或主浮筒与水接触的位置（断阶、船艏、船艉），飞机着滑水过程中的运动参数（纵倾角、水平速度、下沉速度等），以及水面的风况（大小、方向）和波浪要素（波高、波长、传播方向）。水上飞机和水陆两栖飞机应根据使用中可能遇到的最恶劣海况条件下正常运行时可能出现的各种姿态，以起飞和着水过程中的相应向前和下沉速度所产生的水载荷进行设计。

3.2.1　第 25.521 条　总则

1. 条款原文

（a）水上飞机必须根据在很可能遇到的最恶劣海上条件下正常运行时很可能出现的任何姿态，以相应的向前和下沉速度起飞和着水过程中所产生的水载荷进行设计。

（b）除非对水面载荷做出更合理的分析，否则采用第 25.523 条至第 25.537 条的规定。

（c）本条和第 25.523 条至第 25.537 条的要求也适用于水陆两用机。

2. 条款解释

(1) 本条(a)款的要求是对水上飞机结构强度设计提出总的要求。

对要求的说明：水上飞机是在水面起飞、降落的特殊机种。为了保证它在可能遇到的水面上安全地起飞、着水和滑水，不仅要求它满足水面喷溅特性、操纵性和稳定性，还要求它必须能够承受正常使用中可能出现的水载荷。

还需指出，这里提到的姿态及前进速度、下沉速度是相对于平静水面而不是相对于波浪水面的。

(2) 本条(b)款的要求是对第 25.521 条(a)款的验证方法进行说明。

对要求的说明：水上飞机起飞、着水载荷的大小取决于许多因素，除了本条(a)款提到的海况、姿态、前进速度和下沉速度以外，还有下面条款中将提到的重量、船底线型等。第 25.523 条至第 25.527 条的各项规定是在水上飞机着水撞击理论及大量试验资料的基础上建立的半经验公式，是合理、可靠的。因此在无更合理方法时，可以用它们来确定水上飞机起飞、着水载荷，进行结构设计。

(3) 本条(c)款的要求是指出水陆两用飞机的水载荷也可用这些规定确定。

对要求的说明：水陆两用飞机是既能在陆地跑道又能在水面上起飞、降落的特殊机种，因此它也必须满足水上飞机的有关要求。

3. 与其他规范对比分析

本条款要求与 CCAR23 中条款要求一致。

3.2.2　第 25.523 条　设计重量和重心位置

1. 条款原文

(a) 设计重量。必须在直到设计着水重量的各种运行重量下满足水载荷要求。但对于第 25.531 条中所述的起飞情况，必须采用水面设计起飞重量（水面滑行和起飞滑跑的最大重量）。

(b) 重心位置。必须考虑在申请合格审定的重心限制范围内的临界重心，以获得水上飞机结构每一部分的最大设计载荷。

2. 条款解释

(1) 本条(a)款的要求是在水上飞机结构强度设计时，必须考虑各种使用重量下的水载荷。

对要求的说明：

1) 重量是影响水上飞机水载荷的主要因素之一，这可以从第 25.527 等条款的载荷系数公式中清楚地看到，另外重量的大小还直接影响飞机的起飞和着水速度，亦对水载荷产生影响。

2）起飞重量是水上飞机起飞滑行时的重量,是水上飞机运营中的最大重量,虽然起飞情况规定的载荷系数(见第 25.521 条)与着水情况相比要小一些,但由于此时机翼上的有效装载较多,气动升力又比较小,这样滑行中气动升力不能像着水时那样抵消一部分向下的惯性力而使惯性力成为构成机翼下壁板严重情况设计时的主导载荷。所以机翼及船身、浮筒连接部位设计都要考虑此情况。

（2）本条（b）的要求是在进行结构设计时,必须要考虑在申请合格审定的重心范围内的各个最不利的重心位置,以确保结构安全。

对要求的说明:重心位置变化意味着飞机重量分布的变化和惯性矩的变化,这将直接影响到艏部的撞击载荷的大小。加之重量分布变化将引起结构内力的变化,所以要获得结构各部位最大的设计载荷,必须要考虑各种可能使用的重心位置时的水载荷,从而找出最不利重心位置情况下结构某一部位的设计载荷。

3. 与其他规范对比分析

本条款要求与 CCAR23 中条款要求一致。

3.2.3 第 25.525 条   载荷的假定

1. 条款原文

（a）除非另有规定,否则假定水上飞机作为一个整体承受与第 25.527 条规定的载荷系数相应的载荷。

（b）在施加按第 25.527 条中规定的载荷系数得到的载荷时,可以用不小于第 25.533(b) 条中规定的压力把该载荷分布于整个船体或主浮筒的底部(以避免在水载荷作用部位出现过大的局部剪切载荷和弯矩)。

（c）对于双浮筒水上飞机,每个浮筒必须作为一架假想的水上飞机的一个等效船体,其重量等于该双浮筒水上飞机重量的一半。

（d）除第 25.531 条的起飞情况外,在着水时,假定水上飞机的气动升力为水上飞机重力的 2/3。

2. 条款解释

（1）本条（b）款的要求是推荐了一种分布载荷的方法。

对要求的说明:第 25.527 条给出的是集中载荷,实际上水上飞机着水载荷是分布在浸水面积上的分布载荷。第 25.533(b) 条规定的局部压力是指水上飞机与水面撞击过程中,船底某一局部区域内的最大压力,主要用于船底底板、长桁及其支承结构连接的设计。因此按照此压力来分布水载荷,既可保证船底结构的安全,又能避免在水载荷作用部分出现过大的局部剪力和弯矩。

艏部最靠前的和艉部最靠后的撞击,用局部压力来分布有可能超出船体,因此条文规定为以不小于第 25.533(b) 条规定的压力来分布载荷,从而避免这一不协调现象。

(2) 本条(d)的要求是规定了水上飞机在起飞、着水过程中的气动升力的取值。

对要求的说明:水上飞机在波浪水面上着水总是多次撞击,撞击载荷达最大值往往不是在第一次撞击,而是在速度损失不太大的第二次或第三次撞击。根据机翼根部弯矩测量可知,首次撞击时飞机升力约为重量的 85%,第二次撞击在 70% 左右,因此出于安全考虑将其规定为重量的 2/3。

水上飞机在起飞滑行时,由于滑行撞击往往发生在低速,且迎角又较小,故升力可近似为零值。

3. 与其他规范对比分析

CCAR23 中本条款的(b)条与 CCAR25 部不同,其具体表述如下:

在施加按第 23.527 条中规定的载荷系数得到的载荷时,可以用不小于第 23.533(c)条中规定的压力把该载荷分布于整个船体或主浮筒的底部(以避免在水载荷作用部位出现过大的局部剪切载荷和弯矩)。

3.2.4　第 25.527 条　船体和主浮筒载荷系数

1. 条款原文

(a) 水面反作用载荷系数 n_w 必须以下列方法计算:

1) 对于断阶着水情况:

$$n_w = \frac{C_1 V_{S0}^2}{(\tan^{2/3}\beta)W^{1/3}} \tag{3-1}$$

2) 对于船首和船尾着水情况:

$$n_w = \frac{C_1 V_{S0}^2}{(\tan^{2/3}\beta)W^{1/3}} \times \frac{K_1}{(1+r_x^2)^{2/3}} \tag{3-2}$$

式中　n_w —— 水面反作用载荷系数(即水面反作用力除以水上飞机重力);$C_1 =$ 0.009 22(公制:$C_1 = 0.009\ 22$;英制:$C_1 = 0.012$),为水上飞机操纵经验系数(但此系数不得小于为获得断阶载荷系数最小值 2.33 所需要的数值)。

　　　　V_{S0} —— 襟翼打开在相应的着水位置,不考虑滑流影响的水上飞机失速速度,kn。

　　　　β —— 在确定载荷系数的纵向站位处的斜升角,(°),如图 3-1 所示。

　　　　W —— 水上飞机设计着水重量,kg(英制:lb)[①]。

―――――――――
① 　1 lb = 0.454 kg。

K_1 —— 船体站位的经验加权系数,如图 3 - 2 所示。

r_x —— 平行于船体基准轴,从水上飞机重心到进行载荷系数计算的船体纵向站位的距离与水上飞机的俯仰回转半径之比。船体基准轴为一条在对称平面内与主断阶处龙骨相切的直线。

(b) 对于双浮筒水上飞机,由于浮筒与水上飞机连接的柔性影响,可以将船首和船尾处的系数 K_1 减少到图 3-2 所示值的 80%,这种减少仅适用于传力构架和水上飞机机体结构的设计。

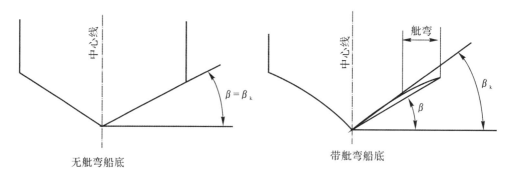

图 3 - 1 水上飞机 / 水陆两栖飞机的角度、尺寸和方向的图解定义

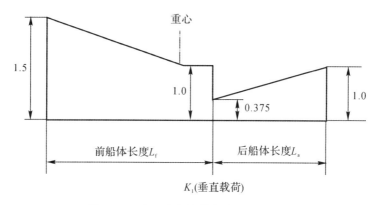

图 3 - 2 水上飞机船体各站位 K_1 系数

2. 条款解释

(1) 本条(a) 款的要求是给出了船体和主浮筒断阶、船首和船尾着水载荷系数的计算公式。

对要求的说明:条款给出的公式是建立在水上飞机着水撞击理论及大量试验数据基础上的半经验公式,公式中各个参数的物理意义及量纲都是清楚的,无须说明。

(2) 本条(b) 款的要求是规定了双浮筒水上飞机机体结构及传力构架的设计载荷。

对要求的说明:这里仅需说明的是这种减小只适用于传力构架及机体结构设计,而不适用于浮筒本身设计。

3. 与其他规范对比分析

本条款要求与 CCAR23 中条款要求一致。

3.2.5 第 25.529 条 船体和主浮筒着水情况

1. 条款原文

（a）对称断阶、船首和船尾着水。对于对称断阶、船首和船尾着水，水面反作用限制载荷系数按第 25.527 条计算确定。此外，采用下列规定：

1）对于对称断阶着水，水载荷的合力必须在龙骨上，通过重心且与龙骨线垂直；

2）对于对称船首着水，水载荷的合力必须作用在从船首到断阶的纵向距离 1/5 处的龙骨上，且与龙骨线垂直；

3）对于对称船尾着水，水载荷的合力必须作用在从断阶到尾柱的纵向距离 85% 处的龙骨上，且与龙骨线垂直。

（b）非对称着水。船体式水上飞机和单浮筒水上飞机必须检查非对称的断阶、船首和船尾着水情况。此外，采用下列规定：

1）每一情况的载荷均由向上分量和侧向分量组成，其值分别等于相应的对称着水情况合力乘以 0.75 和 $0.25\tan\beta$；

2）载荷向上分量的作用点和方向与对称情况相同，侧向分量的作用点在向上分量的同一纵向站位处，作用于龙骨线和舷线之间的中点，但方向朝内并垂直于对称平面。

（c）非对称着水。双浮筒水上飞机非对称载荷由作用于每一浮筒断阶处的向上载荷和仅作用于一个浮筒上的侧向载荷组成，其值分别等于按第 25.527 条获得的断阶着水载荷乘以 0.75 和 $0.25\tan\beta$。侧向载荷作用在浮筒龙骨线和舷线之间的中点，位于与向上载荷相同的纵向站位处，但方向朝内并垂直于对称平面。

2. 条款解释

本条文的要求是给出了水上飞机不同着水状态下水载荷的大小、方向及作用点。

对要求的说明：本条（c）款将非对称情况的侧向载荷处理成作用在一个浮筒上，对结构强度设计是偏于安全的。

3. 与其他规范对比分析

本条款要求与 CCAR23 中条款要求一致。

3.2.6 第 25.531 条 船体和主浮筒起飞情况

1. 条款原文

对于机翼及其与船体或主浮筒的连接，采用下列规定：

假定机翼的气动升力为零；

必须施加向下的惯性载荷,其对应的载荷系数按下式计算:

$$n = \frac{C_{T0} V_{S1}^2}{(\tan^{2/3} \beta) W^{1/3}} \tag{3-3}$$

式中　　n —— 惯性载荷系数;$C_{T0}=0.003\,07$(公制:$C_{T0}=0.003\,07$;英制:$C_{T0}=0.004$),
为水上飞机操作经验系数。

　　　　V_{S1} —— 襟翼打开在相应的起飞位置,在水面设计起飞重量下的水上飞机失速
速度,kn。

　　　　β —— 主断阶处的斜升角,(°)。

　　　　W —— 水上设计起飞重量,kg(lb)。

2. 条款解释

(1) 本条文的要求是对机翼及其与船身或主浮筒的连接件的设计提出要求。

(2) 相关条款。第 25.527 条船体和主浮筒载荷系数规定了计算船身和主浮筒载荷
系数时所使用的经验系数 C_1。

(3) 对要求的说明:水上飞机起飞滑行中与波浪相遇实际上就是一个撞击过程,所
不同的是水平速度应取起飞速度,下沉速度则小于着水撞击时的下沉速度,因此经验系
数取为 C_{T0} 而不是 C_1。

假设机翼气动升力为零,是因为飞机达到起飞速度而没有抬起时,机翼处于小迎
角,升力本来就不大,此时机翼上主要是向下的惯性力。把气动升力假设为零,对机翼
来讲就更为严重而偏于安全。

3. 与其他规范对比分析

CCAR23 中本条款的操作经验系数 $C_{T0} = 0.003\,0$,其余要求一致。

3.2.7　第 25.533 条　　船体和主浮筒底部压力

1. 条款原文

(a) 总则。必须按本条规定设计船体和主浮筒结构,包括构架、隔框、长桁和底板。

(b) 局部压力。对于底板、长桁及其与支承结构连接的设计,必须采用下述压力
分布:

1) 对于无舭弯的船底,舭处的压力为龙骨处压力的 75%,龙骨与舭之间的压力按图
3-4 呈线性变化。龙骨处的压力计算公式为

$$P_k = C_2 \frac{K_2 V_{S1}^2}{\tan \beta_k} \tag{3-4}$$

式中 P_k —— 龙骨上的压力,Pa(kgf/cm²;lbf/m²);$C_2 = 14.7$(公制:$C_2 = 0.000\,15$;英制:$C_2 = 0.002\,13$)。

K_2 —— 船体站位加权系数,如图 3-3 所示。

V_{S1} —— 襟翼打开在相应的起飞位置,水面设计起飞重量下的水上飞机失速速度,kn。

β_k —— 在龙骨处的斜升角,(°),如图 3-1 所示。

2)对于带舭弯的船底,舭弯起点处的压力与无舭弯船底的压力相同。

舭和舭弯起点之间的压力按图 3-4 成线性变化。压力分布与本条(b)1)款无舭弯船底的规定相同,但舭处的压力计算公式为

$$P_{ch} = C_3 \frac{K_2 V_{S1}^2}{\tan\beta} \tag{3-5}$$

式中 P_{ch} —— 舭处的压力,Pa(kgf/cm²;lbf/in²);$C_3 = 11.0$(公制:$C_3 = 0.000\,113$;英制:$C_3 = 0.001\,6$)。

K_2 —— 船体站位加权系数,如图 3-3 所示。

V_{S1} —— 襟翼打开在相应的起飞位置,水面设计起飞重量下的水上飞机失速速度,kn。

β —— 相应站位处的斜升角,(°)。

在压力作用区域内必须模拟船体或浮筒受高度集中的撞击时所产生的压力,但不必扩大到对框架或整个结构会引起关键性应力的那些区域。

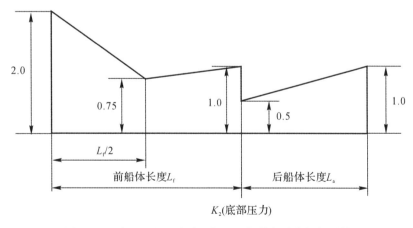

图 3-3 水上飞机/水陆两栖飞机船体各站位加权系数

(c)压力分布。对于框架、龙骨和舭结构的设计,采用下列压力分布:

1)对称压力计算公式为

$$P = C_4 \frac{K_2 V_{S0}^2}{\tan\beta} \tag{3-6}$$

式中 P ——压力,Pa(kgf/cm²;lbf/in²);$C_4 = 700.0C_1$(公制:$C_4 = 0.005\ 49C_1$;英制:$C_4 = 0.078C_1$)。C_1 按第 25.527 条计算。

K_2 ——船体站位加权系数,如图 3-3 所示。

V_{S0} ——襟翼打开在相应的着水位置,不考虑滑流影响的水上飞机失速速度,kn。

β ——相应站位处的斜升角,(°)。

2)非对称压力分布由本条(c)1)款规定的作用在船体或主浮筒中心线一侧的压力和作用在船体或主浮筒中心线另一侧的该压力的一半组成,如图 3-4 所示。

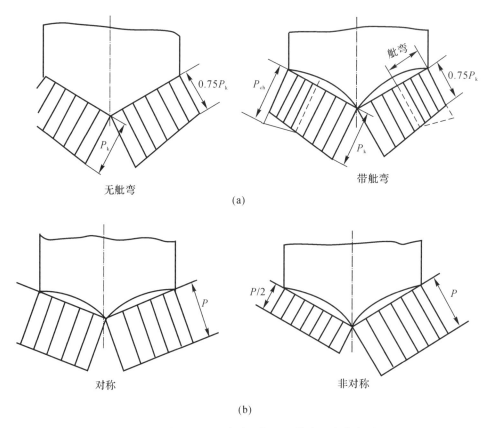

图 3-4 水上飞机／水陆两栖飞机横向压力分布图

(a)局部压力图; (b)压力分部图

这些压力是均匀的,且必须同时作用于整个船体或主浮筒底部,所得到的载荷必须传给船体本身的侧壁结构,但不必作为剪切和弯曲载荷向前后传递。

2. 条款解释

本条(a)(b) 款的要求是对底部壁板、长桁及其支承结构的连接件的设计提出要求。

对要求的说明：局部压力是指飞机与水面相遇撞击过程中，船身底部某一局部区域内压力达到最大值时的压力。由于撞击可发生在船底任意部位，所以局部压力的计算要考虑到整个船身，但是在某一时刻只能有某一些局部产生局部压力，所以此压力分布只用于局部的船底壁板、长桁及其支承结构的连接件设计。而对于带舭弯或者不带舭弯的底部，其计算公式形式上基本相同，只是经验公式 C_2，C_3 以及船底斜升角取值不同。

本条(c) 款的要求是对框、龙骨及舭的结构设计提出要求。

对要求的说明：分布压力可以理解为飞机着水撞击达到最大加速度时，撞击力在浸水面积内的平均压力。因此其计算公式与局部压力计算公式类同，关键是如何确定经验系数。

3. 与其他规范对比分析

本条款要求与 CCAR23 中条款要求一致。

3.2.8　第 25.535 条　辅助浮筒载荷

1. 条款原文

(a) 总则。辅助浮筒和其连接以及支承结构，必须按本条规定的情况进行设计。在本条(b) ～ (e) 款规定的情况中，为避免局部载荷过大，可将规定的水载荷分布于整个浮筒底部，所采用的底部压力不小于本条(g) 款规定的数值。

(b) 断阶载荷。水载荷的合力必须作用在浮筒的对称平面内，作用点位于从筒首到断阶的距离的 3/4 处，方向必须与龙骨垂直，限制载荷的合力按下式计算，但 L 值不必超过浮筒完全浸没时排水量的三倍：

$$L = \frac{C_5 V_{S0}^2 W^{2/3}}{(\tan^{2/3}\beta)(1 + r_y^2)^{2/3}} \qquad (3-7)$$

式中　　L —— 限制载荷，N(kgf;lbf)；$C_5 = 0.039\ 9$(公制：$C_5 = 0.008\ 98$；英制：$C_5 = 0.005\ 3$)。

　　　　V_{S0} —— 襟翼打开在相应的着水位置，不考虑滑流影响的水上飞机失速速度，kn。

　　　　W —— 水上飞机设计着水重量，kg(lb)。

β_s —— 从筒首到断阶的距离的 3/4 站位处的斜升角,但不必小于 15°。

r_y —— 重心和浮筒对称面之间的横向距离与滚转时的回转半径之比。

(c)筒首载荷。限制载荷的合力必须作用在浮筒的对称平面内,作用点位于筒首到断阶的距离的 1/4 处;方向必须与通过该点的龙骨线的切线垂直,载荷合力的大小为本条(b)规定的值。

(d)非对称断阶载荷。水载荷的合力由等于本条(b)规定载荷的 75% 的向上分量和等于本条(b)规定载荷乘以 $0.25\tan\beta$ 的侧向分量组成。侧向载荷必须作用于龙骨和舭之间的中点并垂直于浮筒的对称平面。

(e)非对称筒首载荷。水载荷的合力由等于本条(c)规定载荷的 75% 的向上分量和等于本条(c)规定载荷乘以 $0.25\tan\beta$ 的侧向分量组成。侧向载荷必须作用于龙骨和舭之间的中点并垂直于浮筒的对称平面。

(f)浮筒浸没情况。载荷的合力必须作用在浮筒横截面的形心上,且位于从筒首到断阶距离的 1/3 处,限制载荷分量如下:

$$\left.\begin{aligned}\text{垂直载荷} &= \rho g V \\ \text{向后载荷} &= C_x \frac{\rho}{2} V^{2/3} (K V_{S0})^2 \\ \text{侧向载荷} &= C_y \frac{\rho}{2} V^{2/3} (K V_{S0})^2\end{aligned}\right\} \quad (3-8)$$

式中　　ρ —— 水的质量密度,$kg/m^3 (kg \cdot s^2/m^4; slug/ft^3)$。

V —— 浮筒体积,$m^3 (ft^3)$;$C_x = 0.012\,4$(公制:$C_x = 0.012\,4$;英制:$C_x = 0.133$),阻力系数;$C_y = 0.009\,8$(公制:$C_y = 0.009\,8$;英制:$C_y = 0.106$),侧向力系数;$K = 0.8$,如果表明,在正常操作情况下,速度为 $0.8V_{S0}$ 时浮筒不能浸没,则可用较小的数值。

V_{S0} —— 襟翼打开在相应的着水位置,不考虑滑流影响的水上飞机失速速度,kn。

g —— 重力加速度,$m/s^2 (ft/s^2)$。

(g)浮筒底部压力。浮筒底部压力必须根据第 25.533 条制定,但公式中的 K_2 值取为1.0。用以确定浮筒底部压力的斜升角按本条(b)规定。

2.条款解释

(1)本条(a)款的要求是辅助浮筒及其连接件和支承结构必须按本条规定的情况进行设计。

对要求的说明:浮筒底部压力取值同第 25.533 条,而底部面积又比较小,若不将水载荷分布于整个浮筒底部,则会出现过大的局部载荷。就浮筒的作用来讲,水上飞机的重心高于浮心,只要重心在横向稍许偏高,就会产生加大倾斜的不稳定力矩,浮筒就以水给其的反作用力来抵消这一不稳定力矩,保持飞机的横向平衡。当然还有在倾斜着水时浮筒有可能首先接触水面,由于其离重心的横向距离较远,因而会产生一个很大的力矩,使飞机的船身接触水面。所以一般情况下着水撞击主要是靠船身。浮筒只是辅助性的,没有必要把浮筒设计得过强。

(2) 本条(b)(c)款的要求是规定了非沉浸浮筒合成水载荷作用的位置及其大小的计算公式。

对要求的说明:非沉浸浮筒的合成水载荷计算公式实际上与第 25.527 条一样,只是把俯仰偏心着水考虑成横向偏心着水,因此它的机理和说明也与第 25.527 条相同,关键只是如何合理地确定经验系数 C_5。至于苏联 1947 年飞机强度规范中浮筒的载荷情况仍取为艉部、断阶和艉部三种,而本条及英、美的水上飞机规范只取艉部和断阶二种,主要是因为现代浮筒的断阶后的后体很短,出现艉部着水的可能很小。艉部着水则不同,因为艉部着水往往是迎浪情况下难以避免,而且浮筒的前体较长。

(3) 本条(d)(e)款的要求是规定了非对称情况下确定合成水载荷的方法。

相关条款:第 25.529 条船身和主浮筒着水情况。

(4) 本条(f)款的要求是规定了沉浸浮筒合成水载荷的确定方法。

对要求的说明:浮筒完全浸没后,浮筒在水下滑行时不产生升力,其垂直载荷只有浮力,向后载荷和侧向载荷是参照椭圆旋转体的载荷系数定义的方式规定的,形式为

$$C = \frac{L}{1/2\rho v^2 \Delta^{2/3}} \qquad (3-9)$$

式中 C —— 载荷系数;

L —— 载荷,N;

ρ —— 水的质量密度,kg/m³;

v —— 椭圆旋转体的运动速度,m/s;

Δ —— 旋转体的排水体积,m³。

所以只要合理地确定载荷系数,相应的载荷是不难求出的。本条规定速度为 $0.8V_{S0}$,是因为在飞机刚与水接触时,浮筒不会出现浸没情况,只有当飞机速度比较低时,飞机横向处于不稳定,浮筒才能完全浸入水中,取 $K = 0.8$ 应该理解为一种经验选择。

（5）本条(g)的要求是提出了确定浮筒底部压力的方法及有关参数的取值情况。

对要求的说明:底部压力取值同第25.533条的规定,K_2取为1.0是因为浮筒的纵向位置与飞机重心纵向位置很近,整个飞机的俯仰运动的影响对浮筒来说是不明显的。

3. 与其他规范对比分析

本条款要求与CCAR23中条款要求一致。

3.2.9　第25.537条　水翼载荷

1. 条款原文

用于设计的水翼载荷必须根据适用的试验数据得出。

2. 条款解释

本条指出,对于装有水下承载翼的飞机,其水载荷应通过可靠的水池模型的模拟着、滑水试验确定。

3. 与其他规范对比分析

本条款要求与CCAR23中条款要求一致。

3.2.10　第25.751条　主浮筒浮力

1. 条款原文

每个浮筒必须满足下列要求:

（a）具有比淡水中承托该水上飞机或水陆两用飞机最大重量所需要浮力大80%的浮力;

（b）至少具有5个容积大致相等的水密舱。

2. 条款解释

本条关于主浮筒浮力的规定,主要是为机身和主浮筒总体布局设计提供依据。

3. 与其他规范对比分析

本条款要求与CCAR23中条款要求一致。

3.3　水载荷分析计算的理论基础

3.3.1　适航条款水载荷理论分析要求

CCAR25.521,25.523,25.525等条款,规定了水上飞机水面载荷分析的背景输入,包括计算依据、理论基础和影响水面载荷大小和分布的主要参数。

1.水面载荷分析计算的主要背景

水面载荷分析计算的主要背景如下：

（1）影响水面载荷的海况条件。起降时，水面上的自然风况（大小、方向）和波浪要素（波高、波长、波速和传播方向）等。

（2）影响水面载荷的可控要素：

1）飞机着水时的重量及其分布、（俯仰）转动惯量、机身底部（船底）触水部位的几何外形及结构弹性。

2）机身或主浮筒底部与水接触的纵向位置（断阶、船首、船尾）。

3）飞机着滑水过程中的运动参数 —— 纵倾角、水平飞行速度、下沉速度。

4）机身或浮筒底部的浸水深度。

（3）实际海况参数。水面载荷分析计算时的运动参数主要依据有关规定并结合我国海域的实际情况确定。但对外海起飞和着水的波浪高度不作具体规定，因为外海波浪要素具有较大的随机性，规定四级海况即确定了波高范围（$1.25\text{m} \leqslant H_1/3 \leqslant 2.5\text{m}$），这样在水面载荷分析计算中可视使用技术要求选取浪高参数，能有效提高机体结构对海况条件的符合性，更为合理、可靠地控制机体结构强度。而且，以下背景数据对此也提供了支持。

我国国家海洋局颁布的统计数据表明：三级海况浪高 $0.5\text{m} \leqslant H_1/3 \leqslant 1.25\text{m}$；四级海况浪高 $1.25\text{m} \leqslant H_1/3 \leqslant 2.5\text{m}$；$\overline{H} \leqslant 1.3\text{m}$（即 $H_1/3 \leqslant 2.1\text{m}$）的概率为 78.8%；$\overline{H} \leqslant 1.6\text{m}$（即 $H_1/3 \leqslant 2.6\text{m}$）的概率为 86.55%。当限制 $L/H = 20 \sim 40$ 时，上述两个概率分别为 45.88% 和 51.29%。

因此，在水面载荷分析计算中，四级海况的规定是合理的。

同时，黄海、渤海、东海、南海的风向与波浪传播方向之间关系的统计指出：风浪和风向基本保持一致（±45°范围内）的概率达 82% 以上；涌浪和风向基本保持一致的概率达 75% 以上。而由于海岸的影响（屏障效应），内海水面风和浪的方向保持一致的概率较低，所以规定外海风和浪的方向一致，内海风和浪的方向呈任意角度。

（4）水上飞机着滑水过程。水上飞机着滑水是多变量的随机过程，因此，水面载荷的计算结果具有一定的随机性。为提高水面载荷预计的可靠度，在工程应用中可视情分析各影响因素（变量）的概率分布特征，必要时采用概率统计方法进行水面载荷的分析计算。

（5）V 形弹性体入水撞击理论。V 形弹性体入水撞击理论，可作为水上飞机着水撞击载荷计算的理论分析基础。因此，对于水面载荷的验证，除通过水上飞机的典型着水过程实测／或水池模型试验外,还可采用理论分析计算方法验证、评定水面载荷计算的合理性,给出更加可靠的水面载荷系数。

(6) 着水姿态角。着水姿态角(水上飞机对于水平面的初始触水配平姿态)对应于龙骨线呈水平的最小姿态,是指断阶处龙骨线的切线呈水平的最小姿态。

2. 计算重量和重心

(1) 在内海起飞、着陆和停泊时,水面载荷分析的计算重量分别采用最大设计起飞重量 W_{to}、设计着水重量 W_{zs} 和抛锚重量 W_{anc};在外海起飞、着陆和停泊时,计算重量应考虑在执行使用技术要求的基本任务过程中,最大设计起飞重量的改变(如燃油等消耗量)。

(2) 重心位置影响着滑水过程中(质量)惯性载荷的大小与分布,因此,设计重心范围应在与有效载荷配置／变化有关的最前和最后位置之间,以便包括由所有实际载荷的各种分布造成的任何临界状态(使水上飞机机体不同部位的主承力结构达到其临界应力水平),对机体结构强度和刚度的变化范围实现安全控制。

3. 水面载荷分析的附加规定

作为水面载荷分析的另一类背景输入,提出支持分析计算结果的工程实用性和适航符合性的有关附加规定。

(1) 水面载荷的平衡状态。根据第 25.525 条中载荷的假定,在水面受载情况下,作用于机体上的水面载荷、气动载荷与机体结构、系统、有效装载物等质量力构成一空间平衡力系。此时,可将飞机处理为刚体进行总体受力分析,这是因为机体结构弹性引起的瞬态变形对水面载荷的影响较小,只有百分之几。例如,英国的 SunderlandMK5Z 只增加 3%,美国的 Martin270 只减少 7%。

(2) 着水载荷与分布:

1) 飞机着水时,水面载荷应分布于机身或主浮筒底部的浸水面积上。因此,以规范公式算得的着水载荷(合力)作为一种主要的设计载荷情况进行机体结构强度分析计算时,必须考虑其作用点与分布的影响。试验和使用经验表明,可以认为水面载荷的横向是均匀分布的,且作用于机身或主浮筒底部的整个舭宽上,但沿纵向的作用长度与着水载荷的大小有关。在机体结构强度计算中,为避免在水面载荷作用域引起机体结构过大的局部剪切载荷和弯矩,作用于机身或主浮筒底部的水面载荷应以分布压力的形式施加,而分布压力不应小于规范公式所确定的值或采用 V 形弹性体入水撞击理论分析得到的计算值,并由其临界状态确定作用域的纵向长度。

2) 对于舯部和艉部着水情况,由于分别是机身或主浮筒底部最前和最后的着水撞击情况,如果取规范所计算的分布压力值得到的作用域的纵向长度超出机身的几何尺寸,则应适当选取大于所计算的分布压力来分布/施加着水载荷,避免计算的浸水区域(作用域的纵向长度)可能超出前/后机身的不协调情况。

(3) 双浮筒水上飞机。对于以双浮筒着水的水上飞机,确认为两个浮筒同时、同状态触水,且与单一机身着水情况等效。

(4) 空气动力:

1) 飞机着水时,机翼上的升力和水平尾翼上的平衡载荷直接影响着水速度、触水姿态和重心处载荷系数,对撞击情况的总载荷影响较大。试验和分析表明,撞击载荷随机翼上升力的减少而增加,即当机翼上的升力小于水上飞机重量时,水动力撞击载荷的增量约为机翼升力减少量的 1.33 倍。例如,对于着水撞击时,重心处的载荷系数为 3 的大型水上飞机,若机翼升力为零,则撞击时水面载荷可增加 44%,即着水载荷系数增加 44%。因此,计算着水撞击载荷时应合理确定机翼上的升力(一般规定为飞机着水重量的 2/3)。

2) 飞机在波浪上着水时,一般要经受连续多次的反弹撞击,而且最大撞击载荷往往不是发生在第一次触水撞击,而是发生在速度损失不大的第二次或第三次的触水撞击瞬时。根据对某机翼的根部弯矩测量与分析结果可知,首次撞击时机翼升力约为平飞时的 85%,第二次撞击时约为 70%,所以,参照英美的有关资料和规范,规定着水撞击时重心处载荷系数由两部分组成,即水面撞击载荷和机翼升力($0.67W_{zs}$)在总体坐标系 Z 向的合力与飞机设计着水重量之比。

(5) 着水撞击载荷的动态响应:

1) 飞机着水和起飞过程中,在机身或主浮筒的底部所产生的压力使其发生弹性变形,因此机身或主浮筒的底部入水时的形状有所改变,即由于机体结构弹性变形和能量吸收效应,机体承受的水撞击力及其传递/扩散域与刚性机身相比有所不同,同时,与船底相关联的机身侧壁及其他结构的弹性对着水撞击的响应特性也有一定的影响。

2) 理论分析和试验表明,着水撞击载荷时间上是一种载荷时间历程。机体结构在此种激励载荷的作用下,其响应输入 —— 载荷响应和应力位移响应量取决于机体与水撞击时的弹性变形和结构固有振动模态,因此,作为对 1) 条款水载荷的平衡规定的补充,为确保水上飞机结构总体名义应力分析的完备性,应以着水撞击载荷时间历程为输入,进行着水撞击(必要时考虑起飞)过程的动态响应分析。

3) 在动态响应分析中,应主要模拟俯仰和平移两种刚体模态以及结构柔性和构型一致的机身、机翼、尾翼的相应弹性振动响应模态,这是因为这些模态是水上飞机遭遇水动力激励载荷后的结构响应主要模式,并且机身、机翼和尾翼等部件构成了一个响应总体,它们之间必须保持几何构型与变形的协调和一致。

3.3.2 二维水动力冲击基础理论

水上飞机的降落与船舶有相似之处,属于水动力冲击问题。水上飞机的降落,可简化为楔形体落入静水面的水动力冲击问题。因此,以 V 形楔垂直落入静水面的冲击过程来描述水上飞机降落时入水冲击的物理现象。

设斜升角为 β,每单位长度质量为 M 的 V 形楔,触水前的瞬时垂直下降速度为 V_0,冲击下沉深度为 z 时对应的垂直下降速度为 V,静水面的半宽为 c_0,实际浸湿半宽为 c。如图 3-5 所示。若忽略落体所受到的重力、浮力、水阻力等外力,应用动量守恒定理可得

$$MV_0 = (M+m)V \tag{3-10}$$

式中　　m —— 每单位长度的附加质量。

对式(3-10)求微分,可导得在冲击过程中某一瞬时作用于 V 形楔上的冲击力为

$$F = \frac{\mathrm{d}(mV)}{\mathrm{d}t} = \frac{V_0}{\left(1+\dfrac{m}{M}\right)^2}\frac{\mathrm{d}m}{\mathrm{d}t} = \frac{V_0^2}{\left(1+\dfrac{m}{M}\right)^3}\frac{\mathrm{d}m}{\mathrm{d}z} \tag{3-11}$$

相应的冲击加速度为

$$\frac{\mathrm{d}^2 z}{\mathrm{d}t^2} = \frac{\mathrm{d}V}{\mathrm{d}t} = \frac{-V_0}{M\left(1+\dfrac{m}{M}\right)^2}\frac{\mathrm{d}m}{\mathrm{d}t} = \frac{-V_0^2}{M\left(1+\dfrac{m}{M}\right)^3}\frac{\mathrm{d}m}{\mathrm{d}z} \tag{3-12}$$

以上两个表达式说明了冲击力和冲击加速度的量值,与垂直下降速度、附加质量的瞬时值及其对时间的导数有关。如果垂直下降速度和附加质量值的时间变化率都很大,则作用在 V 形楔上的冲击力就很大,加速度会发生突变。这个结论适用于任何水动力冲击现象,当然,船舶砰击亦不例外。

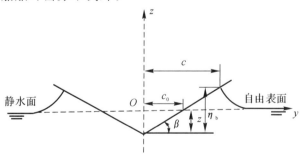

图 3-5　楔形体入水冲击

求解作用在 V 形楔上的冲击力,归结为要能确切地给出附加质量值。而附加质量值的求解本质上是个势流问题。又因为应用动量守恒定理,只能求得作用在撞水物体上某瞬间总的冲击力,不能获得物面上的冲击压力量值及其分布情况,因此,仍旧以 V 形楔垂直落入静水面的冲击,来阐明流体力学中关于这个问题的数学处理及其具体求解方法。

假定水是理想的、不可压缩的流体,又认为 V 形楔入水后的流动是无旋的,这样,流场由满足拉普拉斯方程式 $\nabla^2\phi=0$ 的速度势函数 ϕ 所决定。该流场在自由表面要满足的边界条件为

$$\frac{\mathrm{d}\phi}{\mathrm{d}t}=\frac{1}{2}\left[\left(\frac{\partial\phi}{\partial y}\right)^2+\left(\frac{\partial\phi}{\partial z}\right)^2\right] \tag{3-13}$$

在 V 形楔湿表面要满足的边界条件为

$$\frac{\partial\phi}{\partial t}=V_n \tag{3-14}$$

式中　V_n ——V 形楔表面外法线 n 方向上(指向流场)的速度。

V 形楔入水冲击的初始条件,是零速度势及没有水隆起的自由表面。一旦速度势函数 ϕ 求得,则附加质量 m 为

$$m=\frac{\rho}{V^2}\iint_{V^2}\left[\mathrm{grad}\phi\right]^2\mathrm{d}\sigma=\frac{-\rho^2}{V^2}\int_S\phi\,\frac{\partial\phi}{\partial n}\mathrm{d}S \tag{3-15}$$

式中　ρ —— 水的密度;

　　　σ —— 以水自由表面为边界的半无限整个流场;

　　　S —— 整个流场的所有边界。

设大气压为 P_0,由不计重力影响的伯努利方程可求得冲击压力的一般表达式为

$$P-P_0=-\rho\left[\frac{\partial\phi}{\partial t}+\frac{1}{2}\mid\nabla\phi\mid^2\right] \tag{3-16}$$

但是,求解这样一个非定常势流问题是比较困难的。因为在冲击过程中水自由表面的边界条件是非线性的,而且自由表面的边界形状及位置又是解中待定的。

最早将这二维水动力冲击问题作简化处理的是 Von Karman。认为冲击过程是在极短的时间内发生,忽略速度二次方的二级微量,又设大气压力 P_0 等于零,将自由表面的边界条件作了线性化处理,认为在冲击的每一瞬间自由表面就是原来静水面,在此面上满足 $\phi=0$。这样,某瞬间的附加质量 m,等于宽度为 $2C_0$ 的平板浸沉在无限水中所求附加质量值之半(忽略排挤水的影响),即 $m=0.5\rho\pi c_0^2$。由此,在冲击过程中的冲击力为

$$F = \frac{\mathrm{d}(mv)}{\mathrm{d}t} = \frac{V_0^2 \rho \pi c_0 \cot\beta}{\left(1 + \frac{\rho \pi c_0^2}{2M}\right)^3} \tag{3-17}$$

平均压力为

$$\bar{p} = \frac{\rho V_0^2 \pi \cot\beta}{2\left(1 + \frac{\rho \pi c_0^2}{2M}\right)^3} \tag{3-18}$$

最大压力为

$$p_{\max}(c=0) = \frac{\rho}{2} V_0^2 \pi \cot\beta \tag{3-19}$$

式(3-17) ~ 式(3-19)中当 $\beta \to 0$ 时，F 和 $\bar{p}$ 都会趋向无穷大，这显然是不符合实际的。但对于水上飞机着水问题，因其 $\beta \approx 20°$，这些公式给出了工程上可接受的结果。

以后，Wagner 发展了 Von Karmon 的线性理论，考虑了在物体自由表面处存在水面隆起的效应，从而明显改善了浸湿半宽、附加质量、冲击力的求解，并可求出压力分布。Wagner 对于浸湿半宽 c 的求算，采用宽度为 $2c$ 的二维平板有势绕流来近似，即所谓"平板拟合"法(Flat Plate Fitting)，于是，自由表面上 $y > c$ 处，水质点垂向速度 $V_n = V/\sqrt{1 - c^2/y^2}$，而水面隆起量为 $\eta = \int_0^t V_n \mathrm{d}t = \int_0^t (V/\sqrt{1 - c^2/y^2}) \mathrm{d}t$。

今用 $c = c(t)$ 作参变量，即 $t = t(c)$，$V = V(c)$，可以布置 $\mathrm{d}t = \frac{\mathrm{d}t}{\mathrm{d}c}\mathrm{d}c$，得

$$\eta = \int_{c=0}^{c \leqslant y} \frac{V \frac{\mathrm{d}t}{\mathrm{d}c}}{\sqrt{1 - c^2/y^2}} \mathrm{d}c = \int_{c=0}^{c \leqslant y} \frac{u(c)\mathrm{d}c}{\sqrt{1 - c^2/y^2}} \tag{3-20}$$

式中

$$u(c) = V \frac{\mathrm{d}t}{\mathrm{d}c} \tag{3-21}$$

在某一瞬间，当水质点在 $c = y$ 处达到物面时，水表面在 y 处的垂直坐标与剖面外形在 y 处的纵坐标一致，即 $\eta = \eta_b$，所以

$$\eta_b = \int_0^y \frac{u(c)\mathrm{d}c}{\sqrt{1 - c^2/y^2}} \tag{3-22}$$

由式(3-22)可以确定浸湿半宽 c 值，然后求得附加质量 m 及冲击力 F。

设楔形体的形状用级数

$$\eta_b = a_1 y + a_2 y^2 + a_3 y^3 + \cdots + a_n y^n \tag{3-23}$$

表示，并令

$$u(c) = \frac{a_1}{A_0} + \frac{a_2}{A_1}c^1 + \frac{a_3}{A_2}c^2 + \frac{a_4}{A_3}c^3 + \cdots + \frac{a_n}{A_{n-1}}c^{n-1} \tag{3-24}$$

将式(3-24)代入 $\eta_b = \int_0^y \dfrac{u(c)\mathrm{d}c}{\sqrt{1-c^2/y^2}}$，并比较系数后，可得

$$A_n = \int_0^1 \left(\frac{c}{y}\right)^n \left(1 - \frac{c^2}{y^2}\right)^{-\frac{1}{2}} = \int_0^{\pi/2} \sin n\phi\, \mathrm{d}\phi = \frac{\sqrt{\pi}\, \Gamma\left[\dfrac{(n+1)}{2}\right]}{2\Gamma\left[\dfrac{n}{2}+1\right]} \tag{3-25}$$

即

$$u(c) = \frac{2}{\pi}a_1 + a_2 c + a_2 c^2 + a_3 c^3 + \cdots + a_n c^n \tag{3-26}$$

式中

$$a_n = a_{n+1} \begin{cases} \dfrac{2}{\pi} \times \dfrac{2 \times 4 \times 6 \times \cdots \times n}{1 \times 3 \times 4 \times \cdots \times (n-1)}, & n \text{ 为偶数} \\[3mm] \dfrac{1 \times 3 \times 5 \times \cdots \times n}{2 \times 4 \times 6 \times \cdots \times (n-1)}, & n \text{ 为奇数} \end{cases} \tag{3-27}$$

进而可得

$$z = \int_0^t V\mathrm{d}t = \int_0^c u(c)\mathrm{d}c = \frac{2}{\pi}a_0 c + \frac{1}{2}a_1 c^2 + \frac{1}{3}a_2 c^3 + \cdots + \frac{1}{(n+1)}a_n c^{n+1} \tag{3-28}$$

由式(3-28)可以确定浸湿半宽 c 值。

对于 V 形楔，$\eta_b = \tan\beta y$，则 $u(c) = \dfrac{2}{\pi}\tan\beta$，$z = \int_0^c \dfrac{2}{\pi}\tan\beta\mathrm{d}c = \dfrac{2\tan\beta}{\pi}c$，于是浸湿半宽 $c = \dfrac{\pi}{2}c_0$，附加质量 $m = \dfrac{1}{2}\rho\pi c^2 = \left(\dfrac{\pi}{2}\right)^2 \times \dfrac{1}{2}\rho\pi c_0$。由此可见，Wagner 考虑了在冲击时发生水面隆起，从而改善了浸湿半宽及附加质量的结果。

将速度势 $\phi = -V_c\left[1-(y/c)^2\right]^{\frac{1}{2}}$ 代入伯努利方程，求得作用在 V 形楔上的冲击压力值，其无因次比值为

$$\frac{p}{\dfrac{1}{2}\rho V^2} = \frac{2}{u(c)\sqrt{1-\eta^2}} + \frac{2}{\delta}\sqrt{1-\eta^2} - \frac{\eta^2}{\sqrt{1-\eta^2}} \tag{3-29}$$

式中

$$\eta = \frac{y}{c} \tag{3-30}$$

$$u(c) = V\frac{\mathrm{d}t}{\mathrm{d}c} = \frac{\mathrm{d}z}{\mathrm{d}c} \tag{3-31}$$

$$\delta = \frac{V^2}{c\left(\dfrac{\mathrm{d}V}{\mathrm{d}t}\right)} \qquad (3-32)$$

对于任意冲击瞬时,可以发现:在 $y=0$ 处,p 为最小值,即

$$p_{\min} = \frac{1}{2}\rho V^2\left[\frac{1}{u(c)} + \frac{1}{\delta}\right] \qquad (3-33)$$

在 $y = c\sqrt{1-u^2(c)}$ 处,此处接近于喷溅根部,也是流线簇分叉点,p 为最大值,即

$$p_{\max} = \frac{1}{2}\rho V^2\left[\frac{2}{u(c)^2} - \frac{2}{\delta}u(c) - \frac{1-u(c)^2}{u(c)^2}\right] \qquad (3-34)$$

式(3-34)如忽略 $2u(c)/\delta$,得

$$p_{\max} = \frac{1}{2}\rho V^2\left[1 + \frac{1}{u(c)^2}\right] \qquad (3-35)$$

这相当于撞水物体质量很大,撞水时撞水物体加速度很小,船舶砰击类似于这种情况。

1. Wagner 拟合理论的推广

在 Wagner 的平板拟合法引导下,随后有 Bisplinghoff 等的棱形拟合(Diamond Fitting)和 Fabula 的椭圆拟合(Ellapse Fitting)等近似求解方法的相继出台,如图 3-6 所示。其中 Fabula 的椭圆拟合所得的近似速度势 $\phi = -V[c+\eta(c)][1-(\eta(c))^2]^{\frac{1}{2}}$,由此冲击压力无因次比值为

$$\frac{p}{\frac{1}{2}\rho V^2} = \frac{2[1+\eta'(c)][1-\eta^2(c)]^{\frac{1}{2}}}{u(c)} + \frac{2\left[1+\dfrac{\eta(c)}{c}\right]}{u(c)(1-\eta(c)^2)^{\frac{1}{2}}}\eta(c)^2 -$$

$$\frac{\left[1+\dfrac{\eta(c)}{c}\right]^2\eta(c)^2}{\left[\dfrac{\eta(c)}{c}\right]^2 + (1-\eta(c)^2)\left[1-\dfrac{\eta(c)^2}{c^2}\right]} + \frac{2}{\delta}\left[1+\frac{\eta(c)}{c}\right][1-\eta(c)^2]^{\frac{1}{2}}$$

$$\qquad (3-36)$$

式中

$$\eta(c) = \eta_b(y)\,\big|_{y=0}$$

$$\eta'(c) = \frac{\mathrm{d}\eta_b(y)}{\mathrm{d}y}\bigg|_{y=0} \qquad (3-37)$$

其中,如令 $\eta(c) = \eta'(c) = 0$,即为 Wagner 的冲击压力公式。

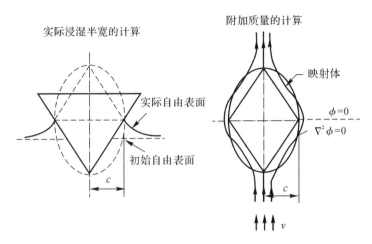

实际浸湿半宽的计算　　附加质量的计算

图 3-6　楔形体入水冲击的不同拟合方法

对于 V 形楔,采用不同拟合方法来近似求解的浸湿半宽 c 与 c_0 之比值,以及它们与试验值的比较,如图 3-7 所示。图中绘出了 c/c_0 的线性表达式为 $1+0.57(1-\beta/90°)$。

图 3-8 为不同拟合方法近似求解的附加质量与 Von Karman 附加质量 $0.5\rho\pi c_0^2$ 的比值,以及它们与试验值的比较。

由图 3-7 和图 3-8 可知,用 Wagner 的平板拟合近似求得的 c/c_0 及 $m/(0.5\rho\pi c_0^2)$ 的两个比值,在任何斜升角时都是高于试验结果的;$\beta=20°$ 时,用菱形拟合近似求得的值与试验结果较符合;$\beta=30°\sim40°$ 时,用椭圆拟合近似求得的值与试验结果很符合。十分明显,参考文献[7]中列出的 c/c_0 公式为最简化的表达式,它在 $\beta=20°\sim40°$ 范围内与试验结果很接近;遗憾的是缺乏 $\beta>50°$ 的试验数据。需要着重指出的是当 $\beta<20°$ 时,任何拟合与试验结果的趋向正好相反。

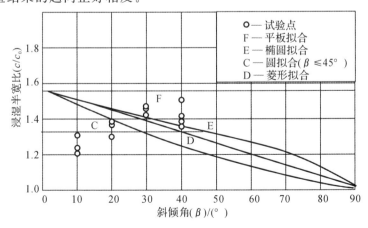

图 3-7　楔形体入水冲击时实际浸湿半宽 c 与初始自由

表面半宽 c_0 之比值与斜升角 β 的关系

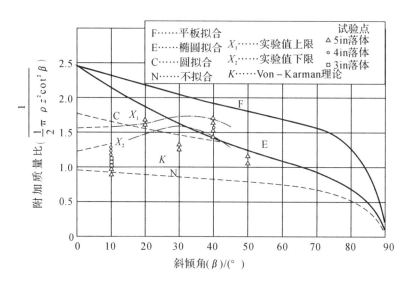

图 3-8　不同方法求得附加质量与 Von Karman 附加质量
的比值与斜升角 β 的关系

　　这样，不得不返回处理水动力冲击问题的基本假设上，来重新研究一下。实际上，二维物体入水冲击时的自由表面以速度势 $\phi=0$ 作线性处理欠妥，应该按其真实的非线性边界条件来确定其自由表面的形状。因此，二维物体水动力冲击问题的正确求解，似乎应该采用数值求解法来逐步相似，对于 β 较小的结构弹性体，还要进一步计入流固耦合和气垫的影响。

　　2. 二维水动力冲击的数值计算

　　20 世纪 90 年代初，随着计算机能力的开发，水动力的数值计算获得了发展，开始广泛应用于科学和工程之中。其中比较典型的是，Zhao 和 Faltinsen 由数值计算方法来求解二维任意剖面的入水冲击问题。同样假定流体是不可压缩和无旋，并在冲击初期忽略重力和黏性等影响，不计及空气垫效应。这就意味着，二维物体底部的斜升角必须大于 3°，如图 3-9 所示，流场的速度势 ϕ 满足 $\nabla^2\phi=0$，自由表面的动力条件是

$$\frac{\mathrm{d}\phi}{\mathrm{d}t}=\frac{1}{2}\left[\left(\frac{\partial\phi}{\partial z}\right)^2+\left(\frac{\partial\phi}{\partial y}\right)^2\right] \tag{3-38}$$

　　自由表面处的运动条件，是流体质点在冲击过程中始终保持在自由表面内，即在自由表面上 $\frac{\mathrm{d}y}{\mathrm{d}t}=\frac{\partial\phi}{\partial y}$，$\frac{\mathrm{d}z}{\mathrm{d}t}=\frac{\partial\phi}{\partial z}$；由此，自由表面的形状可以按自由表面处的局部质点速度求得。物体湿表面的边界条件仍是 $\frac{\partial\phi}{\partial n}=V_n$。

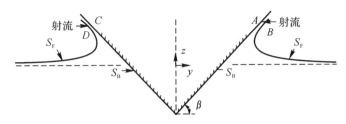

图 3-9　采用边界元方法对楔形体入水冲击数值计算时
坐标系统及其控制面的定义

　　数值计算方法的难点是，如何处置发生在自由表面与物体交接处的射流（Jet flow）、发生或不发生流动的分离，以及整个数值求法确认满足质量、动量和能量的守恒。

　　（1）完全非线性求解的物体入水冲击理论。作为完全非线性求解的二维物体入水冲击理论，其数值求解又可分为无流动分离和发生流动分离两种情况。

　　当物体入水冲击时，在自由表面与物面的交界处会产生一射流。经试验证实，对于呈凸形的物体，该射流将与物面发生分离。如果物面呈凹形，则射流会沿着物体表面。在数值计算时务必将射流切断，但只是在自由表面（在它与物面交界处）靠近物面的斜坡处，才引入 AB 和 CD 的切断（见图 3-9）。

　　（2）简化求解物体入水冲击理论 ——Wagner 方法的推广。在这简化方法的求解中，基本表达式同样是满足拉普拉斯方程及物面的边界条件，仅仅是与 Wagner 平板拟合的假设一样，采用了简化的动力自由表面条件，即在冲击隆起的自由表面的水平线上 $z=\zeta(t)$，取 $\phi=0$；自由表面的运动条件是 $\dfrac{\partial \zeta}{\partial t}=\dfrac{\partial \varphi}{\partial z}$，按此求得自由表面隆起的形状，如图 3-10 所示。

　　在流场 Ω 中速度势的计算，仍可用第二类格林函数来求解。需要说明的是，S 是控制面，它包括：

　　S_{∞}—— 物体远场的控制面，它对速度势的贡献为零。

　　S_F—— 自由表面，分内部部分 S_F^{in}，是从流场与物面的交点起，到可以忽略掉冲击造成水面隆起的地方，即 $y<b(t)$ 的部分。$b(t)$ 取为 y，$c(t)$ 是二维物体的浸湿半宽。其他自由表面定义为外部部分 S_F^{out}。

　　S_B—— 物面的瞬时湿表面。

　　速度势的求算仍由边界元法来完成，在自由表面和物面上划分成许多线单元，因为靠近物面与自由表面交点处的速度势变化最大，由此在该处的物面和自由表面的单元要分得细一些。

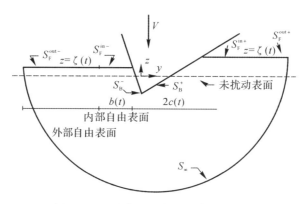

图 3 - 10　用来对速度势计算的流动域

关于自由表面隆起形状的计算,实质上是与 Wagner 的平板拟合方法一样,即物体的湿表面,是按在自由表面上流体质点垂向速度随时间的积分(积到与物面相交处)。

以上两种二维物体入水冲击理论数值求算水面隆起、冲击压力、力和力矩,对任何非对称的二维剖面都是可以适用的,但仅限于剖面冲击只具有垂向速度的情况。这对于船舶砰击现象,正好就是船舶与波浪之间的垂向相对速度,也可以计及前进航速的影响。

在简化方法的计算中,认为在剖面的每一边都是相同的水面隆起;而对于完全非线性方法求解,是采用真实的非线性自由表面条件,并认为有局部的射流存在,在求解时对射流又必须作切断处理。简化方法较完全非线性方法求解快,易被没有经验的用户所采用。另外,这两个理论计算方法,都是将物体视作刚体,但如果物体的斜升角 $\beta < 3°$ 时,理应计及气垫及流固耦合效应。

上述两个理论及求算方法的适用范围:简化方法 ——$0° < \beta < 85°$;完全非线性方法 ——$20° < \beta < 80°$。这是因为当 $\beta < 20°$ 时,射流变得很薄,迫使采用较小的边界元,从而使数值计算时间会非常长;简化方法与完全非线性理论求解的结果以及 Dobrovol-skaya 的相似解符合得十分好,如图 3 - 11 和图 3 - 12 所示。作为工程应用,倾向于推荐简化方法。

另外,从图 3 - 13 可以发现,斜升角 β 较大($\beta > 20°$) 时,Wagner 求得的冲击力值会过高预估,而 Von Karman 求得的冲击力值又会在 β 较小时过低地预估。由此可知,通常在对水上飞机降落时采用不计及水面隆起影响,由动量的时间变化率,计算力时,往往可能低估了该非线性载荷。

1968 年,Dobrovolskaya 提出了一个独特的数值计算方法,她考虑二维物体的顶部,可近似认为是楔形,在忽略重量的影响下,设物体在入水冲击的下潜速度是常数,于是该流场具有自相似的特性。它仅取决于 x/V_0t 和 y/V_0t 的 2 个相似变量(式中,x 和 y 是笛卡儿坐标,t 是时间,V_0 是入水速度)。

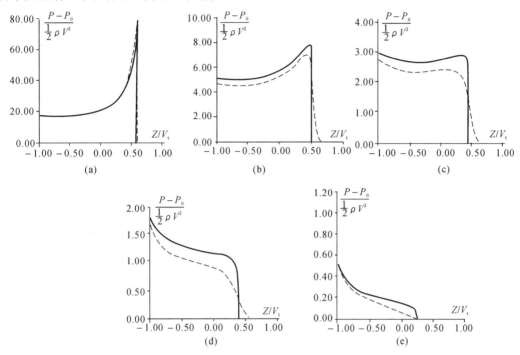

图 3-11　对称楔形体以固定垂直速度 V 入水冲击时的压力分布

——简化解;　······相似解

P_0 为大气压;　ρ 为水密度;　β 为斜升角;　Z 为纵坐标;　t 为时间;　V_t 为瞬时吃水速度

(a)$\beta = 10°$;　(b)$\beta = 30°$;　(c)$\beta = 45°$;　(d)$\beta = 60°$;　(e)$\beta = 81°$

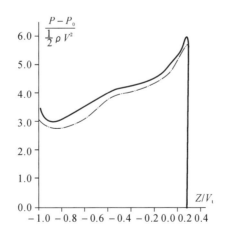

图 3-12　船首外飘剖面入水冲击时数值计算的压力分布

——简化解;　—·—完全非线性解

固定边界的流动场总是已知的。通过对在自由表面上的固定压力条件及运动条件的分析,可以将研究的问题转换为仅对一维的非线性奇异积分方程式的求解,即

$$f(t)=\frac{1}{\pi}\frac{c_0^2}{c^2}\int_0^t \frac{(1-t)^{-1-a}\exp\left[t\int_0^1\frac{f(\tau)}{\tau(\tau-t)}\right]}{\int_t^1 t^{-\frac{1}{2}}(1-t)^{-\frac{1}{2}+a}\exp\left[-t\int_0^1\frac{f(\tau)}{\tau(\tau-t)}\mathrm{d}\tau\right]}\mathrm{d}t \quad (3-39)$$

$$\frac{c_0^2}{c^2}=\frac{\int_{\frac{1}{2}}^1 r^{-\frac{1}{2}}(1-\gamma)^{-\frac{1}{2}+a}(2r-1)^{-a}\exp\left(-\int_0^1\frac{f(\tau)\mathrm{d}\tau}{\tau\{\tau[2-(1/r)]-1\}}\right)\mathrm{d}r}{\int_{\frac{1}{2}}^1(1-r)^{-1-a}(2r-1)^{-1-a}\exp\left(-\int_0^1\frac{f(\tau)\mathrm{d}\tau}{\tau\{\tau[2-(1/r)]-1\}}\right)\mathrm{d}r} \quad (3-40)$$

式中　　$\alpha=0.5-\beta/\pi$;

　　　　β—— 楔形体的斜升角。

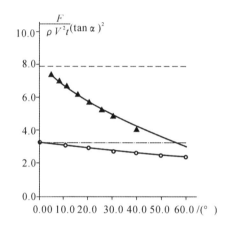

图 3-13　对称楔形体以固定落体速度 V 入水冲击的垂向冲击力 F_z

——简化解;　△△相似解;　——Wagner 解;　—·—Von-Karman 解;　—o—o—Von-Karman 动量解

对式(3-39) $f(t)$ 的求解,就可以确定引入的映射分析函数,由此给出复速度势的明确表达式,最终获得压力分布的目的。

但 $f(t)$ 这个积分方程不能由分析法直接求解。Dobrovolakaya 对 $\beta\geqslant30°$ 的楔形体作了数值计算,以后 Zhao 和 Faltinsen 进一步按她的方法对 $\beta=4°\sim81°$ 的楔形体作了数值计算,并与其计入射流影响的渐进解作了比较和分析,二者结果是一致的。其中,$\beta=4°\sim81°$ 的冲击压力值,与 Wagner 理论求得值相近,仅差 0.31%。

1999 年,我国学者卢炽华等人同样由理论计算研究了二维对称物体的入水冲击问题。在完全非线性自由表面的条件下,运用线性单元的边界积分方法,掌握了二维剖面的入水冲击过程。将 β 为 $30°,45°$ 及 $60°$ 斜升角的 3 个楔形体计算结果与 Zhao 和 Faltinsen 的计算结果做了比较,验证了方法的稳定性和可靠性。

3.楔形体入水冲击的水弹性理论

1999 年,Faltinsen 在 Wagner 入水冲击理论的基础上,推广到考虑楔形体的左右为正交异性板的水动力冲击情况。主要是针对斜升角 β 较小的船体 V 形剖面,但不计及水的可压缩性和气垫效应,如图 3－14 和图 3－15 所示。这加强筋的边界条件,认为沿龙骨板及舷部是固定端,而在横梁处可视为弹性固定端。略去结构阻尼的加强筋板弯曲,微分方程式为

$$\overline{m}\frac{\partial^2\omega}{\partial t^2}+D_x\frac{\partial^4\omega}{\partial x^4}+2B\frac{\partial^4\omega}{\partial x^2\partial y^2}+D_y\frac{\partial^4\omega}{\partial y^4}=p(x,y,t;\omega) \tag{3-41}$$

式中　　p——水动压力,是时间、空间及挠度的函数。

　　　　ω——正交板的挠度。

　　　　X——沿船长的纵向,2 个横梁的 x 坐标为 $x=0$ 及 $x=L$;龙骨板的 y 坐标为 $y=0$;

　　　　$\overline{m}$——正交板每单位面积的平均质量。

　　　　b——y 方向的正交板长度。

D_x 及 D_y——x 方向及 y 方向的弯曲刚度。

　　　　B——有效扭转刚度。

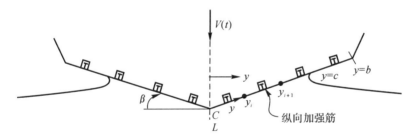

图 3－14　弹性楔形剖面的入水冲击

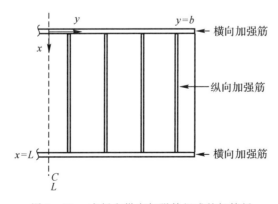

图 3－15　由板和纵向加强筋组成的加筋板

上述正交板弯曲微分方程式的求解,可根据 Vlasov/Galerkin 方法,考虑到加载的特性,在 y 方向可取 2 个模态。为此假定

$$\omega = X_1(x)\left[a_1(t)\psi_1(y) + a_2(t)\psi_2(y)\right] \tag{3-42}$$

式中 $X_1(x)$ —— 板在 x 方向的一阶振动模态;

      $\psi_1(y),\psi_2(y)$ —— 板在 y 方向的一阶和二阶振动模态。

按 Wagner 入水冲击的简化理论,在物面上得速度势为

$$\phi(y,t;x) = \left[-V(t) + \overline{\omega}(x,t)\right]\left[c^2(x,t) - y^2\right]^{\frac{1}{2}} \tag{3-43}$$

式中 V —— 刚体入水速度,向下为正;

      $\overline{\omega}$ —— 物体湿表面的平均挠曲速度;

      $y = \pm c(x,t)$ —— 物面与水面的瞬时交点。

略去速度二次项的影响,作用于物体湿表面上的压力为

$$p = -\rho\frac{\partial\phi}{\partial t} = -\rho\left[\frac{\mathrm{d}v}{\mathrm{d}t} + \overline{\omega}(x,t)\right](c^2 - y^2)^{\frac{1}{2}} - \rho\left[-V + \overline{\omega}(x,t)\right]c\frac{\mathrm{d}c}{\mathrm{d}t}(c^2 - y^2)^{-\frac{1}{2}}$$

$$\frac{\mathrm{d}c}{\mathrm{d}t} = (V - \overline{w})\frac{\pi}{2\tan\beta} \tag{3-44}$$

将 $p(x,y,t)$ 代入正交板弯曲微分方程式,并按 Galerkin 方法,就可以解出正交板包括挠度及应变在内的结构响应。

Faltinsen 在系统地研究了正交板的斜升角 β 和冲击速度对流-固耦合求解影响时指出,因为楔形体在入水冲击的浸湿时间与 $L\tan\beta/V$ 成正比,而浸湿纵向加强筋的自振周期 T 与 $(\rho L^5/El)^{\frac{1}{2}}$ 成正比,按此提出了对这流固耦合起重要影响的无因次系数为 $\tan\beta/V\sqrt{\rho L^3/El}$。当此无因次系数越小时,则流固耦合影响越大,亦即如果楔形体的斜升角 β 越小,入水时的冲击速度越大以及正交加筋板的刚性越弱,则更应考虑流-固耦合对冲击响应的影响。

几乎同时,我国学者卢炽华同样研究了二维弹性结构物入水冲击过程中的流-固耦合效应。其基本求解方法是,将流体域内作用在结构上的水动力载荷,借边界元方法获得;而结构的弹性动力响应,由有限元方法求解;通过线性化离散 Bernoulli 方程,将有限元方程与边界元方程耦合在一起,从而获得求解流场和结构动力响应二者相互耦合的运动方程。

在数值计算中,考虑了自由表面的非线性边界条件,通过引入射流单元以及最大射流厚度,较好地处理了冲击引起的射流问题。

与刚体入水冲击求解不同之处是,物面条件为 $\dfrac{\partial\Phi}{\partial n} = Vn - \omega$,其中 ω 为弹性结构的振

动速度,其方向与 n 相反;通过按第二类格林函数的边界积分,建立结构的单元动力平衡方程式,再按节点自由度装配起来,形成总体结构的动力平衡方程式,最后由离散的 Bernoulli 方程建立完全流-固耦合效应的入水冲击运动方程组,采用 Newmark 直接积分法求解。

计算实例是以不同斜升角(β 为 $30°$ 及 $45°$)、不同板厚($5\,mm,8\,mm$ 及 $11\,mm$)的楔形板,以完全流固耦合解与解耦解(decoupled solution 或称单向耦合解)作比较和分析,其中 Zhao 和 Faltinsen 求解的自由表面和压力分布比较,二者结果吻合得很好,流固耦合的影响也互相一致,且指出当结构刚度较小时,可以由解耦解来替代完全耦合解,以便减少机时。

诚然,关于入水冲击过程中流固耦合的理论计算,发表的文献还较少;已发表的理论又偏重于理论计算的探索性研究,其中假设性较多,加上数值计算比较复杂,还可能存在不稳定计算过程等,这一切都有待于进一步研究。

4. 平底入水冲击的气垫效应

庄生仑从模型试验研究出发,证实平底入水冲击时,会有空气捕捉形成气垫,从而影响到冲击压力的量值及其持续时间。他从理论分析着手,依据试验结果,推算出气垫对平底冲击压力值的影响,所作的假设有如下几点:

(1) 设平板冲击过程中气垫受压缩,处于绝热状态,由此可求得气垫中的声速与压力变化的相似关系式为

$$C_{air} = C_a \left(\frac{P_a + P}{P_a} \right)^{\frac{\gamma-1}{2\gamma}} = C_a \left(\frac{P_a + P}{P_a} \right)^{\frac{1}{7}} \qquad (3-45)$$

式中　C_{air} —— 在气垫中的声速;

　　　　C_a —— 在大气中的声速;

　　　　P_a —— 大气压;

　　　　γ —— 绝热比值,取 1.4。

(2) 空气的可压缩性,造成了冲击压力增长时间会变得较缓慢。经平板入水冲击试验证实,如平板的半宽为 L,则达到压力最大值所需的时间约为 $2L/C_{air}$,由此,整个冲击压力脉冲的持续时间 $T = 4L/C_{air}$。实际上,在空气垫中的声速 C_{air} 是冲击压力的函数,在 dt 时间内,气垫层内压力波传播的距离为 $dl = C_{air}dt$。注意到在压力脉冲的持续时间 T 内,压力波传播的距离为 $4L$,则

$$\int_0^{4L} dl = \int_0^T C_{air} dt \qquad (3-46)$$

(3) 设气垫存在时的冲击压力,沿整个平板呈均匀分布,且根据实测记录,冲击压力可以按正弦脉冲衰减的形式表达

$$p(t) = 2p_{max} e^{-1.4\frac{t}{T}} \sin\pi \frac{t}{T} \tag{3-47}$$

于是,由假设 c,利用动量定理可得

$$mV_0 = 2L\int_0^T p(t)\mathrm{d}t = 2L\int_0^T 2p_{max} e^{-1.4\frac{t}{T}} \sin\pi \frac{t}{T}\mathrm{d}t \tag{3-48}$$

式中　m —— 平板的附加质量。

式(3-48)还可进一步写成

$$\frac{1}{2}\rho\pi L^2 V_0 = 2L\int_0^T 2p_{max} e^{-1.4\frac{t}{T}} \sin\pi \frac{t}{T}\mathrm{d}t \tag{3-49}$$

另外,将式(3-45)及式(3-47)代入式(3-46)可求得

$$4L = C_a\left(\frac{1}{P_a}\right)^{\frac{t}{T}}\int_0^T \left(p_a + 2p_{max} e^{-1.4\frac{t}{T}} \sin\pi \frac{t}{T}\right)^{\frac{t}{T}}\mathrm{d}t \tag{3-50}$$

由包含未知数 p_{max} 及 T 的 2 个等式[式(3-49)及式(3-50)]可最终解出

$$p_{max} = 4.3V^{1.1} \tag{3-51}$$

式中　p_{max} 和 V_0 的单位分别为 psi(1psi=6 894.757Pa)和 ft/s(1ft/s=0.304 8m/s)。

如 V_0 的单位为 m/s,p 的单位为 kgf/cm²(1kgf/cm²=9.8×10⁴Pa),则式(3-51)换算为

$$p_{max} \approx 16.63V^{1.1} \tag{3-52}$$

5. 庄生仑的系列试验研究

20 世纪 60 年代,庄生仑曾对刚体和弹性体的入水冲击作了系统的模型试验研究,包括刚性平底 $\beta=0°$,刚性楔形体 $\beta=1°,3°,6°,10°$ 及 15°,充气变形体的船型剖面,矩形弹性平板,平底船体板架以及 10° 斜升角的船底板架等模型的落体入水冲击试验。通过这些系列性试验研究和分析获得:

(1) 对于刚性平底入水冲击,确实存在着空气垫对冲击压力的影响,但此时水可认为是不可压缩的。冲击压力理论估算值与试验值的比较,如图 3-16 所示。可见,理论估算值覆盖了试验的全部测量值;对于弹性体的平底,其最大压力也往往低于理论估算值。

(2) 对于斜升角 $\beta=0°\sim1°$ 的楔形体,冲击时会捕捉到相当量的空气;当 $\beta=3°$ 或更大时则气垫量较少。由于气垫的存在,Wagner 的水动力冲击压力公式就不十分适用了。图 3-17 及图 3-18 分别示出了不同的垂向冲击速度下在龙骨及远离龙骨处的最大冲击压力值与斜升角 β 的经验曲线。

(3) 以 1/20 缩尺的 Mariner 号首部(17.5%L)剖面的 2 个充气变形体模型(由胶布织物构成的单墙及双墙充气模型,内部充气压力为 3～12psi,即 0.21～0.84kgf/cm²。

刚性端意指两端具有铝质舱壁,柔性端是两端无舱壁),与1个刚性模型做落体试验的比
较研究,发现变形体模型的冲击压力明显小于刚体的,且二者的压力时间曲线也不同,
如图 3-19 所示。另外,甚至出现最大冲击压力与落体高度无关。

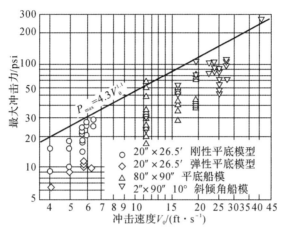

图 3-16 平底入水冲击压力的理论与试验比较

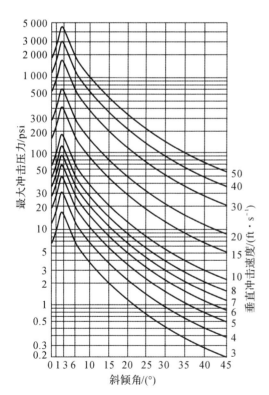

图 3-17 刚性楔形体在远离龙骨处的最大
冲击压力与斜升角的关系

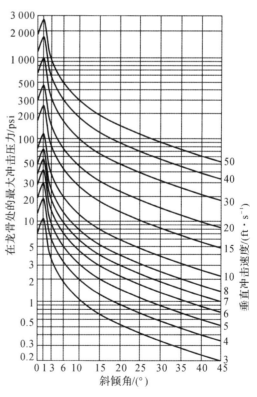

图 3-18 刚性楔形体在龙骨处的最大冲击
压力与斜升角的关系

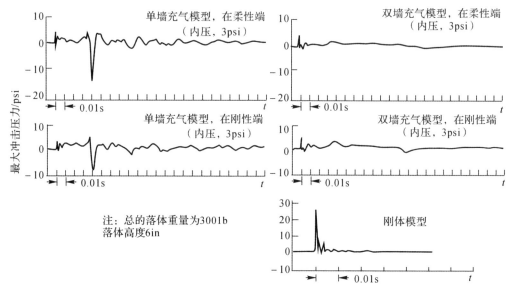

图 3-19 可变形体与刚体入水冲击时在龙骨处的冲击压力时间曲线

（4）矩形弹性平板与平底板架的落体入水试验研究，结果如图 3-20 所示。其中，以刚性平底的落体入水试验获得经验公式为

$$p_{max} = 0.68V_0^2 \tag{3-53}$$

式中　　V_0 —— 冲击速度(ft/s)；

　　　　p_{max} —— 最大冲击压力(psi)。

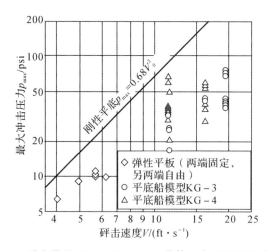

图 3-20 平底模型 KG-3 和 KG-4 落体入水时的最大冲击压力

如果 V_0 的单位为 m/s，p_{max} 的单位为 kgf/m²，则

$$p_{max} = 0.90V_0^2 \qquad\qquad (3-54)$$

（5）10° 斜升角的刚性楔形体与船底板架模型的落体入水试验，结果如图 3-21 所示。图中，

$$p_{max} = 0.36V_0^2 \qquad\qquad (3-55)$$

是 10° 刚性楔形体入水试验的结果。

式中　　V —— 冲击速度(ft/s)；

　　　　p_{max} —— 最大冲击压力(psi)。

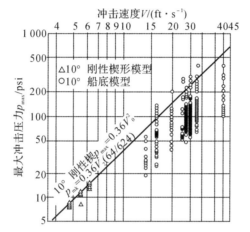

图 3-21　8 个具有 10° 斜升角的船底模型落体入水试验的最大冲击压力

如果 V 的单位为 m/s，p_{max} 的单位为 kgf/cm²，则

$$p_{max} = 0.48V_0^2 \qquad\qquad (3-56)$$

图中 $p_{max} = 0.36V^2\left(\dfrac{64}{62.4}\right)$，意指海水的修正系数。

（6）重复落体入水试验对结构损坏的影响，如图 3-22 及图 3-23 所示。试验发现，板格结构入水冲击出现的塑性变形主要取决于首次的落体试验，以后的每次重复试验，其塑性变形将渐趋减少。由此说明了重复冲击后的结构材料发生了强化。

（7）对结构物采用背衬材料，如水、油、砂等，不会减少结构因冲击的受损。因为它只改变了附加后的质量和阻尼，而对冲击后果的影响甚微。

6. MARINTEK 的试验研究

挪威 MARINTEK 对斜升角 β 为 30° 的 V 形楔，以及典型的船首外飘剖面进行了落体入水冲击试验。剖面形状及测点布置如图 3-24 所示。试验目的是，比较验证完全非线性水动力冲击理论的数值计算方法。

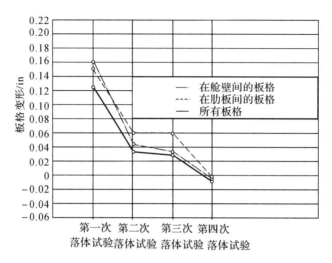

图 3-22　在 50 个板格中心测得塑性变形变化的平均值

(12ft 高重复落体入水试验)

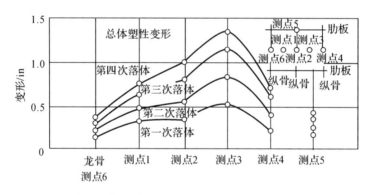

图 3-23　由挠度计测得塑性变形的位移量

(1) 对 $\beta=30°$ 的楔形体,当射流的飞溅根部达到舷部时,列出了 3 个不同瞬时的压力分布及自由表面形状。发现最大冲击压力发生在流动分离之前,靠近射流的飞溅根部。在流动发生分离后,在分离点的最大压力就很快下降,此时最大压力移向楔形体的龙骨部位,如图 3-25(a) 所示。图 3-25(b) 所示为流动分离后的自由表面隆起的形状;图 3-25(c) 为自由表面的形状,采用完全非线性理论计算与试验结果的比较,二者吻合得很好。图 3-26 表明,垂直冲击力的理论计算值与试验值的比较,二者在冲击起始阶段很接近,但以后则差距稍大,其主要原因是三维效应。图 3-27 表明,3 个不同瞬时的压力分布,在入水冲击的初始阶段,理论计算与试验结果直接符合得很好,但以后二者存在差异,这同样是三维效应。

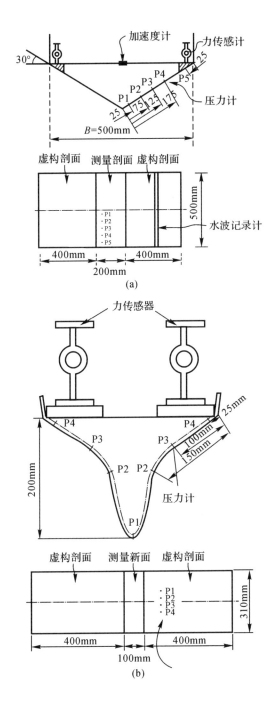

图 3 - 24　剖面形状及测点布置示意图

(a) 楔形剖面形状及压力计位置；　(b) 船首外飘剖面形状及压力计位置

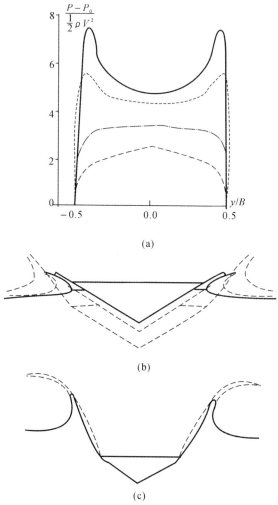

(a)

(b)

(c)

图 3-25　由完全非线性解对 30° 斜升角的楔形体以固定落体速度入水冲击，在不同时刻的压力分布(a)、
　　　　　水表面形状(b)，以及在 $t = 2.9t_0$ 时，自由表面形状的理论计算与试验结果比较(c)

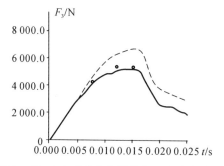

图 3-26　30° 斜升角楔形体的入水冲击力 F_3

——　完全非线性解的垂向冲击力；　……　试验结果；　∘∘∘∘　完全非线性解经三维修正的冲击力

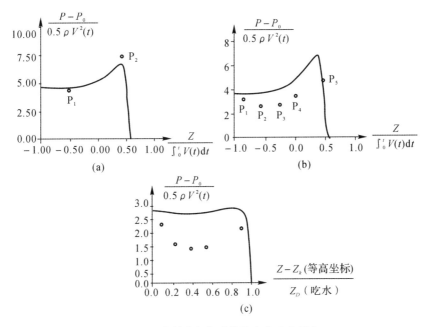

图 3-27 30°斜升角楔形体的入水冲击压力 p

—— 完全非线性解；　∘∘∘∘ 试验结果

(a)$t = 0.004\ 35s$；　(b)$t = 0.015\ 8s$；　(c)$t = 0.020\ 2s$

(2) 对船首外飘剖面形状的入水冲击试验，分别以图 3-28 及图 3-29 列出了冲击力、压力分布的理论计算值与试验结果的比较，二者同样吻合得很好。

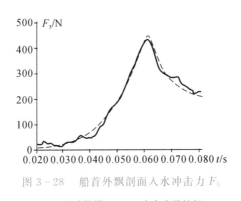

图 3-28 船首外飘剖面入水冲击力 F_3

—— 试验结果；　┄┄ 完全非线性解

(3) 对于冲击力计算时三维效应的修正。

冲击力 F 的表达式为

$$F = \frac{\mathrm{d}\left[\frac{1}{2}\rho\pi B^2(t)Vf\left(\frac{B}{f}\right)\right]}{\mathrm{d}t} \tag{3-57}$$

式中，$f\left(\dfrac{B}{L}\right)$ 计入了三维流动的影响，可以采用 Meyerhoff 的结果，即 $f(B/L=0.25)=0.95$，$f_{3D}(B/L=0.40)=0.87$ 及 $f_{3D}(B/L=0.50)=0.80$。

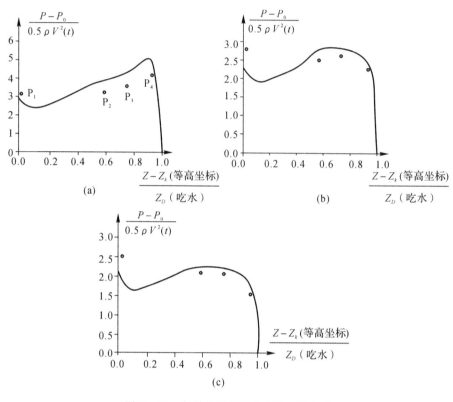

图 3 - 29　船首外飘剖面入水冲击压力 P

——— 完全非线性解；　○○○○ 试验结果

(a)$t=0.06$s；　(b)$t=0.07$s；　(c)$t=0.08$s

7. 国际性比较研究

鉴于斜升角为 10° 及 20° 楔形体的入水冲击，在理论计算及工程应用上都显得比较重要，为此由"ISSC 载荷委员会"成员 Motter 和 Engle 发起对此作国际性比较计算，并与传统的 Wagner 和庄生仑的理论及模型试验结果作比较。比较内容是最大冲击压力值与冲击速度之间的关系。共有三国五个组织参加了此项计算比较，他们的基本方法如下：

方法 A——采用三维板格单元，USAERO 程序计算；

方法 B——由二维边界元法求算，对任意剖面入水冲击按势流问题计算；

方法 C——基本上按 Tatemoto 的公式来计算；

方法 D—— 固定速度的 FEM 方法；

方法 E—— 满足非线性边界条件的完全非线性解；

具体比较图 3-30 及图 3-31。

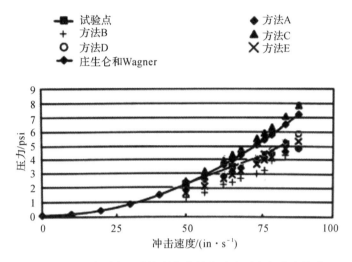

图 3-30 斜升角 20° 楔形体的最大冲击压力与速度关系

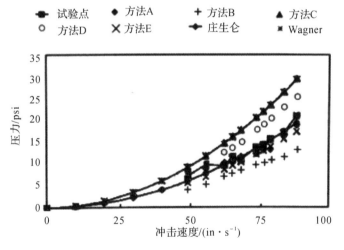

图 3-31 斜升角 10° 楔形体的最大冲击压力与速度关系

8. K_p 公式

理论计算分析和模型试验研究证实：砰击压力峰值 P_{max} 与波浪相对速度 V_r 的二次方呈正比，其比例系数 K_p 主要取决于结构物触水冲击表面处的斜升角 β，还与受载结构刚度的强弱、二维还是三维流动、水的可压缩性以及气垫效应等影响因素有关。

$$\frac{p_{\max}}{\frac{1}{2}\rho v^2}=\frac{\pi}{\tan\beta} \tag{3-58}$$

$$K_{\mathrm{p}}=\frac{p_{\max}}{v^2}=\frac{\rho\pi}{2\tan\beta} \tag{3-59}$$

我国的国家军用标准 GJB 64.1—85《舰船船体规范》或 GJB/Z 1999《水面舰艇结构设计计算方法》中,规定了舰船首端局部结构设计时的砰击压力计算公式和相关的计算曲线,明确砰击压力峰值与冲击点的波浪相对速度二次方相关,其比例系数 K_{p} 取决于横剖面在砰击位置的斜升角 β,如图 3-32 中的"规范设计曲线"。

英国海军规范(NSR)提供的 K_{p} 公式(这里的压力单位为 kPa,因此与 Karman 公式略有差别)为

$$K_{\mathrm{p}}=\begin{cases}\dfrac{\pi}{2\tan\beta}\\14[1-\tan(2\beta)]\end{cases} \tag{3-60}$$

K_{p} 曲线形状如图 3-32 所示。

在图 3-32 中还给出了国内外典型模型试验获得的系数 K_{p} 值,如沈进威及 Yamamoto 的试验结果分别以"⊕"和"•"表示。

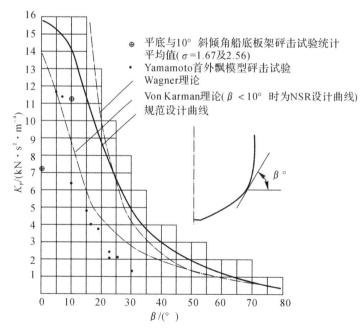

图 3-32　理论、试验和规范给出的 K_{p}-β 曲线比较

将理论计算和规范计算方法相比,可以清楚地看到,$\beta\geqslant20°$ 时,GJB 结构规范提供

的设计指导曲线 K_p-β 与 Wagner 公式曲线十分接近。但设计指导曲线在 $\beta < 20°$ 时,并没有提供明确的出处;而在 $\beta < 10°$ 时,NSR 对 Von Karman 公式作了修正表达,同样未交代该修正提出的依据。

综合比较各种结果可以看到:模型试验结果更符合 Von Karman 的计算公式。国军标结构规范提供的设计指导性 K_p-β 曲线,其基本来源可能是 Wagner 的计算公式;而 NSR 提供的 K_p-β 计算公式的基本来源是 Von Karman 的计算公式;但二者在 $\beta < 20°$ 及 $\beta < 10°$ 时都作了一定的修正。修正的主要原因是 Wagner 和 Von Karman 公式在 $\beta \to 0$ 时都会发生 K_p 趋向无穷大的不实际结果。换言之,Wagner 和 Von Karman 公式对 β 值都有一定的适用范围。

砰击过程的主要不确定性发生在 $\beta < 10°$ 的情况,此时砰击压力值(或 K_p 值)会具有相当大的不稳定性。按庄生仑的观点,此时砰击压力值将与水的可压缩性,砰击过程中因空气无法及时逃逸而存在气垫等原因有关。模型试验表明:在 $\beta < 10°$ 情况下,试验数据的离散度较高。另外,研究还发现,如果计入冲击物体和流场的三维影响,K_p 值将会明显地下降。因此,如以二维砰击理论来处理实船的三维问题,结构设计结果一般是比较保守的。

3.3.3　机身和主浮筒着水载荷系数的理论基础

1. 着水载荷系数

规范中给出的着水载荷系数 n_w 表征水上飞机着水时最大水面反作用力与水上飞机着水重量之比。在缺乏模拟试验和试飞实测数据时,或不能以模拟水上飞机的 V 形弹性体入水撞击力量为基础进行合理、可靠分析的情况下,应分别采用规范计算断阶着水和艏部、艉部着水情况下的着水载荷系数,并利用该系数计算水上飞机设计着水过程中的限制载荷,乘以规定的不确定性系数(一般为 1.5)得到极限载荷,进行结构设计分析与强度校核计算。

2. 着水载荷系数的分析计算

采用分析方法计算着水载荷系数 n_w 的依据是 V 形弹性体入水撞击理论、流体动力学的势流分析理论和有关水池模型试验数据。虽然其中给出的是相当于水上飞机入水撞击过程无俯仰转动、撞击部位(区段)为等截面以及艏线不浸水等假设条件下的结果,与实际情况不完全一致,但是,根据对实体水上飞机的着水过程分析,认为对于工程设计应用是可行的。如果必要,则可进行更精确的理论分析和试验验证。

理论研究表明,V 形体(船底)在平静水面上以主断阶着水情况下,最大加速度公式

可表述为

$$(\mathrm{d}V_n/\mathrm{d}t)_{\max} = -A_0 \frac{K_{\mathrm{m}}^{\frac{1}{3}} V_n^2 \rho_{\mathrm{hs}}^{\frac{1}{3}}}{W_{\mathrm{zs}}^{\frac{1}{3}}} \tag{3-61}$$

式中　　A_0 —— 最大加速度因子；

　　　　K —— 附连质量因子；

　　　　V_n —— 水上飞机着水时（瞬时）速度在龙骨法向的分量，m/s；

　　　　ρ —— 海水密度，kg/m³。

速度 V_n 的公式为

$$V_n = Z_{\mathrm{zs.s}} \sin(\gamma_0 + \tau)/\cos\gamma_0 \tag{3-62}$$

式中　　　τ —— 水上飞机相对静水面的纵倾角，(°)；

　　　　　γ_0 —— 水上飞机相对静水面的初始航迹角，(°)；

　　　　$V_{\mathrm{zs.s}}$ —— 飞机相对静水面的着水速度（$V_{\mathrm{zs}} = K_{\mathrm{v}}V_{\mathrm{zs}}$，$K_{\mathrm{v}} = V_{\mathrm{zs.s}}/V_{\mathrm{zs}}$），m/s；

　　　　　V_{zs} —— 触水时飞机的着水速度，m/s。

水上飞机着水速度示意图如图 3-33 所示。

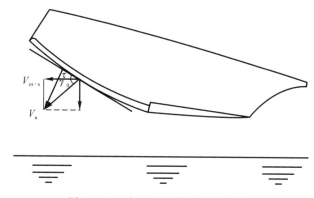

图 3-33　水上飞机着水速度示意图

着水载荷系数为

$$n_{\mathrm{zs}} = \frac{(\mathrm{d}V/\mathrm{d}t)_{\max}}{g} \tag{3-63}$$

引入

$$K_{\mathrm{m}} = \frac{4}{3\pi} \frac{\lambda_0 \cot^3\tau}{\lambda_0 + \sqrt{1+\lambda^2}} \left(1 - \frac{\beta}{\pi}\right) \tag{3-64}$$

则

$$\lambda_0 = \frac{\pi}{2}\tan\tau\cot\beta \tag{3-65}$$

式中 β —— 机身纵向各站位处的底部斜升角,(°)。

当 τ 很小而 $\pi/8 \leqslant \beta \leqslant \pi/4$ 时,$(1-\beta/\pi)/(\lambda_0 + \sqrt{1+\lambda_0})$ 的变化亦很小,故一般情况可视为定值,于是

$$K_m = \frac{\pi}{3} \left[\frac{(1-\beta/\pi)}{\lambda_0 + \sqrt{1+\lambda_0}} \right]_{\beta=\beta_0} \cot\tau \cot^2\beta \tag{3-66}$$

将式(3-61)、式(3-62)、式(3-65)、式(3-66)代入式(3-63)得

$$n_{zs} = \frac{C_1 V_{zs}}{\tan^{\frac{1}{3}}\beta W_{zs}} \tag{3-67}$$

其中

$$C_1 = K_v A_0 \left(\frac{\pi \rho_{hs}}{3} \right)^{\frac{1}{3}} \left[\frac{(1-\beta/\pi)}{\lambda_0 + \sqrt{1+\lambda_0}} \right]_{\beta=\beta_0}^{\frac{1}{3}} \left(\frac{\sin^2(\gamma_0+\tau)}{g\cos^2(\gamma_0)} \right) \cot^{\frac{1}{3}}\tau \tag{3-68}$$

显然,式(3-67)与 CCAR25.527 规定的着水载荷系数 n_w 的规范计算公式是一致的。但从式(3-68)可知,系数 C_1 是由多个系数决定的,实际上是一个综合性的经验系数,包括船底构型、着水姿态以及隐含的浸水深度、波浪要素、风速、撞击部位、重量分布和结构弹性等影响。在工程应用中可根据要求,通过水上飞机试飞试验或水池模型的模拟试验数据的统计分析进行验证。不过,基于 V 形体入水撞击的模拟试验和理论分析,可以给出计算着水载荷系数的如下公式:

$$n_{zs} = 3.28 V_0 f_0(\beta)/W_{zs} \tag{3-69}$$

$$f_0(\beta) = \frac{1 - 0.4616\beta^{\frac{1}{3}}}{(94.25 - 43.75\beta^{\frac{1}{3}})\beta^{\frac{1}{3}}}$$

式中 V_0 —— 入水时的着水速度,m/s;

β —— V 形体底部斜升角,rad。

在适当的斜升角 β 范围内(一般情况是 $15° \leqslant \beta \leqslant 20°$),式(3-67)与式(3-69)计算结果的符合性很好,因此,可以充分说明 CCAR25.527 计算的合理性。

3. 影响着水载荷系数 n 的补充分析

(1) 舭线浸水(浸水深度)的影响。其他参数相同时,舭线浸水与不浸水的撞击载荷的比值,一般都小于 1,因舭线浸水总是趋于减少最大加速度。事实上,由于最大加速度往往不是发生在最大浸水深度时,此时舭线还没有浸水。从安全考虑,舭线浸水对最大加速度的影响可以不计,即可以不计舭线浸水对着水撞击载荷系数的降低效应。

另外,着水撞击载荷系数可表示为

$$n_w = \frac{2V_0 vh}{g(1+vh^2)^3} \tag{3-70}$$

$$v = \rho_{hs} k(\beta) / (2M)$$

$$k(\beta) = \pi \left[\pi / (2\beta) - 1 \right]^2$$

式中　　M —— 线质量，kg/m；

　　　　h —— 浸水深度，m。

由式（3-70）可知，在其他参数保持不变的情况下，浸水深度达到某一定值（一般小于舭线浸水的深度）后，载荷系数随浸水深度的增加而减少。

（2）着水过程中水上飞机俯仰旋转（自由纵倾）的影响。俯仰旋转对撞击最大加速度的影响亦可不予考虑，即固定纵倾理论分析和试验结果适用于实际的自由纵倾情况。

（3）船底横向曲率的影响。船底横向曲率对撞击最大加速度的影响亦可不予考虑，也就是说按直线 V 形船底的几何构型计算着水撞击载荷系数，并不会产生显著的误差。

（4）着水撞击部位的影响。水上飞机着水可能有几种情况，或以断阶／艏部／艉部正常着水（即水上飞机在水面附近拉平之后，再向后拉杆使飞机着水），或以艉阶和断阶同时正常着水。

而第 25.527 条的公式（1）[本章式（3-1）]仅适用于断阶正常着水情况（最大加速度沿断阶处龙骨的法线方向 —— 水上飞机总体坐标系的 z 方向）。对于水载合力偏离重心的艏部／艉部正常着水情况，应按第 25.527 条的公式（2）[本章式（3-2）]计算着水载荷系数，其中通过引入 K 因子表征撞击合力方向上飞机的折算重量、非断阶撞击与断阶撞击浸水面形状的差别，而计算结果为重心处与当时水载合力方向一致的水面载荷系数值。

（5）波浪对撞击载荷的影响。水上飞机着水时，撞击载荷与波长、波速、波高和波浪剖面形状以及机身相对波浪的位置等有关。

如果将水的速度势 ϕ_ζ 和波浪剖面形状 ζ 分别表示为

$$\left. \begin{aligned} \phi_\zeta &= \frac{ag}{\sigma} e^{ky} \sin(kx - \sigma t) \\ \zeta &= a\cos(kx - \sigma t) \\ k &= 2\pi / \lambda \\ \sigma &= \sqrt{gk} \end{aligned} \right\} \tag{3-71}$$

式中　　λ —— 波长，m；

　　　　σ —— 圆频率；

a —— 波幅。

于是可得单位长度上的撞击载荷(撞击区域上的线载荷)为

$$F_n = \rho g \lambda^3 \beta^2 \left(1 + \frac{2\pi a}{\lambda}\right) \bigg/ \left[4\pi^2 a \cos\left(\frac{\beta\lambda}{2\pi a}\right)\right] \tag{3-72}$$

另外,相对于水的实际着水速度为

$$V_{zs.s} = V_{zs} - V_w - V_b \tag{3-73}$$

式中　　　　　　　V_w —— 水上飞机着水时的水面风速,m/s;

$V_b = \sqrt{g\lambda/(2\pi)}$ —— 水上飞机着水时的波速,m/s。

此时,水上飞机相对于波浪的有效航迹角为

$$\gamma_{yx} = \gamma_0 + \theta_1 \tag{3-74}$$

$$\gamma_0 = \arctan(V_z/V_{air})$$

$$V_{air} = V_{zs} - V_w$$

式中　　V_z —— 着水时下沉速度(初始速度的垂直分量),m/s;

V_{air} —— 相对空气的速度(初始速度水平分量),m/s;

θ —— 水上飞机着水时所遇波浪的波倾角,(°)。

于是,飞机相对于波浪的有效纵倾角改变为

$$\tau_{yx} = \tau - \theta_1 \tag{3-75}$$

式中　　τ —— 飞机相对于静水面的有效纵倾角,(°)。

由式(3-72)和式(3-73)可知,波浪对水上飞机着水撞击载荷的影响是随机的。

这一点,可通过试验予以验证,并且工程应用时应尽可能将不规则波浪简化为规则形状的波[$\zeta = a\sin(kx - \sigma t)$ 或 $\zeta = a\cos(kx - \sigma t)$]。

(6)重心处载荷系数。着水时,重心处载荷系数 n_{zx} 应表征当时作用在机翼上的升力对平衡载荷的影响,即此时在水上飞机总体坐标系 z 方向上,作用在机体上的水面撞击载荷与机翼上的升力之和由质量力 $F = n_{zx}W_{zs}$ 所平衡。因此,对于船艏和船艉着水情况,重心处的载荷系数 n_{zx} 应是撞击载荷时水载荷合力在飞机总体坐标系 z 轴方向的分量加上机翼上的升力与着水重量 W_{zr} 之比,即

$$n_{zs} = \frac{n_w W_{zs}\cos\theta + \frac{2}{3}W_{zs}}{W_{zs}} = n_w\cos\theta + \frac{2}{3} \tag{3-76}$$

$$n_w\cos\theta = n_{zw}$$

式中　　θ —— 撞击时作用于船艏或艉部的水载荷合力与飞机总体系 z 轴之间的夹角,(°);

n_{zr}——z 轴方向的载荷系数,当 θ 较小或难以确定时,工程计算中可以保守地选取 $\cos\theta = 1$。另外,艏部和艉部着水情况,沿机体纵向各站位处(重心外的计算点)质量力的计算载荷系数,应为重心处载荷系数与相应站位处转动而引起的附加载荷系数之和。

(7)着水载荷系数分析方法的适用范围。第 25.527 条给出的着水载荷系数计算式,原则上适用于水陆两栖飞机的 3 种正常着水情况(断阶、船艏、船艉)的水面载荷计算,但是公式中涉及的计算速度必须根据实体水陆两栖飞机的相关设计参数及其使用的水面环境(波浪要素)、着水姿态和浸水深度(浮沉曲线)等确定。

4. 对称着水载荷合力

(1)着水载荷合力是指着水时作用在机身或主浮筒底部的总的水面反作用力,对称着水时水面载荷的分布对称于机身或主浮筒的纵向对称面。

(2)对于水面载荷合力的作用点和方向,理论上取决于机身底部浸水面积上分布压力的积分结果。但是,鉴于机身底部几何形状和压力分布的复杂性,其精确解一般难以得到。经对比分析和使用经验并参考国外相关规范和资料认为,规范条款的规定符合水上飞机结构的工程设计要求。

5. 非对称着水载荷合力

(1)水上飞机非对称着水载荷主要是偏航和斜浪着水时产生的。水上飞机偏航着水时,侧向力和法向力(水面载荷向上分量)的比值取决于偏航角 φ 达到某一临界值时,使得 $(V_{ck}/V_{fk})\tan\beta < 1$(其中 V_{ck} 为垂直于飞机对称面的飞机侧向速度,V_{fk} 为垂直于飞机龙骨线的飞机法向速度),此时水上飞机只有一侧浸水。

(2)在斜浪着水时,侧向力和法向力的大小与机身底部相对波浪剖面的位置、航向与波浪传播方向间的夹角 ω、波速 V_b 等因素有关,且侧向力随 ω 和 V_b 的增大而增加。

(3)非对称着水载荷是机体结构强度分析的重要计算情况,尤其是对于双垂直尾翼水上飞机,由于垂直尾翼布置在水平尾翼尖部,此时因不对称载荷引起的转动过载将在此时产生较大的集中质量力,进而对水平尾翼总体强度产生较大影响,是水平尾翼强度校核的主要载荷情况。同时,也直接影响机翼的总体强度和后机翼的扭转刚度。

3.3.4 机身或主浮筒底部压力分析的理论基础

作用于机身和主浮筒底部压力,主要控制机身底部桁条和壁板(底部蒙皮)以及构架、隔框下部结构的局部强度。机身和主浮筒底部强度校核计算中,应考虑较大的底部压力可能引起的几何非线性问题。

1. 局部压力

水上飞机着水撞击中,除了紧邻断阶区域因受尾流影响而使得压力有所减小外,在断阶前约 1 倍舷宽长的区域内,二维压力分布状态仍然适用。因此,可以首先采用瓦格纳压力分布计算斜升角为 β 的 V 形船底局部区域的压力,再对尾流的影响进行修正后确定断阶附近区域的局部压力。

对斜升角为 β 的 V 形船底局部区域的面积上,瓦格纳压力分布公式为

$$p(y) = \frac{1}{2}\rho_{hs}V_n\left[\frac{\pi\cot\beta}{\sqrt{1-(y/c)^2}} - \frac{1}{(c/y)^2-1}\right] + \rho_{hs}\frac{dV_n}{dt}\sqrt{c^2-y^2} \qquad (3-77)$$

式中　c —— 浸湿半宽,m;

　　　y —— 以龙骨为原点的横向参考坐标,m。

式(3-77)中最后一项 $\left(\dfrac{dV_n}{dt}\right)$ 一般为负值,且与前两项相比足够小,可以略去不计(偏于安全)。

引入 $y/c = \eta$,可得

$$p(\eta) = \frac{1}{2}\rho_{hs}V_n\left(\frac{\pi\cot\beta}{\sqrt{1-\eta^2}} - \frac{\eta^2}{1-\eta^2}\right) \qquad (3-78)$$

局部压力可以认为是作用于船底上的分布水载荷峰值附近区域内的平均压力,其积分均值为

$$P_a = \frac{1}{2}\rho_{hs}V_n\frac{\left(\pi\cot\beta\arcsin\eta + \eta - \frac{1}{2}\ln\frac{1+\eta}{1-\eta}\right)_{\eta_1}^{\eta_2}}{\eta_2 - \eta_1} \qquad (3-79)$$

其中,积分下限 $\eta_1 = 0$,积分上限 η_2 取

$$\eta_2 = 1 - \frac{\tan^2\beta}{2\pi^2} \quad (接近于 1) \qquad (3-80)$$

于是龙骨处的局部压力即为机身底部入水瞬间在龙骨附近的局部面积上分布水压力的平均值。将 $\eta_1 = 0$ 和 $\eta_2 = 1 - \tan^2\beta/(2\pi^2)$ 代入式(3-79)可得均值为

$$P_{ak} = \frac{1}{2\eta}\rho_h V_n^2\left(\pi\cot\beta_k\arcsin\eta_2 + \eta_2 - \frac{1}{2}\ln\frac{1+\eta_2}{1-\eta_2}\right) \qquad (3-81)$$

式中　β_k —— 龙骨处的斜升角,(°)。

一般情况下,水上飞机机身底部的斜升角在 $15°\sim40°$ 之间,则

$$\eta_2 = 0.9643 \sim 0.9963 \approx 1$$

若斜升角不在 $15°\sim40°$ 之间,则

$$\eta_2 - \frac{1}{2}\ln\frac{1+\eta_2}{1-\eta_2} \approx 1 - \ln(2\pi) + \ln\tan\beta_k = -0.84 + \ln\tan\beta_k \quad (3-82)$$

由于式（3-82）计算结果为负值，且其绝对值与式（3-40）的首项值相比较小，如果略去（偏于安全）这两项，且取 $\eta_2=1$，$\arcsin\eta_2=\frac{\pi}{2}$，则由式（3-81）可知

$$P_{ak} = \frac{\pi^2}{4}\rho_{hs}V_n^2\cot\beta_k \quad (3-83)$$

假设龙骨附近各点初始触水速度 $V_n = K_v\sin(\gamma_0+\tau)/\cos\gamma_0$，代入得龙骨处的局部压力为

$$P_k = \frac{C_2 V_{zs}^2}{\tan\beta_k} \quad (3-84)$$

$$C_2 = \frac{\pi^2}{4}K_v^2\rho_{hs}\sin^2(\gamma_0+\tau)/\cos^2\gamma_0$$

式中 C_2 —— 局部压力的修正系数。

对于三维着水情况，考虑纵横比（模拟三维着水的尾流效应）修正因子 $\phi(A)=1-\tan\tau_{yr}/(2\tan\beta)$，取 $\beta=\beta_k$，将 C_2 乘以 $\phi(A)$，得

$$C_2 = \frac{\pi^2}{4}K_v^2\rho_{hs}\sin^2(\gamma_0+\tau)[1-\tan\tau_{yr}/(2\tan\beta_k)]/\cos^2\gamma_0 \quad (3-85)$$

$$K_v = V_n/V_{zs}\sin(\gamma_0+\tau)/\cos\gamma_0)$$

式中 τ_{yr} —— 水上飞机相对于波浪的有效纵倾角，(°)。

至此可知，导出的龙骨处的局部压力计算式（3-84）与规范基本一致（相当于 $K_2=1$）。但是，考虑沿船底纵向不同站位处龙骨入水时的速度差异，还引入修正系数 K_2，即得

$$P_k = C_2\frac{K_2 V_{zs}^2}{\tan\beta_k} \quad (3-86)$$

于是，龙骨处的局部压力即可按此式求得。对于无舭弯的船底，由于触水速度和浸水深度的影响，舭处的压力可取为龙骨处压力的 75%。局部压力横向分布示意图如图 3-34 所示。龙骨与舭之间的压力呈线性变化，如图 3-35 所示。

对于舭处和舭弯起点处的局部压力同样可采用上述方法确定，但由于舭处触水速度与浸水深度对局部压力的降低效应，舭处的局部压力可以认为是零压力点接近舭线时在舭线附近一局部区域内压力的平均值，即舭处的局部压力可采用规范计算，而舭弯起点处的压力与无舭弯船底的压力相同。因此，龙骨与舭之间某点的压力可通过分段线性插值方法计算。

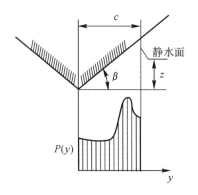

图 3 - 34　局部压力横向分布示意图

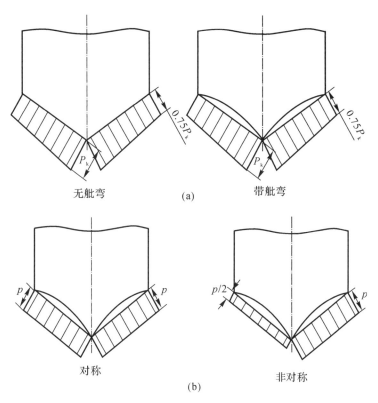

图 3 - 35　龙骨与舭之间局部压力的变化

(a) 局部压力图；(b) 分布压力图

另外,对于三维流场,引入了一个新的参数(三维撞击角 ξ),以 ξ 代替二维的斜升角 β,且三维撞击角可表示为

$$\xi = \arctan[\cos\beta_{\text{eh}}\tan(\tau + \gamma) + \sin\beta_{\text{eh}}\tan\beta_{\text{ev}}] \qquad (3-87)$$

式中　γ —— 船底纵剖角,(°)。

$$\left.\begin{array}{l} \tan\beta_{eh} = \dfrac{\tan\beta}{\sin_{yx} + \tan\theta_1\cos\tau_{yx}} \\[3mm] \tan\beta_{ev} = \dfrac{\tan\beta}{\cos\tau_{yx} - \tan\theta_1\sin\tau_{yx}} \end{array}\right\} \tag{3-88}$$

且

式中 θ_1 —— 波倾角,(°)。

此时,撞击速度相对于波面的垂直分量 V_n 为

$$V_n = [V_{ns} + V_w\sin(\tau+\gamma)]\cos(\tau_{yx}+\gamma) \tag{3-89}$$

$$V_{na} = V_{xc}\cos(\tau+\gamma) + V_{sp}\sin(\tau+\gamma)$$

式中 V_{sp} —— 水平速度,m/s。

当采用局部压力校核船底局部强度时,其作用域可取 200 mm × 200 mm,并随机作用于船底的任何部位。对于带抑波槽的船底,局部压力可按相当的平直船底(无舭弯)龙骨处的局部的均值确定。

2. 分布压力

分布压力是水上飞机在着水过程中,水面载荷达到最大时作用于机身或主浮筒底部的平均压力。虽然规定其作用域为整个机身或主浮筒底部,但一般是以撞击长度和浸湿宽度为界的某一区域内,并且用"不必以剪力或弯矩的形式沿前后方向传递"作为设计使用的限制条件。对于艏部和艉部着水情况,分布压力的作用域不可超过机身艏部或艉部的几何边界。

(1) 对称分布情况。对称分布压力是水上飞机对称着水时产生的,当着水载荷系数为最大时,水面载荷合力为 $F = 9.8 n_w W_{zs}$,此时,机身底部的浸湿面积为

$$S = \frac{h_d^2\cot^{\frac{1}{3}}\tau}{f^{\frac{1}{3}}(\beta)\sin\beta}\left[\frac{6W_{zs}}{\rho_{hs}g\pi\phi(A)}\right]^{\frac{1}{3}} \tag{3-90}$$

$$h_d = y\left\{\frac{g}{W_{zs}}\left[\frac{f^2(\beta)\phi(A)\rho_{hs}\pi}{6\sin\tau\cos^2\tau}\right]\right\}$$

$$f(\beta) = \pi/(2\beta) - 1$$

$$\phi(A) = 1 - \tan_{yx}/(2\tan\beta_k)$$

式中 h_d —— 着水过程中瞬时浸水深度系数;

       β —— 底部斜升角,rad。

由局部压力的均值概念,此时浸湿面积上的平均压力可以表示为

$$P_a = C_a\frac{V_{zs}}{\tan\beta} \tag{3-91}$$

于是,总的水压合力可表示为

$$n_{\mathrm{w}} W_{\mathrm{zs}} = P_{\mathrm{a}} S \cos \beta \qquad (3-92)$$

即

$$\frac{C_1 V_{\mathrm{zs}}^2}{(\tan^{\frac{1}{3}} \beta)} W_{\mathrm{zs}}^{\frac{1}{3}} = \frac{C_{\mathrm{a}} V_{\mathrm{zs}}^2}{\tan \beta} S \cos \beta \qquad (3-93)$$

由式(3-37)和式(3-40)求得平均压力系数 C_{a} 为

$$C_{\mathrm{a}} = \frac{\left[f(\beta)\ \tan^4 \beta \tan \tau \right]^{\frac{1}{3}}}{h_{\mathrm{d}}^2} \left[\frac{1}{6} \rho_{\mathrm{hs}} g \pi \phi(A) \right]^{\frac{1}{3}} C_1 \qquad (3-94)$$

由于实际浸湿面积仅是图 3-36 中的阴影三角形(在总体坐标系中 XOY 面上的投影),但在结构分析计算时,可以将此载荷加在船底两个加强框之间或由经验/试验确定的合理区间(纵向长度 L_2)内的整个面积上,并且可以假设压力沿横向呈均匀分布,沿纵向按 K_2 分段线性变化,于是断阶处截面的分布压力系数为

$$C_4 = \frac{L_1 H_1 C_{\mathrm{a}}}{L_2 H_2 \left[\alpha - (0.53 L_2 / L_{\mathrm{f}}) \right]} \qquad (3-95)$$

$$\alpha = \frac{f^2(\beta) \phi(A) \rho_{\mathrm{hs}} \pi}{6 \sin \tau \cos^2 \tau}$$

式中　L_{f} ——机身断阶前的参考长度。

由式(3-41)和式(3-42)可得

$$C_4 = \frac{L_1 H_1 f(\beta)\ \tan^{\frac{1}{3}} \tan^{\frac{1}{3}} \tau}{L_2 H_2 \left[\alpha - (0.5 L_2 / L_{\mathrm{f}}) \right] h_{\mathrm{d}}} \left[\frac{1}{6} \rho_{\mathrm{hs}} g \pi \phi(A) \right]^{\frac{1}{3}} C_1 \qquad (3-96)$$

因此,C_4 可由 C_1 确定,其中 C_1 由式(3-68)确定。

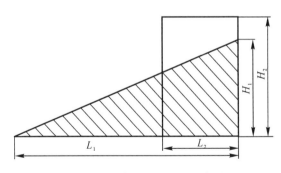

图 3-36　实际浸湿面积示意图

2)非对称分布情况。根据使用经验和国外相关规范,非对称分布压力可按 CCAR25.533(c)2)规定的对称情况确定。

3.3.5　辅助浮筒载荷分析理论基础

(1)第 25.533 条规定的载荷用于辅助浮筒及其安装接头以及机翼上支承辅助浮筒

的结构构件设计。机翼上的支承结构构件应相对于辅助浮筒及其安装接头有一定的强度余量，以保证机翼破坏发生在浮筒及其安装接头的破坏之后。

（2）机翼结构破坏发生在浮筒及其安装接头的破坏之后的规定，主要是保证在浮筒及其安装接头发生损伤至失效的情况，在机翼结构尚有一定的剩余强度能力或完成任务的功能，这符合机体结构损伤容限和生存的设计要求。

（3）规范规定的底部压力是指浮筒底部的分布压力，即设计中使用的浮筒底部压力应不小于规定的相应分布压力值。本条（b）规定的底部压力是指浮筒底部的分布压力，即设计中使用的浮筒底部压力应不小于第 25.533 条（c）规定的分布压力值。

1. 非沉浸浮筒

参考英美水上飞机规范，其作用在辅助浮筒上的水面载荷合力计算公式考虑了水上飞机绕 X 轴（机体纵轴）滚转惯量特性对着水载荷系数的影响。

2. 沉浸浮筒

（1）飞机着水时，辅助浮筒可能浸没在水中。此种情况下，浮筒相当于以速度 $K_3 V_{S0}$ 在水下运动的弹性体。根据流体力学／动力学可得其所受的浮力（水面载荷合力向上分量）、纵向力（水面载荷合力向后／阻力分量）和侧向力（水面载荷合力侧向分量 F_z、F_x 和 F_y）。在第 25.533 条（f）中 $V^{\frac{2}{3}}$ 为浮筒浸入水中的当量面积。

（2）如果使用经验或试验表明，在正常操作情况下，速度为 $0.8V_{S0}$ 时浮筒不能浸没，则确定沉浸浮筒水面载荷的速度系数 K_3 值可取为 $0.65 \sim 0.7$。

3.4　水载荷的验证方法

水上飞机与水陆两栖飞机必须根据在很可能遇到的最恶劣海上条件下正常运行时出现的任何姿态，以相应的向前和下沉速度起飞和着水过程中所产生的水面载荷进行设计。

其符合性验证实施方法可简述如下：

（1）必须通过实现上述每一适航条款的规定要求，来表明所确定的水上飞机与水陆两栖飞机水面载荷符合 CCAR25 部适航要求。

（2）必须在申请合格审定的重心限制范围内选择临界重心，以获得飞机结构每一部分的最大设计水面载荷。

（3）应假定飞机作为一个整体承受与第 25.527 条规定的水面反作用载荷系数相应的水面载荷。在施加水面载荷时，可以用不小于第 25.533 条（c）中规定的压力把该载荷分布于整个船体或主浮筒的底部,以避免在水面载荷作用部位出现过大的局部剪切载荷和弯矩。

(4) 应分别计算出船体和主浮筒的断阶着水情况和船首及船尾着水情况的水面反作用载荷系数(包括对称着水和非对称着水情况)。

(5) 起飞情况,对于机翼与船体或主浮筒的连接:假定机翼气动升力为零,必须施加向下的惯性载荷,其对应的载荷系数计算依据第 25.531 条(b)的规定。

(6) 必须按第 25.533 条船体和主浮筒底部压力的规定要求设计船体和主浮筒结构,包括构架、隔框、桁条和底板。

(7) 辅助浮筒和其连接以及支承结构必须按第 25.535 条规定的限制载荷和载荷情况进行设计(包括断阶载荷、筒首载荷、非对称断阶载荷、非对称筒首载荷以及浮筒浸没情况等)。在机体结构构型、水面环境、着水姿态等特定的条件下,为提高预计分析的可靠度和置信水平,应对适航条款规定的水载荷预计分析结果进行必要的验证。

水载荷的验证主要是指,理论 / 数值仿真分析验证、水池或开阔水面上的试验验证或实机水上试飞测试验证。

验证内容包括水载荷系数、作用域、合力作用点、分布规律和影响要素,以及载荷-时间历程(动态响应)特性等。

3.4.1　各部件水载荷验证方法

1. 船体水载荷

(1) 船体载荷系数。本部分给出了船体水载荷系数的理论计算方法和试验验证方法。

1) 理论计算方法验证。在进行水上飞机 / 水陆两栖飞机结构设计和强度校核过程中,船体载荷系数主要通过理论计算方法得到,该方法主要来源于 CCAR23 部和 CCAR25 部,具体计算方法如下:

ⅰ) 船体着水载荷系数。船体着水载荷系数计算公式来源于 CCAR23 部和 CCAR25 部的第 527 条,着水情况根据船体与水面的接触位置不同,分为断阶着水、船首和船尾着水。

对于断阶着水情况:

$$n_{w} = \frac{C_1 V_{S0}^2}{(\tan^{2/3}\beta)W^{1/3}}$$

对于船首和船尾着水情况:

$$n_{w} = \frac{C_1 V_{S0}^2}{(\tan^{2/3}\beta)W^{1/3}} \frac{K_1}{(1+r_x^2)^{2/3}}$$

式中　　n_{w} —— 水面反作用载荷系数(即水面反作用力除以水上飞机重力)。

$C_1 = 0.009\,22$(公制:$C_1 = 0.009\,22$;英制:$C_1 = 0.012$),为水上飞机操纵经验系数(但此系数不得小于为获得断阶载荷系数最小值 2.33 所需要的数值)。

V_{S0} —— 襟翼打开在相应的着水位置,不考虑滑流影响的水上飞机失速速度,kn。

β —— 在确定载荷系数的纵向站位处的斜升角,(°),如图 3-1 所示。

W —— 水上飞机设计着水重量,kg(lb)。

K_1 —— 船体站位的经验加权系数,如图 3-2 所示。

r_x —— 平行于船体基准轴,从水上飞机重心到进行载荷系数计算的船体纵向站位的距离与水上飞机的俯仰回转半径之比。船体基准轴为一条在对称平面内与主断阶处龙骨相切的直线。

对于双浮筒水上飞机,由于浮筒与水上飞机连接的柔性影响,可以将船首和船尾处的系数 K_1 减少到图 3-2 所示值的 80%,这种减少仅适用于传力构架和水上飞机机体结构的设计。

在进行水上飞机/水陆两栖飞机船体着水载荷系数分析时,由于着水时风浪的作用以及飞机本身的特点,将水上飞机/水陆两栖飞机着水过程分为对称着水和非对称着水,具体分析方法主要来源于 CCAR23 部和 CCAR25 部第 531 条,具体计算方法如下:

对于对称断阶、船首和船尾着水,水面反作用限制载荷系数按第 25.527 条计算确定。此外,采用下列规定:

• 对于对称断阶着水,水载荷的合力必须在龙骨上,通过重心且与龙骨线垂直;

• 对于对称船首着水,水载荷的合力必须作用在从船首到断阶的纵向距离 1/5 处的龙骨上,且与龙骨线垂直;

• 对于对称船尾着水,水载荷的合力必须作用在从断阶到尾柱的纵向距离 85% 处的龙骨上且与龙骨线垂直。

船体式水上飞机和单浮筒水上飞机必须检查非对称的断阶、船首和船尾着水情况。此外,采用下列规定:

每一情况的载荷均由向上分量和侧向分量组成,其值分别等于相应的对称着水情况合力乘以 $0.75\tan\beta$ 和 $0.25\tan\beta$;载荷向上分量的作用点和方向与对称情况相同,侧向分量的作用点在向上分量的同一纵向站位处,作用于龙骨线和舭线之间的中点,但方向朝内并垂直于对称平面。

ⅱ）船体起飞载荷系数。船体着水载荷系数计算公式来源于 CCAR23 部和 CCAR25 部的第 531 条,对于机翼及其与船体或主浮筒的连接,采用下列规定:

- 假定机翼的气动升力为零;
- 必须施加向下的惯性载荷,其对应的载荷系数按下式计算:

$$n = \frac{C_{T0}V_{S1}^2}{(\tan^{2/3}\beta)W^{1/3}}$$

式中　　n —— 惯性载荷系数;

$C_{T0} = 0.003\,07$(公制:$C_{T0} = 0.003\,07$;英制:$C_{T0} = 0.004$),为水上飞机操作经验系数;

V_{S1} —— 襟翼打开在相应的起飞位置,在水面设计起飞重量下的水上飞机失速速度,kn;

β —— 主断阶处的斜升角,(°);

W —— 水上设计起飞重量,kg(lb)。

2）水池试验验证方法。水池试验是获取船体载荷系数的技术手段之一,根据船体载荷系数的不同试验方法有所区别,其中船体着水载荷系数通过全机无动力模型水池着水试验测试得到,船体起飞载荷系数通过全机带动力模型水池拖曳试验测试得到。

船体载荷系数水池试验分为静水着水试验和波浪着水试验,通过在模型首部、重心、尾部布置若干加速度传感器,通过测量模型在着水和滑水过程中的垂直加速度和纵向加速度传感器,分析飞机在不同着水位置和不同滑水速度时的载荷情况。着水位置可通过底部压力传感器判定或者高速摄像机判定。试验状态选取要充分考虑影响船体和主浮载荷系数的各参数,以确保得到最严重的载荷系数情况。

（2）船体底部压力。本部分给出了水上飞机、水陆两栖飞机在水面起降过程中,船体和主浮筒底部压力的计算公式以及试验验证方法。

1）理论计算方法验证。船体底部压力主要用于设计船体结构,包括构架、隔框、长桁和底板。在民用水上飞机、水陆两栖飞机设计过程中,该压力主要通过 CCAR23 部和 CCAR25 部第 533 条计算得到。

ⅰ）局部压力。对于无舭弯的船底,舭处的压力为龙骨处压力的 75%,龙骨与舭之间的压力按图 3-4 成线性变化。龙骨处的压力按下式计算:

$$P_k = C_2\frac{K_2V_{S1}^2}{\tan\beta_k}$$

式中　P_k —— 龙骨上的压力，Pa（kgf/cm²；lbf/in²）；

　　　　$C_2 = 14.7$（公制：$C_2 = 0.000\,15$；英制：$C_2 = 0.002\,13$）；

　　　　K_2 —— 船体站位加权系数，如图 3-3 所示；

　　　　V_{S1} —— 襟翼打开在相应的起飞位置，水面设计起飞重量下的水上飞机失速速度，kn；

　　　　β_k —— 在龙骨处的斜升角，(°)，如图 3-1 所示。

对于带舭弯的船底，舭弯起点处的压力与无舭弯船底的压力相同。

舭和舭弯起点之间的压力按图 3-4 成线性变化。压力分布与本条 25.533(b)1) 无舭弯船底的规定相同，但舭处的压力按下式计算：

$$P_{ch} = C_3\,\frac{K_2 V_{S1}^2}{\tan\beta}$$

式中　P_{ch} —— 舭处的压力，Pa（kgf/cm²；lbf/in²）；

　　　　$C_3 = 11.0$（公制：$C_3 = 0.000\,113$；英制：$C_3 = 0.001\,6$）；

　　　　K_2 —— 船体站位加权系数，如图 3-3 所示；

　　　　V_{S1} —— 襟翼打开在相应的起飞位置，水面设计起飞重量下的水上飞机失速速度，kn；

　　　　β —— 相应站位处的斜升角，(°)。

ⅱ）压力分布。对称压力按下式计算：

$$P = C_4\,\frac{K_2 V_{S0}^2}{\tan\beta}$$

式中　P —— 压力，Pa（kgf/cm²；lbf/in²）；

　　　　$C_4 = 700.0C_1$（公制：$C_4 = 0.005\,49C_1$；英制：$C_4 = 0.078C_1$），C_1 按第 25.527 条计算；

　　　　K_2 —— 船体站位加权系数，如图 3-3 所示；

　　　　V_{S0} —— 襟翼打开在相应的着水位置，不考虑滑流影响的水上飞机失速速度，kn；

　　　　β —— 相应站位处的斜升角，(°)。

非对称压力分布由作用在船体或主浮筒中心线一侧的压力和作用在船体或主浮筒中心线另一侧的该压力的一半组成，如图 3-4 所示。

2）水池试验验证方法。船体底部压力主要通过全机无动力模型着水试验测试得到。

在进行全机无动力着水试验前,需制定详细的船体和主浮筒底部压力测试方案,根据需要在船体和主浮筒底部布置若干压力传感器,传感器位置和量程需进行充分论证,另外,需对模型重量、重心、惯量进行预估,确定模型尺寸和传感器数量。试验状态选取要充分考虑影响船体和主浮筒底部压力的各参数,以确保得到最严重的底部压力情况。

2.浮筒水载荷

辅助浮筒载荷主要用于浮筒和其连接以及支承结构连接的设计。在民用水上飞机、水陆两栖飞机设计过程中,该载荷主要通过 CCAR23 部和 CCAR25 部第 533 条和 535 条计算得到。

(1)断阶载荷。水载荷的合力必须作用在浮筒的对称平面内,作用点位于从筒首到断阶的距离的 3/4 处,方向必须与龙骨垂直,限制载荷的合力按下式计算,但 L 值不必超过浮筒完全浸没时排水量的 3 倍:

$$L = \frac{C_5 V_{S0}^2 W^{2/3}}{(\tan^{2/3}\beta)(1 + r_y^2)^{2/3}}$$

式中　　L —— 限制载荷,N(kgf;lbf)。

　　　　$C_5 = 0.039\,9$(公制:$C_5 = 0.008\,98$;英制:$C_5 = 0.005\,3$)。

　　　　V_{S0} —— 襟翼打开在相应的着水位置,不考虑滑流影响的水上飞机失速速度,kn;

　　　　W —— 水上飞机设计着水重量,kg(lb);

　　　　β_S —— 从筒首到断阶的距离的 3/4 站位处的斜升角,但不必小于 15°。

　　　　r_y —— 重心和浮筒对称面之间的横向距离与滚转时的回转半径之比。

(2)筒首载荷。限制载荷的合力必须作用在浮筒的对称平面内,作用点位于筒首到断阶的距离的 1/4 处;方向必须与通过该点的龙骨线的切线垂直,载荷合力的大小为本条(b)规定的值。

(3)非对称断阶载荷。水载荷的合力由等于本条(b)规定载荷的 75% 的向上分量和等于本条(b)规定载荷乘以 $0.25\tan\beta$ 的侧向分量组成。侧向载荷必须作用于龙骨和舭之间的中点并垂直于浮筒的对称平面。

(4)非对称筒首载荷。水载荷的合力由等于本条(c)规定载荷的 75% 的向上分量和等于本条(c)规定载荷乘以 $0.25\tan\beta$ 的侧向分量组成。侧向载荷必须作用于龙骨和舭之间的中点并垂直于浮筒的对称平面。

(5)浮筒浸没情况。载荷的合力必须作用在浮筒横截面的形心上,且位于从筒首到

断阶的距离的 1/3 处,限制载荷分量如下:

$$垂直载荷 = \rho g V$$

$$向后载荷 = C_x \frac{\rho}{2} V^{2/3} (K V_{S0})^2$$

$$侧向载荷 = C_y \frac{\rho}{2} V^{2/3} (K V_{S0})^2$$

式中　　ρ —— 水的质量密度,$kg/m^3 (kg \cdot s^2/m^4 ; slug/ft^3)$;

　　V —— 浮筒体积,$m^3 (ft^3)$;

　　$C_x = 0.012\ 4$(公制:$C_x = 0.012\ 4$;英制:$C_x = 0.133$),阻力系数;

　　$C_y = 0.009\ 8$(公制:$C_y = 0.009\ 8$;英制:$C_y = 0.106$),侧向力系数;

　　$K = 0.8$,如果表明,在正常操作情况下,速度为 $0.8 V_{S0}$ 时浮筒不能浸没,则可用较小的数值;

　　V_{S0} —— 襟翼打开在相应的着水位置,不考虑滑流影响的水上飞机失速速度,kn;

　　g —— 重力加速度,$m/s^2 (ft/s^2)$。

(6)浮筒底部压力。浮筒底部压力必须根据第 25.533 条制定,但公式中的 K_2 值取为 1.0。用以确定浮筒底部压力的斜升角按本条(b)规定。

3.水舵载荷

水上飞机、水陆两栖飞机的水舵必须满足下列要求:

(1)水舵的强度和载荷应满足水上飞机和水陆两栖飞机在水面运行期间可能遭遇的最不利工况环境、滑行速度和转弯半径等所有组合载荷情况对强度的要求。

(2)水舵及其邻近结构必须按下列载荷规定进行设计。水舵的限制载荷垂直于舵面弦线,并按下式确定:

$$P_{舵} = \frac{1}{2} \rho C_L V^2 S = \frac{1}{2} \times 1\ 025 \times 0.25 V^2 S \approx 128 V^2 S \tag{3-97}$$

式中　　$P_{舵}$ —— 水舵限制载荷,N;

　　V —— 水舵的允许使用速度,m/s;

　　S —— 水舵面积,m^2。

4.锚泊载荷

水上飞机、水陆两栖飞机锚泊装置按以下锚泊载荷进行设计:

(1)必须根据最大水上使用重量的各种运行重量进行载荷分析;

（2）必须考虑能安全稳定锚泊时，飞机不随风浪漂移；

（3）必须考虑不能正常锚泊时，主承力件不能先于锚泊接头破坏；

（4）飞机锚泊时连接接头及其邻近结构按下列载荷进行设计：

$$F_{1x} = 0.612\ 9C_{1x}SV_w^2 \qquad\qquad (3-98)$$

式中　　F_{1x} —— 空气阻力，N；

　　　　C_{1x} —— 水上飞机处于降落迎角时的阻力系数；

　　　　S　　 —— 面积，m^2；

　　　　V_w —— 按战术技术要求规定的风速，m/s。

$$F_{2x} = 0.023W_{anc}V_b^2 \qquad\qquad (3-99)$$

式中　　F_{2x} —— 水阻力，N；

　　　　W_{anc} —— 水上飞机抛锚时的重量，kg；

　　　　V_b —— 波速，m/s。

$$F_R = \frac{F_{1x} + F_{2x}}{\cos(\alpha + \Delta\alpha)} \qquad\qquad (3-100)$$

式中　　F_R —— 连接接头所受的拉力，N；

　　　　α —— 钢索方向与水面的夹角，(°)；

　　　　$\Delta\alpha$ —— 水上飞机位于波峰时，α 角的增量，(°)。

5.起落架水中收放载荷

提出以下条款进行起落架水中收放载荷分析：

（1）必须根据在可能遇到的最恶劣水面条件下正常运行时出现的任何情况进行设计。

（2）必须考虑飞机进行水中收放起落架的滑行速度、起落架伸出或收回速度和起落架水下部分受到的水阻力。

（3）在起落架的收放过程中，起落架以及有关构件作用有惯性载荷、水动载荷、弹簧力和开锁作动筒的开锁力等外载荷，这些载荷应由收放作动筒平衡。

（4）起落架水中收放载荷可按经验公式确定。水陆两栖飞机起落架在水中收放使用过程中，其最大载荷工况是起落架与滑行方向垂直时，得出起落架水中收放限制载荷：

$$P_起 = \frac{1}{2}\rho C_D V^2 S = \frac{1}{2} \times 1\ 025 \times 1.0V^2 S \approx 513V^2 S \qquad (3-101)$$

式中　　$P_起$ —— 起落架水中收放限制载荷，N；

V —— 起落架水中收放时飞机的滑水速度与波浪速度叠加后的速度，m/s；

S —— 起落架的迎水面积，m^2。

6. 水上与坡道牵引载荷

提出以下条款进行水上与坡道牵引载荷分析：

（1）必须根据在可能遇到的最恶劣水面条件下正常运行时出现的任何情况进行设计；

（2）在进行水上与坡道牵引时，主承力件不得先于牵引装置发生破坏；

（3）水面与坡道牵引条件按下述要求确定：

1）可借助机身前部牵引环，使用船牵引拖曳；

2）水面滑行速度不大于 10km/h。

（4）水面牵引。通过飞机首部牵引环（机头在前）或者尾部牵引环（机尾在前）进行水面牵引，水面牵引载荷按以下要求确定：

1）作用在机尾牵引装置上的限制载荷由下式确定：

$$P_{尾} = 0.2W_{to} \qquad (3-102)$$

式中　W_{to} —— 飞机设计起飞重量，kg。

2）若机身前部左右各布置一个牵引环，同时使用两个牵引环牵引，则作用在每个牵引环上的限制载荷由下式确定：

$$P_{首1} = 0.1W_{to} \qquad (3-103)$$

若机身前部只有一个牵引环，则作用在牵引环上的限制载荷由下式确定：

$$P_{首2} = 0.2W_{to} \qquad (3-104)$$

（5）牵引出水。绞车通过两根连接在机头连接接头上的缆绳将飞机牵引出水，并由两人通过绳子控制前起落架上的拖挂装置，让前轮转向。当牵引飞机出水时，前连接接头和主起落架撑杆上的固定装置受到力的作用，每个分支间力达到平衡。

作用在机头连接接头上的限制载荷由下式确定：

$$P_x^P = W_{max}(\tan\varphi_{wr}^{\circ} + f_{fr})k_{dyn} \times 1.5 \qquad (3-105)$$

式中　W_{max} —— 飞机牵引出水时的重量；

$\tan\varphi_{wr}^{\circ}$ —— 下滑道坡度角；

f_{fr} —— 摩擦因数；

k_{dyn} —— 动力系数。

每一个分支的限制载荷为

$$P_x^1 = 0.5 P_x^p k_{\text{unbalance}} \tag{3-106}$$

式中　$k_{\text{unbalance}}$——分支力不平衡系数。

3.4.2　水载荷数值仿真分析方法

利用理论和数值仿真分析方法,研究载荷(系数)与波浪、着水失速速度及升沉曲线关系,开展水面飞行器水载荷理论与仿真分析,确定水载荷系数、合力作用点、压力分布及作用域,分析水载荷的影响因素。

(1)根据非线性有限元方法的控制方程,通过 V 形体入水撞击历程的计算机仿真模拟分析,验证水上飞机/水陆两栖飞机在不同进场参数条件下的着滑水形态和所经受的水动力载荷情况,必要时可根据模拟分析结果视情修正。非线性有限元方法中的任意拉格朗日欧拉法(ALE)描述方法可以很好地处理流固耦合问题,基本方程为

$$\left. \begin{aligned} &\frac{\partial \rho}{\partial t} + m \nabla \rho = -\rho \nabla u \\[2mm] &\rho \frac{\partial u}{\partial t} + \rho m \nabla u = -\nabla \rho \\[2mm] &\rho \frac{\partial e}{\partial t} + \rho m \nabla e = -\nabla (pu) \end{aligned} \right\} \tag{3-107}$$

式中　m —— 对流速度,即物质速度与网格速度的差;

　　　u —— 物质速度;

　　　ρ —— 物质密度;

　　　e —— 单位质量的总能量;

　　　p —— 外载荷。

采用虚功原理将控制方程转化为弱形式,结合材料的本构方程和状态方程对弱形式方程进行离散求解。应用 LS-DYNA 软件进行计算机仿真验证的程序包括确定仿真工况、建立有限元模型、设置求解分析参数(包括边界条件、初始条件及基本参数等)、修改 K 文件(添加前处理软件未能写入而 LS-DYNA 求解器所需要的信息字段)、提交计算得到着滑水形态和水动力载荷。图 3-37 为验证程序的示意图。其中仿真工况的确定主要根据总体设计技术要求、任务功能和可能遇到的海上环境;有限元模型的建立包括几何模型的建立、网格划分、定义单元属性、定义材料模型,同时可对分析结果影响不大但对计算分析效率有较大影响的结构进行必要的简化;求解分析参数的设置包括边界条件、初始条件及基本参数等,边界条件根据具体情况而定,初始条件包括姿态角、水

平速度、垂直速度、重量、重心等,基本参数包括能量选项、人工体积黏性选项、时间步长因子、求解时间、结果文件输出等;将修改完成的 K 文件提交给 LS-DYNA 求解器进行求解分析,计算完成后,根据所设置的结果文件输出类型可以得到各种后处理软件能识别的结果文件,并可对输出结果进行相关的后处理。图 3-38～图 3-40 所示为楔形体入水仿真案例,分析对象一般包括结构过载、局部压力时间历程及结构表面压力分布规律。

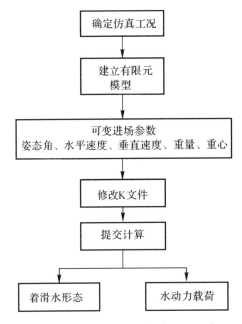

图 3-37　LS-DYNA 仿真验证程序

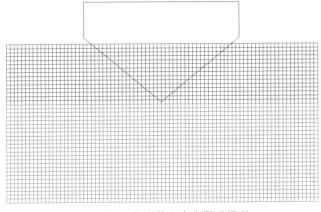

图 3-38　楔形体入水有限元模型

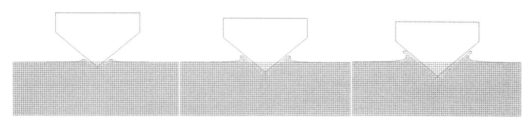

图 3 - 39 楔形体入水过程

（2）采用刚体模型计算得到的结果并不足以反映真实飞机的着水特性，由于结构梁的刚硬，水面降落过程中水冲击产生的载荷主要传递到蒙皮上，如图 3 - 41 所示，而蒙皮属于柔性结构，入水过程中可能产生明显的变形，这种变形会影响流场变化。为了考虑机体结构弹性效应对水载荷预计分析结果的影响，可通过工程方法或有限元分析进行着滑水情况下的水动力载荷响应分析计算，进一步验证、表明机体结构对规定的各种水载荷环境的符合性，验证流程如图 3 - 42 所示。

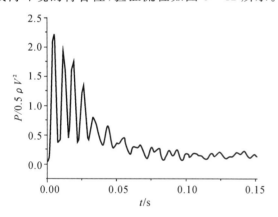

图 3 - 40 楔形体表面局部压力-时间曲线

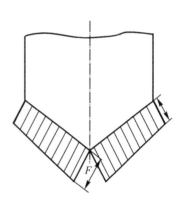

图 3 - 41 水载荷分布形式

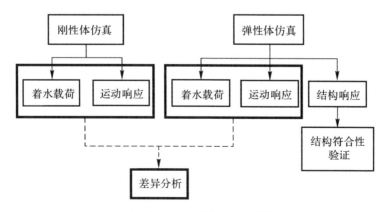

图 3 - 42 结构符合性验证流程

弹性体模型的建立不同于刚性体模型,为了能真实反映结构变形对流固耦合界面载荷的影响,需使仿真模型的结构尽可能接近真实,同时采用反映真实材料力学特性的材料参数,这样可保证结构的响应与实际相近,同时对机身主要着水部位网格进行细化,如图3-43所示,图3-44为仿真入水过程,图3-45和图3-46所示分别为压力分布和应变分析结果。

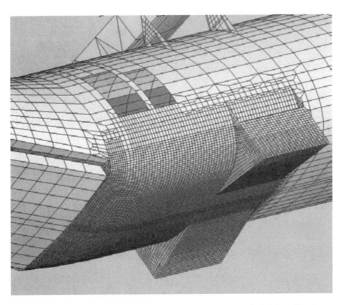

图 3-43　EADS-CASA CN235-300M 机身有限元模型

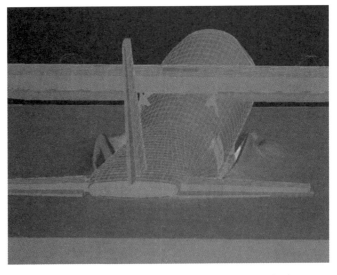

图 3-44　EADS-CASA CN235-300M 着水仿真

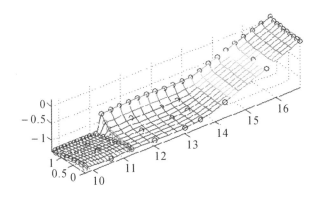

图 3 - 45 机身底部压力分布

图 3 - 46 应变云图

（3）对于波浪水面情况，可通过数值方法来模拟复杂的水面情况，分析飞机姿态、波浪参数及撞击位置同着水载荷的关系，分析飞机与波浪水面遭遇最危险工况下的水动力载荷，进而为试验工况的选择提供指导，图 3 - 47 所示为确定波浪水面最危险工况的流程。波浪作为自然环境不受人为影响，且表征波浪的要素较多，因此造成波浪水面的着滑水是多变量的随机过程，属于高度复杂的流固耦合问题，涉及水弹性、飞溅、射流、气垫等物理现象，理论分析存在很大的难度，同时过程的随机性使得试验的任务量巨大，且重复性难以保证，因此结合数值方法确定危险工况的大致范围，再有针对性地开展试验，可节约大量的成本。图 3 - 48 所示为数值波浪模型，图 3 - 49 所示为某型飞机波浪水面着水仿真压力云图，图 3 - 50 所示为着水姿态角变化曲线。

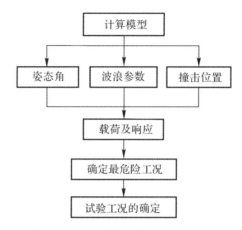

图 3 - 47　波浪水面最危险工况确定

图 3 - 48　数值波浪模型

图 3 - 49　波浪水面着水仿真压力云图

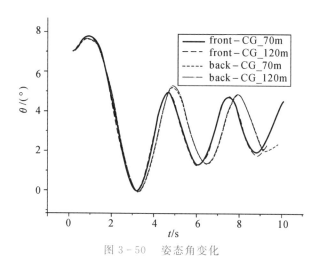

图 3 - 50　姿态角变化

3.4.3　水池或开阔水面上的试验验证

通过飞机模型在拖曳水池的拖曳和投放试验,测试飞机模型在水面起降过程中的姿态、过载、压力分布及作用域,分析载荷-时间历程(动态响应)特性和水载荷的影响因素。

水载荷的测试试验可采用缩比模型在高速水池中进行,或利用可控模型在自然开阔的水面中完成。这主要是测试、验证水上飞机、水陆两栖飞机着水撞击载荷系数(撞击时重心处加速度),以及着滑水过程中作用于机身和主浮筒底部的压力及其分布规律。

水载荷测试试验分为以下两类,即:无动力着水水载荷测量试验,模拟飞机无动力状态下着水时的运动状态,测量着水运动的各参数;带动力滑水水载荷测量试验,模拟飞机带动力状态下滑水时的运动状态,测量滑水运动的各参数。

1.试验比例关系

水载荷模型试验按弗劳德数(Fr)相似准则组织制作及试验,并满足如下相似条件:几何相似、运动相似、动力相似。

按以上相似条件和弗洛德数相似准则,模型的尺寸、重心、质量惯量矩和动力等参数应满足表 3-1 对应的比例关系。

表 3 - 1　比例关系

名　　称	全尺寸值	比　例	模型值
长度	L	λ	λL

续表

名　称	全尺寸值	比　例	模型值
力	F	λ^3	$\lambda^3 F$
惯性矩	I	λ^5	$\lambda^5 I$
质量	m	λ^3	$\lambda^3 m$
时间	t	$\sqrt{\lambda}$	$\sqrt{\lambda}\,t$
速度	V	$\sqrt{\lambda}$	$\sqrt{\lambda}\,V$
线加速度	a	1	a
角加速度	α	λ^{-1}	$\lambda^{-1}\alpha$
压力	P	λ	λP

2. 试验状态选取

（1）重量重心选取。水面载荷分析的试验重量分别采用最大设计起飞重量 W_{to} 和设计着水重量 W_{zs}，试验重心范围应在与有效载荷配置和变化有关的最前和最后位置之间。

（2）着水姿态选取。选取飞机可能的着水姿态进行试验。

（3）着水速度选取。水平着水速度为对应着水姿态下的着水速度，垂直速度参考第 25.473 条选取，即设计着陆重量（以最大下沉速度着陆情况中的最大重量）时的下沉速度为 3.05m/s。

（4）飞机构型选取。着水试验选取襟翼为着水构型进行试验，升降舵起配平作用。滑水试验选取襟翼为起飞构型进行试验，升降舵选取不同舵偏。

（5）水面情况选取。试验分为静水试验和波浪试验，波浪试验又分为规则波试验和不规则波试验，不规则波波高根据飞机抗浪能力确定，规则波波高的选取在考虑抗浪能力的同时，还要考虑线性叠加原理的适用范围。

3. 试验测试参数

（1）静水试验：

· 模型重量 M（kg）。

· 模型重心（mm）。

· 模型惯量（kg·mm）。

· 水平速度 V（m/s）。

· 垂直速度（m/s）。

- 初始纵倾角 φ_0（°）。
- 试验水温 t（℃）。
- 压力（kPa）。
- 纵倾角 φ（°）。

（2）波浪试验：

- 模型重量 M（kg）。
- 模型重心（mm）。
- 模型惯量（kg·mm）。
- 水平速度 V（m/s）。
- 垂直速度（m/s）。
- 初始纵倾角 φ_0（°）。
- 试验水温 t（℃）。
- 波高（mm）。
- 波长（m）。
- 波浪周期（s）。
- 过载（g）。
- 压力（kPa）。
- 纵倾角 φ（°）。

4. 试验方法介绍

（1）测试仪器选取及布置。为能够全面了解飞机在入水时载荷大小及分布情况，需要在模型的船身下表面布置若干个压力传感器，测得船体接触面的压力。同时还需在机身上布置若干个加速度传感器，测得模型飞机的垂向过载和纵向过载。垂直陀螺仪精度应达到 0.5％，加速度传感器精度应达到 0.5％，压力传感器精度应达到 1％，拖车速度的波动值应达到 0.3％。

传感器的布置方案如下：

1）加速度传感器。模型飞机机身段的前、中、后三个位置布置垂向加速度传感器和纵向加速度传感器，用于测量机体过载。

2）压力传感器。船体下表面布置压力传感器，用于测量底部压力大小及分布。

3）惯性测量单元。

机身安装一台惯性测量单元，测量模型纵倾角度变化。

（2）无动力着水水载荷测量试验装置要求如图 3-51 所示。

（3）带动力滑水水载荷测量试验装置要求如图3-52所示。

5．试验步骤

（1）无动力着水水载荷测量试验。水面飞行器无动力着水水载荷模型试验程序包含以下步骤：

1）将调整好状态的飞机模型安装在试验支架上，如图3-51所示，连接测试仪器并调整；

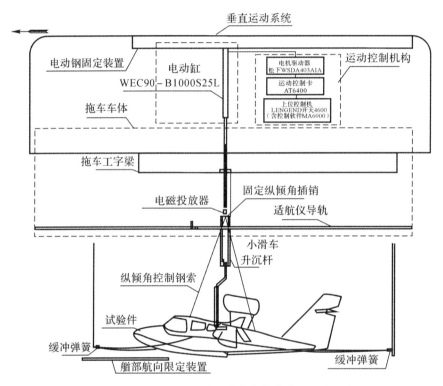

图3-51　水面飞行器无动力着水水载荷模型试验示意图

2）调整飞机的姿态角，确保飞机能按预定姿态着水；

3）调整飞机模型距水面的高度，静水面投放高度确定为（10±1）mm，波浪水面投放高度确定为波幅（10±1）mm；

4）按照选定的波浪谱进行造波，并记录波浪参数（静水试验不进行该项）；

5）启动拖车，保证模型能在预定的地点按选用的水平和下降速度进行投放；

6）前、后两次非连续投放试验之间，应有足够的时间间隔，以便消除前次余波及残流的影响；

7）摄像记录模型着水后的运动状态；

8）测试速度范围视实际需要而定；

9) 试验结束后应复查重量,检查设备仪器状态,记录水温;

10) 对试验数据进行分析,得到加速度、压力随时间的变化曲线。

(2) 带动力滑水水载荷测量试验。水面飞行器带动力滑水水载荷模型试验程序包含以下步骤:

1) 将调整好状态的飞机模型安装在试验支架上,如图 3-52 所示,连接测试仪器并调整。

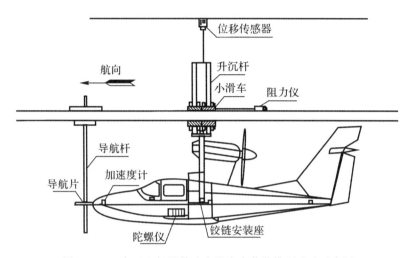

图 3-52　水面飞行器带动力滑水水载荷模型试验示意图

2) 模型下水后,在保持重心纵向位置不变的前提下,使用相关的措施保证模型无明显横倾,并记录模型首尾吃水。该读数与理论计算值之间的偏差应保持一致,并且偏差不大于试验要求的范围。

3) 按照选定的波浪谱进行造波,并记录波浪参数(静水试验不进行该项)。

4) 用推力等效方法进行试验,在试验时根据不同试验速度设定不同的螺旋桨转速进行试验。

5) 进行试验前应先将模型预拖一至两次(破水),检查测试设备的运行情况,消除影响因素。

6) 前后两次非连续拖曳试验之间,应有足够的时间间隔,防止前次余波和残流影响试验数据精度。

7) 摄像记录模型滑水过程中的运动状态。

8) 测试速度范围视实际需要而定。

9) 试验结束后应复查重量,检查设备仪器状态,记录水温。

10) 对试验数据进行分析,得到加速度、压力随时间的变化曲线。

3.4.4 实机水上试飞测试验证

通过飞机水上试飞,测试飞机在起降过程中的姿态、过载及压力分布,分析载荷-时间历程(动态响应)特性和水载荷的影响因素,以此为依据对水载荷计算方法进行校核。

在飞行试验中,应测试、验证水上飞机、水陆两栖飞机实际使用状态下的着滑水载荷大小与分布,表明预计分析和地面试验方法所确定的水载荷状态的合理性,以及机体承受的水 — 空 — 水循环载荷的实际状态,具体试验流程如图 3-53 所示。

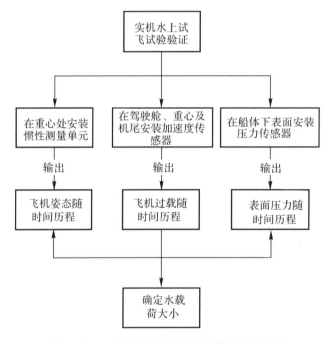

图 3-53 水面飞行器水面水载荷试验流程图

在实机测试试飞前,试飞工程师应首先大体了解和分析飞机船体载荷分布的情况,结合设计部门提出的验证要求编制试飞方案、试飞状态表以及水载荷试飞状态要求,包括相关飞机构型、重量重心等,这些要求可与其他试飞科目结合进行,然后根据飞机单独或组合强度需要考核的条件,补充试验状态点。

对飞机上安装的压力应变片应定期检查和标校,一旦试飞任务完成却发现校准曲线变化了,这就非常麻烦,甚至许多已飞架次要重新试飞,代价很大。在应变片粘贴过程中,应留有足够的余量,因为应变片容易损坏,一旦损坏,想要重新粘贴,极其困难,有些情况下几乎不可能重新粘贴。

3.4.5　水载荷严重工况筛选方法

飞机在着水过程中,飞机重量、重心位置、着水速度、着水海域、着水方式(断阶、船首、船尾)等参数对机身结构产生不同大小的载荷,为了进行结构强度计算,必须将这些载荷进行筛选,选出最严重的载荷情况进行结构强度计算。

严重载荷筛选必须全部覆盖飞机实际着水工况,并尽可能地减少数据量。

本条款介绍了水陆两栖飞机着水过程中产生的水载荷严重工况筛选方法。飞机在着水过程中产生的水载荷按照3.3节进行计算,但计算结果往往只有各个工况的总载荷大小、方向及分布压力。但是在飞机进行强度计算时,需要各个站位的剪力、弯矩和扭矩。根据飞机着水情况,计算飞机在各个站位处的剪力、弯矩和扭矩,选取多种载荷情况下某一力素,如剪力、弯矩或扭矩等,单独作它在站位处的轴向极值线,即单值包线。

单值包线给出了各个位置的极限载荷,虽然某些位置的载荷不是极限载荷,但是存在多种载荷组合成为严重载荷的情况。一般载荷的组成分为剪力-弯矩、剪力-扭矩和弯矩-扭矩。将图中的外缘点连接起来,形成包线。检索包线的外缘点,作为严重载荷情况。

图3-54～图3-57分别为某飞机机身剪力、弯矩及剪力-弯矩、剪力-扭矩示意图。

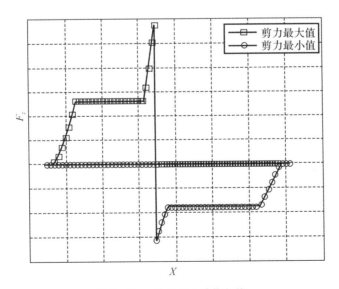

图 3-54　机身剪力单值包线

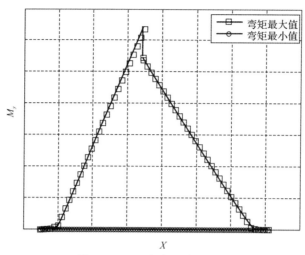

图 3 - 55　机身弯矩单值包线

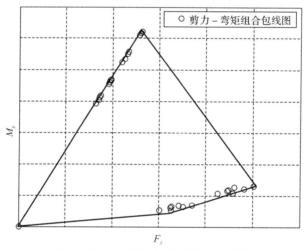

图 3 - 56　机身剪力-弯矩组合包线图

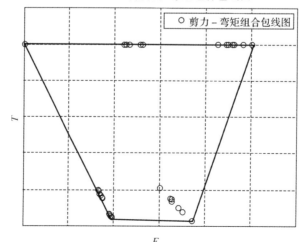

图 3 - 57　机身剪力-扭矩组合包线图

已知船体水载荷报告中所提供的各站位处离散点的部分压力,可将其给出的分布压力 p' 看作是站位 x 的分段直线函数,即

$$p' = kx + c, \quad x_i \leqslant x \leqslant x_{i+1}(i=1,2,3,\cdots,n) \qquad (3-108)$$

分布压力随站位变化曲线如图 3-58 所示。

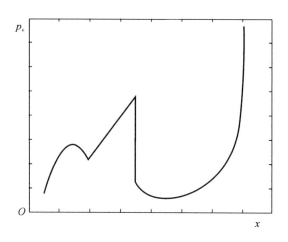

图 3-58　分布压力随站位变化曲线

已知各个站位处得舭宽 b,则同样将舭宽看作是站位 x 的分段直线函数,即

$$b = k_3 x + c_3 \qquad (3-109)$$

舭宽随站位变化曲线如图 3-59 所示。

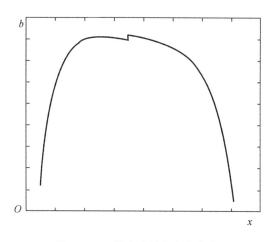

图 3-59　舭宽随站位变化曲线

设着水载荷合力为 F_z,分布压力的中心为 x_c。则对于着水情况下的合力和压力中心的公式为

$$2\int_a^b p(x)b(x)\mathrm{d}x = F_z \atop \dfrac{\int_a^b p(x)b(x)x\mathrm{d}x}{\int_a^b p(x)b(x)\mathrm{d}x} = x_c \Bigg\}$$

$$(3-110)$$

求解上述方程组,即可求出着水区域的起始位置和终点位置。

根据各个工况下的着水区域,即可求得该工况下的各个站位的剪力、弯矩、扭矩。其中各个站位的弯矩是对于机身刚轴而言的。

$$\int p(x)b(x)\mathrm{d}x = F_z(剪力)$$

$$(3-111)$$

$$\int p(x)b(x)x\mathrm{d}x = M_y(弯矩)$$

$$(3-112)$$

$$\iint p(x)b(x)\mathrm{d}(x)\mathrm{d}x = T_x(扭矩)$$

$$(3-113)$$

分别计算每一工况下的水载荷在各个站位处产生的剪力、弯矩及扭矩,通过单值包线法或组合包线法,统计出各个站位处最大及最小的剪力、弯矩及扭矩,对应的工况即为飞机在着水过程中受到的载荷最严重工况。

3.5　水载荷计算算例

3.5.1　船体水载荷计算算例

本节以船体式水上飞机/水陆两栖飞机为示例,介绍CCAR25中给出的水载荷计算方法。示例飞机主要计算参数如下:

飞机重心:　　　　　　　$x_c = 14\,000\,\mathrm{mm}$,　　$y_c = 10\,\mathrm{mm}$

设计着水重量:　　　　　　　$W_1 = 40\,000\,\mathrm{kg}$

设计起飞重量:　　　　　　　$W_2 = 43\,000\,\mathrm{kg}$

设计起飞失速速度:　　　　　　$V_{S1} = 50\,\mathrm{m/s}$

设计着水失速速度:　　　　　　$V_{S0} = 45\,\mathrm{m/s}$

断阶位置:　　　　　　　$x = 15\,000\,\mathrm{mm}$

前后体长度:　　$L_f = 13\,000\,\mathrm{mm}$,　　$L_a = 17\,000\,\mathrm{mm}$

俯仰惯性矩:　　　　　　$I_y = 1\,705\,640\,\mathrm{kg \cdot m^2}$

俯仰惯性半径:　　　　　　$r_x = \sqrt{\dfrac{I_y}{W_1}} = 6.53\,\mathrm{m}$

断阶位置龙骨处斜升角： $\beta_k = 20°$， $\beta = 25°$

（1）根据第 25.527 条和第 25.529 条中计算方法，得到水面反作用载荷系数 n_w 如下：

1）对于断阶着水情况。

ⅰ）断阶对称着水：

$$n_{w1} = \frac{C_1 V_{S0}^2}{(\tan^{2/3}\beta) W_1^{1/3}} = 3.427$$

式中 C_1 —— 水上飞机操纵经验系数，$C_1 = 0.034\ 8$。

ⅱ）断阶非对称着水。水载荷合力由相应的对称载荷的 75% 的向上分量和 25% $\tan\beta$ 的侧向分量组成。

向上分量：75% $n_w = 2.570$；

侧向分量：25% $n_{w1} \tan\beta = 0.399$。

2）对于船首着水情况。

ⅰ）船首对称着水。船首着水点为 $x_1 = x - 80\% L_f = 4\ 600\ \text{mm}$。

对称着水时，水面反作用载荷系数为

$$n_w = \frac{C_1 V_{S0}^2}{(\tan^{2/3}\beta) W_1^{1/3}} \frac{K_1}{(1 + r_x^2)^{2/3}} = 0.707$$

式中 K_1 —— n_{w2} 沿船体纵向分布的经验系数，$K_1 = 1.4$；

r_x —— 从水上飞机重心到进行载荷系数计算的船体纵向站位沿 X 轴的距离与水上飞机的俯仰惯性半径之比。

ⅱ）船首非对称着水。船首非对称着水与断阶非对称着水类似，在此不再举例。

3）对于船尾着水情况。

ⅰ）船尾对称着水。船尾部着水点为 $x_2 = x + 85\% L_a = 29\ 450\ \text{mm}$。

对称着水时，水面反作用载荷系数为

$$n_{w3} = \frac{C_1 V_{S0}^2}{(\tan^{2/3}\beta) W_1^{1/3}} \frac{K_1}{(1 + r_x^2)^{2/3}} = 0.239$$

ⅱ）船尾非对称着水。船尾非对称着水与断阶非对称着水类似，在此不再举例。

（2）根据第 25.531 条中计算方法，飞机水面起飞时的载荷系数 n 计算如下：

$$n_{w4} = \frac{C_{T0} V_{S1}^2}{(\tan^{2/3}\beta) W_2^{1/3}} = 1.377$$

式中 C_{T0} —— 水上飞机操纵经验系数，$C_{T0} = 0.011\ 6$。

（3）根据第 5.533 条中计算方法，以断阶处为例，得到该处的船体底部压力如下：

1）局部压力为

$$P_{k} = C_{2} \frac{K_{2} V_{S1}^{2}}{\tan\beta_{k}} = 380\ 525.6\text{N}$$

式中 K_{2} —— 压力沿船体纵向分布的经验系数，$K_{2} = 1$；

  C_{2} —— 龙骨处局部压力经验系数，$C_{2} = 55.40$。

2）舷处的压力

$$P_{ch} = C_{3} \frac{K_{2} V_{S1}^{2}}{\tan\beta} = 223\ 189.6\text{N}$$

式中 C_{3} —— 舷处局部压力经验系数，$C_{3} = 41.63$。

3）分布压力

$$P = C_{4} \frac{K_{2} V_{S0}^{2}}{\tan\beta} = 105\ 699.5\text{N}$$

式中 C_{4} —— 分布压力经验系数，$C_{4} = 24.34$。

（4）说明：

1）C_{1} 和 C_{T0} 说明。在英制单位中，C_{1} 和 C_{T0} 的量纲为 $(\text{lbf})^{1/3}(\text{n mile})^{-2}\text{h}^{2}$，在本算例采用的单位制中，$C_{1}$ 和 C_{T0} 的量纲为 $(\text{kgf})^{1/3}(\text{m})^{-2}(\text{s})^{2}$，在上述两种单位制中，$C_{1}$ 和 C_{T0} 的换算因子为（C_{T0} 同 C_{1}）：

$$k_{C_{1}} = \frac{C_{1\text{英制}}}{C_{1}} = \frac{(\text{kgf})^{\frac{1}{3}}(\text{m})^{-2}(\text{s})^{2}}{(0.453\ 6\text{kgf})^{\frac{1}{3}}(1\ 853.18\text{m})^{-2}(3\ 600\text{s})^{2}} = 0.344\ 88$$

在英制单位中 $C_{1\text{英制}} = 0.012$，$C_{T0\text{英制}} = 0.004$，则转换为本算例中采用的单位制中得：$C_{1} = 0.034\ 8$，$C_{T0\text{英制}} = 0.011\ 6$。

2）C_{2}，C_{3} 和 C_{4} 说明。在英制单位中，C_{2}，C_{3} 和 C_{4} 的量纲为 $(\text{lbf})(\text{in})^{-2}(\text{nm})^{-2}(\text{h})^{2}$，在本算例中采用的单位制中，$C_{2}$，$C_{3}$ 和 C_{4} 的量纲为 $(\text{N})(\text{m})^{-4}(\text{s})^{2}$，在上述两种单位制中，$C_{2}$，$C_{3}$ 和 C_{4} 的换算因子为（C_{3} 和 C_{4} 同 C_{2}）：

$$k_{C_{2}} = \frac{C_{2\text{英制}}}{C_{2}} = \frac{(0.102\text{kgf})(\text{m})^{-4}(\text{s})^{2}}{(0.453\ 6\text{kgf})(0.025\ 4\text{m})^{-2}(1\ 853.18\text{m})^{-2}(3\ 600\text{s})} = 3.844\ 4 \times 10^{-5}$$

在英制单位中 $C_{2\text{英制}} = 0.002\ 13$，$C_{3\text{英制}} = 0.001\ 6$，$C_{4\text{英制}} = 0.000\ 936$，则转换为本算例中采用的单位制中得：$C_{2} = 55.40$，$C_{3} = 41.63$，$C_{4} = 24.34$。

3.5.2　浮筒水载荷计算算例

本节以水上飞机、水陆两栖飞机为示例，介绍了 CCAR25 中给出的辅助浮筒水载荷计算方法。示例飞机与辅助浮筒主要参数如下：

飞机重心：$\qquad x_c = 14\,000 \text{ mm}, \quad y_c = 10 \text{ mm}$

设计着水重量：$\qquad W_1 = 40\,000 \text{ kg}$

设计起飞重量：$\qquad W_2 = 43\,000 \text{ kg}$

设计起飞失速速度：$\qquad V_{S1} = 50 \text{ m/s}$

设计着水失速速度：$\qquad V_{S0} = 45 \text{ m/s}$

飞机前后体长度：$\qquad L_f = 13\,000 \text{ mm}, \quad L_a = 17\,000 \text{ mm}$

重心到辅助浮筒对称面沿 Y 轴的距离：$\qquad L = 14\,000 \text{ mm}$

滚转惯性矩：$\qquad I_x = 1\,700\,000 \text{ kg} \cdot \text{m}^2$

滚转惯性半径：$\qquad \sqrt{\dfrac{I_x}{W_1}} = 6.52 \text{ m}$

辅助浮筒体积：$\qquad V = 3.5 \text{ m}^3$

辅助浮筒前体长度：$\qquad L_f = 3\,500 \text{ mm}$

辅助浮筒后体长度：$\qquad L_a = 2\,300 \text{ mm}$

根据 CCAR25.535 条款可得下述结果：

（1）浮筒非浸没情况。

1）对于断阶着水情况。

ⅰ）断阶对称着水。水载荷合力作用在辅助浮筒的对称面内，在断阶至筒首距离的 1/4 处，并垂直于龙骨线，合力大小为

$$L_1 = \frac{C_5 V_{S0}^2 W_1^{\frac{1}{3}}}{(\tan\beta_{1/4})^{\frac{1}{3}}(1 + r_y^2)^{\frac{2}{3}}} = 222\,189.4\text{N}$$

式中　　C_5 ——非沉浸浮筒水载荷的经验系数，$C_5 = 0.151$；

$\qquad \beta_{1/4}$ ——断阶至筒首距离的 1/4 处的斜升角，$\beta_{1/4} = 20°$；

$\qquad r_y$ ——重心到辅助浮筒对称面沿 y 轴的距离与水上飞机绕 x 轴滚转的惯性半径之比。

L_1 值不必超过浮筒完全浸没时排水量的三倍，浮筒完全浸没时的排水量的三倍为

$$F = 3\rho g V = 103\,005.0\text{N}$$

故可得断阶对称着水载荷合力大小为：$L_1 = 103\,005.0\text{N}$。

ⅱ）断阶非对称着水。水载荷合力由相应的对称载荷的 75% 的向上分量和 25%$\tan\beta_{1/4}s$ 的侧向分量组成。

向上分量：75%$L_1 = 77\,253.8\text{N}$；

侧向分量:$0.25L_1\tan\beta_{1/4}=9\,372.7\text{N}$。

2)对于筒首着水情况。

ⅰ)筒首对称着水。水载荷合力作用在辅助浮筒的对称面内,在断阶至筒首距离的 3/4 处,并垂直于龙骨线,合力大小为

$$L_2=\frac{C_5V_{S0}^2W_1^{\frac{1}{3}}}{(\tan\beta_{3/4})^{\frac{1}{3}}(1+r_y^2)^{\frac{1}{3}}}=127\,318.5\text{N}$$

式中　$\beta_{3/4}$ —— 断阶至筒首距离的 3/4 处的斜升角,$\beta_{3/4}=40°$。

L_2 值不必超过浮筒完全浸没时排水量的三倍,可得,筒首对称着水载荷合力大小为:$L_2=103\,005.0\text{N}$。

ⅱ)筒首非对称着水。筒首非对称着水与断阶非对称着水类似,在此不再举例。

3)局部压力。

ⅰ)龙骨处压力(以断阶位置为示例)。断阶位置龙骨处的压力为

$$P_k=C_2\frac{K_2V_{S1}^2}{\tan\beta_k}=326\,285.6\text{N}$$

式中　C_2 —— 龙骨处局部压力经验系数,$C_2=55.40$;

　　　K_2 —— 压力沿船体纵向分布的经验系数,$K_2=1$;

　　　β_k —— 断阶位置龙骨处的斜升角,$\beta_k=23°$。

ⅱ)舭处压力(以断阶至筒首 1/4 位置处为示例)。对于带舭弯的,舭和舭弯起始处之间的压力成线性变化。舭处的压力为

$$P_{ch}=C_3\frac{K_2V_{S1}^2}{\tan\beta}=285\,943.7\text{N}$$

式中　C_3 —— 舭处局部压力经验系数,$C_3=41.63$;

　　　K_2 —— 压力沿船体纵向分布的经验系数,$K_2=1$;

　　　β —— 舭弯处斜升角,$\beta=\beta_{1/4}=20°$。

对于无舭弯的,舭处的压力为龙骨处压力的 75%。

4)分布压力(以断阶至筒首 1/4 位置为示例)。对称分布压力为

$$P_c=C_4\frac{K_2V_{S0}^2}{\tan\beta}=135\,419.0\text{N}$$

式中　C_4 —— 分布压力经验系数,$C_4=24.34$;

K_2—— 压力沿船体纵向分布的经验系数，$K_2 = 1$；

β　—— 舭弯处斜升角，$\beta = \beta_{1/4} = 20°$。

非对称压力分布由作用在浮筒中心线一侧的压力和作用在浮筒中心线另一侧的该压力的一半组成。

(2) 浮筒浸没情况。水载荷合力作用在浮筒横截面的形心上，且位于断阶至筒首距离的 3/4 处，水载荷分量如下：

向上分量：

$$F_z = \rho g V = 34\ 335\text{N}$$

侧向分量：

$$F_y = \frac{1}{2} C_y \rho V^{\frac{2}{3}} (K_3 V_{S0}) = 55\ 419.3\text{N}$$

式中　C_y —— 沉浸浮筒的侧向力系数，$C_y = 0.037\ 1$；

　　　K_3 —— 沉浸浮筒水载荷的经验系数，$K_3 = 0.8$。

向后分量：

$$F_x = \frac{1}{2} C_x \rho V^{\frac{2}{3}} (K_3 V_{S0})^2 = 69\ 610.2\text{N}$$

式中　C_x —— 沉浸浮筒的纵向阻力系数，$C_x = 0.046\ 6$。

(3) 说明。

1) C_5 说明。在英制单位中，C_5 的量纲为 $(\text{lbf})^{1/3}(\text{n mile})^{-2}(\text{h})^2$，在本节采用的单位制中，$C_5$ 的量纲为 $(\text{N})(\text{kgf})^{-2/3}(\text{m})^{-2}(\text{s})^2$，在上述两种单位制中，$C_5$ 的换算因子为

$$k_{C_5} = \frac{C_{5\text{英制}}}{C_5} = \frac{0.102(\text{kgf})(\text{kgf})^{-2/3}(\text{m})^{-2}(\text{s})^2}{(0.453\ 6\text{kgf})^{1/3}(1\ 853.18\text{m})^{-2}(3\ 600\text{s})} = 0.035\ 178$$

在英制单位中 $C_{5\text{英制}} = 0.005\ 3$，则转换为本算例中采用的单位制中得：$C_5 = 0.151$。

2) C_x 和 C_y 说明。在英制单位中，C_x 和 C_y 的量纲为 $(\text{ft})^2(\text{s})^{-2}(\text{n mile})^{-2}(\text{h})^2$，在本算例中采用的单位制中，$C_x$ 和 C_y 的量纲为 $(\text{N})(\text{kg})^{-1}(\text{m})^{-1}(\text{s})^2$，在上述两种单位制中，$C_x$ 和 C_y 的换算因子 (C_y 同 C_x) 为

$$k_{C_x} = \frac{C_{x\text{英制}}}{C_x} = \frac{(\text{kg})(\text{m})(\text{s})^{-2}(\text{kg})^{-1}(\text{m})^{-1}(\text{s})^2}{(0.304\ 8\text{m})^2(\text{s})^{-2}(1\ 853.18\text{m})^{-2}(3\ 600\text{s})} = 2.852\ 4$$

在英制单位中 $C_{x\text{英制}} = 0.133$，$C_{y\text{英制}} = 0.106$，则转换为本算例中采用的单位制中得：

$C_{x英制} = 0.046\ 6, C_{y英制} = 0.037\ 1$。

3.5.3 其他类水载荷计算算例

1. 水舵水载荷

水上航行过程中要依靠水舵来保证其操纵性和航向稳定性,在此过程中产生的水舵载荷是水陆两栖飞机强度分析的重要部分,因为这类载荷可能影响水舵的正常使用,并由此影响到飞机的结构能力,所以需要专门的要求来考虑该影响。

水舵的限制载荷垂直于舵面弦线,并按下式确定:

$$P_舵 = 128V^2S = 3\ 840\text{N}$$

式中　　$P_舵$——水舵限制载荷,N;

　　　　V——水舵的允许使用速度与波浪速度的叠加速度(取 10m/s);

　　　　S——水舵面积(取 0.3m^2)。

2. 水上与坡道牵引载荷

(1) 水面牵引:

1) 作用在机尾牵引装置上的限制载荷由下式确定:

$$P_尾 = 0.2W_{to} = 6\ 000\ \text{kgf}$$

式中　　W_{to}——飞机设计起飞重量(取 30 000 kg)。

2) 若机身前部只有一个牵引环,则作用在牵引环上的限制载荷由下式确定:

$$P_{首2} = 0.2W_{to} = 6\ 000\ \text{kgf}$$

(2) 牵引出水。限制载荷由下式确定:

$$P_x^P = W_{max}(\tan\varphi_{wr}^\circ + f_{fr})k_{dyn} \times 1.5 = 9\ 374.7\ \text{kgf}$$

式中　　W_{max}——飞机牵引出水时的重量(取 30 000 kg);

　　　　$\tan\varphi_{wr}^\circ$——下滑道坡度角(取 10°);

　　　　f_{fr}——摩擦因数(取 0.04);

　　　　k_{dyn}——动力系数(取 1.0)。

3. 锚泊载荷

飞机锚泊时连接接头及其邻近结构按下列载荷进行设计:

$$F_{1x} = 0.612\ 9C_{1x}SV_w^2 = 490.32\text{N}$$

式中　　F_{1x}——空气阻力,N;

　　　　C_{1x}——水上飞机处于降落迎角时的阻力系数(取 0.2);

S —— 面积(取 40m^2);

V_w —— 按战术技术要求规定的风速(取 10m/s)。

$$F_{2x} = 0.023 W_{anc} V_b^2 = 69\ 000\text{N}$$

式中　F_{2x} —— 水阻力,N;

W_{anc} —— 水上飞机抛锚时的重量(取 $30\ 000\text{kg}$);

V_b —— 波速(取 10m/s)。

$$F_R = \frac{F_{1x} + F_{2x}}{\cos(\alpha + \Delta\alpha)} = 80\ 240.5\text{N}$$

式中　F_R —— 连接接头所受的拉力,N;

α —— 钢索方向与水面的夹角(取 $29.5°$);

$\Delta\alpha$ —— 水上飞机位于波峰时,α 角的增量(取 $0.5°$)。

4.起落架水中收放载荷

水陆两栖飞机起落架在水中收放使用过程中,其最大载荷工况是起落架与滑行方向垂直时,得出起落架水中收放限制载荷:

$$P_起 = 513V^2 S = 153\ 900\text{N}$$

式中　$P_起$ —— 起落架水中收放限制载荷,N;

V —— 起落架水中收放时飞机的滑水速度与波浪速度叠加后的速度(取 10m/s);

S —— 起落架的迎水面积(取 3m^2)。

3.5.4　水载荷严重工况筛选

根据 3.6.1 节中提到的船体水载荷计算算例,得到下列几种工况下,水陆两栖飞机在着水过程中产生的水载荷合力。

示例飞机主要计算参数如下:

飞机重心:　　　　　　$x_c = 14\ 000$ mm,　$y_c = 10$ mm

设计着水重量:　　　　$W_1 = 40\ 000$ kg

设计起飞重量:　　　　$W_2 = 43\ 000$ kg

设计起飞失速速度:　　$V_{S1} = 50$ m/s

设计着水失速速度:　　$V_{S0} = 45$ m/s

断阶位置:　　　　　　$x = 15\ 000$ mm

前后体长度:　　　　　$L_f = 13\ 000$ mm,　$L_a = 17\ 000$ mm

俯仰惯性矩：　　　　　　　　$I_y = 1\ 705\ 640\ \text{kgf} \cdot \text{m}^2$

俯仰惯性半径：　　　　　　　$r_x = \sqrt{\dfrac{I_y}{W_1}} = 6.53\ \text{m}$

断阶位置龙骨处斜升角：　　　$\beta_k = 20°，\quad \beta = 25°$

其结果见表 3-2 和表 3-3。

表 3-2　载荷系数与水载荷合力表

着水位置	重心载荷系数 /g		向上合力 /N	侧向合力 /N
	向上分量	侧向分量		
对称断阶	3.427	0	1 344 755	0
对称船艏	0.707	0	277 426.8	0
非对称断阶	2.570 3	0.399 5	1 008 566	156 767.4
非对称船艏	0.530 3	0.082 4	208 070.1	32 341.56

表 3-3　分布压力表

站位 /mm	艏宽 /mm	K_2	斜升角 /(°)	分布压力 /Pa
2 000	600	1.615	50	66 809.02
4 000	900	1.231	40	72 295.07
6 000	1 600	0.846	30	72 236.31
8 000	1 800	0.808	25	85 372.7
10 000	2 000	0.885	23	102 718.4
12 000	2 200	0.962	20	130 210.6
14 000	2 400	0.529	22	64 584.7
15 000	2 600	0.559	25	59 067.38
16 000	2 400	0.588	26	59 444.94
18 000	2 200	0.647	27	62 592.67
20 000	2 000	0.706	28	65 434.01
22 000	1 800	0.765	29	67 996.74
24 000	1 600	0.824	30	70 304.86
26 000	1 200	0.882	40	51 829.19
28 000	1 000	0.941	50	38 925.14

根据 3.4.1 节介绍的合力积分与压力中心积分公式,通过解方程组得到飞机在着水

过程中浸湿区域见表 3 - 4。

表 3 - 4 浸湿区域表

着水位置	着水浸湿区域		着水作用点
	左端位置 /m	右端位置 /m	
对称断阶	12.32	16.09	14.0
对称船艏	3.65	5.39	4.6
非对称断阶	12.69	15.58	14.0
非对称船艏	3.90	5.20	4.6

根据上述计算计算得到的着水浸湿区域,积分得到各个站位处的剪力和弯矩(见表 3 - 5 和表 3 - 6)。其中剪力为 F_z,弯矩为 M_y,弯矩是 F_z 对机身在 $x = 14.5$ m 平面的中性轴而言,如图 3 - 60 和图 3 - 61 所示。

表 3 - 5 每个工况下各个站位处的剪力表

站位/mm	剪力/N			
	工况 1	工况 2	工况 3	工况 4
2 000	0.00	0.00	0.00	0.00
4 000	0.00	21 960.00	0.00	6 440.00
6 000	0.00	0.00	0.00	0.00
8 000	0.00	0.00	0.00	0.00
10 000	0.00	0.00	0.00	0.00
12 000	0.00	0.00	0.00	0.00
14 000	357 250.00	0.00	262 640.00	0.00
15 000	511 730.00	0.00	243 060.00	0.00
16 000	160 930.00	0.00	0.00	0.00
18 000	0.00	0.00	0.00	0.00
20 000	0.00	0.00	0.00	0.00
22 000	0.00	0.00	0.00	0.00
24 000	0.00	0.00	0.00	0.00
26 000	0.00	0.00	0.00	0.00
28 000	0.00	0.00	0.00	0.00

表 3 - 6　每个工况下各个站位处的弯矩表

站位/mm	弯矩/(N・m)			
	工况 1	工况 2	工况 3	工况 4
2 000	0.00	0.00	0.00	0.00
4 000	0.00	−234 410.00	0.00	−67 940.00
6 000	0.00	0.00	0.00	0.00
8 000	0.00	0.00	0.00	0.00
10 000	0.00	0.00	0.00	0.00
12 000	0.00	0.00	0.00	0.00
14 000	−505 100.00	0.00	−316 080.00	0.00
15 000	−505 220.00	0.00	69 810.00	0.00
16 000	166 990.00	0.00	0.00	0.00
18 000	0.00	0.00	0.00	0.00
20 000	0.00	0.00	0.00	0.00
22 000	0.00	0.00	0.00	0.00
24 000	0.00	0.00	0.00	0.00
26 000	0.00	0.00	0.00	0.00
28 000	0.00	0.00	0.00	0.00

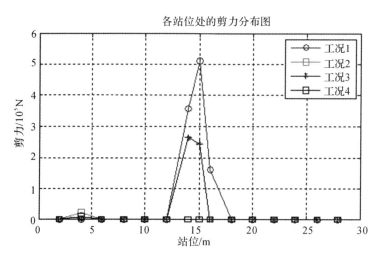

图 3 - 60　每个工况下各个站位处的弯矩图

通过上述剪力和弯矩图可以得到各个站位处剪力、弯矩的最大值与最小值。最大值对应的工况即为最严重的载荷工况,见表 3 - 7。

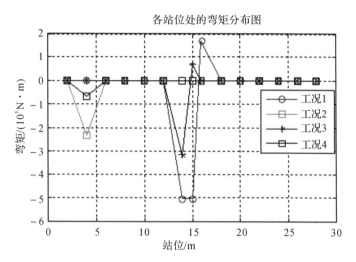

图 3 − 61 每个工况下各个站位处的弯矩图

表 3 − 7 严重载荷筛选表

站位/mm	最大剪力对应的工况	最大剪力值/N	最小剪力对应的工况	最小剪力值/N	最大弯矩对应的工况	最大弯矩值/(N·m)	最小弯矩对应的工况	最小弯矩值/(N·m)
2 000	—	—	—	—	—	—	—	—
4 000	工况 2	21 960.00	—	—	—	—	工况 2	−234 410.00
6 000	—	—	—	—	—	—	—	—
8 000	—	—	—	—	—	—	—	—
10 000	—	—	—	—	—	—	—	—
12 000	—	—	—	—	—	—	—	—
14 000	工况 1	357 250.00	—	—	—	—	工况 1	−505 100.00
15 000	工况 1	511 730.00	—	—	—	—	工况 1	−505 220.00
16 000	工况 1	160 930.00	—	—	工况 1	166 990.00	—	—
18 000	—	—	—	—	—	—	—	—
20 000	—	—	—	—	—	—	—	—
22 000	—	—	—	—	—	—	—	—
24 000	—	—	—	—	—	—	—	—
26 000	—	—	—	—	—	—	—	—
28 000	—	—	—	—	—	—	—	—

第4章 其他载荷

符 号 说 明

H_0 —— 增压舱最大孔洞面积。

A_S —— 增压壳体垂直于纵轴的最大横截面面积。

W —— 操纵面重量。

D —— 驾驶盘直径。

H —— 限制铰链力矩。

c —— 铰链线后操纵面的平均弦长。

S_s —— 铰链线后操纵面面积。

q —— 动压。

V —— 吊挂或翼下包括附加、液体和增重容差在内的整个结构自重的垂向力。

S —— 吊挂或翼下包括附加、液体和增重容差在内的整个结构自重的侧向力。

T_C —— 包括增值容差在内的爬升推力或巡航推力。

T_{max} —— 包括增值容差在内的起飞最大备用推力。

TIR —— 包括校正空速 350kn 时的冲压阻力和主推力在内的飞行中偶然的反向载荷。

M_R —— 发动机转子抱轴断裂扭矩。

M —— 发动机或辅助动力装置的陀螺力矩。

I_x —— 发动机或辅助动力装置旋转部件的转动惯量。

ω_1 —— 发动机或辅助动力装置旋转部件的转动角速度。

ω_2 —— 飞机的机动俯仰或偏航角速度。

M_j	——	舵面铰链力矩。
M_{cmax}	——	舵面气动铰链力矩的最大值。
λ	——	传动比。
F_c	——	操纵系统设计用的限制载荷。
F_{max}	——	驾驶员最大操纵力或装置可能发出的最大载荷。
F_{min}	——	驾驶员最小操纵力。
F_i	——	当地操纵系统载荷。
η_i	——	当地(从操纵点到当地)的传动系数。
F	——	驾驶员操纵力。
V_{S0}	——	失速速度。

4.1　引　　　言

其他载荷是指飞机结构和部件所承受的除飞行载荷和地面载荷外,由设备或人员等引起的特殊载荷,主要包括操纵系统载荷、动力装置载荷、座椅装置载荷、气密座舱载荷、地板载荷、应急着陆和水上迫降等。

在军用飞机结构强度规范中,将静强度设计载荷分为飞行载荷、地面载荷、水载荷和其他载荷四类,各类载荷都有相应的规范分册。在运输类飞机适航要求中,除应急着陆有专门条款外,其他载荷不像军用飞机结构强度规范那样汇总在一起,而是穿插于飞行载荷、地面载荷和水载荷等条款中。考虑到飞机设计专业的划分,同时为了方便飞机设计师查阅,本手册按照军用飞机结构强度规范章节划分模式,将其他载荷章节予以独立。

其他载荷可分为以下三种情况:第一种情况是其载荷由飞行载荷产生,根据飞行载荷计算结果即可确定,如第 25.395(a) 条;第二种情况是其载荷可直接由条款提供的公式、载荷系数确定,如第 25.393 条;第三种情况是其载荷不仅与飞行载荷有关,而且还与装置本身的性能参数有关,需将飞行载荷与装置本身的特殊载荷按条款要求进行组合,如第 25.361 条。

本章对运输类飞机适航要求中其他载荷的有关条款进行技术解析,根据国内外民用飞机研制经验,补充适航要求中未规定,但设计中应考虑的特殊载荷,给出可行的符合性方法和必要的技术分析,并提供典型算例,为理解和把握适航要求提供技术支持。

4.2 其他载荷适航要求

4.2.1 概述

其他载荷是指飞机结构和部件所承受的除飞行载荷和地面载荷外、由设备或人员等引起的特殊载荷。CCAR25 规定的其他载荷条款如下:

(1)第 25.361 条 发动机扭矩;

(2)第 25.363 条 发动机和辅助动力装置支架的侧向载荷;

(3)第 25.365 条 增压舱载荷;

(4)第 25.371 条 陀螺载荷;

(5)第 25.393 条 平行于铰链线的载荷;

(6)第 25.395 条 操纵系统;

(7)第 25.397 条 操纵系统载荷;

(8)第 25.399 条 双操纵系统;

(9)第 25.405 条 次操纵系统;

(10)第 25.415 条 地面突风情况;

(11)第 25.561 条 应急着陆总则;

(12)第 25.562 条 应急着陆的动力要求;

(13)第 25.563 条 水上迫降的结构要求。

4.2.2 第 25.361 条 发动机扭矩

1.条款原文

(a)发动机架及其支承结构,必须按下列组合效应进行设计:

1)相应于起飞功率及螺旋桨转速的发动机限制扭矩,和第 25.333(b)条中飞行情况 A 的限制载荷的 75% 同时作用。

2)相应于最大连续功率及螺旋桨转速的发动机限制扭矩,和第 25.333(b)条中飞行情况 A 的限制载荷同时作用。

3)对于涡轮螺旋桨装置,除 1)和 2)的规定情况外,相应于起飞功率及螺旋桨转速的发动机限制扭矩乘以下述系数后和 1g 平飞载荷同时作用。该系数是用于考虑螺旋桨操纵系统故障(包括快速顺桨),在缺少详细的分析时,必须取为 1.6。

(b)对于涡轮发动机装置,发动机机架及其支承结构必须能承受下列每一种载荷:

1)由于故障或结构损坏(例如压气机卡住)造成发动机突然停车所产生的发动机限制扭矩载荷;

2)发动机最大加速所产生的发动机限制扭矩载荷。

(c)本条(a)1)考虑的发动机限制扭矩,必须由相应于规定的功率和转速的平均扭矩乘以下列系数得出:

1)对于涡轮螺旋桨装置,为 1.25;

2)对于有 5 个或 5 个以上汽缸的活塞发动机,为 1.33;

3)对于有 4,3,2 个汽缸的发动机,分别为 2,3,4。

2.条款解释

(1)本条(a)的含意是当发动机以一定功率运转时,对转动部分必定施加了力矩,而转动部分对发动机及其支撑结构将产生反作用力矩。在各种飞行情况下存在这种反作用力矩,因此该反作用力矩必须与飞行情况的载荷组合。本条规定必须考虑下列三种情况的组合效应:

1)发动机限制扭矩取起飞功率及螺旋桨转速相应状态值,气动载荷和惯性载荷取第 25.333(b)条机动包线上 A 点对应载荷的 75%,这些载荷同时作用在相应部位上。起飞状态下发动机扭矩最大,V_A 比起飞速度大得多,机动包线上 A 点的载荷系数最大,若直接用 A 点对应的气动载荷和惯性载荷与起飞状态的发动机扭矩叠加会过于严重,因此将 A 点对应的气动载荷和惯性载荷均乘以系数 0.75,再与起飞状态发动机限制扭矩叠加。

2)发动机限制扭矩取最大连续功率及螺旋桨转速相应状态的值,气动载荷和惯性载荷取第 25.333(b)条机动包线上 A 点的对应值,这些载荷同时作用在相应部位上。

3)对于涡轮螺旋桨发动机,螺旋桨操纵系统故障(如快速顺桨),使桨叶角不能正常改变造成扭矩增大,因此该情况对限制扭矩放大一个系数。条款规定,在缺少详细分析时,该系数必须取为 1.6。这是一个故障状态,与飞行状态组合时不再选严重受载情况,而选择 1g 平飞载荷,这些载荷同时作用在相应的部位上。

(2)本条(b)的含意是当发动机旋转部件转速发生急剧变化时,将对发动机机架及其支撑结构产生很大的力矩,因此必须考虑这些情况下发动机的扭矩。发动机旋转部件转速急剧变化应考虑两种情况,一种是由于发动机故障或结构损坏(如压气机卡住)造成高速旋转部分突然停车所产生的扭矩,另一种是发动机转动角加速度达到最大时产生的扭矩。

(3)本条(c)的含意是发动机扭矩应取瞬时最大值。发动机扭矩值实际上是波动变化的,通常测量或计算的扭矩是平均值,根据经验瞬时最大扭矩由平均扭矩乘以扭矩系数 K 得到。扭矩系数 K 与波动幅值正相关,一般涡轮螺旋桨动力装置波动较小,而活塞式发动机波动较大,因此条款规定的扭矩系数 K 对涡轮螺旋桨发动机就小一些,而活塞发动机就比较大;活塞式发动机汽缸越多越稳定,摆幅就越小,反之汽缸越少越不稳定,摆幅就越大,因此汽缸越少系数 K 就越大。

3. 与其他规范对比

第 23.361 条与第 25.361 条的要求相同。但正常类、实用类、特技类和通勤类飞机,发动机扭矩还可以按第 A23.9(d)2)条规定计算[由第 A23.9(d)2)条替换第 23.361 条]。第 A23.9(d)2)条具体要求如下:

发动机架及其支承结构,必须按相应于非起飞状态的发动机最大功率及螺旋桨转速的最大限制扭矩,以及由最大正机动飞行载荷系数所引起的限制载荷同时作用的情况设计。对于具有 5 个或 5 个以上汽缸的活塞发动机,必须采用 1.33 的系数乘以发动机平均扭矩得到限制扭矩;对于具有 4,3 或 2 个汽缸的活塞发动机,相应的扭矩系数必须分别取 2,3 和 4。

第 CS25.361 条标题为"发动机和辅助动力装置(APU)扭矩",明确了 APU 也需要按此条款要求进行验证,其内容与第 CCAR25.361 条基本一致,只是第 CS25.361(b)(c)和(d)条款的编排略有差异,并且第 CS25.361(b)条款明确规定从发动机故障到突然停车的时间不超过 3s。

《英国民航适航性要求》(BCAR)对于发动机扭矩的规定不是列为补充情况来考虑,而是穿插在发动机受载情况中来说明的,专门有一节名为"发动机和螺旋桨载荷",它对所考虑的扭矩定义为在给定情况下任何瞬间出现的最大扭矩。实际上与第 25.361 条中的限制扭矩是类似的,也通过对平均扭矩乘上一个系数 K 得到,具体的 K 值推荐按表 4-1 选取。

表 4 - 1 BCAR 规定的发动机扭矩系数 K

发动机类型	涡轮螺旋桨	活塞式		
汽缸个数		5 个或 5 个以上	4 个	2 个
K	1.25	1.5	2	4

BCAR 要求最大连续功率扭矩与正负突风载荷综合、最大起飞功率扭矩与机动包线上 A 点 100% 载荷综合,还要求考虑尾旋和起飞情况中的最大起飞功率扭矩,与第 25.361(a)3)条相应螺旋桨操纵系统故障扭矩规定完全相同。发动机故障卡阻情况规定从最大起飞功率到完全停车时间不超过 3s,最大加速情况没有提到。

《苏联飞机适航性标准》中对发动机的受载情况有专门的章节论述,但对扭矩情况考虑得比较简单,对涡轮螺旋桨发动机,仅考虑停车时螺旋桨的最大拉力和力矩,并与 V_A 时的正负机动过载情况组合,对发动机的故障及最大加速情况产生的扭矩没有要求。

4.2.3 第 25.363 条 发动机和辅助动力装置支架的侧向载荷

1. 条款原文

(a)发动机和辅助动力装置支架及其支承结构必须按横向限制载荷系数(作用在发动机和辅助动力装置支架上的侧向载荷)进行设计,此系数至少等于由偏航情况得到的最大载荷系数,但不小于下列数值:

1)1.33;或

2)第 25.333(b)条所述的飞行情况 A 的限制载荷系数的 1/3。

(b)可假定本条(a)规定的侧向载荷与其他飞行情况无关。

2. 条款解释

发动机和辅助动力装置支架侧向所受载荷主要是惯性力,所以首先要确定侧向限制载荷系数。本条规定侧向限制载荷系数至少等于由第 25.351 条和第 25.376 条得到的最大载荷系数,但不小于 1.33 或第 25.333(b)条所述的飞行情况 A 的限制载荷系数的 1/3。当按上述规定进行侧向载荷计算时,可假定与其他飞行情况无关。

值得注意的是,确定侧向载荷系数时,应考虑飞机在各种情况下所得的最大侧向载荷系数。英国 BAe146 - 200 型飞机在进行发动机侧向载荷计算时,使用的侧向载荷系数明显超出本条要求,辅助动力装置是按稍微超出本条要求的侧向加速度设计的。

3. 与其他规范对比

CCAR23.363 条与 CCAR25.363 条的要求基本相同,但第 23.363 条对侧向载荷系数未要求其至少等于由偏航情况得到的最大载荷系数,直接取 1.33 和飞行情况 A 限制载荷系数 1/3 中的较大值。

对于正常类、实用类和特技类飞机,发动机侧向载荷还可以按第 A23.9(d)3) 条规定计算[由第 A23.9(d)3) 条替换第 23.363 条]。第 A23.9(d)3) 条具体要求如下:

发动机架及其支承结构必须按侧向限制载荷系数引起的载荷进行设计,对于正常类和实用类飞机,侧向限制载荷系数不小于 1.47;对于特技类飞机,侧向限制载荷系数不小于 2.0。

FAR25.363 条和 CS25.363 条与 CCAR25.363 条无差异。

4.2.4 第 25.365 条 增压舱载荷

1. 条款原文

下列规定适用于有一个或一个以上增压舱的飞机:

(a)飞机结构必须有足够的强度来承受飞行载荷和由零到释压活门最大调定值的压差载荷的组合作用。

(b)必须计及在飞行中的外部压力分布以及应力集中和疲劳影响。

(c)如允许机舱带压差着陆,则着陆载荷必须和由零到着陆期间所允许的最大压差载荷相组合。

(d)飞机结构必须设计成能承受下述压差载荷,对于申请批准在直到 13 700m(45 000 ft)高度运行的飞机,该载荷为释压活门最大调定值的 1.33 倍;对于申请批准在 13 700m(45 000 ft)高度以上运行的飞机,该载荷为释压活门最大调定值的 1.67 倍,并略去其他载荷。

(e)增压舱内部和外部的任何结构、组件或零件,如因其破坏而可能妨碍继续安全飞行和着陆时,则必须设计成能够承受在任何使用高度由于以下每一情况使任何舱室出现孔洞而引起的压力突降。

1)发动机碎裂后发动机的一部分穿通了增压舱;

2)在任何增压舱有尺寸不超过 H_0 的任何孔洞,但对无法合理预期会局限于小舱室的孔洞,可以将小舱室与其相邻增压舱合并起来作为一个舱室考虑。尺寸 H_0 须按下式计算：

$$H_0 = PA_s$$

式中　　H_0—— 最大孔洞面积，$m^2(ft^2)$，不超过 $1.86 m^2 (20 ft^2)$：

$$P = \frac{A_s}{580} + 0.024 \quad \left(P = \frac{A_s}{6.240} + 0.024 \right)$$

A_s—— 增压壳体垂直于纵轴的最大横截面积，$m^2(ft^2)$。

3) 未表明是极不可能出现的由于飞机或设备损坏而造成的最大孔洞。

(f) 在符合本条 (e) 款，确定损坏或穿通的概率和可能的孔洞尺寸时，如果还考虑到关闭装置可能有的使用不当以及误开舱门的情况，则可以考虑设计的破损——安全特征。而且，合成的压差载荷还必须以合理和保守的方式与 $1g$ 平飞载荷以及由于应急泄压情况引起的任何载荷相组合。这类载荷可以按极限载荷考虑，但是，因这些情况引起的任何变形均不得妨碍继续安全飞行和着陆，也可考虑由于各舱之间的通风所提供的减压。

(g) 载人增压舱内的隔框、地板和隔板必须设计成能承受本条 (e) 款所规定的情况。此外，还必须采取合理的设计预防措施，以尽量减小由于零件的脱落而伤害座位上乘员的概率。

2. 条款解释

(1) 本条 (a) 为增压舱强度设计的基本受载情况，即飞机结构必须有足够的强度来承受飞行载荷和由零到释压活门最大调定值的压差载荷的组合作用。

(2) 本条 (b) 是对本条 (a) 的补充。如果在飞行中对于规定载荷的应力明显受到外部压力分布的影响，则在相应于所考虑的飞行情况中，必须考虑外部压力分布的影响。对于非类似球体的机身增压舱结构，其局部截面往往存在应力集中，这对强度有很大影响，所以按本条 (a) 进行增压舱强度设计时，必须考虑应力集中的影响。

在飞行中增压舱经常承受重复的增压载荷，有可能引起疲劳破坏，因此必须进行疲劳评定。

(3) 本条 (c) 是考虑着陆情况。如果允许增压舱带压差着陆，则着陆载荷必须和由零到着陆期间所允许的最大压差载荷相组合，即应考虑着陆载荷和压差载荷的组合作用。

(4) 本条 (d) 与 (a) 的区别在于：本条 (a) 款是把增压舱作为飞机的一个承力部件来

对待的,要求考虑飞行载荷与压差载荷的组合作用,而本条(d)款是将增压舱作为压力容器进行强度设计,只需考虑压差载荷,而不需考虑飞行载荷。在大多数情况下,影响压差载荷的不确定因素很多,很难通过分析或试验来确定,因此将释压活门最大调定值的1.33倍或1.67倍作为限制压差,极限压差为限制压差的1.5倍。

(5)本条(e)规定了增压舱突然泄压情况的安全要求。对于被隔板、隔框或地板分成两部分或更多部分的增压舱,应考虑任一隔舱压力突然下降的受载情况。增压舱在空中增压时,由于隔板、隔框等非密封,增压过程很慢,各隔舱间无压差,只由外壁承受静压。如果在空中发生舱门脱落、离散源损伤或壁板局部疲劳破坏,将引起所在隔舱突然泄压,导致空气迅速流动,使得相邻隔舱间产生压差。这种压差载荷可能会造成结构破坏或操纵失灵,影响飞行安全。本款对飞机发生孔洞后的二次损伤提出了明确要求,给出了孔洞尺寸计算方法。

(6)本条(f)规定在确定疲劳或漏气的可能性和可能出现的损坏孔口尺寸时,可以考虑设计的破损安全特性,而且还应考虑关闭装置操作不当及误开舱门的情况,考虑由于各隔舱间通风引起的压力下降。在某些情况下,飞行载荷与压差载荷同时存在,使孔洞周围结构受载更加严重,所以要求将1g平飞载荷与压差载荷组合考虑。

(7)本条(g)规定必须采取合理的设计预防措施,以尽量减小由于零件的脱落而伤害座位上乘员的概率。

3. 与其他规范对比

CCAR25.365条的内容已包含CCAR23.365条的要求,并增加了更详细的舱室出现孔洞情况的要求。

CS23.365条未要求按不同飞行高度选取不同的压差载荷系数,不论飞行高度是多少,统一取1.33。

CS25.365与本条的要求相同。

4.2.5 第25.371条 陀螺载荷

1. 条款原文

任何发动机或辅助动力装置的支承结构必须按第25.331条、第25.341(a)条、第25.349条、第25.351条、第25.473条、第25.479条、第25.481条中规定情况产生的包括陀螺载荷在内的载荷进行设计,且发动机或辅助动力装置处于与该情况相应的最大转速。为了符合本条的要求,必须满足第 25.331(c)1)条的俯仰机动的要求直到达到正的限制机动载荷系数[第 25.333(b)条的 A_2 点]。

2.条款解释

本条要求发动机和辅助动力装置支承结构的设计,必须考虑发动机和辅助动力装置以最大转速工作下所产生的陀螺载荷。另外,对发动机和辅助动力装置支承结构不仅考虑陀螺载荷,还应和对应情况的飞行载荷叠加。

3.与其他规范对比

CCAR23.371 条与 CCAR25.371 条差异较大。根据第 23.371 条规定,陀螺载荷除了可按第 23.351 条和第 23.423 条中规定的飞行条件计算外,还可以按本条(a)2)规定的飞行条件计算。第 23.371 条具体要求如下:

(a)每个发动机架及其支承结构,必须按发动机和螺旋桨(如适用)在最大连续转速和在下列任一情况下所产生的陀螺载荷、惯性载荷和气动载荷来设计:

1)第 23.351 条和第 23.423 条中规定的情况。

2)下列情况所有可能的组合:①偏航角速度 2.5rad/s;②俯仰角速度 1rad/s;③法向载荷系数 2.5;④最大连续推力。

(b)对于批准进行特技机动的飞机,每个发动机架及其支承结构必须满足本条(a)的要求,并且必须设计成能承受最大偏航和俯仰角速度组合作用下所预期的载荷系数。

(c)按通勤类进行审定的飞机,每个发动机架及其支承结构必须满足本条(a)以及本规章第 23.341 条规定的突风情况的要求。

按第 23.341 条计算陀螺载荷时,CCAR25 只要求考虑离散阵风情况,而 CS25 要求对离散阵风和连续阵风情况均应考虑。

4.2.6　第 25.393 条　平行于铰链线的载荷

1.条款原文

(a)操纵面及支承铰链架必须按平行于铰链线作用的惯性载荷进行设计。

(b)在缺少更合理的资料时,可以假定此惯性载荷等于 KWg(公制和英制:KW),式中,$K=24$,对于垂直安装的操纵面;$K=12$,对于水平安装的操纵面。W 为操纵面重量,kg(lb)。g 为重力加速度,m/s^2。

2. 条款解释

操纵面及其支承铰链架除了按照第 25.391 条规定来设计外,还必须按照本条规定的平行于铰链线作用的惯性载荷再乘以安全因数 1.5 来设计。

本条这样规定主要是为了考虑操纵面与其支承结构间的轴向活动间隙要求。对于所有飞行及地面设计情况(除了第 25.561 条的应急着陆情况外),都应考虑在铰链线方向的机体临界加速度的时间历程,在操纵面支承结构中所取的轴向活动间隙包括容许的最大名义活动间隙和磨损的影响。只有在证明符合本条规定后才可以把系统假设为一个无阻尼的线性质量-弹簧系统。

飞机结构中的发动机和分离的气流与结构之间的相互作用都可能会引起操纵面的振动,而操纵面的振动主要取决于操纵面及其支撑结构和系统的质量与刚度。此外,还与它们之间的轴向活动间隙有很大关系,因为轴向活动位移和磨损均会造成结构刚度消弱,使结构抵抗变形和振动的能力降低。

3. 与其他规范对比

CCAR23.393 条与 CCAR25.393 条的要求相同。

4.2.7　第 25.395 条　操纵系统

1. 条款原文

(a)纵向、横向、航向和阻力操纵系统及其支承结构,必须按相应于第 25.391 条中规定情况计算的操纵面铰链力矩的 125% 的载荷进行设计。

(b)系统限制载荷,除地面突风所引起的载荷外,不必超过一名(或两名)驾驶员和自动的或带动力的装置操作操纵系统时所能产生的载荷。

(c)系统限制载荷不得小于施加第 25.397(c)条规定的最小作用力所产生的载荷。

2. 条款解释

(1)本条(a)包括如下内容:

1)条文中所指的操纵系统包括纵向、航向、横向和阻力操纵系统,即包括升降舵、方向舵、副翼和各种起阻力作用的操纵面的操纵系统。

2)文中规定的载荷,适用于操纵系统本身及其支承结构。

3)操纵系统及其支承结构,必须按相应于第 25.391 条规定情况计算的操纵面铰链力矩的 125% 的载荷进行设计。这些情况主要包括:①第 25.331 条中规定的各种机动平衡情况、机动俯仰情况和垂直突风情况；②第 25.349 条中规定的滚转情况；③第 25.351条中规定的偏转情况；④第 25.415 条中规定的地面突风情况。

(2)本条(b)规定了操纵系统设计用的限制载荷除地面突风情况外的最大值,分下列几种情况：

1)对于驾驶员直接操纵舵面的人力操纵系统,系统的限制载荷不必超过第 25.397(c)条和第 25.399 条确定的一名(或两名)驾驶员最大操纵力所能产生的载荷。

2)对于采用自动装置(舵机)以及不可逆助力器的操纵系统,在这些装置以后的系统限制载荷,不必超过这些装置所产生的最大载荷,这一最大载荷应为装置额定输出载荷的 1.33 倍;在此装置以前的系统限制载荷应视具体情况而定。对于由驾驶员通过机械线系操纵的系统限制载荷,不必超过一名(或两名)驾驶员最大操纵力所能产生的载荷。

3)对于采用可逆助力器(即舵面铰链力矩有一部分要通过助力器传给驾驶员)的操纵系统,助力器以后部分的限制载荷,不必大于按第 25.397(c)条和第 25.399 条确定的一名(或两名)驾驶员最大操纵力所能产生的载荷与助力器所能发出的最大载荷之和,这一最大载荷应为助力器额定输出载荷的 1.33 倍;助力器以前部分的限制载荷,不必超过一名(或两名)驾驶员最大操纵力所能产生的载荷。

(3)本条(c)规定了系统限制载荷的最小值。这一规定是对人力操纵系统和助力操纵系统的助力器(或舵机)以前部分而言的。系统操纵载荷的最小值,不得小于施加第 25.397(c)条规定的最小作用力所产生的载荷。

3.与其他规范对比

CCAR23.395 条与 CCAR25.395 条的要求有所区别：

(1)第 23.395(b)条允许根据精确的飞行试验数据,将计算铰链力矩时采用的系数由 1.25 降至 1.0。

(2)第 23.395(c)条与第 25.397(a)条相对应。

4.2.8　第 25.397 条　操纵系统载荷

1.条款原文

(a)总则。假定本条(c)中规定的驾驶员最大和最小作用力作用在相应的操纵器件握点或脚蹬上,并且在操纵系统与操纵面操纵支臂的连接处受到反作用。

(b)驾驶员作用力的影响。在操纵面飞行受载情况中,作用在操纵面上的空气载荷和相应的偏转量,不必超过在飞行中施加本条(c)规定范围内的任何驾驶员作用力可能导致的值。如果按可靠的数据获得操纵面铰链力矩,则对于副翼和升降舵可取规定的最大值的2/3,在应用此准则时,必须考虑伺服机构、调整片和自动驾驶系统的影响。

(c)驾驶员限制作用力和扭矩。驾驶员限制作用力和扭矩见表4-2。

表 4-2 驾驶员限制作用力和扭矩

操纵器件	最大作用力或扭矩	最小作用力或扭矩
副翼	445N(45.4kgf;100lbf)	178N(18.1kgf;40lbf)
驾驶杆	$356D^{(2)}(\text{N}\cdot\text{m})$	$178D(\text{N}\cdot\text{m})$
驾驶盘[1]	$(36.3D\text{kgf}\cdot\text{m};80D\text{lbf}\cdot\text{in})$	$(18.1D\text{kgf}\cdot\text{m};40D\text{lbf}\cdot\text{in})$
升降舵		445N(45.4kgf;100lbf)
驾驶杆	1 110N(113kgf;250lbf)	445N(45.4kgf;100lbf)
驾驶盘(对称)	1 330N(136kgf;300lbf)	445N(45.4kgf;100lbf)
驾驶盘(非对称)[3]		
方向舵	1 330N(136kgf;300lbf)	578N(59.0kgf;130lbf)

注:

(1)驾驶盘副翼操纵系统部分还必须按单个切向力进行设计,此切向力的限制值等于表中确定的力偶力的1.25倍;

(2)D为驾驶盘直径,m(in);

(3)非对称力必须作用在驾驶盘周缘的一个正常握点上。

2.条款解释

(1)本条(a)包括如下内容:

1)指明了本条(c)中规定的驾驶员作用力的位置。对于驾驶盘和驾驶杆来说,力作用于握点上;对于脚蹬,力作用于脚蹬上。力的方向没有明确指出,但要模拟飞行操纵的实际情况。一般来说,升降舵操纵的推拉力,对于驾驶杆操纵应垂直于驾驶杆,对于驾驶盘操纵,一般应垂直于驾驶盘平面;副翼操纵的操纵力,对于驾驶杆操纵,也应与驾驶杆垂直,对于驾驶盘操纵,应作用于驾驶盘的切向,并考虑单手操纵情况;脚蹬上的操纵力,原则上应作用于脚蹬着力点与驾驶员臀部和座椅接触点的连线的方向上,为方便,也可取与飞机水平线成20°的夹角方向。

2)指明了本条(c)中规定的驾驶员作用力提供反力的部位,即操纵系统与操纵面支臂连接处。由此可知,驾驶员作用力要影响全系统,也就是说,在计算操纵系统内部各部分的载荷时,不需要考虑载荷机构的影响。除非系统中装有不可逆助力器,因为这样的系统,驾驶员力是传不到助力器以后去的。

3)本条中只指出了提供反力的部位,但没有指出在什么操纵状态,因此,原则上是从中立到两个极限位置之间的任一状态都要考虑。

(2)本条(b)包括如下内容:

1)指出了驾驶员作用力对操纵面载荷的影响。在一般情况下,操纵面上的铰链力矩总是由驾驶员作用力来平衡的,因此操纵面上的铰链力矩和操纵面的偏转量,自然受到驾驶员操纵力的限制,故操纵面上的空气动力和偏转量不应超过驾驶员作用力可能导致的值。这一原则,同样适用于带助力器、舵机的操纵系统所操纵的操纵面。

2)当有可靠的数据获得操纵面铰链力矩时,对于确定升降舵和副翼设计用的气动铰链力矩,取规定的最大驾驶员操纵力的 2/3 即可,但此时必须考虑伺服机构、调整片和自动驾驶系统的影响,因为这些都是帮助驾驶员平衡操纵面载荷的。这一部分,是对采用驾驶员操纵力计算得到的铰链力矩过大的情况而言的。

(3)本条(c)包括如下内容:

1)给出了操纵系统设计用的驾驶员限制作用力和扭矩,它还包括了最大作用力和扭矩以及最小作用力和扭矩。如何使用这些数值,已在第 25.395 条中有详细描述说明。

2)本条表下的注解指出,对于采用驾驶盘操纵的副翼系统,还要考虑单手操纵情况,此时驾驶盘上施加的切向力为表中规定的力偶力的 1.25 倍。应当指出的是,许多标准对驾驶员的限制载荷只给出了一个数值(最大值),而没有最小值。

3. 与其他规范对比

CCAR23.397 条与 CCAR25.397 条的主要区别如下:

(1)第 23.397 条规定的驾驶员最大作用力或扭矩比第 25.397 条的小。

(2)第 23.397 条规定的关于副翼和升降舵操纵器件的驾驶员最小作用力或扭矩与第 25.397 条的相同,但是第 23.397 条规定的关于方向舵操纵器件的驾驶员最小作用力比第 25.397 条的大。

(3)第 23.397 条要求根据飞机设计重量修正驾驶员最大作用力或扭矩。第 23.397

条规定的驾驶员限制作用力和扭矩见表 4 - 3。

表 4 - 3   第 23.397 条规定的驾驶员限制作用力和扭矩

操纵器件	对于设计重量等于或小于 2 268kg (5 000 lb)的飞机 最大作用力或扭矩[1]	最小作用力或扭矩[2]
副翼 驾驶杆 驾驶盘[3]	298N(30.4kgf;67lbf) 222D[4](N・m) (22.7Dkgf・m;50Dlbf・in)	178N(18.1kgf;40lbf) 178D(N・m) (18.1Dkgf・m;40Dlbf・in)
升降舵 驾驶杆 驾驶盘(对称) 驾驶盘(非对称)[5]	743N(75.8kgf;167lbf) 890N(90.7kgf;200lbf)	445N(45.4kgf;100lbf) 445N(45.4kgf;100lbf) 445N(45.4kgf;100lbf)
方向舵	890N(90.7kgf;200lbf)	668N(68.1kgf;150lbf)

注:

(1)对于设计重量(W)大于 2 268kg(5 000 lb)的飞机,规定的最大作用力或扭矩,必须随重量线性地增加到设计重量 5 670kg(12 500 lb)时为规定值的 1.18 倍;对于通勤类飞机,规定的最大作用力或扭矩,必须随重量线性地增加到设计重量 8 618kg(19 000 lb)时为规定值的 1.35 倍。

(2)如果操纵系统的任何个别装置或操纵面的设计使得规定的最小作用力或扭矩不能适用,则可以采用从第 23.415 条得到的相应的铰链力矩数值,但不得小于所规定的最小作用力或扭矩的 0.6 倍。

(3)驾驶盘副翼操纵系统部分还必须按单个切向力进行设计,此切向力的限制值等于表中确定的力偶力的 1.25 倍。

(4)D 为驾驶盘直径,m(in)。

(5)非对称力必须作用在驾驶盘周缘的一个正常握点上。

4.2.9   第 25.399 条   双操纵系统

1.条款原文

(a)双操纵系统必须按两个驾驶员反向操纵情况进行设计,此时所采用的每个驾驶员作用力不小于下述载荷:

1)按第 25.395 条所得载荷的 75%;

2)按第 25.397(c)条中规定的最小作用力。

(b)双操纵系统必须按两个驾驶员同向施加的作用力进行设计,此时所采用的每个驾驶员作用力不小于按第 25.395 条所得载荷的 75%。

2. 条款解释

本条规定了双操纵系统两个驾驶员同时操纵时的受载情况及载荷,分为两种情况:

(1)两个驾驶员反向操纵情况,即正副驾驶员的操纵动作刚好相反,例如一个驾驶员拉杆,而另一个推杆;一个驾驶员左脚蹬舵,而另一个右脚蹬舵。在这种情况下,操纵系统中只有正副驾驶员之间的系统受载。此时,每个驾驶员作用力不应小于按第 25.395 条所得载荷的 75% 和第 25.397(c)条中规定的最小作用力。

(2)两个驾驶员同向操纵情况。即正副驾驶员的操纵动作相同,例如一个驾驶员拉杆,另一个驾驶员也拉杆。此时操纵系统中有两个载荷输入,合并后的共用系统中的载荷,是两个驾驶员操纵力所产生的载荷之和,此时,所采用的每个驾驶员作用力不应小于按第 25.395 条所得载荷的 75%。所以,这部分共用系统中的载荷实际上至少是单独操纵的 1.5 倍。

3. 与其他规范对比

CCAR23.399 条与 CCAR25.399 条的要求相同。

4.2.10 第 25.405 条 次操纵系统

1. 条款原文

次操纵器件,例如机轮刹车、扰流板和调整片的操纵器件,必须按一个驾驶员很可能施于这些操纵器件的最大作用力进行设计,可以采用表 4-4 中的数值。

表 4-4 驾驶员限制作用力

操纵器件	驾驶员限制作用力
各类 曲柄、盘 或手柄[1]	$\left(\dfrac{0.025\,4+R}{0.076\,2}\right)\times 222$ $\left(\text{公制}:\left(\dfrac{0.025\,4+R}{0.076\,2}\right)\times 22.7\text{kgf},\text{英制}:\left(\dfrac{1+R}{3}\right)\times 50\text{lbf}\right)$ 但不小于 222N(22.7kg;50lb),不大于 667N(68kgf;150lbf)(R 为半径,m(in)) (适用于操纵平面 20°以内的任何角度)
扭转 推拉	15N·m(1.53kgf·m;133lbf·in) 由申请人选定

注:限于襟翼、调整片、安定面、扰流板和起落架使用的操纵器件。

2. 条款解释

条文中提及的次操纵系统,即平时所说的辅助操纵系统。它是包括机轮刹车、扰流板和调整片的操纵系统。此外,用手柄操纵的襟翼、舱门以及发动机油门等的操纵系统,也应属于此类。

条文中提及的机轮刹车系统也只是对手柄操纵而言的,如果是用脚刹车,应当按第25.397(c)条中操纵方向舵的脚蹬力(一般用最大脚蹬力)设计。

3. 与其他规范对比

CCAR23.405条规定,对于次操纵器件,例如机轮刹车、扰流板和调整片等的操纵器件,必须按一个驾驶员很可能施于这些操纵器件的最大作用力进行设计,但是未给出驾驶员可能施于次操纵系统操纵器件的最大作用力。

4.2.11 第25.415条 地面突风情况

1. 条款原文

(a)操纵系统必须按下列地面突风和顺风滑行产生的操纵面载荷进行设计:

1)在最靠近操纵面的止动器和驾驶舱内操纵器件之间的操纵系统,必须按相应于本条(a)2)的限制铰链力矩的载荷进行设计。这些载荷不必超过下列数值:①每个驾驶员单独操纵时,与第25.397(c)条中的驾驶员最大作用力相对应的载荷;②驾驶员同向施加作用力时,与每个驾驶员最大作用力的75%相对应的载荷。

2)最靠近操纵面的操纵系统止动器、操纵系统的锁以及在这些止动器和锁与操纵面操纵支臂之间的操纵系统零件(如果装有),必须按下列公式中得到的限制铰链力矩 H(kgf·m,lbf·ft)进行设计:

$$H = 0.001\ 7KV^2cS\ (H = 0.003\ 4KV^2cS)$$

式中　$V = 65$(风速,kn);

　　K——本条(b)中得到的地面突风情况的限制铰链力矩系数;

　　c——铰链线后操纵面的平均弦长(m,ft);

　　S——铰链线后操纵面的面积(m^2,ft^2)。

(b)地面突风情况的限制铰链力矩系数 K 必须取表4-5中的值。

表 4-5

操纵面		K	操纵器件位置
(a)	副翼	0.75	驾驶杆锁定或系住在中立位置
(b)		*±0.50	副翼全偏

续表

操纵面	K	操纵器件位置
(c) 升降舵 (d)	＊＊±0.75	{(c)升降舵向下全偏 (d)升降舵向上全偏
(e) 方向舵 (f)	0.75	{(e)方向舵中立 (d)方向舵全偏

表注：＊K 为正值表示力矩使操纵面下偏，＊＊K 为负值表示力矩使操纵面上偏。

2. 条款解释

飞机在地面遭遇到的突风要比飞行中遭遇到的突风大得多，它对操纵面和操纵系统可能会构成严重受载情况。这主要是因为在天气非常恶劣时，飞机可以中止飞行，但不可能不在地面停放和操作，不可能避开地面上的大风，因此操纵系统必须按地面突风和顺风滑行时所产生的操纵面载荷进行设计。

由于飞机在地面操作时，操纵面通常处于锁定状态，因此，对操纵系统按不同的部位提出了不同的要求。对于在操纵系统中位于操纵面止动器和驾驶舱内操纵器件之间的部分，要求按铰链力矩 H 的值进行设计。但算出的 H 值不必超过下列两种载荷：第一种为与第 25.397(c) 条中规定的单个驾驶员独立操作时的驾驶员最大作用力相对应的载荷；第二种为与第 25.399(b) 条中规定的两个驾驶员同向施加的每个驾驶员最大作用力的 75% 相对应的载荷。

对于最靠近操纵面的止动器、操纵系统的锁，以及在这些止动器和锁与操纵面操纵支臂之间的操纵系统零件，规定了限制铰链力矩 H 的计算公式和计算方法。这时在操纵面止动器处锁定，因此操纵止动器到驾驶舱操作器件之间的操纵系统不受力。

3. 与其他规范对比

CCAR23.415 条与 CCAR25.415 条关于地面突风引起的操纵面限制铰链力矩计算公式不同，而地面突风限制铰链力矩系数是相同的。第 23.415 条要求按下式计算：

$$H = K c S_s q \tag{4-1}$$

式中 H ——限制铰链力矩，N·m(kgf·m;lbf·ft)；

$\quad c$ ——铰链线后操纵面的平均弦长，m(ft)；

$\quad S_s$ ——铰链线后操纵面面积，m²(ft²)；

$\quad q$ ——动压，Pa(kgf/m²;lbf/ft²)，其相应的设计速度不小于 $0.643\sqrt{Wg/S} +$

$\quad\quad 4.45 \text{m/s}(2.01\sqrt{W/S} + 4.45 \text{m/s}; 14.6\sqrt{W/S} + 14.6 \text{ft/s})$，其中 W/S 为

设计最大重量下的翼载,但设计速度不必大于 26.8m/s(88ft/s)(W 为飞机设计最大重量,kg(lb);

g ——重力加速度,m/s^2;

S ——机翼面积,m^2(ft^2))。

第 25.415(a)2)条要求地面突风速度取 65kn(120km/h,33.44m/s),大于第 23.415(a)2)条规定的设计速度上限(26.8m/s)。但第 23.415(c)条要求考虑:从空重到最大重量的所有系留重量下,系留点及其周围结构、操纵系统、操纵面及相关的突风锁都必须能承受飞机系留时由任何方向直到 120kg/h(65kn,33.44m/s)的水平风引起的限制载荷。

与 CCAR25.415 条相比,CS25.415 条多提出了以下要求:

(1)对铰链力矩考虑 1.25 的系数;

(2)考虑操纵系统弹性对载荷的影响,在缺少合理分析的情况下使用静载荷乘以 1.6 的系数进行设计,在有合理分析的情况下此系数可降低为 1.2;

(3)若操纵系统中存在由于弹性原因与止动器相互作用引起附加载荷的情况,则设计时必须考虑该情况;

(4)必须考虑操纵系统在地面停机锁定、顺风滑行锁定与不锁定时的阵风载荷。

4.2.12 第 25.561 条 应急着陆总则

1. 条款原文

(a)尽管飞机在陆上或水上应急着陆情况中可能损坏,但飞机必须按本条规定进行设计,以在此情况下保护乘员。

(b)结构的设计必须能在轻度撞损着陆过程中并在下列条件下,给每一乘员以避免严重受伤的一切合理机会:

1)正确使用座椅、安全带和所有其他为安全设计的设备。

2)机轮收起(如果适用)。

3)乘员分别经受到下列每一项相对于周围结构的极限惯性载荷系数:①向上,3.0;②向前,9.0;③侧向,对于机身为 3.0;对于座椅及其连接件为 4.0;④向下,6.0;⑤向后,1.5。

(c)设备、客舱中的货物和其他大件物品应符合下列要求:

1)除本条(c)2)中的要求之外,必须妥善安置这些物体,如果松脱也不太可能:①直接伤及乘员;②穿透油箱、管路或损坏相邻系统而引发火灾或伤害性的爆炸;③使应急着陆后使用的任何撤离设施失效。

2)如果这种安置方式(例如,机身安装的发动机或辅助动力装置)不可行的话,则这种设计应能在本条(b)3)所确立的载荷条件下固定住每一质量项目。若这些质量项目因为经常拆卸而承受严重磨损和撕拉(例如:快速更换内部物件),那么这些局部连接设计应可承受 1.33 倍的规定载荷。

(d)在直到本条(b)3)所规定的各种载荷作用下,座椅和质量项目(及其支撑结构)不得变形以至妨碍乘员相继迅速撤离。

2.条款解释

第 25.561 条为应急着陆的总要求,目的在于当飞机应急着陆而导致结构破坏时,保证乘员不受致命伤害,并且可以安全撤离。

(1)本条(a)款提出了飞机在应急着陆情况下的一般设计要求,即此时允许飞机有所损坏,但与乘员安全有关的结构和设备,必须满足本条(b)~(d)款的要求,以尽可能地避免乘员发生严重损伤。

(2)本条(b)款提出了对乘员安全有关的设备和结构设计的具体要求。要求飞机在采用合理措施的条件下,能够在本条(b)3)所规定的每一载荷状况下,为乘员提供安全保护,避免乘员在轻度撞损应急着陆过程中受到严重伤害。可采取的合理措施包括:

1)正确使用座椅、安全带和所有其他为安全设计的设备。

2)机轮收起,该措施是对于起落架可收放的飞机而言的。为了考虑最不利的情况,本条(b)2)款要求对于起落架可收回的飞机,应将起落架收起,以避免起落架折断或连接处损坏而影响乘员安全。申请人要在起落架收回状态下表明满足本条要求,同时还需考虑一个和多个起落架因故障或其他原因不能收回的情况。

本条(b)3)款规定的载荷系数为极限载荷系数,使用中不需再乘安全因数。对于乘员而言,本条(b)3)款规定的加速度载荷方向与乘员承受的惯性载荷方向一致。

(3)本条(c)款提出了影响乘员安全的某些支撑结构的设计要求,即支撑结构应能承受本条(b)3)款项规定的各种载荷情况,以保证其约束的质量项目不脱落,确保乘员安全。本款要求考虑的对象包括设备、客舱中的货物和其他大件物品等质量项目。

(4)本条(d)款要求座椅、其他质量项目及其支持结构的变形在轻度撞损着陆后不应妨碍乘员迅速撤离。

3.与其他规范对比

CCAR25.561 条内容与 FAR25 和 CS25 的相应条款内容基本相同。由于针对的飞机类型不同,CCAR23.561 条与 CCAR25.561 有较大差别。第 23.561 条内容如下:

（1）虽然飞机在应急着陆情况中可能损坏，但飞机必须按本条规定进行设计，以在此情况中保护乘员。

（2）结构设计必须能在下列条件下给每一乘员以避免严重伤害的一切合理的机会：

1）正确使用在设计中规定的座椅、安全带和肩带。

2）乘员经受与下列极限载荷系数相对应的静惯性载荷：①向上，3.0，对正常类、实用类和通勤类飞机；4.5，对特技类飞机。②向前，9.0。③侧向，1.5。④向下，6，当要求按第23.807条(d)4)的应急出口规定进行审定时。

3）舱内可能伤害乘员的质量项目经受与下列极限载荷系数相对应的静惯性载荷：①向上，3.0；②向前，18.0；③侧向，4.5。

（3）具有可收放起落架飞机，必须设计成在下列情况着陆时为每个乘员提供防护：

1）机轮收上。

2）中等下沉速度。

3）在缺乏详细的分析时，假定经受到下述载荷：①向下的极限惯性载荷系数为3；②地面摩擦因数为0.5。

（4）如果不能确定应急着陆时飞机翻倒是不大可能的，则结构必须按如下所述设计成能在飞机完全翻倒时保护乘员：

1）可以用分析办法表明在下列情况下飞机翻倒的可能性：①重量和重心位置的最不利组合；②纵向载荷系数为9.0；③垂直载荷系数为1.0；④对前三点起落架的飞机，前轮支柱失效且机头触地。

2）为确定翻倒后作用于飞机上的载荷，必须采用向上极限惯性载荷系数为3.0，地面摩擦因数为0.5。

（5）除了第23.787(c)条的规定外，支承结构必须设计成在不超过本条(b)3)规定值的各种载荷下，能约束住那些在轻度撞损着陆时脱落后可能伤害乘员的每个质量项目。

第23.561条和第25.561条的差异有以下几点：

（1）乘员经受到向上载荷系数不同：

1）第25.561条：3.0。

2）第23.561条：3.0，对正常类、实用类和通勤类飞机；4.5，对特技类飞机。

（2）乘员经受到侧向载荷系数不同：

1）第25.561条：对于机身为3.0，对于座椅及其连接件为4.0。

2)第 23.561 条:1.5。

(3)乘员经受到向下载荷系数不同:

1)第 25.561 条:6.0;

2)第 23.561 条:3.0。

(4)乘员经受到向后载荷系数不同:

1)第 25.561 条:1.5;

2)第 23.561 条:无要求。

(5)质量项目经受的载荷系数不同:

1)第 25.561(c)条给出的设备、客舱中的货物和其他大件物品等质量项目载荷确定流程如图 4-1 所示。

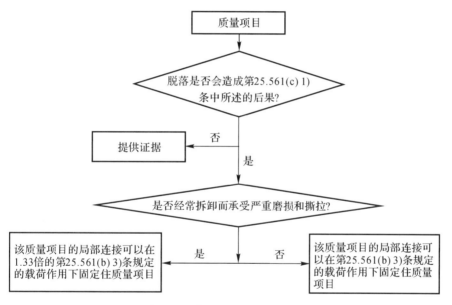

图 4-1　质量项目载荷确定流程

2)第 23.561 条(b)3)款和(e)款提出了质量项目及其连接的载荷要求:①向上,3.0;②向前,18.0;③侧向,4.5。

(6)对于可收放起落架的飞机的要求:

1)25.561 条:要求机轮收上。

2)23.561 条:①要求机轮收上,中等下沉速度;②缺乏详细分析时需按向下 3.0 的载荷系数(地面摩擦因数取 0.5)设计。

(7)第 23.561 条增加了飞机完全翻倒情况下的设计要求。

4.2.13　第 25.562 条　应急着陆的动力要求

1. 条款原文

（a）座椅和约束系统必须设计成在应急着陆时并在下列条件下能保护乘员：

1）正确使用在设计中规定的座椅、安全带和肩带；

2）乘员受到本条规定条件所产生的载荷。

（b）凡批准在起飞和着陆时用于机组成员和乘客的每种座椅型号设计，必须按照下述每一应急着陆条件，成功地完成动力试验，或根据类似型号座椅的动力试验结果经合理分析给予证明。进行动力试验，必须用适航当局认可的拟人试验模型（ATD）模拟乘员，其名义重量为 77kg（170lb），坐在正常的向上位置。

1）向下垂直速率变化（ΔV）不得小于 10.7m/s（35ft/s）；飞机纵轴相对于水平面向下倾斜 30°且机翼呈水平状态，在地板处产生的最大负加速度必须在撞击后 0.08s 内出现，并且至少达到 14.0g。

2）向前纵向速率变化（ΔV）不得小于 13.4m/s（44ft/s），飞机纵轴水平且向右或向左偏摆 10°。取最有可能使上部躯干约束系统（在安装的情况下）脱离乘员肩部的方向，同时机翼呈水平状态。在地板处产生的最大负加速度必须在撞击后 0.09s 内出现，并且必须至少达到 16.0g。若使用地板导轨或地板接头将座椅连接到试验装置上，则导轨或接头相对于相邻的导轨或接头必须在垂直方向至少偏移 10°（即不平行）并且滚转 10°。

（c）在按本条（b）款进行动力试验时，下述性能测量值不得超出：

1）在机组成员使用上部躯干系带的情况下，单系带上的拉伸载荷不得超过 7 784N（793kg,1 750lb）。如果使用双系带约束上部躯干，则系带总拉伸载荷不得超过 8 896N（906kg,2 000lb）。

2）在拟人模型骨盆和腰部脊柱之间测得的最大压缩载荷不得超过 6 672N（680kg, 1 500lb）。

3）上部躯干约束系带（在安装的情况下）在撞击时必须保持在乘员肩上。

4）在撞击时安全带必须保持在乘员骨盆处。

5）在本条（b）款规定的条件下，必须保护每一乘员使头部免受严重伤害。在可能发生座椅或其他构件触及头部的情况下，必须提供保护措施以使头部伤害判据（HIC）不超过 1 000。头部伤害判据（HIC）由下式确定：

$$HIC = \left\{ (t_2 - t_1) \left[\frac{1}{t_2 - t_1} \int_{t_1}^{t_2} a(t) \mathrm{d}t \right]^{2.5} \right\}_{max}$$

式中　　t_1 —— 积分初始时间,s;

　　　　t_2 —— 积分终止时间,s;

　　　　$a(t)$ —— 头部撞击总加速度对时间的关系曲线(用 g 的倍数表示)。

6)在可能与座椅或其他构件碰撞导致腿部受伤的情况下,必须提供防护措施使每一股骨上的轴向压缩载荷不超过 10 008N(1 019kgf,2 250lbf)。

7)尽管结构可能屈服,但座椅必须始终连接在所有连接点上。

8)在本条(b)1)和(b)2)款规定的试验中,座椅不得屈服到阻碍飞机乘员迅速撤离的程度。

2.条款解释

CCAR25.562 条是针对座椅和约束系统提出的动力要求,目的在于通过所规定的动力试验来验证所设计的座椅和约束系统在条款规定的冲击条件下保护乘员的能力。

(1)本条(a)提出了飞机在应急着陆时座椅和约束系统的设计要求,即在正确使用设计中规定的座椅、安全带和肩带并在本条(b)的冲击载荷作用下,能够保护乘员的生命安全。

对于本条(a)的要求,必须通过本条(b)的动力试验给予验证,或通过合理的分析计算给予证明。当采用分析计算方法来验证座椅和约束系统的强度和刚度时,必须有类似座椅及约束系统的动力试验结果作依据。目前的分析只能用来表明:相对于已经成功通过动态测试的座椅,新设计的座椅是相似且更安全的。相似设计的定义如下:

1)构型方法和制造工艺相似;

2)零件材料相似;

3)载荷路径相似;

4)几何形状(包括截面特性)相似,允许座椅和飞机界面空间限制而造成的微小差异;

5)连接方法相似,允许因座椅空间限制而造成的微小差异。

(2)本条(b)款规定了第 25.562 条的适用范围:即在起飞和着陆时用于机组成员和乘客的各类座椅,包括乘客座椅、飞行员座椅和乘务人员座椅等。这些座椅至少应表明在第 25.562(b)1)和 2)所规定的载荷条件下,能满足第 25.562(c)款中的所有准则。

依据本条(b)款进行动力试验时,必须用经过适航当局认可的拟人试验模型来模拟乘员,其名义质量为 77kg,并坐在正常的向上位置。动力试验应进行垂直冲击和水平冲击两种试验。

条款中"速率变化（ΔV）"是指飞机撞击前的速度与反弹速度之和。

垂直冲击试验的目的是模拟飞机以较大的下沉速度与地面相撞，验证座椅对乘员（特别是腰椎）的防护性能。垂直冲击试验中，"向下垂直速率变化（ΔV）不得小于10.7m/s"是由"最大减速度必须在撞击后 0.08s 内出现，并且至少达到 14.0g"决定的。

水平冲击试验的目的是模拟飞机在应急着陆时与地面障碍物的水平碰撞，验证座椅及约束对乘员（特别是头部）的防护能力。

（3）本条（c）款规定了按本条（b）款进行动力试验时的验收标准，其中：

1）（c）1）、（c）3）和（c）4）项为对机组成员及乘员的安全带和肩带的验收标准；

2）（c）2）、（c）5）和（c）6）项为保护乘员安全的最低标准；

3）（c）2）和（c）（6）项为乘员受伤后尚能逃离机体的标准；

4）（c）5）项的为乘员遭受的损伤在轻微和中等之间（尚未完全丧失意识）的判据；

5）（c）7）、（c）8）项为座椅及其连接的强度和刚度标准。

3. 与其他规范对比

第 25.562 条应急着陆的动力要求条款内容与 FAR25 相应条款内容一致，但是与CS 25.562 条存在差异，具体如下：

（1）要求对象的不同：

1）CCAR25.562（b）：要求的对象为经批准在起飞和着陆时用于机组成员和乘客的各类座椅设计，包括驾驶员座椅；

2）CS25.562（b）：不包括驾驶员座椅。

（2）上部躯干系带的应用对象不同：

1）CCAR25.562（c）（1）：限定了上部躯干系带用于机组乘员；

2）CS25.562（c）（1）：没有对上部躯干系带的应用对象作出限定。

第 25.562 条与第 23.562 的差异如下：

（1）针对座椅和约束系统提出的动力要求，第 23.562 条和第 25.562 条（b）款都要求通过动力试验或分析进行验证，但所要求的试验条件不同。

（2）第 23.562 条增加了对于最大重量下 V_{S0} 大于 61kn 的所有单发飞机，以及不符合第 23.67 条（a）1）的最大重量不超过 2 722kg（6 000lb）、在最大重量下 V_{S0} 大于 61kn的多发飞机的应急着陆动态要求。具体如下：

1）第 23.561 条（b）1）的极限载荷系数必须乘以增大的失速速度与 61kn 的比值的

二次方。增大后的极限载荷系数不必大于 V_{S0} 为 79kn 时所能达到的值。特技类飞机向上的极限载荷系数不必超过 5.0。

2)本条(b)1)要求的座椅/约束系统试验必须按照下列准则进行：

ⅰ)速度的变化量不得低于 31ft/s；

ⅱ)19g 和 15g 的最大负加速度必须乘以增大的失速速度与 61kn 的比值的二次方：

$$g_\rho = 19.0(V_{S0}/61)^2 \quad \text{或} \quad g_\rho = 15.0(V_{S0}/61)^2 \tag{4-2}$$

最大负加速度不必超过 V_{S0} 为 79kn 时所能达到的值。

ⅲ)最大负加速度必须在 t_r 时间内出现，t_r 必须按照下式计算：

$$t_r = \frac{31}{32.2g_\rho} = \frac{0.96}{g_\rho} \tag{4-3}$$

式中　　g_ρ —— 根据本条(d)2)ⅱ)计算得到的最大负加速度；

　　　　t_r —— 达到最大负加速度所需要的时间，s。

4.2.14　第 25.563 条　水上迫降的结构要求

1.条款原文

(a)如果申请具有水上迫降能力的合格审定，则飞机必须满足本条和第 25.807(e)条、第 25.1411 条和第 25.1415(a)条的要求。

(b)必须采取同飞机总特性相容的各种切实可行的设计措施，来尽量减少在水上应急降落时因飞机的运动和状态使乘员立即受伤或不能撤离的概率。

(c)必须通过模型试验，或与已知其水上迫降特性的构形相似的飞机进行比较，来检查飞机在水上降落时极可能的运动和状态。各种进气口、襟翼、突出部分以及任何其他很可能影响飞机流体力学特性的因素，都必须予以考虑。

(d)必须表明，在合理可能的水上条件下，飞机的漂浮时间和配平能使所有乘员离开飞机并乘上第 25.1415 条所要求的救生船。如果用浮力和配平计算来表明符合此规定，则必须适当考虑可能的结构损伤和渗漏。如果飞机具有可应急放油的燃油箱，而且有理由预期该油箱能经受水上迫降而不渗漏，则能应急放出的燃油体积可作为产生浮力的体积。

(e)除非对飞机在水上降落时极可能有的运动和状态[如本条(c)和(d)所述]的研究中，考虑了外部舱门和窗户毁坏的影响，否则外部舱门和窗户必须设计成能承受可能的最大局部压力。

2.条款解释

第 25.563 条的目的是确保飞机获得水上迫降认证，水上迫降后舱门和窗户必须保持其完整性。具体的解释见第 25.801(e) 条解释。

水上迫降分为有计划的水上迫降和无计划的水上迫降。有计划的水上迫降是指有足够的时间来进行准备并调整飞机以保持合适的姿态、重量重心的水上迫降;无计划的水上迫降是指飞机没有足够准备时间的水上迫降。无计划的水上迫降最临界的情况是由于起飞失败或中断、飞机以最大总重入水,这种情况不考虑飞机的破损。无论是否申请水上迫降合格审定,飞机的设计都必须满足无计划的水上迫降要求。

第 25.801(a) 条对实施水上迫降的设备和应急出口提出要求。与本条款相关的条款为第 25.807 条旅客应急出口、第 25.1411 条总则、第 25.1415 条水上迫降设备。

第 25.801(b) 条对水上迫降飞机构型提出设计要求,要求建立水上迫降程序或采取设计措施,来尽量减小乘员在水上迫降过程中立即受伤或不能撤离的概率,即应急着陆产生的过载不能超过 25.561 条款规定的值,超过此值将认为乘员会暴露在受伤的载荷值下。机上的座椅、安全带和肩带等应按第 25.561 条的载荷系数设计。假如结构设计成能承受高于第 25.561 条所列的载荷且在此载荷下可以保护乘员免受严重伤害,那么结构承受较大的向下载荷也可以接受。

第 25.801(c) 条提出要对飞机水上迫降的动态特性进行检查。飞机迫降过程中可能发生跳跃、俯冲、海豚运动和很大的减加速度,着水撞击可能使飞机发生严重破坏,导致大量进水并很快沉没,严重威胁着乘员的生命安全。通过模型试验可以得到与实机相似的运动状态和水载荷。模型试验要考虑影响飞机流体动力特性的各种因素,如襟翼位置、进气口以及机身下部突出物等。

第 25.801(d) 条要求对飞机水上迫降漂浮特性进行计算。漂浮特性计算的目的是得到飞机能漂浮多少时间和下沉过程中飞机的姿态,这是保证乘员安全逃生的必要条件。

第 25.801(e) 条要求对飞机的外部舱门和窗户是否能承受水上迫降时在这些部位产生的最大局部压力以及受损后的影响做出分析。飞机水上迫降时,在着水或滑水过程中由于不稳定运动,在外部舱门和窗户部位常常有相当大的局部水压力,可能导致结构严重损坏,从而对飞机的漂浮特性产生影响,甚至造成人员立即受伤,因此需要对外部舱门和窗户进行强度分析,确定是否可能毁坏,若可能,应在运动姿态和漂浮特性的分析和试验中考虑这些影响。具体的水压值可以通过水上迫降模型试验来测量,也可以在模型试验的基础上通过分析而获得。如果能证明飞机的相似性,则第 25.533 条中所给出的压力计算方法也适用。

3. 与其他规范对比

第 25.563 条水上迫降的结构要求条款内容与 FAR25 和 CS25 相应条款内容一致,CCAR23 部没有水上迫降的结构要求。

4.2.15　第 CS25.302 条　系统和结构的互相作用

1. 条款原文

对于装有影响结构性能的系统的飞机(这些影响或是直接的或因系统失效引起的或因操纵引起的),在证明 C 分部和 D 分部的符合性时,必须考虑系统正常和失效情况的影响。

应按 CS25 部附录 K 要求评定装有这些系统的飞机的符合性。

2. CS25 部　附录 K

(1)总则。对于装有自动飞行控制系统、自动驾驶仪、增稳系统、载荷减缓系统、颤振抑制系统以及燃油管理系统的飞机,必须按下列准则验证 CS25.302 的符合性。当本附录用于其他系统时,可对准则作必要的修改。

a)本附录定义的准则仅考虑系统特性与系统响应对结构的影响,应该作为飞机安全评定的一部分,而不应被分开来考虑。这些准则在一些步骤上与已有的评定标准是一致的,仅适用于因系统失效妨碍继续安全飞行与着陆的结构。本附录不包括系统降级或失效情况下的操纵特性或稳定性要求。

b)对于具有特定特征的飞机,要求通过除本附录给出的准则外的研究,来表明飞机具有满足其他要求(如突风或机动载荷减缓)的能力。

c)以下定义用于本附录:

1)结构性能:飞机能满足 CS25 部结构要求的能力;

2)飞行限制:飞行手册中包括的飞行限制(如速度限制、避免恶劣天气等);

3)使用限制:除飞行限制外,还包括派遣前飞机运行条件的限制(如燃油、商载和最低主设备清单);

4)概率术语:本附录中的概率术语(很可能的、不大可能、极不可能)与 CS25.1309 中的定义相同;

5)失效情况:与 CS25.1309 条使用的失效情况定义一致,本附录仅适用于对飞机结构性能有影响的失效情况(如系统失效情况影响载荷,改变飞机对输入的响应,或者降低颤振边界)。

(2)系统对结构的影响。

a)总则。以下准则用于确定系统及其失效对飞机结构的影响。

b)系统正常工作情况:

1)限制载荷必须由系统正常操纵构型按 C 分部规定的情况得出。确定限制载荷必须考虑系统可能出现的所有特殊行为、关联的功能或所有对飞机结构性能的影响,并采用真实或保守的方法考虑所有主要的非线性特性(如操纵面的偏转速率、门限值或其他系统非线性)。

2)飞机必须符合 CS25 部的强度要求(静强度、剩余强度),采用给定的系数乘以上述的限制载荷得到极限载荷。必须检查超出限制情况时非线性特性的影响,以确保系统特性在超出限制载荷情况时与低于限制载荷情况时无差异。当能表明飞机有防止超出限制情况的设计特性时,不必考虑超出限制情况的影响。

3)飞机必须满足 CS25.629 规定的气动弹性要求。

c)系统失效情况:所有不能表明是极不可能的系统故障,采用以下要求:

1)系统出现故障的时刻:从 1g 水平飞行状态开始,建立包括驾驶员纠正动作的真实情况(环境),来确定故障发生时刻及失效后立即出现的载荷:

ⅰ)对于静强度验证,该载荷乘以与故障概率相关的安全因数得到极限载荷,安全因数按图 4-2 确定。

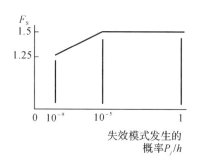

图 4-2　故障发生时刻的安全因数

ⅱ)对于剩余强度验证,飞机必须能承受 2/3 的(c)1)ⅰ)给出的极限载荷;对于增压舱,必须再叠加正常工作压差。

ⅲ)必须表明直到 CS25.629(b)2)规定的速度,不会发生气动弹性不稳定。对于导致速度增大到高于 V_c/M_c 的故障情况,必须表明直到该速度不发生气动弹性不稳定,以能满足 CS25.629(b)2)条的要求。

ⅳ)对于导致结构强迫振动的系统故障(振荡故障),不能产生导致主结构发生有害变形的载荷。

2)故障状态下的持续飞行:在故障状态下,考虑任何恰当的系统重构和飞行限制,采用以下要求:

ⅰ)按下列情况确定载荷(速度应直到 V_c/M_c 或为剩余飞行段规定的限制速度):

A)限制对称机动情况,按 25.331 和 25.345 的规定。

B)限制突风和紊流情况,按 25.341 和 25.345 的规定。

C)限制滚转情况,按 25.349 的规定;限制非对称情况按 25.367 和 25.427(b)及(c)的规定。

D)限制偏航机动情况,按 25.351 的规定。

E)限制地面载荷情况,按 25.473 和 25.491 的规定。

ⅱ)对于静强度证明,结构必须能够承受(c)2)ⅰ)给出的载荷并乘以一个依赖失效概率的安全因数(见图 4-3)。

ⅲ)对于剩余强度证明,飞机必须能承受 2/3 的(c)2)ⅱ)给出的极限载荷;对于增压舱,必须再叠加正常工作压差。

ⅳ)如果故障情况所引起的载荷对疲劳损伤容限有显著影响,则必须考虑。

ⅴ)必须表明直到图 4-4 给定的速度,不发生气动弹性不稳定。颤振速度包线 V',V'' 应依据 CS25.629(b)给定的裕度要求和剩余飞行阶段的限制速度确定。

ⅵ)对于可能发生的系统故障与 25.571(b)的损伤组合,颤振与发散的速度必须大于图 4-4 中的 V'。

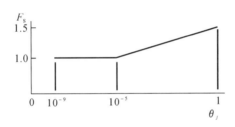

图 4-3 故障状态持续飞行时的安全因数

$Q_j = T_j P_j$,为故障模式 j 下的失效概率,其中:T_j 为故障模式 j 下的平均飞行时间(h);

P_j 为出现故障模式 j 时的概率(h^{-1})。

注:当 $P_j > 10^{-3}$ 时,对于所有限制载荷均乘以 1.5 的安全因数。

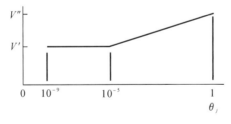

图 4-4 颤振速度包线

$V'=$ 由 25.629(b)2)确定的速度包线; $V''=$ 由 25.629(b)1)确定的速度包线;

$Q_j = T_j P_j$,为故障模式 j 下的失效概率,其中:T_j 为故障模式 j 下的平均飞行时间(h);

P_j 为出现故障模式 j 时的概率(h^{-1})

注:当 $P_j > 10^{-3}$ 时,颤振速度不能低于 V''

3)CS25 部的其他部分可能要求考虑某些特定的故障情况,不用系统故障概

率。分析表明这些情况的故障概率小于 10^{-9}，应采用区别于本节给出的准则来表明接下来的安全飞行与着陆。

d)故障显示：

1)必须检查非概率极小、能降低结构性能到低于 CS25 部要求或显著降低剩余系统可靠性的系统故障。只要条件许可，机组应能在飞行前知道这些故障。对于控制系统中的某些元件，如机械或液压元件，可采用相应的周期性检查，电子元器件可采用日检，以替代探测系统、指示系统完成本附录的要求。这些审定维修要求(CMR)必须被限于不易被常规的探测和指示系统监测的组件，并且服役历史表明检查能提供足够的安全水平。

2)对于任何非极不可能、在飞行中能显著影响结构性能，并且可通过适当的飞行限制来减小对适航性影响的故障情况，必须告知机组。例如，将使 C 分部规定的飞机强度与载荷之间的安全因数小于 1.25，或使颤振边界低于 V'' 的故障情况，必须在飞行中告知机组。

e)故障情况下的派遣。如果在已知系统故障(该系统故障影响到结构性能或影响到剩余系统保持结构性能的可靠性)的情况下派遣飞机，则派遣条件及随后的失效应满足 CS25.302 条款要求。可在确定派遣故障及随后的故障情况的组合概率 Q_j 时，应考虑飞行限制和预期的操纵限制，随后依据图 4-3 和图 4-4 确定安全裕度。这些限制必须使飞机处于组合故障状态以及随后出现限制载荷情况为极不可能。如果随后的系统故障率大于 $10^{-3}/h$，则不允许降低安全裕度。

3.与其他规范对比

CS25.302 要求考虑系统对结构的影响，CCAR25 和 FAR25 无相应条款。

4.3 动力装置载荷分析

4.3.1 动力装置载荷要求

动力装置包括发动机装置和辅助动力装置，在 CCAR25 部中关于动力装置载荷的条款包括：第 25.361 条发动机扭矩、第 25.363 条发动机和辅助动力装置支架的侧向载荷、第 25.371 条陀螺载荷。

根据第 25.361 条确定动力装置扭矩时，需考虑下列受载情况：

（1）相应于起飞功率及螺旋桨转速的发动机限制扭矩，和第 25.333（b）条中飞行情况 A 的限制载荷的 75％同时作用。

（2）相应于最大连续功率及螺旋桨转速的发动机限制扭矩，和第 25.333（b）条中飞行情况 A 的限制载荷同时作用。

（3）对于涡轮螺旋桨装置，相应于起飞功率及螺旋桨转速的发动机限制扭矩乘以下述系数后和 1g 平飞载荷同时作用。该系数是用于考虑螺旋桨操纵系统故障（包括快速顺桨），在缺少详细的分析时，必须取为 1.6。

（4）发动机突然停车扭矩。

（5）发动机最大加速扭矩。

根据第 25.363 条确定动力装置侧向载荷时，侧向载荷系数至少等于由偏航情况得到的最大载荷系数，但不小于 1.33 或第 25.333（b）条规定的飞行情况 A 的限制载荷系数的 1/3。

根据第 25.371 条确定动力装置陀螺力矩时，应考虑第 25.331 条、第 25.341（a）条、第 25.349 条、第 25.351 条、第 25.473 条、第 25.479 条、第 25.481 条规定的飞行情况，且动力装置处于与该情况相应的最大转速。

根据《实用飞机结构设计手册》，对动力装置应考虑下列受载情况：

（1）发动机轴卡住；

（2）偏航回转惯性力（单独的或与垂直力和推力的合成力）；

（3）俯仰回转惯性力（单独的或与垂直力和推力的合成力）；

（4）着陆撞击力（垂向，从—4 到＋8 倍的发动机重力）；

（5）3 倍发动机推力（单独的或与垂直力的合成力）；

（6）3 倍反推力（单独的或与垂直力的合成力）；

（7）9 倍发动机重力的向前力，指应急着陆时的撞击情况；

（8）侧向滚转载荷或 2.5 倍发动机重力的侧向力；

（9）推力与垂直载荷和侧向载荷的合成力；

（10）垂直和侧向空气动力载荷；

（11）不平衡和减震装置。

根据《民用飞机设计要求》，发动机短舱、吊挂及发动机架的受载情况及其极限载荷见表 4－6，并且要求考虑发动机支承结构中任一单个构件完全损坏或大部分损坏时，其余结构应具有承受表 4－7 给出的破损安全载荷的能力。

表 4 - 6　发动机短舱、吊挂及发动机架极限载荷

情况	载荷
1	$7.0V$
2	$7.0V+1.5T_C$
3	$-4.0V$
4	$-4.0V+1.5T_C$
5	$3.0S$
6	$-3.0S$
7	$1.5T_{max}$
8	$1.5T_{max}+1.5V$
9	$1.5T_R$
10	$1.5T_R+1.5V$
11	$1.5V+1.5T_C+2.25\text{rad/s}$ 短舱偏航
12	$1.5V+1.5T_C-2.25\text{rad/s}$ 短舱偏航
13	$3.75V+1.5T_C+2.25\text{rad/s}$ 短舱俯仰
14	$3.75V+1.5T_C-2.25\text{rad/s}$ 短舱俯仰
15	$1.0M_R$
16	$1.5T_{IR}+2.5V$
17	$1.5T_{IR}-0.5V$
18	$1.5T_{IR}+1.0S$
19	$1.5T_{IR}-1.0S$
20	1.5(机动或突风惯性载荷与气动载荷)

　　表中:V 为吊挂或翼下包括附加、液体和增重容差在内的整个结构自重的垂向力,向下为正;S 为相当于上述结构自重的侧向力,向外为正;T_C 为包括增值容差在内的爬升推力或巡航推力;T_{max} 为包括增值容差在内的起飞最大备用推力;T_{IR} 为包括校正空速 350kn 时的冲压阻力和主推力在内的飞行中偶然的反向载荷;M_R 为发动机转子抱轴断裂扭矩。

　　注:推力沿发动机短舱排气系统轴线,结构自重作用于发动机短舱重心。

表 4 - 7　发动机短舱、吊挂及发动机架破损安全载荷

情况	载荷
1	$1.1T_{max}+1.25V$
2	$1.1T_{max}+6.3V$

续 表

情况	载荷
3	$1.1T_R + 1.25V$
4	$1.1T_R$
5	1.0（着陆情况）
6	1.0（正的大攻角 $2.5g$ 机动惯性载荷与气动载荷）
7	1.0（负的大攻角 $1.0g$ 机动惯性载荷与气动载荷）
8	1.0（在 V_C 时 $2.5g$ 机动惯性载荷与气动载荷）
9	1.0（在 V_C 时 $-1.0g$ 机动惯性载荷与气动载荷）
10	1.0（在 V_D / M_D 时 $2.5g$ 机动惯性载荷与气动载荷）
11	1.0（在 V_B 时限制突风惯性载荷与气动载荷）
12	1.0（发动机停车惯性载荷与气动载荷）
13	$-0.5S + IV$（偏流着陆）
14	$-0.5S$（偏流着陆）
15	1.0（方向舵 II 类机动）

可见,现代先进运输机动力装置及其支撑结构强度除满足第 25.361 条、第 25.363 条、第 25.371 条外,还应承受发动机推力、突风和着陆撞击及地面滑行产生的动响应载荷、应急着陆载荷,并按破损安全设计。

4.3.2　动力装置载荷计算

1.机动载荷

根据 CCAR25 部要求,对涡轮螺旋桨发动机及其支撑结构,飞行机动载荷组合情况可以由表 4-8 确定。

表 4-8　发动机架载荷情况

序号	速度	发动机扭矩	短舱气动力	惯性载荷
1	V_A	起飞功率 平均扭矩×K	A 情况 75%气动力	$-3/4n$
2	V_A	最大连续功率 平均扭矩×K	A 情况 100%气动力	$-n$
3	V_A, V_C, V_D	起飞功率 平均扭矩×1.6	$1g$ 平飞 气动力	-1

涡轮螺旋桨发动机涡轮转子的扭矩等于压气机转子扭矩与螺旋桨扭矩之和,涡轮静子上的扭矩不等于压气机静子扭矩,剩余扭矩通过安装节传递到飞机结构上,其数值大约等于螺旋桨扭矩。确定起飞功率及螺旋桨转速的发动机平均扭矩,选 V_A, V_C, V_D 三种速度,高度选取平均扭矩达到的最大高度;确定最大连续功率及螺旋桨转速的发动机平均扭矩,选 V_A 速度,高度选择使平均扭矩达到的最大高度。表中系数 K 是为了考虑扭矩的波动而规定的峰值与平均值之比,按第 25.361(c) 条确定选取。短舱气动力由飞机的速度(速度 V_A, V_C, V_D)、机动类型(A 情况或 1g 平飞)计算得出。根据第 25.337 条规定的最大正限制载荷系数 n;惯性载荷由惯性载荷系数乘以发动机重力确定。

对于涡轮喷气发动机和涡轮风扇发动机,由于燃烧室机匣与压气机机匣的平衡,执行表 4−8 中的第 1 和第 2 条时,发动机传递到飞机上的总扭矩取为零。另外应与其他大部件类似,在所有机动包线设计点中选取严重载荷情况。

当飞机有俯仰和偏航角速度时,还应考虑动力装置的陀螺力矩。发动机或辅助动力装置的陀螺力矩的计算公式为

$$M = I\omega_1\omega_2 \tag{4−4}$$

式中　　M —— 发动机或辅助动力装置的陀螺力矩(N·m),方向按右手法则确定;

$\quad\quad\ I$ —— 发动机或辅助动力装置旋转部件的转动惯量(kgf·m²);

$\quad\quad\ \omega_1$ —— 发动机或辅助动力装置旋转部件的转动角速度(rad/s);

$\quad\quad\ \omega_2$ —— 飞机的机动俯仰或偏航角速度(rad/s)。

对于涡轮螺旋桨飞机,当螺旋桨拉力轴线方向与飞行方向有夹角时,需考虑 1P 载荷。1P 载荷即螺旋桨旋转面存在入流角时,螺旋桨会产生与转速相同频率的动态弯矩和侧向载荷。

2. 突风载荷

按照第 1 章的突风载荷计算方法,完成动力装置的突风载荷严重工况挑选。当机翼弹性效应明显时,需考虑机体弹性。

当飞机有俯仰和偏航角速度时,还应考虑动力装置的陀螺力矩。

对于涡轮螺旋桨飞机,当螺旋桨拉力轴线方向与飞行方向有夹角时,需考虑 1P 载荷。

3. 地面载荷

按照第 2 章的地面载荷计算方法,完成动力装置的地面载荷严重工况挑选。当机翼弹性效应明显时,需考虑机体弹性。

当飞机有俯仰和偏航角速度时,还应考虑动力装置的陀螺力矩。

对于涡轮螺旋桨飞机,当螺旋桨拉力轴线方向与飞行方向有夹角时,需考虑1P载荷。

4.转子加速扭矩

发动机转子加速旋转扭矩的计算公式为

$$M = \sum (I\dot{\omega}) \qquad (4-5)$$

式中　$\dot{\omega}$ —— 发动机转子的最大旋转角加速度。

5.转子卡阻扭矩

发动机转子卡阻载荷应通过试验测试得到,在缺乏试验条件时,其计算公式为

$$M = \sum \frac{\omega I}{\Delta t} \qquad (4-6)$$

转子减速时间 Δt 按保守值取,可与适航当局商定。一般来说,如果发动机转动部分惯量小、容易减速,Δt 可取的小一些;如果转动部分惯量大、不易减速,Δt 可取得大一些。

4.3.3　动力装置载荷算例

4.3.3.1　小鹰-700 飞机动力装置载荷计算

1.发动机简介

小鹰-700 飞机采用 Lycoming 公司的 IO-360-M1A 发动机,该发动机为水平四缸对置活塞发动机,发动机起飞功率为 180HP(1HP=735W)、最大连续功率为 135HP,螺旋桨转速为 2 700 r/min。发动机重量为 136.08kg,螺旋桨重量为 19.92kg。

使用全机坐标系为计算坐标系。全机坐标系为右手坐标系,如图 4-5 所示,X 轴向后为正,Y 轴向右为正,Z 轴指向上;以防火墙平面为 YOZ 平面,构造水平面为 XOY 平面,全机对称面为 XOZ 平面,三平面交点为坐标原点 O。

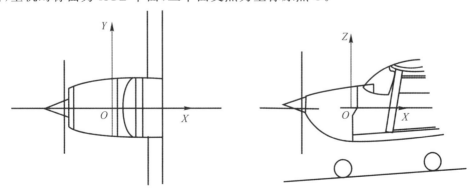

图 4-5　全机坐标系示意图

2. 发动机扭矩

CCAR23 第 361 条　发动机扭矩

(a)每个发动机架及其支承结构必须按下列组合效应进行设计：

1)相应于起飞功率和螺旋桨转速的发动机限制扭矩和第 23.333 条(d)中飞行情况 A 的限制载荷的 75％同时作用；

2)相应于最大连续功率及螺旋桨转速的发动机限制扭矩和第 23.333 条(d)中飞行情况 A 的限制载荷同时作用；

(c)本条(a)考虑的发动机限制扭矩,必须由平均扭矩乘以下列系数得出：

3)对有 4,3,2 个汽缸的发动机,分别为 2,3,4。

给出的飞行情况 A 的垂直限制载荷系数为 4.86(突风情况),则飞行情况 A 的限制载荷的 75％就为 4.86×0.75＝3.65。

发动机限制扭矩＝K×发动机功率/转速,式中：系数 K 按照 23.361(c)的规定,取为 2。此时：

起飞功率下的发动机限制扭矩为

$$\frac{2\times(180\times750)}{2\times3.14\times\dfrac{2\,700}{60}}\text{N}\cdot\text{m}=955\text{N}\cdot\text{m}$$

最大连续功率下的发动机限制扭矩为

$$\frac{2\times(135\times750)}{2\times3.14\times\dfrac{2\,700}{60}}\text{N}\cdot\text{m}=717\text{N}\cdot\text{m}$$

依据 CCAR23 第 361 条要求,对发动机扭矩和载荷进行组合,形成工况见表 4－9。

表 4－9　发动机扭矩载荷情况

载荷情况	发动机重心处载荷值/N			螺旋桨重心处载荷值/N			发动机扭矩 N·m	推力 N
	X 向	Y 向	Z 向	X 向	Y 向	Z 向		
起飞＋75％ 限制载荷	0	0	－4 867.58	0	0	－712.54	955	－4 136.85
最大连续＋ 限制载荷	0	0	－6 481.22	0	0	－948.75	717	－4 136.85

3. 发动机架的侧向载荷

CCAR23 第 363 条　发动机架的侧向载荷

(a)发动机架及其支承结构必须按作用于该发动机架上的侧向载荷来设计,此侧向载荷限制系数不小于下列数值:

1)1.33;或

2)飞行情况 A 限制载荷系数的 1/3。

(b)可假定本条(a)规定的侧向载荷与其他飞行情况无关。

飞行载荷给出飞行情况 A 的垂直限制载荷系数为 4.4(机动情况)。

依据此条(b)款要求,发动机侧向过载系数确定为

$$n_y = 4.4/3 = 1.47$$

此情况下 $n_z = 1$,发动机扭矩为 $\dfrac{2 \times (67.5 \times 750)}{2 \times 3.14 \times \dfrac{2\ 700}{60}}$ N·m = 360N·m。

依据以上公式,计算 CCAR23 第 363 条组合情况下,动力装置载荷,具体数值见表4-10。

表 4-10 发动机架的侧向载荷情况

载荷情况	发动机重心处载荷值/N			螺旋桨重心处载荷值/N			发动机扭矩 N·m	推力 N
	X 向	Y 向	Z 向	X 向	Y 向	Z 向		
侧向载荷	0	1 960.37	−1 333.58	−4 136.85	286.97	−195.22	−360	−4 136.85

4.陀螺和气动载荷

CCAR23 第 23.371 条 陀螺和气动载荷

(a)每个发动机架及其支承结构,必须按发动机和螺旋桨(如适用)在最大连续转速和在下列任一情况下所产生的陀螺载荷、惯性载荷和气动载荷来设计:

1)第 23.351 和第 23.423 条中规定的情况;

2)下列情况所有可能的组合:①偏航角速度为 2.5rad/s;②俯仰角速度为 1rad/s;③法向载荷系数为 2.5;④最大连续推力。

依据此条要求,进行最严重情况的组合:

(1)偏航角速度 2.5rad/s+最大连续推力;

(2)俯仰角速度 1rad/s+法向过载系数 2.5+最大连续推力。

依据以上组合出的最严重情况,计算发动机重心处、螺旋桨重心处的飞行惯性载荷和螺旋桨重心处陀螺力矩。

全机坐标系下部件重心处的载荷系数为

$$
\begin{cases}
n_{Px} = n_x + \dfrac{1}{g}\left[(\dot{\omega}_y + \omega_x\omega_z)(z_F - z_P) - (\dot{\omega}_z - \omega_x\omega_y)(y_F - y_P) - (\omega_y^2 + \omega_z^2)(x_F - x_P)\right] \\[3mm]
n_{Py} = n_y + \dfrac{1}{g}\left[(\dot{\omega}_z + \omega_y\omega_x)(x_F - x_P) - (\dot{\omega}_x - \omega_y\omega_z)(z_F - z_P) - (\omega_z^2 + \omega_x^2)(y_F - y_P)\right] \\[3mm]
n_{Pz} = n_z + \dfrac{1}{g}\left[(\dot{\omega}_x + \omega_z\omega_y)(y_F - y_P) - (\dot{\omega}_y - \omega_z\omega_x)(x_F - x_P) - (\omega_x^2 + \omega_y^2)(z_F - z_P)\right]
\end{cases}
$$

式中　　n_{Px}, n_{Py}, n_{Pz} —— 部件重心处的 x, y, z 向载荷系数；

　　　　　n_x, n_y, n_z —— 飞机重心处的 x, y, z 向载荷系数；

　　　　　x_P, y_P, z_P —— 部件重心在全机坐标系下的的 x, y, z 向坐标；

　　　　　x_F, y_F, z_F —— 飞机重心在全机坐标系下的的 x, y, z 向坐标；

　　　　　$\omega_x, \omega_y, \omega_z$ —— 飞机滚转、俯仰、偏航角速度；

　　　　　$\dot{\omega}_x, \dot{\omega}_y, \dot{\omega}_z$ —— 飞机滚转、俯仰、偏航角加速度。

在全机坐标系下，部件重心的惯性载荷为

$$
\begin{cases}
F_{Px} = -n_{Px} m_P g \\[2mm]
F_{Py} = -n_{Py} m_P g \\[2mm]
F_{Pz} = -n_{Pz} m_P g
\end{cases}
$$

式中　　F_{Px}, F_{Py}, F_{Pz} —— 分别为部件重心处的 x, y, z 向惯性载荷；

　　　　　m_P —— 部件的质量，发动机质量为 136.08kg，螺旋桨质量为 19.92kg。

在全机坐标系下，螺旋桨重心的陀螺力矩为

$$
\begin{cases}
M_{Py陀螺} = -J\Omega\omega_z \\[2mm]
M_{Pz陀螺} = J\Omega\omega_y
\end{cases}
$$

式中　　$M_{Py陀螺}$ —— 螺旋桨重心处的 y 向陀螺力矩；

　　　　　$M_{Pz陀螺}$ —— 螺旋桨重心处的 z 向陀螺力矩；

　　　　　J —— 螺旋桨转动惯量，为 1.765kg·m^2；

　　　　　Ω —— 螺旋桨旋转角速度，螺旋桨转速为 2 700rad/s，即 282.6rad/s。

依据以上公式，计算 CCAR23 第 371 条组合情况下动力装置载荷，具体数值见表4-11。

表 4－11 发动机陀螺和气动载荷情况

组合情况	发动机重心处载荷值/N			螺旋桨重心处载荷值/N			螺旋桨重心处陀螺力矩/(N·m)	最大连续推力/N
	X 向	Y 向	Z 向	X 向	Y 向	Z 向		
$\omega_z=2.5\text{rad/s}+$ 最大连续推力	−1 493.61	120.02	0	277.21	0.74	0	$M_{Py}=-1\ 246.97$	4 136.85
$\omega_y=1\text{rad/s}+$ 法向过载2.5g+ 最大连续推力	−213.37	0	3 360.63	41	0	491.94	$M_{Pz}=498.79$	4 136.85

5．小鹰-700 飞机动力装置载荷

依据第 4.2～4.4 节的计算，将小鹰-700 飞机发动机安装系统载荷进行汇总，见表 4－12。表 4－12 中的载荷值为限制载荷。

表 4－12 小鹰-700 飞机动力装置极限载荷汇总

载荷情况	发动机重心处载荷值/N			螺旋桨重心处载荷值/N			发动机扭矩 $\dfrac{(X\text{ 向})}{N\cdot m}$	螺旋桨重心处陀螺力矩 (Y 向)/(N·m)	最大连续推力/N
	X 向	Y 向	Z 向	X 向	Y 向	Z 向			
1	0	0	−4 867.58	0	0	−712.54	−955	0	4 136.85
2	0	0	−6 481.22	0	0	−948.75	−717	0	4 136.85
3	0	1 960.37	−1 333.58	0	286.97	−195.22	−360	0	4 136.85
4	−1 493.61	120.02	0	−277.21	0.74	0	0	−1 246.97	4 136.85
5	−213.37	0	−3 360.63	−41	0	−491.94	0	498.79	4 136.85

4.4　增压舱载荷分析

应按下列受载情况计算增压舱载荷：

(a)飞行载荷和由零到释压活门最大调定值的压差载荷的组合作用；

(b)作为压力容器按下列规定的限制压差进行强度设计，并略去其他载荷，极限压差为限制压差的 1.5 倍：

1)对于申请批准在直到 13 700m(45 000ft)高度运行的飞机，该压差为释压活门最大调定值的 1.33 倍；

2)对于申请批准在 13 700m(45 000ft)高度以上运行的飞机，该压差为释压活门最大调定值的 1.67 倍。

(c)若允许飞机带压差着陆,将着陆载荷与由零到着陆期间所允许的最大压差载荷组合在一起进行强度设计。

为确定增压舱突然泄压时各隔舱压力变化情况,需建立气体流动规律计算模型。为此,假设在气体流动过程中,每一瞬时、每一隔舱内的气体状态可用单一参数表达,不考虑隔舱内气体紊流引起的不均匀性,同一隔舱内各点在同一瞬时处于相同的压力和密度,根据一维绝热管流公式可计算通过破口处的速度和流量。根据下列公式,利用时间域积分法可以计算突然泄压时隔舱压力随时间的变化:

$$V = \frac{\rho_0}{\rho} \sqrt{\frac{2K}{K-1} \frac{P_0}{\rho_0} \left[1 - \left(\frac{P}{P_0} \right)^{(K-1)/K} \right]} \qquad (4-7)$$

$$q = St \sqrt{\frac{2K}{K-1} P_0 \rho_0 \left[\left(\frac{P}{P_0} \right)^{2/K} - \left(\frac{P}{P_0} \right)^{(K+1)/K} \right]} \qquad (4-8)$$

式中　　V —— 流速(m/s);

　　　　q —— 流量(kg);

　　　　P_0 —— 第一隔舱气体压力(Pa);

　　　　ρ_0 —— 第一隔舱气体密度(kg/m³);

　　　　P —— 第二隔舱气体压力(Pa);

　　　　ρ —— 第二隔舱气体密度(kg/m³);

　　　　S —— 孔口面积(m²);

　　　　t —— 时间(s);

　　　　K —— 绝热指数,对空气 $K = 1.4$。

气密舱门作为增压舱的一个组成部分,除了承受上述规定的载荷外,还应承受下列载荷:

(a)飞行载荷。对于在飞行中允许打开的舱门,在完全打开位置应能承受直到最大设计舱门开启速度的所有速度下,由最大侧滑角、机动飞行和设计阵风速度所引起的载荷。

(b)地面阵风载荷:

1)舱门(包括有铰链轴的口盖)都应按有关规定或成品技术条件要求处于全开位置和任意中间位置,考虑在任意水平方向 18m/s 的稳定风和 36m/s 的阵风引起的载荷;

2)设计舱门作动机构时,应考虑在任意水平方向 18m/s 的稳定风中,垂直载荷系数为 1.0±0.5、水平载荷系数为 ±0.5(在最危险的方向)的条件下工作。

(c)脚或手引起的附加载荷：

1)舱门结构和机构必须能承受 1 333N 向下作用的载荷,或承受得住作用在其余任何方向上 667N 的载荷；

2)假定这些载荷单独作用,并且在舱门从打开到关闭的任一位置上施加到门上任一点。

(d)卡阻载荷。舱门必须能承受在卡阻条件下,制动器发出全部功率所对应的载荷。

(e)水上迫降载荷。舱门及舱门锁必须能承受水上迫降时的水压载荷。水压载荷可由水上迫降分析或试验结果确定,若无分析或试验数据,可参考表 4-13 选取。

表 4-13 水上迫降时的水压

区域	纵向位置/(%)	机身下半部压力/MPa	机身上半部压力/MPa
a)	0～5	0.082 8	0.082 8
b)	5～10	0.082 8	0.041 4
c)	10～25	0.055 2	0.000 0
d)	25～60	0.041 4	0.000 0
e)	60～80	0.0276	0.000 0

注:1)水压为极限值;

2)水压沿飞机外表面法向作用,纵向位置是以飞机结构最前端为起点、沿飞机纵向占飞机总长度的百分数形式定义。

(f)破损安全载荷。当某一止动件损坏或脱落时,舱门和其余止动件应能承受破损安全载荷。舱门的破损安全设计压力为 1.15 倍最大可达压差。

(g)手柄载荷。正常开门的手柄操纵力不超过 147N。在助力系统失效的紧急情况下,舱内无余压时,手柄操纵力不超过 201N;舱内余压为 0.017 6MPa 时,手柄操纵力不超过 333N。

4.5 操纵系统载荷分析

4.4.1 操纵系统载荷要求

飞机飞行姿态控制是通过操纵系统驱动操纵面偏转,改变飞机的气动构型来实现的。按操纵面可分为主操纵系统(包含副翼操纵系统、升降舵操纵系统、方向舵操纵系统)、次操纵系统(包含水平安定面操纵系统、扰流板操纵系统、调整片操纵系统、发动机操纵系统等)和高升力系统(包括襟翼操纵系统、缝翼操纵系统),按操纵系统的构造可分为人力操纵系统、可逆助力操纵系统和不可逆助力操纵系统。

在 CCAR25 部中关于操纵系统载荷的条款包括第25.395条 操纵系统、第25.397条 操纵系统载荷、第25.399条 双操纵系统、第25.405条 次操纵系统、第25.415条 地面突风情况。

CCAR25 规定的操纵系统载荷不是一个确定的值,而是一个范围:除必须满足地面突风引起的载荷外,其上限是适航要求中规定的驾驶员最大限制作用力,下限是飞行情况中操纵面上气动铰链力矩的 1.25 倍,该气动铰链力矩必须从 CCAR25.391 条规定的飞行载荷情况中获取。

在计算操纵系统零部件载荷时,应考虑单个驾驶员对各操纵系统的分别操纵情况和组合操纵情况,对于脚蹬操纵机构应考虑双脚同时加载的情况;对于有两个驾驶员操纵的双操纵系统,还应考虑两个驾驶员同时同向或反向操纵情况。

操纵系统载荷除了考虑驾驶员正常操纵情况外,还需考虑所有可能的操纵方式和系统的故障模式。

升降舵(包含可操纵水平安定面)、方向舵、副翼(升降副翼)、襟翼、缝翼等操纵系统零部件的受载,应考虑其处于中立(或收上)位置、极限位置以及任何中间位置(如这种位置操纵力最大)的情况。

对于副翼、升降副翼、升降舵、双垂直尾翼方向舵和水平安定面等操纵杆系,如它们之间是仅靠操纵系统零件连接时,从操纵杆系分叉处至相应一侧(左或右)操纵面(助力器操纵时至助力器)之间的系统应考虑载荷不均匀分配系数,在缺少数据时可参考 GJB 67.3A 按比例 35∶65 选取。

若在操纵系统中有各种类型的辅助装置和自动化装置(如助力器、自动驾驶仪、控制增稳器、变传动比自动器等),则操纵零部件上载荷的确定应考虑这些装置的作用。

若操纵系统中有用于减小操纵杆系力的专门装置,如载荷机构、扭矩限制器等,则允许考虑这些装置的作用。

4.5.2 操纵系统载荷计算

1. 主操纵系统载荷

(1)作动器前机械操纵系统载荷。主操纵系统作动器前机械操纵系统直接承受驾驶员操纵力,该部分载荷按驾驶员施加在操纵器件(包括驾驶杆/盘或脚蹬)上的操纵力进行设计,即以 25.397(c)条规定的驾驶员最大操纵力(见 4.2.8 节)作为限制载荷,按照机械操纵系统传动比计算操纵系统零部件载荷。

作动器前机械操纵系统各个部位的载荷的计算公式为

$$F_i = \eta_i F \qquad (4-9)$$

式中　　F_i——当地操纵系统载荷；

　　　　η_i——当地（从驾驶员操纵点到当地）的传动系数；

　　　　F——驾驶员操纵力。

传动系数的计算建议采用操纵系统计算程序，这样可以快速获得任一操纵状态下各个部位的传动系数，当然也可以从运动模型线系中计算得到。

对于硬式机械操纵系统不必考虑系统刚度的影响，对于软式机械操纵系统应考虑温度、系统预张力、系统变形和限位装置的影响。

（2）作动器后机械操纵系统载荷。作动器后机械操纵系统载荷按操纵面最大铰链力矩的 125% 设计，并考虑作动器卡阻故障情况。若单块操纵面由 2 个或 2 个以上的作动器驱动，还应考虑单个作动器断开故障情况。

在正常情况下，按 25.391 条中规定的设计情况计算各个操纵面的铰链力矩，并将其最大铰链力矩乘以系数 1.25 作为计算用的限制铰链力矩，即

$$M_j = 1.25 M_{cmax} \qquad (4-10)$$

式中　　M_j——计算铰链力矩的最大值；

　　　　M_{cmax}——气动铰链力矩的最大值。

作动器后机械操纵系统各个部位的载荷的计算公式为

$$F_j = \lambda_j M_j \qquad (4-11)$$

式中　　F_j——当地操纵系统载荷；

　　　　λ_j——当地（从舵面铰链点到当地）的传动系数。

2. 双操纵系统载荷

对于有两个驾驶员共同操纵的操纵系统，即所谓的双操纵系统，其载荷还应该考虑两个驾驶员反向和同向操纵情况，每个驾驶员施加的操纵力不应小于第 25.397(c) 条规定的驾驶员最大操纵力的 75% 和第 25.397(c) 条中规定的驾驶员最小操纵力。

3. 次操纵系统载荷

次操纵器件（例如机轮刹车、扰流板和调整片的操纵器件）必须按一个驾驶员可能施加于这些操纵器件的最大作用力进行设计，最大作用力按照表 4-14 取值。

对于脚操纵的刹车系统驾驶员操纵力按 4.5.2 节要求选取。

次（或辅助）操纵系统内部各部分的载荷计算方法与主操纵系统相同，按传动比可

计算出各部分的载荷。

表 4－14　驾驶员操纵作用力限制值(次操纵器件)

操纵器件	驾驶员限制作用力
各类 曲柄、盘 或手柄①	$\left(\dfrac{0.025\ 4+R}{0.076\ 2}\right)\times 222\text{N}$(但不小于 222N,不大于 667N) 其中,$R$ 为半径(m)
扭转	15N・m
推拉	《民用飞机设计要求》建议取 445N

注:①限于襟翼、调整片、安定面、扰流板和起落架使用的操纵器件。

4.地面突风情况

(1)根据第 25.415(a)2)条计算各操纵面的限制铰链力矩 H_1(N・m),公式为

$$H_1=9.8\times 0.001\ 7KV^2cS \tag{4-12}$$

式中　　$V=65\text{kn}$,风速;

K —— 第 25.415(b) 条中得到的地面突风情况的限制铰链力矩系数;

c —— 铰链线后操纵面的平均弦长,m;

S —— 铰链线后操纵面的面积,m²。

(2)对于没有作动器的操纵系统,应根据第 25.397(c) 条计算出单独操纵时与驾驶员最大操纵力相对应的铰链力矩 H_2,公式为

$$H_2=F\lambda \tag{4-13}$$

式中　　F —— 第 25.397(c) 条中规定的驾驶员最大操纵力,N;

λ —— 驾驶员操纵点至舵面铰链点的传动比,m。

(3)对于没有作动器的操纵系统,应根据第 25.399(b) 条算出双人同向操纵时与驾驶员最大操纵力相对应的铰链力矩 H_3,公式为

$$H_3=2\times 75\%F\lambda \tag{4-14}$$

式中　　F —— 第 25.397(c) 条中规定的驾驶员最大操纵力,N;

λ —— 驾驶员操纵点至舵面铰链点的传动比,m。

(4)最后对第 25.415(a)2) 条指定的最靠近操纵面的止动器、操纵系统的锁以及这些止动器和锁与操纵面摇臂支架的操纵系统零件,按下式选定 H 值作为计算地面突风情况下操纵系统载荷的限制铰链力矩,公式为

$$H=\min\begin{Bmatrix}|H_1|\\\max(|H_2|,|H_3|)\end{Bmatrix} \tag{4-15}$$

5. 高升力操纵系统载荷

襟／缝翼操纵系统一般由四部分组成：手柄操纵线系、传动线系（含作动器）、左右公用钢索系统（如果是硬式扭力管作传动线系，则传动线系与公用系统合二为一）、运动机构。

由襟／缝翼操纵手柄加力经过钢索拉杆系统或者电传系统打开操纵阀之后，一种情况是通过液压作动筒直接收放襟／缝翼，另一种情况是通过液压马达（或电机）驱动扭力管线系并经减速器带动螺旋丝杆（或齿轮齿条）收放襟／缝翼。

应按下列受载情况计算襟／缝翼操纵系统（包括运动机构）载荷：

（a）手柄操纵线系按手柄上施加表 4 - 15 规定的载荷设计。

（b）传动线系（扭力管型）按液压马达或电机的最大输出扭矩进行设计。

（c）如果减速器内无防止力反传装置，传动线系应考虑左右襟／缝翼气动载荷不对称情况。按对称情况最严重载荷的 125%，一边取 100%，另一边取 80% 进行设计。

（d）作动筒（或螺旋丝杆）和运动机构按起飞、进场、着陆情况下襟／缝翼上最严重气动载荷的 125% 进行设计。

6. 钢索回路载荷

钢索回路载荷除受驾驶员操纵力影响外，还受装配预紧张力、机体变形和温度的影响。必要时，钢索载荷可以是这四种载荷的叠加。

（1）钢索回路装配预紧张力对钢索回路载荷的影响。为减小钢索下垂量，提高钢索回路刚度，钢索回路必须施加适当的装配预紧张力（见图 4-6）。装配预紧张力为 R 的钢索回路，在操纵力 F 作用下，钢索回路紧边的张力为 $(R + P/2)$，钢索回路松边的张力为 $(R - P/2)$。其中 $P = Fl/r$，是操纵力引起的钢索载荷。

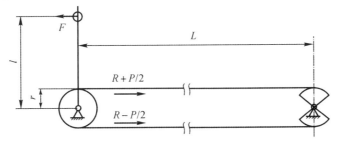

图 4 - 6 具有装配预紧张力的钢索回路

为防止钢索松弛,装配预紧张力 R 必须大于 $Fl/(2r)$。但装配预紧张力也不宜过大,否则将造成钢索回路紧边的张力过大,系统的摩擦力过高,导致寿命降低。

(2) 机体变形对钢索回路载荷的影响。钢索通常不在机体结构的中性轴上,当机体受载变形时钢索上也要产生附加载荷,它将增加(或减少)钢索的预紧张力。机体变形对钢索回路预紧张力的影响的近似计算公式为

$$\Delta P_{\mathrm{d}} = \frac{f_{\mathrm{av}}}{E_{\mathrm{s}}} A_{\mathrm{c}} E_{\mathrm{c}} \tag{4-16}$$

式中　　f_{av} —— 沿钢索支座段飞机结构的平均工作应力;

　　　　E_{s} —— 飞机结构的弹性模量;

　　　　$A_{\mathrm{c}} E_{\mathrm{c}}$ —— 钢索截面面积与弹性模量的乘积。

(3) 温度对钢索回路载荷的影响。由于钢索和铝制的飞机结构的温度膨胀系数不同,因此温度变化会导致钢索回路预紧张力变化。温度变化导致钢索回路预紧张力变化的计算公式为

$$\Delta P_{\mathrm{t}} = \frac{\Delta t (a_{\mathrm{s}} - a_{\mathrm{c}})}{\dfrac{1}{A_{\mathrm{s}} E_{\mathrm{s}}} + \dfrac{1}{A_{\mathrm{c}} E_{\mathrm{c}}}} \tag{4-17}$$

式中　　Δt —— 温度变化量,℃;

　　　　a_{s} —— 飞机结构的线膨胀系数,m/(℃·m);

　　　　a_{c} —— 钢索的线膨胀系数,m/(℃·m);

　　　　$A_{\mathrm{s}} E_{\mathrm{s}}$ —— 飞机结构截面面积与弹性模量的乘积;

　　　　$A_{\mathrm{c}} E_{\mathrm{c}}$ —— 钢索截面面积与弹性模量的乘积。

4.5.3　操纵系统故障载荷

1.主操纵系统故障载荷

根据 CCAR25 规定,若主操纵系统的某种故障模式发生概率小于 1×10^{-9}/飞行小时,则表明该故障模式是极不可能发生的,可以不考虑该故障模式对操纵系统载荷的影响。若主操纵系统的某种故障模式发生概率大于或等于 1×10^{-9}/飞行小时,则应按操纵系统故障模式计算其限制载荷,按 4.4.3 节规定选取合理的安全因数来计算操纵系统故障模式下的极限载荷。主操纵系统主要考虑以下五种故障模式:

(1)作动器前机械操纵系统卡阻故障模式。作动器前机械操纵系统发生卡阻故障时,系统的限制载荷按表 4-15 规定计算。

表 4 - 15 作动器前机械操纵系统发生卡阻故障时的限制载荷

操纵系统分段	1		2		3
	卡阻点之前		卡阻点之后至作动器之前		作动器及作动器之后
限制载荷	非共用线系	共用线系	作动器是否为不可逆作动器		舵面最大铰链力矩的1.25倍
			否	是	
	第 25.397(c)条规定的单个驾驶员最大操纵力	第 25.397(c)条规定的双驾驶员最大操纵力	舵面最大铰链力矩的1.25倍	无载荷	

(2)作动器前机械操纵系统断开故障模式。作动器前机械操纵系统发生断开故障时,系统的限制载荷按表 4 - 16 规定计算。

表 4 - 16 作动器前机械操纵发生断开故障时的限制载荷

操纵系统分段	1	2		3
	断开点之前	断开点之后至作动器之前		作动器及作动器之后
限制载荷	工作载荷	断点在非共用线系中	断点在共用线系中	舵面最大铰链力矩的 1.25 倍
		工作载荷	无载荷	

(3)电传操纵分系统失效故障模式。电传操纵分系统发生失效故障时,系统的限制载荷按表 4 - 17 规定计算。

表 4 - 17 电传操纵分系统发生失效故障时的限制载荷

操纵系统分段	1	2		3
	座舱内机械操纵系统	座舱内机械操纵系统末端至作动器之前		作动器及作动器之后
限制载荷	工作载荷	有机械备份操纵系统	无机械备份操纵系统	舵面最大铰链力矩的 1.25 倍
		按工作载荷和机械备份转换装置的传动比计算	无载荷	

(4)作动器及作动器之后操纵系统卡阻故障模式。作动器及作动器之后操纵系统发生卡阻故障时,系统的限制载荷按表 4 - 18 规定计算。

表 4 - 18　作动器及作动器之后操纵系统卡阻故障模式下的限制载荷

操纵系统分段	1	2	
	作动器之前	作动器及作动器之后	
限制载荷	工作载荷	作动器卡死	作动器输出端至舵面之间卡死
		舵面最大铰链力矩的 1.25 倍	作动器最大输出力

(5)作动器及作动器之后操纵系统断开故障模式下操纵系统的限制载荷。作动器及作动器之后操纵系统发生断开故障时,系统的限制载荷按表 4 - 19 规定计算。

表 4 - 19　作动器及作动器之后操纵系统断开故障模式下的限制载荷

操纵系统分段	1	2	
	作动器之前	作动器及作动器之后	
		单个作动器	多个作动器
限制载荷	工作载荷	作动器及其之后的操纵系统无载荷	未发生故障的作动器及其之后的操纵系统取舵面最大铰链力矩的 1.25 倍（该值不得超过作动器最大输出力）

2.高升力操纵系统故障载荷

高升力操纵系统包括缝翼操纵系统和襟翼操纵系统,这两个系统的构造、工作原理和故障模式均相似,因此以缝翼操纵系统故障载荷为例阐述高升力操纵系统故障载荷计算方法。

(1)作动器失控故障。作动器失控情况要求是极不可能的,即故障概率 $P_j < 10^{-9}$/飞行小时,因此不必考虑该故障模式。

(2)传动轴失效故障。传动轴失效可发生于传动线系的动力驱动装置(PDU)与最外侧作动器之间的任意位置。如果在 PDU 与最内侧缝翼内侧作动器之间或者发生于两块缝翼之间,则每块缝翼的载荷在正常范围内。因此,假定故障发生于一块缝翼的两个作动器之间,此时,传动轴失效故障的载荷计算见表 4 - 20。

表 4-20 传动轴失效故障下的载荷计算

计算情况	故障发生时刻	故障后的持续飞行
有气动力不操纵	缝翼上的气动力分布将不受影响	气动载荷分布与无故障情况比无变化(不考虑倾斜的影响)。
有气动力操纵	气动载荷(工作载荷,忽略倾斜的影响)与完好作动器的最大输出扭矩或产生最大倾斜角的扭矩叠加,两者之间取小值	最不利偏角的设计限制气动载荷(速度直到 V_c)与保持最大倾斜角所需的扭矩叠加
无气动力	完好作动器的最大输出扭矩或产生最大倾斜角所需的扭矩	—

(4)扭矩限制器断开故障。扭矩限制器断开,一个作动器的扭矩限制器不能从输入端传递有效的扭矩到齿轮箱,传动线系仍然能够转动。扭矩限制器断开情况的载荷计算见表 4-21。

表 4-21 扭矩限制器断开故障下的载荷计算

计算情况	故障发生时刻	故障后的持续飞行
有气动力不操纵	由于作动器是不可逆的,缝翼上的气动力分布将不受影响	气动载荷分布与无故障情况相比无变化(不考虑倾斜的影响)。
有气动力操纵	气动载荷(工作载荷,忽略倾斜的影响)与完好作动器的最大输出扭矩或产生最大倾斜角的扭矩叠加,两者之间取小值	最不利偏角的设计限制气动载荷(速度直到 V_c)与保持最大倾斜角所需的扭矩叠加
无气动力	—	—

注:此故障的缝翼倾斜角可能会大于传动轴失效故障的缝翼倾斜角。

(5)作动器卡阻。一个作动器在传动轴输入端花键与小齿轮输出端花键间的某个位置卡阻,输入扭矩被卡阻的作动器"吸收"。每块缝翼的内侧作动器或外侧作动器都有可能发生卡阻故障。如果某块缝翼的内侧作动器卡阻,外侧作动器不能从传动轴上得到驱动扭矩,缝翼不会被驱动;如果某块缝翼的外侧作动器卡阻,传动轴能够驱动内侧作动器使缝翼转动一个小的角度,因此,假定一块缝翼的外侧作动器卡阻。作动器卡阻情况的载荷计算见表 4-22。

表 4-22　作动器卡阻故障下的载荷计算

计算情况	故障发生时刻	故障后的持续飞行
有气动力不操纵	由于作动器是不可逆的,缝翼上的气动力分布将不受影响	气动载荷分布与无故障情况相比无变化(不考虑倾斜的影响)
有气动力操纵	气动载荷(工作载荷)、驱动扭矩	最不利偏角的设计限制气动载荷(速度直到 V_c)与保持最大倾斜角所需的扭矩叠加
无气动力	PDU 把持扭矩	—

(6)扭矩限制器设定值过高。扭矩限制器(一个)的设定值高于最大设定值。扭矩限制设定值过高情况的载荷计算见表 4-23。

表 4-23　扭矩限制器设定值过高故障下的载荷计算

计算情况	故障发生时刻	故障后的持续飞行
正常操纵	不会触发此故障	可被正常情况覆盖
一个设定完好的扭矩限制锁定,飞行员违规操作	可被正常驱动情况覆盖	
同时发生卡阻情况	同时发生卡阻情况是不可能的,不需考虑	—

(7)扭矩限制器设定值过低。扭矩限制器(一个)在低于最低设定值时锁定,系统在失效作动器处卡阻,系统中的扭矩达到最大扭矩。扭矩限制器设定值过低,故障在操纵缝翼并且缝翼因而卡阻前是不能被探测到的,除非故障作动器被拆下来并进行地面试验测试。扭矩限制器设定值过低故障的载荷计算见表 4-24。

表 4-24　扭矩限制器设定值过低故障下的载荷计算

计算情况	故障发生时刻	故障后的持续飞行
操纵	缝翼上的最大气动力及与之平衡的故障作动器处扭矩低于正常操纵情况。系统在失效作动器处卡阻,扭矩达到最大把持扭矩	系统锁定,静止作动器上的载荷同正常情况。可被正常情况覆盖
不操纵	静止的作动器载荷不受影响,可被正常情况覆盖	可被正常情况覆盖

(8)作动器断开。由于输出端花键失效或小齿轮失效等情况,作动器(一个)不能输

出有效的扭矩。系统可能会被倾斜探测系统锁定或由于一个作动器的扭矩限制达到设定值而卡阻并锁定。在正常操纵过程中,作动器输出端承受结构载荷。作动器断开故障可等同于结构件失效,应符合 CCAR25.571 条款要求。作动器安装的单个耳片或螺栓失效应在疲劳损伤容限评定中考虑。作动器失效情况的载荷计算见表 4-25。

表 4-25 作动器断开故障下的载荷计算

计算情况	故障发生时刻	故障后的持续飞行
假定故障发生时不驱动	缝翼上承受设计限制载荷,不考虑倾斜对气动力的影响。 完好的作动器承受缝翼上载荷产生的扭矩,并应考虑动载系数	缝翼上承受设计限制载荷,不考虑倾斜对气动力的影响。 完好的作动器承受缝翼上载荷产生的扭矩。由于动响应已经结束,因此,可以被故障发生时刻情况覆盖

(9)卡阻情况。卡阻情况可能由防冰伸缩管卡阻、径向滚轮与滑轨间外来物卡阻、滑轨与固定结构间外物卡阻、滚轮系统结冰、滑轨套筒结冰等情况引起。外载荷(含气动载荷)考虑 1.5 的安全因数,对于作动器最大输出扭矩不采用 1.5 的安全因数。卡阻情况下,缝翼被卡住,卡阻缝翼上的作动器扭矩限制达到最大设定值,系统停止。卡阻情况的载荷计算见表 4-26。

表 4-26 卡阻故障下的载荷计算

	故障发生时刻		故障后的持续飞行
有气动力	工作载荷,直到克服卡阻的作动器扭矩(不大于扭矩限制器极限设定扭矩)	缝翼完全卡阻,系统锁定	由于作动器不可逆,故障发生时的应力变形不能卸掉。因此,载荷为气动载荷叠加故障发生时产生的强迫变形载荷
无气动力	直到扭矩限制器设定的作动器输出扭矩与卡阻载荷平衡	卡阻被克服	卡阻载荷及相应的作动器载荷。 卡阻可能产生的损伤应在疲劳损伤容限评定中考虑

3.安全因数选取

(1)操纵系统故障发生时刻的安全因数。在操纵系统故障发生时刻用来计算操纵系统故障模式下极限载荷的安全因数 F_s 与该故障模式每个飞行小时发生的概率 P_j 有关,如果故障发生概率 P_j 小于 10^{-9}/飞行小时(故障极不可能发生)则不需要考虑其对载荷的影响,否则应按图 4 - 7 来选取操纵系统故障模式下的安全因数。

(2)操纵系统故障发生之后持续飞行期间的安全因数。在操纵系统故障发生之后持续飞行期间用来计算操纵系统故障模式下极限载荷的安全因数 F_s 与该故障模式每个飞行小时发生的概率 P_j 和故障发生后的持续飞行时间 t_{fail} 的乘积 Q_j $(Q_j = P_j t_{fail})$ 有关,如果 Q_j 小于 10^{-9},则不需要考虑其对载荷的影响,否则应按图 4 - 8 来选取操纵系统故障模式下的安全因数。

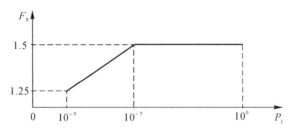

图 4 - 7　故障发生时刻的安全因数

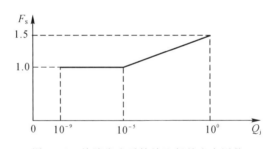

图 4 - 8　故障发生后持续飞行的安全因数

4.5.4　某大型运输机操纵系统载荷算例

1. 主操纵系统载荷

(1)主操纵系统驾驶员操纵力。某大型运输机的副翼、升降舵、方向舵和水平安定面采用电传操纵系统,并配有软硬混合式机械备份操纵系统,在驾驶舱内为正副驾驶员均配置了驾驶盘、脚蹬和操纵手柄,通过转动驾驶盘操纵副翼,通过推拉驾驶柱操纵升降舵,通过踩踏脚蹬操纵方向舵,通过推拉操纵手柄操纵水平安定面。

根据第 25.395(b)条规定,取第 25.397(c)条中给出的驾驶员最大操纵力作为限制操纵力。

1)副翼操纵系统操纵力。副翼驾驶盘单操纵最大限制操纵扭矩为

$$M_{single} = 356D \quad (N \cdot mm)$$

副翼驾驶盘单个切向操纵力为

$$P_{single} = 1.25 M_{single} / D = 445N$$

式中 $D = 300mm$，为该型飞机的驾驶盘直径。

2）升降舵操纵系统操纵力。升降舵驾驶柱操纵最大限制操纵力为

$$P_{single} = 1\ 330N$$

3）方向舵操纵系统操纵力。方向舵脚蹬操纵最大限制操纵力为

$$P_{single} = 1\ 330N$$

4）水平安定面操纵系统操纵力。根据第 25.405 条规定，驾驶员操纵水平安定面操纵手柄的最大限制操纵力为

$$P_{single} = \frac{0.025\ 4 + R}{0.076\ 2} \times 222N \quad (222N \leqslant P_{single} \leqslant 667N)$$

式中 $R = 0.3m$，为该型飞机的操纵手柄半径。

由于

$$\frac{0.025\ 4 + R}{0.076\ 2} \times 222 = 161.40N < 222N$$

因此

$$P_{single} = 222N$$

5）双操纵系统同向和反向操纵情况。根据第 25.399 条规定，双操纵系统必须按两个驾驶员同向和反向施加的作用力进行设计。副翼驾驶盘双操纵同向和反向最大限制操纵扭矩为

$$M_{double} = 0.75 M_{single} = 267D \quad (N \cdot mm)$$

升降舵驾驶盘双操纵同向和反向最大限制操纵力为

$$P_{double} = 0.75 P_{single} = 997.5N$$

方向舵脚蹬双操纵同向和反向最大限制操纵力为

$$P_{double} = 0.75 P_{single} = 997.5N$$

6）机轮刹车操纵系统操纵力。机轮刹车采用脚踏板形式，取方向舵脚蹬单操纵最大限制操纵力作为机轮刹车操纵系统的操纵力，即 1 330N。

（2）主操纵系统作动器操纵力。某大型运输机的副翼、内侧升降舵、外侧升降舵、上方向舵、下方向舵和水平安定面由不可逆液压伺服作动器组件驱动，为单块副翼配置 2 台不可逆液压伺服作动器，为单块升降舵配置 2 台不可逆液压伺服作动器，为单块方向舵配置 2 台不可逆液压伺服作动器，为水平安定面配置 1 台不可逆液压伺服滚珠丝杠作动器。

根据第 25.395(a)条规定,主操纵系统作动器必须按相应于第 25.391 条中规定情况计算的操纵面铰链力矩的 1.25 倍的载荷进行设计。

各作动器最大限制操纵力为

$$P = \frac{1.25M}{R}$$

式中　M ——操纵面铰链力矩;

　　　R ——操纵面铰链力臂。

2.襟翼操纵系统载荷

图 4-9 为某飞机后缘襟翼操纵系统简图,图中襟翼共用一个液压马达和一个应急电机驱动,外襟翼用另一套液压马达和应急电机驱动。

(1)手柄操纵线系载荷。按表 4-14 规定,手柄上的限制操纵力(手柄力臂 $R=0.215$m)为

$$P = \frac{0.025\,4 + R}{0.076\,2} \times 222 = 700\text{N} > 667\text{N}$$

所以取 $P = 667$N。

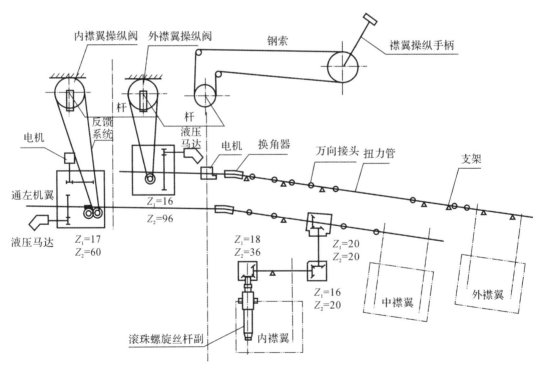

图 4-9　某飞机后缘襟翼操纵系统简图

(2)扭力管传动线系载荷。按液压马达发出最大输出力矩进行设计。其设计情况

是,襟翼反馈系统失效,襟翼放至最大角度45°之后马达继续运转,直至一侧某块襟翼的一根螺杆上的下止动块与螺母上的止动块紧紧碰住为止。

内(中)襟翼马达最大输出力矩为81.34N·m,经各级传动比,到螺杆上的载荷为

$$T_j = 81.34 \times \frac{60}{17} \times \frac{20}{16} \times \frac{36}{18} \text{N·m} = 717 \text{N·m}$$

外襟翼马达最大输出力矩为44.1N·m,经各级传动比,到螺杆上的载荷为

$$T_j = 44.1 \times \frac{96}{16} \times \frac{36}{18} \text{N·m} = 529 \text{N·m}$$

中间各级扭力管的载荷可按传动比分别计算得到,并可考虑其间各万向接头传力的影响。

4.6　地板载荷分析

运输类飞机适航标准中没有关于地板载荷的专项条款,根据型号设计经验,地板强度设计应考虑下列受载情况:

(1)惯性载荷,包括空中飞行惯性载荷(包含突风动响应)、着陆与地面操纵惯性载荷(包含着陆动响应)及应急着陆惯性载荷(见第 25.561 条)。在确定客舱地板惯性载荷时,根据第 CCAR25.785 条的规定,取乘客质量为 77kg(170lb);按 SAE AS 8049A 要求,质心位于座椅参考点 SRP(在座垫对称纵向截面上,座垫受到第 50 百分位的人体载荷压缩时,座垫上表面切线与靠背前表面切线的交点)向上270mm、向前215mm 处(见图4-10);取座椅下方行李质量为 9kg(20lb),质心距地板高度为 152.4mm;地板与座椅滑轨连接的强度设计载荷还应考虑 1.33 的附加安全因数。在确定货舱地板惯性载荷时,应考虑货物的堆放形状与限动方式。

(2)若地板是气密舱组成的一部分,应考虑 4.5 节规定的压差载荷及增压舱突然泄压的影响。

(3)客舱地板的支撑件(横梁)应按 1g 过载时 5 951N/m 的均匀分布线载荷进行设计。

(4)客舱地板设计应考虑某些集中载荷的作用,如鞋后跟集中载荷及其他服务小车轮子载荷(由服务小车引起的地板载荷在 1g 过载时每个轮子处不应超过 62.5lb)。

(5)货舱地板的支撑件(框)应按 1g 过载时 4 200N/m 的均匀分布线载荷和 7 177Pa 的均匀分布面载荷进行设计。

(6)大件货舱地板应能承受 300lbf 的集中载荷,通过一个 3/4in 直径的钢球作用在

其上任一点,而不会破坏或产生大于 0.05in 的永久压痕。

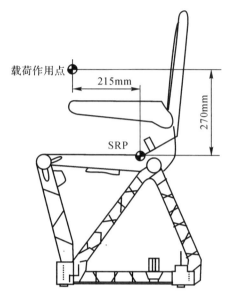

载荷作用点

215mm

270mm

SRP

图 4-10　座椅载荷作用点

4.7　座椅静强度载荷分析

座椅静强度载荷可按第 25.561 条和第 25.785 条的有关要求确定。值得注意的是,飞机在某些情况下,如空中飞行和着陆,某向载荷系数可能会超过第 25.561 条的规定值。因此,座椅静强度载荷不仅要考虑第 25.561 条规定的应急着陆情况,而且还应考虑临界飞行和地面情况。

有关适航标准及飞机型号要求的座椅静强度载荷系数见表 4-27。

在确定座椅惯性载荷时,乘客质量取为 77kg(170 lb)[见第 25.785(f)2)条],质心位于座椅参考点 SRP 向上 270mm、向前 215mm 处(见图 4-10)(SAE AS 8049A);座椅下方行李质量取为 9kg(20lb),质心距地板高度为 152.4mm。安全带及肩带与座椅连接接头、座椅导轨凸缘、座椅腿强度设计载荷应考虑 1.33 的特殊系数。

表 4-27　座椅静强度载荷系数对比

载荷方向	TSO-C39B	FAR25.561 (1988 年版)	CCAR25.561 (R3 版)	CCAR25.561 (R4 版)	波音 737-100~300	DC-9	SIGMA 座椅公司
向前	9.0	9.0	9.0	9.0	9.0	9.0	9.0
向上	2.0	3.0	2.0	3.0	3.5	4.5	4.5

续表

载荷方向	TSO - C39B	FAR25.561 (1988 年版)	CCAR25.561 (R3 版)	CCAR25.561 (R4 版)	波音 737 - 100～300	DC - 9	SIGMA 座椅公司
向下	6.0	6.0	4.5	6.0	6.4	7.5	7.6
侧向	3.0	4.0	1.5	4.0	3.0	3.0	3.0
向后	—	1.5	—	1.5	—	—	1.5

注:座椅公司为使其设计制造的座椅适用于各型民用飞机,其设计规范中的载荷系数往往高于适航标准的要求。

根据惯性载荷计算座椅、安全带和肩带载荷时,可假设:

(1)向前、侧向、向下、向上和向后的载荷(按规定的飞行、地面和应急着陆情况确定)分别作用。

(2)向前受载情况:乘员向前的惯性载荷由安全带和肩带共同承受;假设乘员上躯干载荷等于乘员向前总惯性载荷的 40%,作用高度距椅面 382.6mm,乘员下躯干载荷等于乘员向前总惯性载荷的 60%,作用高度距椅面 127mm;安全带与水平方向夹角为 130°,肩带与水平方向夹角为 30°。

(3)向后受载情况:乘员向后的惯性载荷仅由椅背承受。

(4)向上受载情况:乘员向上的惯性载荷仅由安全带承受。

(5)向下受载情况:乘员向下的惯性载荷仅由椅面承受。

(6)侧向受载情况:乘员侧向的惯性载荷仅由安全带承受。

对驾驶员座椅应考虑驾驶员操纵力引起的反作用力的作用[见第 25.785(f)2)条],可假设驾驶员操纵力引起的驾驶员座椅反作用力作用在椅背与座椅底部交汇点以上 203mm 处,大小为 2 000N(限制值),方向水平向后。

后向座椅靠背应能承受 6 810N 向前载荷,载荷作用点位于靠背底部向上 267mm 处。

4.8　座椅坠撞验证

4.8.1　座椅坠撞分析

1.初始条件

根据第 25.562(b)款,座椅坠撞分析的初始输入条件:

(a)模拟乘员名义重量为 77kg(170lb)。

(b)垂向冲击时,向下垂直速率变化 $\Delta V \leqslant 10.7\text{m/s}(35\text{ft/s})$,飞机纵轴相对于水平面向下倾斜 $30°$,且机翼呈水平状态;在地板处产生的最大负加速度必须在撞击后 0.08s 内出现,并且至少达到 $14.0g$。

(c)水平冲击时,向前纵向速率变化 $\Delta V \leqslant 13.4\text{m/s}(44\text{ft/s})$,飞机纵轴水平,且向右或向左偏摆 $10°$;在地板处产生的最大负加速度必须在撞击后 0.09s 内出现,并且须至少达到 $16.0g$。

2.分析方法及流程

目前,常用的座椅坠撞分析方法为显式有限元方法,计算软件有 PAM - CRASH,MSC.DYTRAN,LS - DYNA 等。软件一般都内置有假人模型,也可采用第三方的假人模型。所采用的假人模型应得到适航当局的认可,通常为 50 百分位的 Hybrid - Ⅱ 型或 Hybrid - Ⅲ 型假人模型。

座椅坠撞分析流程如图 4 - 11 所示,具体包括:

(1)座椅及其连接设计分析,确定座椅及其连接的结构形式,确定模型简化原则;

(2)座椅建模、假人建模及约束系统建模;

(3)座椅、假人及约束系统耦合动力学建模;

(4)确定边界条件及初始输入条件;

(5)结果分析;

(6)符合性说明。

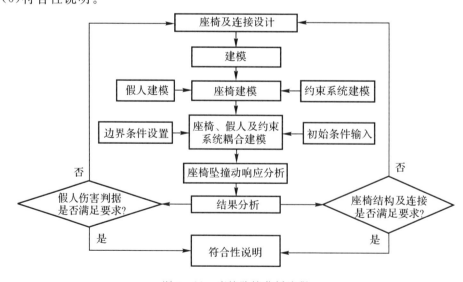

图 4 - 11　座椅坠撞分析流程

座椅、假人及约束系统的建模原则及说明如下：

（1）座椅建模：

1）在条件允许的情况下，应尽可能地建立详尽的有限元模型。模型至少必须能够反映试验所描述的真实情况。

2）保证载荷传递路径的通畅。

3）模型应正确模拟座椅与地板连接区域的局部结构特征。

4）接头和连接件是座椅中典型的重载结构，其不确定的载荷传递路径和非线性的啮合（游隙）特性难于用一般的数学模型描述。因此此类零件必须谨慎建模，也可以根据试验结果对结构模型进行修正，使得分析模型在刚度和失效模式上能够模拟真实结构。

（2）约束带建模：

1）使用约束带的目的是在坠撞发生时能固定乘员的身体，减小乘员经受的加速度过载和防止乘员与周围结构发生碰撞，造成附带损伤。约束带一般由织物材料制造，也可由皮质材料制造。

2）模型中与假人接触的部分用 2 维单元模拟，其他部分用 1 维单元模拟。

（3）假人建模：

1）假人可以采用有限元方法或多刚体动力学方法建立分析模型。

2）有限元假人模型能够较为全面地体现人体的物理特征，更为精确地描述构成人体的肌肉等材料性能。但有限元假人模型的规模较大，且整体单元尺寸受到人体体格尺寸限制。

3）多刚体动力学假人模型的建模过程简单，计算效率高。人体各部分外形用壳元模，人体各部分之间通过连接单元模拟不同部位的运动关系。

3. 合格判据

第 25.562(c) 款提出了分析后对假人伤害指标的判据，具体为：

（a）单系带约束时系带上的拉伸载荷不得超过 7 784N；

（b）双系带约束时系带总拉伸载荷不得超过 8 896N；

（c）假人腰椎最大压缩载荷不得超过 6 672N；

（d）假人大腿轴向压缩载荷不超过 10 008N；

（e）假人头部伤害指数 HIC 不超过 1 000N。

头部损伤判据 HIC 值可按下式计算：

$$\text{HIC} = \left\{ (t_2 - t_1) \left[\frac{1}{t_2 - t_1} \int_{t_1}^{t_2} a(t) \mathrm{d}t \right]^{2.5} \right\}_{\max} \tag{4-18}$$

式中　$a(t)$——头部撞击时总加速度随时间的变化曲线，且用重力加速度 g 的倍数表示；

　　　t_1, t_2——$a(t)$ 曲线中任意两点间积分时的起止时间(s)。

结构失效判据为：①连接结构的最大载荷不超过分离载荷；②结构屈服不应影响人员撤离；③上部躯干约束系统（如安装）及安全带必须保持在人体的适当部位。

4. 座椅坠撞分析实例

此处以第 25.562(b)款的要求为初始输入，以典型双联座椅为对象，以 PAM - CRASH 程序为手段，进行某民机座椅坠撞动响应分析。

(1)座椅结构动力学建模。为获得合理反映实际座椅坠撞响应情况的有限元模型，必须采用能反映结构真实材料力学特性的参数，如弹性模量、密度等。对有可能发生屈服、屈曲甚至破坏的区域的材料还应采用能反映材料的屈服模式、失效模式以及应变率相关特性等材料参数。座椅模型如图 4 - 12 所示。

图 4 - 12　座椅有限元模型

(2)约束带建模。PAM. CRASH 中集成有自动约束建模模块，如图 4 - 13 所示。约束带模型一般由 4 个点进行控制，分别为导向点（DRing）、搭钩点（Buckle）、固定点（Anchor）以及牵引点（Retractor）。通过选择不同的点可以构造不同的约束带类型，如 3 点约束安全带、下腹单系带和肩带等。模型中与人体接触的部分用 2 维单元（SHELL）模拟，其他部分用 1 维单元（BAR）模拟。图 4 - 14 所示为两种典型的约束带模型。

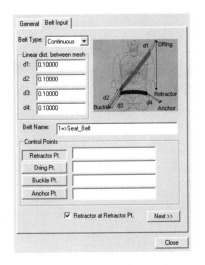

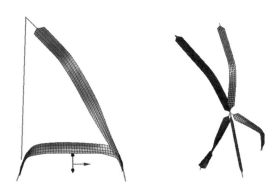

图 4 - 13　约束带建模示意　　　　　　　　　图 4 - 14　两种典型的约束带示意图

（3）假人建模。目前，基于多刚体动力学的乘员碰撞模拟软件有 MVMA2D，CAL3D，ATB 和 PAM. SAFE 等，多采用 50 百分位的 Hybrid -Ⅱ 型或 Hybrid -Ⅲ 型假人模型（见图 4 - 15）进行人体模拟。PAM. SAFE 中使用 ARB（Articulated Rigid Body）假人模型模拟人体，程序将人体分成 29 个部分，如头部、颈部、胳膊、腿等，每部分外形用壳元模拟，并通过刚性约束赋予各部分真实的质量和惯量特性。人体各部分之间通过 JOINT 单元连接，模拟不同部位的运动关系。

（4）座椅、假人及约束系统耦合动力学分析。座椅、假人和约束带模型的组装在 PAM. CRASH 软件中完成。安全带系统为 3 点式安全带，假人和安全带通过接触算法进行力的传递。图 4 - 16 所示为座椅、假人及安全带约束系统耦合动力学分析有限元模型。

图 4 - 15　50 百分位 Hybrid -Ⅲ 型多刚体假人模型　　图 4 - 16　座椅、假人及安全带约束系统

　　载荷的选取参考 CCAR25.562 适航条例,对于水平坠撞,取峰值为 $14g$、持续时间为 160ms 的三角形脉冲,该加速度作用在人体上,如图 4-17 所示。

　　计算结果一般包括结构的应力和应变,应力云图如图 4-18 所示。同时可获得假人的头部加速度曲线(见图 4-19),根据曲线可计算得到假人头部的伤害数值、腰椎压缩力以及约束带的拉伸载荷和应变。假人头部伤害因子(HIC)、积分的起始时间可以直接在 PAM.CRASH 中获得。

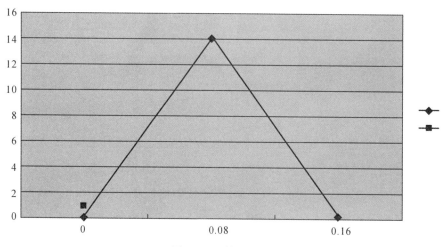

图 4-17　输入脉冲

图 4-18　座椅结构应力云图

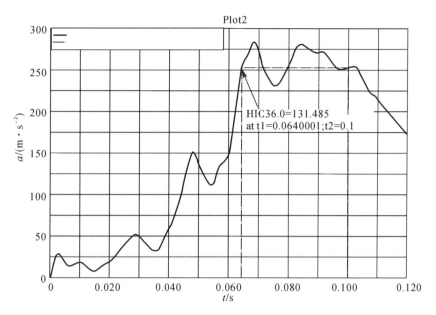

图 4 - 19　假人头部加速度响应曲线及 HIC 计算结果

4.8.2　座椅坠撞试验

动力试验应进行垂直冲击和水平冲击两种试验。要求如下：

（1）两种试验可以在同一套试验装置上完成。试验装置一般由试验滑车、加速装置、缓冲装置、相应的滑轨以及测试装置等组成。

（2）模拟人的重量为 77kg，处于正常坐姿并系好相应的腰带、肩带等安全约束。模拟人的颈部和腰部的弯曲，胸部可下陷，臂、肘和膝等关节能自由活动，而且其摩擦力可以调节。在头部需安装三向加速度传感器，腰椎及大腿股骨安装压力传感器。

（3）垂直冲击试验时，座椅后仰 60°固定在滑台上，以模拟飞机纵轴相对水平面向下倾斜 30°的姿态。水平冲击试验时，座椅的安装沿运动方向左偏或右偏 10°，一组座椅的安装导轨与滑台平行，另一组在前端抬起使其与滑台平面成 10°夹角且同时沿纵轴旋转 10°，以模拟应急着陆中机舱地板变形对座椅及连接的影响。

（4）为了同时满足加速度、时间及速度变化量的要求，应首先进行预试验，通过初速度、缓冲器的调节，使加速度 a 与时间 t 的波形呈等腰三角形变化，只要使要求的 a_{max} 值在要求的时间内出现，便可保证速度变化量 ΔV 的要求。

（5）冲击试验中所采集的数据应满足条款要求。

1. 垂直冲击试验

垂直冲击试验用于模拟飞机以较大的下沉速度与地面相撞，以验证座椅和约束系统的动强度以及对乘员的保护能力。

适航要求撞击前后的速度变化量 ΔV 不得小于 10.7m/s，最大减加速度必须在撞击后 0.08s 内出现，并且至少达到 $14.0g$。ΔV 的计算公式如下：

$$\Delta V = \int_{t_1}^{t_2} a(t)\,\mathrm{d}t \tag{4-19}$$

式中　$a(t)$ —— 撞击后随时间变化的加速度。

假定试验中加速度 a 与时间 t 的波形呈等腰三角形，当最大加速度（$14.0g$）在撞击后 0.08s 内出现时，则满足适航要求；当最大加速度在撞击后 0.05s 内出现时，乘员及座椅将未作响应，达不到试验的目的。

2.水平冲击试验

水平冲击试验用以模拟飞机在应急着陆时与地面障碍物的水平相撞，以验证座椅和约束系统的动强度以及对乘员的保护能力。

适航要求撞击前后的速度变化量 ΔV 不得小于 13.4m/s，最大减加速度必须在撞击后 0.09s 内出现，并且至少达到 $16.0g$。

假定试验中加速度 a 与时间 t 的波形呈等腰三角形，当最大加速度（$16g$）在撞击后 0.09s 时出现时，则满足适航要求；当最大加速度在撞击后 0.05s 内出现时，乘员及座椅将未作响应，达不到试验的目的。

3.座椅坠撞试验实例

（1）试验简介。试验用座椅为经适航审查批准的两台 AW116 型抗坠毁座椅，包括五点式安全带（见图 4-20）、座椅垫和两套滑轨，其中滑轨为装在航空器上的真实滑轨。

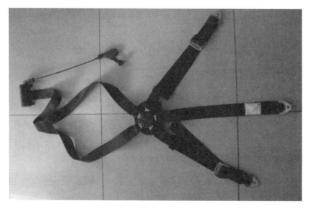

图 4-20　五点式安全带照片

垂直冲击时:试验件(座椅)与水平冲击滑台通过试验夹具连接起来,试验夹具能够实现座椅整体俯仰 30°。图 4 - 21 为垂直冲击状态试验件安装图。

水平冲击时:试验件(座椅)与水平冲击滑台通过试验夹具连接起来,试验夹具能够实现座椅整体偏转 10°。

若座椅仅使用地板导轨或地板接头连接到试验夹具上(不附带地板结构),则试验夹具还要具有模拟座椅地板变形的功能。模拟滚转变形状态,利用滚转辅助装置,座椅一侧与地板导轨或地板接头连接,另一侧以纵对称面与其底面的交线为旋转轴,转动 ±10°,并依靠定位销将其锁定在旋转后的位置上。模拟俯仰变形状态,利用俯仰辅助装置,座椅一侧与地板导轨或地板接头连接,另一侧以通过滑轨上定位孔中心线平面与滑轨底面的交线为旋转轴,转动 ±10°,并依靠定位销将其锁定在旋转后的位置上。图 4 - 22 为水平冲击状态试验件安装图。

图 4 - 21　垂直 14.0g 冲击试验件安装图

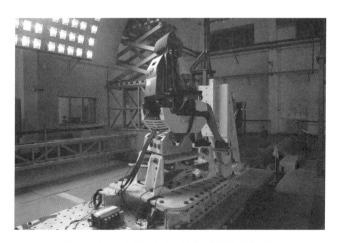

图 4 - 22　水平 16.0g 冲击试验件安装图

（2）试验状态及流程。试验包括两个状态：

1）试验状态1：将座椅后仰60°安装在水平冲击台上，然后向前加载14.0g进行冲击试验。

2）试验状态2：将座椅垂直安装在水平冲击台上，并使座椅水平偏航10°，且一侧椅腿俯仰10°（左侧），一侧椅腿滚转10°（右侧），然后向前加载16.0g进行冲击试验。

试验流程如图4-23所示。

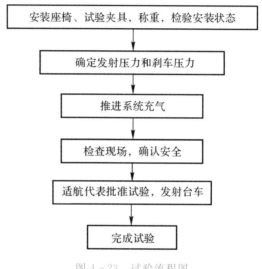

图4-23　试验流程图

（3）试验结果。

1）试验状态1（水平冲击）的试验结果如下：

ⅰ）座椅主结构保持完整，左侧椅腿与轨道连接处脱离，右侧连接完好；

ⅱ）乘员约束系统能承受动态载荷，所有连接点连接完好。安全带保持在假人上躯干及骨盆上，没有损坏；

ⅲ）座椅的变形不影响乘员解脱约束、站起并及时撤离。

水平冲击试验测试数据见表4-28。

表4-28　水平冲击试验实测数据

项　　目		实测值	规定值
波形参数	试验速度/(m·s⁻¹)	14.41	≥13.41
	加速度峰值/g	16.30	≥16.00
	上升时间/s	0.09	≤0.090

续 表

项 目		实测值	规定值
最大支反力			
左前 (传感器故障)			
左后	X/kN	4.58	
	Y/kN	13.01	
	Z/kN	11.60	
	三方向合成力/kN	16.06	
右前	X/kN	11.60	
	Y/kN	11.83	
	Z/kN	30.50	
	三方向合成力/kN	34.02	
右后	X/kN	4.88	
	Y/kN	26.43	
	Z/kN	10.29	
	三方向合成力/kN	27.56	
最大肩带力			
左边/kN		2.31	≤8.90
右边/kN		3.88	≤8.90
合力/kN		6.19	≤8.90
座椅变形角度			
最大变形/(°)		26.00	
最终变形/(°)		18.50	≤20.00

2)垂直冲击试验结果：

ⅰ)座椅主结构保持完整,结构件与所有连接点保持连接,主要受力通道中的结构件保持连接；

ⅱ)乘员约束系统能承动态载荷,所有连接点连接完好,安全带保持在假人上躯干及骨盆上,安全带带没损坏；

ⅲ)座椅的变形不影响乘员解脱约束、站起并及时撤离。

垂直冲击试验测试数据见表4-29。

表 4 - 29　垂直冲击试验测试数据

项目		实测值	规定值
波形参数	试验速度/(m·s⁻¹)	11.89	≥10.67
	加速度峰值/g	14.68	≥14
	上升时间/s	0.074 79	≤0.08
假人腰椎载荷峰值			
X/kN		0.699	≤6.67
Y/kN		0.484	≤6.67
Z/kN		4.886	≤6.67
三方向合成力/kN		4.946	≤6.67

本试验以 25.562(b)款的要求为试验输入,以 SAE AS 8049A《民用旋翼机及运输机座椅的性能标准》为判据,试验结果表明,AW116 型抗坠毁座椅结构强度满足要求。

4.9　机体结构坠撞验证

4.9.1　机体结构坠撞分析

1. 分析方法

应急着陆过程中,机体结构的变形和破坏有助于撞击能量的吸收和耗散,从而降低传递到座椅和人体的过载,因此机体结构在应急着陆过程中的变形和破坏分析对于提高乘员安全性有着十分重要的意义。

飞行器坠撞过程是一个涉及结构大位移、大变形、损伤、破坏及材料的失效过程的高度非线性瞬态响应问题。经过多年的发展,数值模拟方法的理论基础已经日臻完善,其可靠性也得到了大量工程实践的检验,现已成为大多数工程问题的主要分析方法。有限元法是当今工程界中应用最为广泛的数值计算方法,由于它的通用性和可靠性,受到工程界的高度重视。正是有了有限元法这样强大的数值计算工具,使得飞行器坠撞过程分析成为可能。

对于运输类飞机,通常的机体结构坠撞分析主要针对典型机身段进行。在给定的撞击速度下,通过有限元分析得到典型机身段的变形和破坏情况、结构对撞击能量的吸收与耗散情况以及传递到座椅和乘员的过载情况。

常用的分析软件主要是显式有限元通用软件,如 LS－DYNA,PAM－CRASH, MSC.DYTRAN 和 RADIOSS 等。坠撞分析的有限元模型通常比一般的动力学模型要求细致,网格尺寸应细化到足以描述结构局部的剧烈变形。

图 4-24 所示为德国航空航天中心完成的 A340 和 A380 的坠撞分析,分析准则是机身下部结构不能穿透客舱地板。选取的典型舱段包括两根标准的地板横梁、两个标准框及相应的蒙皮、一排标准座椅和客舱地板下部的主要结构,但不包括各种舱门以及货舱装载物。

图 4-25 为美国 FAA 技术中心完成的波音 737 坠撞分析。该分析选取了波音 737 后机身的一段,共 7 个框,结构包含了实际结构的全部特征,如舱门及窗户等。客舱中布置了 3 排标准座椅。为了消除边界效应,在框端处的地板横梁下部增加了加强横梁。

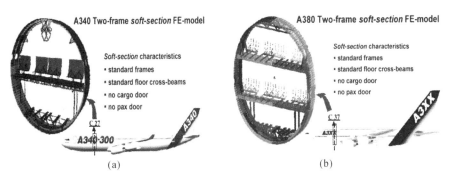

图 4-24　典型机身段坠撞分析

(a)A340;　(b)A380

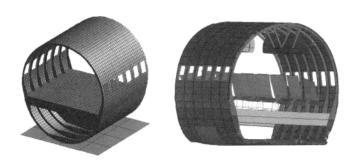

图 4-25　波音 737 典型机身段坠撞分析

2.分析实例

图 4-26 为国内某民机典型机身段坠撞分析,机身段总长 2.93m,包括 7 个框,结构包含了实际结构的主要特性,如机身蒙皮、长桁、机身框、客舱地板、客舱地板斜撑梁、货舱地板以及主要连接角片与补偿片等,但不包括货舱门和行李舱。内部结构包括三排座椅,每排右侧为三连座,左侧为二连座。为了消除边界效应,在框端处的地板横梁下

部增加了加强横梁。

元素划分采取下半框较密、上半框较疏的原则,来控制元素个数,在保证计算精度的前提下尽量减少计算时间。整个分析模型由板元和一维单元组成,如图 4-27 所示。

图 4-26　机身段结构示意图

图 4-27　机身段坠撞分析模型

计算初始条件参考空客公司,下沉速度取 7m/s,计算时间取 0.3s。图 4-28 和图 4-29所示分别为左、右两边座椅和假人总质心点处的垂直速度和加速度曲线。从速度曲线可以看出,在机身段撞击地面后 0.3s 时,速度基本为零即碰撞能量耗散过程基本完成。从加速度曲线可以看出,在机身段撞击地面后 0.01s 时,加速度达到最大值,随着碰撞过程的继续,能量通过结构变形及破坏进行耗散。

图 4-30 所示为机身段变形图。结构变形及破坏主要发生在客舱地板以下,客舱地板以上结构完好,说明该机身段在以 7m/s 下沉速度撞击地面时能够保证乘员有足够的生存空间及逃离通道。

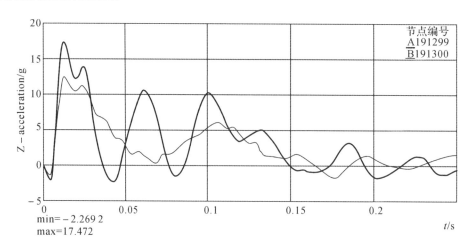

图 4-28　座椅和人总质心处的速度曲线

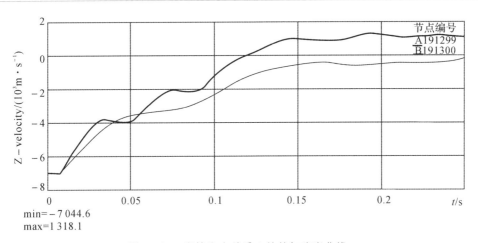

图 4 - 29 座椅和人总质心处的加速度曲线

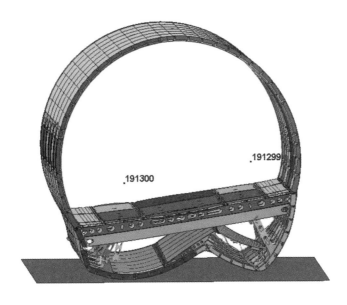

图 4 - 30 机身段坠撞变形图

4.9.2 机体结构坠撞试验

坠撞试验主要用来评估机体结构在应急着陆情况下的适坠性。试验件可以是整机、除去机翼的整个机身或典型机身段。试验件应包括座椅、行李架及假人。试验应该测量假人的响应,机体结构、座椅、行李架及其连接结构的变形与破坏情况等。

1. 试验件设计

由于机体结构的动力学缩比等效设计十分困难,建议使用全尺寸的试验件。

如果试验目的是验证建模方法、计算方法和评估地板下部结构吸能特性,那么试验件设计时可对地板上部结构进行简化,如地板上部机身框、纵向件等可按质量特性等效,乘员和座椅等内部设施可等效为刚体。试验件可考虑包含 3 个框段。

如果试验目的是评估机身结构的吸能特性、对乘员的保护能力、对逃生通道的影响,那么机身结构应尽可能与真机状态一致,同时安装典型的舱内设施(座椅、假人、行李架等)。试验件可考虑包含 4~7 个框段。

(1)如果仅评估对乘员的保护能力,安装一排假人即可,不需要考虑舱门等因素。试验件可考虑包含 4 个框段,但试验件姿态不易控制。

(2)如果同时评估对乘员的保护能力、对逃生通道的影响,必须含有典型的舱门结构。试验件可考虑包含 7 个框段,试验件姿态较易控制。

为避免试验件投放后导致的姿态变化,起吊点须在试验件整体重心以上。同时为避免起吊过程发生结构变形,吊点应设计在结构刚度较大处,如窗框与机身框交点位置。

2. 试验方法

机体结构坠撞试验主要包括垂直坠撞试验、水平冲击试验和能够真实模拟飞机实际坠撞姿态和速度条件的摆锤式冲击试验。图 4 - 31 为 FAA 进行的波音 737 典型机身段垂直坠撞试验,图 4 - 32 为 FAA 进行的 ATR - 42 飞机全机垂直坠撞试验,图 4 - 33 为 FAA 进行的波音 737 典型机身段水平冲击试验。

图 4 - 31 波音 737 典型机身段垂直坠撞试验

图 4-32 ATR-42 飞机全机垂直坠撞试验

图 4-33 波音 737 典型机身段水平冲击试验

3. 试验测量要求

测量项目应至少包括:

(1)机身段撞击测力平台时的速度;

(2)机身段撞击测力平台时的姿态;

(3)机身段的撞击力-时间历程;

(4)机身段典型部位的加速度、应变-时间历程;

(5)假人各部位的加速度、载荷-时间历程及肢体运动形态;

(6)坠撞过程中结构的变形及破坏情况;

(7)机身段整体结构空间尺寸的变化情况。

4.试验实例

(1)试验简介。试验对象为国内某民机典型机身段结构(含内部设施),如图 4 - 34 所示。该机身段由 7 个框组成,长约 2.93m,内部设施包括座椅(2 联 3 套、3 联 3 套)、行李箱(2 套)及仿真假人(15 套)。

通过单点提升试验件,吊环通过吊带连接试验件上的 4 个吊点,提升装置上的快速释放锁与吊环相连。试验投放高度为 2.5m,触地速度为 7.0m/s。

图 4 - 34　投放前的试验件

(2)试验结果。图 4 - 35 所示为客舱地板速度曲线,其加速度峰值约为 15g。图 4 - 36 所示为假人头部合成加速度曲线,由于座椅系统的缓冲作用,假人所经受的过载小于结构过载,图 4 - 37 所示为假人腰椎压缩载荷。

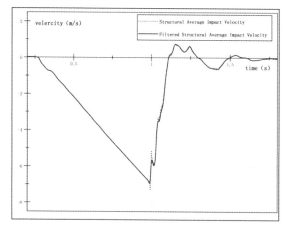

图 4 - 35　客舱地板速度曲线

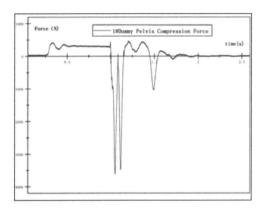

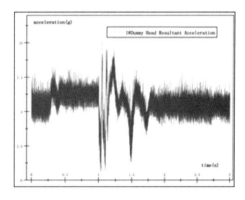

图 4 - 36   1≠假人头部合成加速度曲线   图 4 - 37   1≠假人腰椎压缩载荷

表 4 - 30 为结构、座椅系统和假人试验后检查结果,试验后机身结构保持了完整性,座椅系统与座椅导轨保持连接,行李架没有脱落,模拟乘员保持约束,生理响应均在要求的范围内。

飞机适坠性是评价在特定撞击环境下结构保护乘员的能力,可用量化指标 ICI 进行整体性结构评估:

$$ICI = \frac{1}{n} \sum_{i=1}^{n} \left(\frac{7\ 784 - Belt^i}{7\ 784} + \frac{6\ 672 - Pelvis^i}{6\ 672} + \frac{1\ 000 - HIC^i}{1\ 000} + \frac{10\ 008 - Femur^i}{10\ 008} \right) +$$

$$Attach + Drop + Deform + Seat + Restraint$$

式中 n—— 带传感器的假人数量,本次试验 $n=4$;

   Belt—— 安全带载荷;

   Pelvis—— 骨盆压缩载荷;

   Femur—— 大腿骨轴向载荷;

   HIC—— 头部损伤判据;

   Attach—— 座椅的连接情况,取值 $0 \sim 1$(0 连接脱落,1 连接完好);

   Drop—— 行李舱的脱落情况,取值 $0 \sim 1$(0 连接脱落,1 连接完好);

   Deform—— 客舱结构变形情况,取值 $0 \sim 1$(0 连接脱落,1 连接完好);

   Seat—— 座椅变形情况,取值 $0 \sim 1$(0 连接脱落,1 连接完好);

   Restraint—— 安全带破坏情况,取值 $0 \sim 1$(0 连接脱落,1 连接完好)。

表 4 – 30 结构、座椅系统和假人试验后检查结果

序号	检查结果
1	客舱完整性得到保持,坠撞过程中没有塑性变形和结构破坏发生。
2	1)机身段客舱地板下部发生永久变形,机身框有挤压、断裂等破坏现象发生; 2)客舱地板没有发生破坏; 3)货舱与结构连接失效,失效模式为连接母材连接区拉脱; 4)地板下部撑杆发生扭转变形和屈曲,与客舱地板梁和下部机身框的连接保持完好,没有失效,也没有刺穿客舱地板; 5)大量的结构连接失效,主要集中在货舱地板梁与机身框的连接处,失效模式有铆钉剪切失效、铆钉拉脱失效和复合失效; 6)下部蒙皮发生褶皱和挤压,出现较大的变形
3	1)行李架在坠撞过程中与机身框始终保持连接,没有整体跌落; 2)行李架闭锁机构完好
4	1)座椅主结构保持完好,与附件的连接始终保持; 2)座椅没有发生永久变形,对成员的应急撤离没有影响; 3)座椅与地板连接保持良好,没有拉脱和松动现象发生
5	1)撞击后约束带保持在乘员骨盆处,撞击过程始终对假人保持有效约束; 2)假人头部没有与舱内设施发生碰撞,最大 HIC 值为 32.9; 3)假人骨盆最大压缩力为 3 960N

ICI 的合理范围为 $5 \sim 9$,越接近 9,证明在该坠撞环境下结构的适坠性越好,结构保护乘员不受致命伤害的能力越强,乘员的生存概率越高。

在本试验中,座椅与导轨的所有连接完好,Attach 取 1;客舱结构在撞击过程中为弹性变形,撞击结束后乘员生存空间损失小于 1%,Deform 取 1;座椅在撞击过程中只发生了弹性变形,试验结束后检查各项指标均满足要求,Seat 取 1;试验后检查所有的安全带均保持完好,Restraint 取 1;撞击过程中,行李舱锁始终没有打开,虽有连接件断裂的情况,但行李舱没有脱落,没有威胁到乘员的安全,Drop 取 1。假人响应见表 4–31,其中安全带载荷、骨盆压缩载荷和大腿骨轴向载荷取峰值。

表 4 - 31　假人响应值

假人编号	安全带载荷/N	骨盆压缩载荷/N	大腿骨轴向载荷/N	HIC
Ⅰ	73.4	3 610.0	305.0	6.5
Ⅱ	74.5	3 550.0	162.0	32.9
Ⅲ	/	3 960.0	141.4	15.3
Ⅳ	37.7	3 610.0	452.3	16.7

综合以上数据,计算得到的 ICI＝7.63,说明在以 7.0m/s 的速度垂直撞击模拟地面的环境下,结构具有良好的适坠性,如图 4 - 38 所示。

图 4 - 38　试验后座椅保持连接、假人保持约束

4.10　水上迫降验证

4.10.1　水上迫降工作流程

第 25.563 条和第 25.801 条是运输类飞机水上迫降的总体性要求,包含的水上迫降分析与试验内容如下:

(a)飞机着水响应和载荷分析;

(b)飞机漂浮性能分析;

(c)飞机水上迫降模型试验;

(d)飞机水上迫降演示验证试验；

(e)外部舱门和窗户的水上迫降强度分析。

图 4 - 39 给出了飞机水上迫降工作流程。

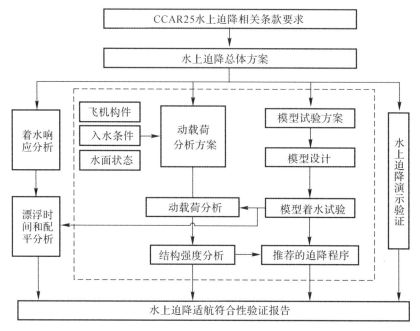

图 4 - 39 飞机水上迫降工作流程

4.10.2 水上迫降分析

1.初始条件

第 25.563 条和第 25.801 条没有提出水上迫降分析的明确条件。实际进行水上迫降分析时,需要明确飞机的重量重心状态、构型、入水速度及水面状态等参数。

(1)重量重心状态。有计划的水上迫降一般取尽可能轻的重量状态,无计划的水上迫降一般取最大起飞重量。

(2)飞机构型。水上迫降分析时,飞机构型一般根据飞机的实际使用构型确定,至少包括起飞、巡航、进场、复飞及着陆等构型。

(3)入水速度。水上迫降的入水速度一般包括水平速度和下沉速度。为了使水上迫降时飞机的动态响应尽可能小,应使用最小的速度入水,并保持比较低的下沉速度,但是入水速度应不小于飞机的失速速度,下沉速度应不大于飞机的最大下沉速度。

(4)水面状态。水上迫降分析的水面状态分静水和波浪两种情况。波浪状态根据我国海洋局颁布的统计数据,并根据型号的实际使用情况确定。

2. 分析方法

水上迫降载荷分析一般包括工程分析和有限元分析两种方法。工程分析方法通常是根据飞机着水的状态和速度、入水深度等参数，依据冯·卡门公式给出半经验的载荷分布公式，如下：

$$P_k = C_2 \frac{K_2 V_{S1}^2}{\tan\beta_k} \qquad (4-20)$$

式中 P_k —— 压力，Pa(kgf/cm^2；lbf/in^2)；$C_2 = 14.7$（公制：$C_2 = 0.000\,15$；英制：$C_2 = 0.002\,13$）。

K_2 —— 机身站位加权系数。

V_{S1} —— 飞机迫降构型对应的飞机失速速度，kn。

β_k —— 飞机有效斜升角，(°)。

有限元分析则是典型的流固耦合分析。飞机结构通常为拉格朗日网格，水体则可用拉格朗日网格、欧拉网格或 SPH 粒子。常用的分析软件包括 PAM - CRASH，LS - DYNA 和 MSC. DYTRAN 等。

3. 水上迫降分析实例

图 4 - 40 所示为某下单翼飞机水上迫降动响应分析示例。其中，SPH 粒子用来模拟与飞机结构直接接触的水体，外围水域则用拉格朗日体元来模拟。飞机以一定的初始条件与水面碰撞，通过瞬态响应分析可以得到飞机着水部位的载荷分布和不同部位的加速度时间历程。图 4 - 41 和图 4 - 42 所示为机体姿态角和加速度的变化曲线。图 4 - 43 所示为 A320 飞机水上迫降典型过程示意图。

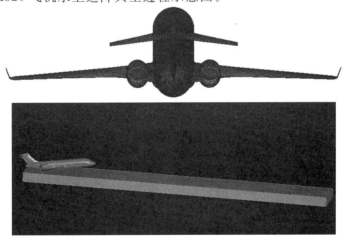

图 4 - 40 某工程水上迫降分析

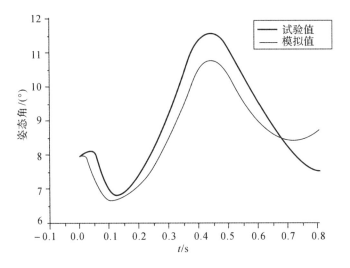

图 4 - 41　机体姿态角随时间的变化曲线

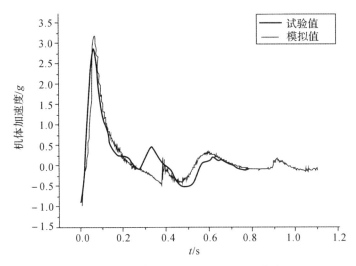

图 4 - 42　机体加速度随时间的变化曲线

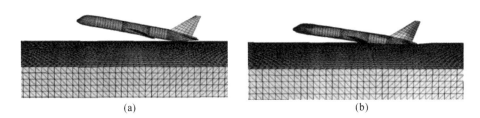

(a)　　　　　　　　　　　　　　　　(b)

图 4 - 43　A320 飞机水上迫降过程

(a)t = 0.38s；　(b)t = 0.72s；

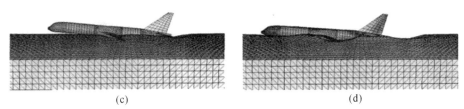

(c)   (d)

续图 4-43 A320 飞机水上迫降过程

(c)$t=1.0$s； (d)$t=1.72$s

4.10.3 水上迫降试验

水上迫降试验的目的：

(1)获取飞机机体的压力分布特性；

(2)获取乘员所承受的载荷系数；

(3)验证飞机的漂浮性；

(4)获取飞机水上迫降时的操作程序。

目前,常用的水上迫降验证试验包括全尺寸投放试验、自由发射模型试验、拖曳水池模型试验和无线电遥控模型试验。

1.全尺寸投放试验

试验使用全尺寸飞机,在保证飞机重量分布与真实飞机相同的情况下,发动机等部件可以用假件替代。

试验装置包括起吊桁车、开阔水池、测量设备等。试验方法是将飞机用起吊桁车吊到一定高度,然后将其投入水中,测量机体的压力分布、载荷系数、漂浮时间,观察漂浮特性和破损情况。

图 4-44 为意大利 LISA 全尺寸飞机投放试验。

图 4-44 意大利 LISA 全尺寸飞机投放试验

2. 自由发射模型试验

试验使用缩比模型进行。用模型试验来研究真实飞机的水上迫降性能时,必须满足模型与实机的几何相似、运动相似和动力相似。动力相似包括黏性力相似、重力相似和惯性力相似。为了保证黏性力相似,需要保证雷诺数相等;重力相似要满足弗劳德数相等;惯性力相似要求满足斯特劳哈尔数相等。

在模型试验中,一般只保证重力相似和惯性力相似两个条件,即保证模型与实机的弗劳德数和斯特劳哈尔数相等。

弗劳德数

$$Fr = \frac{V^2}{gL} \tag{4-21}$$

斯特劳哈尔数

$$St = \frac{L}{Vt} \tag{4-22}$$

式中　L——结构的特征线长度;

　　　V——速度;

　　　g——重力加速度;

　　　t——时间。

经过量纲分析可知,模型和实机的几何尺寸、重量、重心和惯性矩等参数应该满足表4-32对应的比例关系。

表 4-32　比例关系(λ 为模型的缩放比例)

参数名称	全尺寸值	比例系数	模型值
长度	L	λ	λL
力	F	λ^3	$\lambda^3 F$
惯性矩	I	λ^5	$\lambda^5 I$
质量	m	λ^3	$\lambda^3 m$
时间	t	$\sqrt{\lambda}$	$\sqrt{\lambda}\, t$
速度	v	$\sqrt{\lambda}$	$\sqrt{\lambda}\, v$
线加速度	a	1	a
角加速度	α	$1/\lambda$	α/λ
压力	p	λ	λp

自由发射模型试验装置包括发射架、弹射装置、开阔水池、波浪发生装置、测试设备

等。试验时飞机模型由弹射装置发射出去,沿发射架的导轨向前运行,然后着水。试验过程中,需要控制的参数有模型前进速度、下沉速度、姿态角、水面波浪参数、向前飞行方向与波浪传播方向的夹角等。测量机体的压力分布、载荷系数、漂浮时间,观察漂浮特性和破损情况。图 4 - 45 为英国皇家航空研究中心(RAE)某飞机自由发射模型试验图。

图 4 - 45 自由发射模型试验图

3.拖曳水池模型试验

试验使用缩比模型进行,试验装置包括拖车、投放装置、拖曳水池、波浪发生装置、测试设备等。

模型的设计及试验过程均与自由发射试验相同,只是用拖曳水池的拖车作弹射装置,在拖曳试验装置的带动下,模型以一定速度和姿态释放,然后着水。测量机体的压力分布、载荷系数、漂浮时间等,观察漂浮特性和破损情况。模型飞机拖曳水池模型试验如图 4 - 40 所示。

图 4 - 46 模型飞机拖曳水池模型试验

1. 无线电遥控模型试验

试验使用缩比模型进行,试验时通过无线遥控使飞机按照特定的姿态着水,测量机体的压力分布、载荷系数、漂浮时间等,观察漂浮特性和破损情况。图 4 - 47 为某型飞机无线电遥控模型试验。

图 4 - 47　某型飞机无线电遥控模型试验

4.11　CCAR23 部其他载荷验证方法

4.11.1　动力装置载荷验证方法

1. 发动机扭矩

发动机扭矩载荷按第 23.361 条计算。第 23.361 条与第 25.361 的要求相同,因此计算方法也一样。

2. 发动机架的侧向载荷

发动机架的侧向载荷按第 23.363 条计算。根据实际情况取 1.33 与飞行情况 A 限制载荷系数的 1/3 中的较大值作为侧向载荷系数,将该系数乘以发动机装置重量得到发动机架侧向限制载荷。

该载荷情况是一个独立情况,不与其他载荷相组合。

3.陀螺力矩和气动载荷

发动机陀螺力矩和气动载荷按第 23.371 条计算。对于第 23.371(a)1)条的要求,应选择所有载荷情况中俯仰角速度或偏航角速度最大的设计情况,同时施加发动机拉力、惯性力等。对于第 23.371(a)2)条的要求,由于偏航角速度和俯仰角速度都有正负,因此可以相互组合为表 4-33 所列的四组严重情况分别进行计算。

表 4-33　发动机陀螺力矩计算情况

计算情况	情况 1	情况 2	情况 3	情况 4
偏航角速度	2.5	2.5	−2.5	−2.5
俯仰角速度	1	−1	1	−1
法向载荷系数	2.5	2.5	2.5	2.5
最大连续拉力	T	T	T	T

注:T 为发动机拉力。

对于特技类飞机要考虑最大偏航和俯仰角速度的组合情况,对于通勤类飞机要考虑第 CCAR23.341 条规定的突风情况。

陀螺力矩的计算方法与 CCAR25 的相同。

4.动力装置载荷算例

(1)发动机简介。某飞机在左右机翼下各安装一台涡轮螺旋桨发动机,其质量 $M=400\text{kg}$,最大起飞功率和最大连续功率 $P=1\,100\text{HP}$,螺旋桨最大转速 $\omega=1\,700\text{r/min}=178.02\text{rad/s}^2$(顺航向看,螺旋桨沿顺时针方向旋转),螺旋桨转动惯量 $I=19.66\text{N}\cdot\text{m}\cdot\text{s}^2$,螺旋桨拉力轴线过发动机重心并平行构造水平线。

(2)坐标系说明。采用机体坐标系定义发动机载荷,x 轴沿飞机构造水平线向后为正,y 轴向右为正,z 轴向上为正。

(3)发动机扭矩:

1)与飞行情况 A 的限制载荷的 75% 同时作用:飞行包线上 A 点的载荷系数为 $n_x=-0.76$,$n_z=2.94$;在高度为 0m、速度 V_A 时,螺旋桨拉力 $T=-9\,341\text{N}$。则发动机重心处的载荷为

$$F_x=-75\%n_xMg+T=-7\,107\text{N}$$

$$F_z=-75\%n_zMg=-8\,644\text{N}$$

$$M_x = 1.25P/\omega = 5\ 681\text{N} \cdot \text{m}$$

2）与飞行情况 A 的限制载荷同时作用：最大连续功率及螺旋桨转速的发动机限制扭矩和拉力与起飞功率及螺旋桨转速的发动机限制扭矩和拉力相等，因此发动机重心处的载荷为

$$F_x = -n_x Mg + T = -6\ 362\text{N}$$

$$F_z = -n_z Mg = -11\ 525\text{N}$$

$$M_x = 5\ 681\text{N} \cdot \text{m}$$

3）与 1g 平飞载荷同时作用：飞机垂向载荷系数 $n_z = 1.0$、航向载荷系数 $n_x = 0.24$ 时，相应的螺旋桨拉力 $T = -10\ 009\text{N}$。发动机重心处的载荷为

$$F_x = -n_x Mg + T = -10\ 950\text{N}$$

$$F_z = -n_z Mg = -3\ 920\text{N}$$

$$M_x = 1.6 \times 1.25\ P/\omega = 9\ 090\text{N} \cdot \text{m}$$

4）发动机停车故障：发动机最严重的卡滞停车载荷情况是螺旋桨卡滞，按螺旋桨的极惯性矩和 $\Delta t = 0.5\text{s}$ 的卡滞停车时间计算发动机的限制扭矩。螺旋桨突然卡滞产生的限制扭矩为

$$Q = I\omega / \Delta t = 19.66 \times 178.02/0.5 = 7\ 000\text{N} \cdot \text{m}$$

5）发动机最大加速：根据发动机技术条件，其最大加速的扭矩限制 $M_x = 6\ 915\text{N} \cdot \text{m}$，使用时间不超过 20s。

（4）发动机架侧向载荷。发动机架侧向载荷系数 $n_y = \pm 1.33$，则发动机重心处的载荷为

$$F_y = n_y Mg = \pm 5\ 214\text{N}$$

（5）陀螺力矩和气动载荷。

螺旋桨最大连续拉力： $\qquad T = -10\ 898\text{N}$

发动机平均扭矩： $\qquad M_x = P/\omega = 4\ 545\text{N} \cdot \text{m}$

发动机重心处的 Z 向载荷：

$$F_z = -n_z Mg = -2.5 \times 400 \times 9.8\text{N} = -9\ 800\text{N}$$

陀螺力矩： $M_y = I\omega\dot{\psi} = 19.66 \times 178.02 \times 2.5\text{N} \cdot \text{m} = 8\ 750\text{N} \cdot \text{m}$

$$M_z = -I\omega\dot{\theta} = -19.66 \times 178.02 \times 1.0\text{N} \cdot \text{m} = -3\ 500\text{N} \cdot \text{m}$$

考虑偏航角速度 $\dot{\psi}$、俯仰角速度 $\dot{\theta}$、法向载荷系数 n_z 和最大连续拉力 T 的下列 4 种组

合情况,计算结果见表 4 - 34。

表 4 - 34   陀螺力矩和气动载荷计算结果

计算情况	计算结果				
	F_x/N	F_z/N	$M_x/(\text{N}\cdot\text{m})$	$M_y/(\text{N}\cdot\text{m})$	$M_z/(\text{N}\cdot\text{m})$
$\dot{\psi}=2.5\text{rad/s}$ $\dot{\theta}=1.0\text{rad/s}$ $n_z=2.5$ $T=-10\ 898\text{N}$	$-10\ 898$	$-9\ 800$	$4\ 545$	$8\ 750$	$-3\ 500$
$\dot{\psi}=-2.5\text{rad/s}$ $\dot{\theta}=1.0\text{rad/s}$ $n_z=2.5$ $T=-10\ 898\text{N}$	$-10\ 898$	$-9\ 800$	$4\ 545$	$-8\ 750$	$-3\ 500$
$\dot{\psi}=2.5\text{rad/s}$ $\dot{\theta}=-1.0\text{rad/s}$ $n_z=2.5$ $T=-10\ 898\text{N}$	$-10\ 898$	$-9\ 800$	$4\ 545$	$8\ 750$	$3\ 500$
$\dot{\psi}=-2.5\text{rad/s}$ $\dot{\theta}=-1.0\text{rad/s}$ $n_z=2.5$ $T=-10\ 898\text{N}$	$-10\ 898$	$-9\ 800$	$4\ 545$	$-8\ 750$	$3\ 500$

4.11.2   操纵系统载荷验证方法

1. 主操纵系统载荷

副翼、升降舵和方向舵等主操纵系统载荷按第 23.395 条和第 23.397 条计算。这两个条款与 CCAR25 的要求相似,因此载荷的计算方法是一样的,只是第 23.397 条要求根据飞机设计重量修正驾驶员最大作用力或扭矩。

操纵系统的载荷作用点按实际情况或偏保守确定。

2. 双操纵系统载荷

CCAR23 关于双操纵系统载荷计算要求与 CCAR25 的相同。

3. 次操纵系统载荷

第 23.405 条规定,对于次操纵器件,例如机轮刹车、扰流板和调整片等的操纵器件,必须按一个驾驶员很可能施于这些操纵器件的最大作用力进行设计,但是未给出驾驶员可能施于次操纵系统操纵器件的最大作用力。可参考第 25.405 条的规定,确定驾驶员施于次操纵系统的最大操纵力。

4.地面突风情况

对于地面突风情况载荷,CCAR23 与 CCAR25 只是操纵面限制铰链力矩计算公式不同,其他要求是相同的。第 23.415 条要求按下式计算操纵面限制铰链力矩:

$$H = KcS_s q$$

式中　　H —— 限制铰链力矩,N·m;

　　　　C —— 铰链线后操纵面的平均弦长,m;

　　　　S_s —— 铰链线后操纵面面积,m²;

　　　　q —— 动压,Pa,其相应的设计速度不小于$(0.643\sqrt{Wg/S} + 4.45)$ m/s,但不

　　　　　　必大于 26.8m/s(W 为飞机设计最大重量,kg;

　　　　g —— 重力加速度,m/s²;

　　　　S —— 机翼面积,m²;

　　　　K —— 地面突风限制铰链力矩系数,见表 4-35。

表 4-35　地面突风限制铰链力矩系数

操纵面	K	操纵器件位置
a)副翼	0.75	a)驾驶杆锁定或系住在中立位置
	±0.50	b)副翼全偏:一个副翼为正力矩,另一个副翼为负力矩
b)升降舵	±0.75	a)升降舵向上全偏(—)
	±0.75	b)升降舵向下全偏(+)
c)方向舵	±0.75	a)方向舵在中立位置
	±0.75	b)方向舵全偏

5.襟翼操纵系统载荷

襟翼操纵一般由一个电机驱动多个作动器实现,电机打滑力矩限制了最大输出力矩。正常情况下各作动器力矩之和等于电机输出力矩,当一个作动器卡阻时,则电机全部输出力矩作用在此作动器上,最大达到电机打滑力矩,对每个作动器来说这都是最严重情况,此载荷考虑为极限载荷。

6.某飞机操纵系统载荷计算

(1)驾驶员操纵力。某飞机的副翼、升降舵和方向舵采用软硬混合、无助力的机械双操纵系统,在驾驶舱内为正副驾驶员均配置了驾驶盘和脚蹬,如图 4-50~图 4-52 所示。

通过转动驾驶盘操纵副翼、推拉驾驶盘操纵升降舵、踩踏脚蹬操纵方向舵。

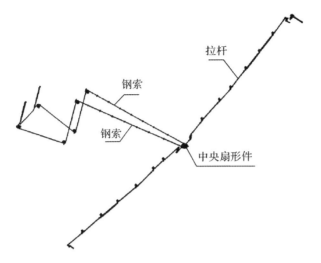

图 4 - 50　副翼操纵系统

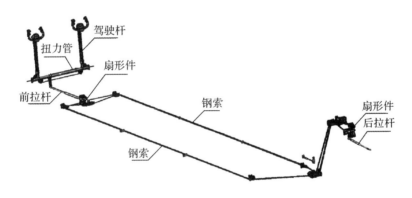

图 4 - 51　升降舵操纵系统

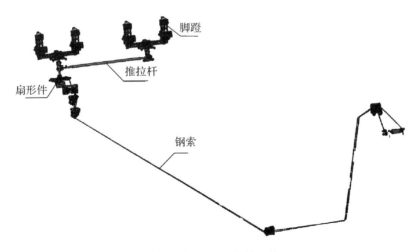

图 4 - 52　方向舵操纵系统

根据第 23.395(a)1) 条规定,取第 23.397(b) 条中给出的驾驶员最大操纵力作为限制操纵力按 CCAR23.397(b)1) 条的要求,飞机最大起飞重量 $M=8\,400\text{kg}$,大于 $2\,268\text{kg}$,其操纵力线性放大系数为

$$\lambda=1+\frac{0.35\times(8\,400-2\,268)}{8\,618-2\,268}=1.338$$

1)副翼。副翼驾驶盘单操纵最大限制操纵扭矩为

$$M_{\text{single}}=222D\times1.338=297D(\text{N}\cdot\text{mm})$$

副翼驾驶盘单个切向操纵力为

$$P_{\text{single}}=1.25M_{\text{single}}/D=371\text{N}$$

式中　$D=320\text{mm}$,为驾驶盘直径。

2)升降舵。升降舵驾驶盘单操纵最大限制操纵力为

$$P_{\text{single}}=890\times1.338=1\,191\text{N}$$

3)方向舵。方向舵脚蹬单操纵最大限制操纵力为

$$P_{\text{single}}=890\times1.338\,0=1\,191\text{N}$$

4)双操纵系统。副翼驾驶盘双操纵同向和反向最大限制操纵扭矩为

$$M_{\text{double}}=0.75M_{\text{single}}=223D(\text{N}\cdot\text{mm})$$

升降舵驾驶盘双操纵同向和反向最大限制操纵力为

$$P_{\text{double}}=0.75P_{\text{single}}=893\text{N}$$

方向舵脚蹬双操纵同向和反向最大限制操纵力为

$$P_{\text{double}}=0.75P_{\text{single}}=893\text{N}$$

5)机轮刹车操纵系统操纵力。某飞机机轮刹车采用脚踏板形式,取方向舵脚蹬单操纵最大限制操纵力作为机轮刹车操纵系统的操纵力,即 $1\,191\text{N}$。

(2)地面突风载荷。某飞机操纵系统采用的驾驶员作用力大于第 23.397(b) 条中规定的最小值,因此只需把第 23.415 条要求的载荷从操纵面操纵支臂传到最近的止动器或突风锁及其支撑结构上。

1)突风速度。根据第 23.415(a)2) 条要求,地面突风和顺风滑行设计速度不小于 $2.01\sqrt{W/S}+4.45(\text{m/s})$,但不必大于 26.8m/s。某飞机最大起飞重量 $M=8\,400\text{kg}$,机翼面积 $S=39.518\text{m}^2$,则

$$2.01\sqrt{W/S}+4.45=33.8\text{m/s}>26.8\text{m/s}$$

因此取突风速度 $v=26.8\text{m/s}$,相应的动压为

$$q=\frac{1}{2}\rho v^2=440\text{Pa}$$

根据第 23.415(c)条要求,地面系留时,副翼、方向舵及升降舵考虑 120km/h 的后向水平突风产生的载荷,相应的动压为

$$q = \frac{1}{2}\rho v^2 = 681\mathrm{Pa}$$

2）副翼地面突风载荷。铰链轴后面积 $S_{sa} = 1.158\ 3\mathrm{m}^2$,铰链轴后弦长 $C_a = 0.394\ 5\mathrm{m}$。

ⅰ）速度为 26.8m/s 的地面突风和顺风滑行情况。

中立位置:取铰链力矩系数 $K = 0.75$,副翼铰链力矩为

$$H_a = KS_{sa}C_a q = 150.8\mathrm{N} \cdot \mathrm{m}$$

满偏位置:取铰链力矩系数 $K = 0.5$,副翼铰链力矩为

$$H_a = KS_{sa}C_a q = \pm100.5\mathrm{N} \cdot \mathrm{m}$$

ⅱ）系留时速度为 120km/h 的后向突风情况。

中立位置:取铰链力矩系数 $K = 0.75$,副翼铰链力矩为

$$H_a = KS_{sa}C_a q = 233.4\mathrm{N} \cdot \mathrm{m}$$

满偏位置:取铰链力矩系数 $K = 0.5$,副翼铰链力矩为

$$H_a = KS_{sa}C_a q = \pm155.6\mathrm{N} \cdot \mathrm{m}$$

3）升降舵地面突风载荷。铰链轴后面积 $S_{se} = 1.719\ 5\mathrm{m}^2$,铰链轴后弦长 $C_e = 0.508\ 4\mathrm{m}$。

ⅰ）速度为 26.8m/s 的地面突风和顺风滑行情况。

上下满偏位置:取铰链力矩系数 $K = \pm0.75$,升降舵铰链力矩为

$$H_e = KS_{se}C_e q = \pm288.5\mathrm{N} \cdot \mathrm{m}$$

ⅱ）系留时速度为 120km/h 的后向突风情况。

上下满偏位置:取铰链力矩系数 $K = \pm0.75$,升降舵铰链力矩为

$$H_e = KS_{se}C_e q = \pm446.5\mathrm{N} \cdot \mathrm{m}$$

4）方向舵地面突风载荷。铰链轴后面积 $S_{sr} = 1.982\mathrm{m}^2$,铰链轴后弦长 $C_r = 0.621\ 7\mathrm{m}$。

ⅰ）速度为 26.8m/s 的地面突风和顺风滑行情况。

中立和满偏位置:取铰链力矩系数 $K = \pm0.75$,方向舵铰链力矩为

$$H_r = KS_{sr}C_r q = \pm406.6\mathrm{N} \cdot \mathrm{m}$$

ⅱ）系留时速度为 120km/h 的后向突风情况。

中立和满偏位置:取铰链力矩系数 $K = \pm0.75$,方向舵铰链力矩为

$$H_r = KS_{sr}C_r q = \pm 629.4\mathrm{N \cdot m}$$

(3)襟翼操纵载荷。某飞机的每侧襟翼分为内襟翼和外襟翼两块,每块襟翼由两个螺旋作动器驱动,共8个螺旋作动器,螺旋作动器通过扭力管与操纵电机连接。图4-53为右侧襟翼操纵系统图,左侧襟翼操纵系统与右侧对称。

襟翼操纵电机的打滑力矩为1.5N·m,考虑任一螺旋作动器卡阻情况,则卡阻的螺旋作动器及其与电机之间的扭力管承受此力矩作用,并将此力矩作为极限载荷。

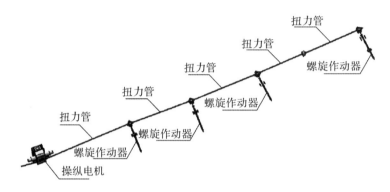

图4-53 右侧襟翼操纵系统图

参 考 文 献

[1]   中国民航总局.中国民用航空规章:第 25 部   运输类飞机适航标准[S].北京:中国民航总局,2001.

[2]   中国民航总局.中国民用航空规章:第 23 部   正常类、实用类、特技类和通勤类飞机适航标准[S].北京:中国民航总局,2005.

[3]   民用航空器座椅和卧铺最低性能要求,HB6654 – 1992.

[4]   CS – 25. Certification Specifications for Large Aeroplanes.

[5]   CS – 23. Certification Specifications for Normal Utility Aerobatic and Commuter Category Aeroplanes.

[6]   航空工业部民机局.民用飞机设计要求[Z].北京:航空工业部民机局,1987.

[7]   郑作棣.运输类飞机适航标准技术咨询手册[M].北京:航空工业出版社,1995.

[8]   徐浩军.航空器适航性概论[M].西安:西北工业大学出版社,2012.

[9]   冯振宇.运输类飞机适航要求解读:第 2 卷   结构[M].北京:航空工业出版社,2013.

[10]   谭永刚.运输类飞机结构设计安全因数的探讨[J].民用飞机设计与研究,2014(3):34 – 38.

[11]   刘长福,邓明.航空发动机结构分析[M].西安:西北工业大学出版社,2006.

[12]   TARLOTE. Seaplane Impact Review of Theoretical and Experimental Results，ARC R&M3285[R]. 1980.

[13]   МОИСЕЕВ А Н. Определению Нешних Нагрузов На Конструкцию – Проект Экраноплана [C]. МОСКВА：ЦАГИ，1998.

[14]   美国海军武器装备局.MIL – A – 8864(ASG)美国军用规范:水上飞机的水载荷和操作载荷[S].北京:国防科学技术工业委员会,1960.

[15]   军用飞机结构强度规范编制组. 军用飞机结构强度规范使用说明:GJB 67.A—2008[S]. 北京:航空工业出版社,2009.

[16]   美国联邦航空管理局.运输类飞机适航标准[S].北京:中国民用航空总局,2001.

[17]   国家海洋局.“黄海、渤海、东海、南海”海况浪高统计数据[M].北京:机械工业出版社,1959.

[18]   ПАСКАЛОВ С И. Уранение Цвижения Клина При Погружениив Жидкостьи Расчет Силы Удара[R]. ЦАГИ,1980.

［19］ SMILEY，REBORT. Semiempirical Procedure for Computing the Water Pressure Distribution on Flat and v – Bottom Prismatic Surface During Impact on Planning，NACA TN 2583 – 1.

［20］ CHUANG Sheng – lun. Impact Pressure Distribution on Wedge Shape Hull Bottom of High – speed Craft，AD856351 ［R］. 1969.

［21］ MILWITZKY B B. Generalized Theoretical and Experimental Investigation of hydrodynamic Loads Experienced by v – bottom Seaplanes During Step – landing impacts，NACA TN 1516.

［22］ 机翼升力对 V 形底水上飞机断阶着水特性影响的理论研究，NACA TN 2815［R］.

［23］ MENAGHAW R J，CRAWE P R. Formula for Estimating Type Force in Seaplane Water Impact Without Rotation on Chine Immersion，ARC R& M2804 ［R］. 1987.

［24］ ЛОГВИНОВИЧ Г В. Оценка Силы Удара Волно Наклоную Пластинку ［R］. Ьериев，1989.

［25］ ЛОГВИНОВИЧ Г В. Погружение Тел в Жидкостьи Нестационарное Глиссированиес Перемеииой Скоростью ［R］. Ьериев，1989.

［26］ TYKY B M. Generalized Theory for Seaplane Impact，NACA Rep1103 ［R］. 1952.

［27］ 扭曲滑行面在静水面和波浪水面上着水撞击载荷，AD 727753 ［R］.

［28］ 水上飞机在规则波浪上着水方向对载荷和运动的影响，AD 425615 ［R］.

［29］ 偏航对水上飞机着水和滑行载荷的影响理论和实验研究，NACA TN 2817 ［R］.

［30］ КОВРИЖЫХ Л Д. Исследование Гидродинамических Характеристик Плосокилеватых Пластни Глисснрующих На Режимах ъез Смачивания Скул［R］. ЦАГИ，1983.

［31］ СОКОЛЯНСКИИ В. Влияне Чнсла фруда На Стационарные Характеристики Глиссиро – Вания Плоскилеватой Плас Тиныс Углом Поперечиой Кнлеватости［R］. ЦАГИ，1978.

［32］ 瓦格纳. 流体表面的冲击和滑行理论［M］. 北京：人民教育出版社，1968.

［33］ SMILEY，ROBORT. Semiempirical Procedure for Computing the Water Pressure Distribution on Flat and V – bottom Prismatic Surface During Impact on Planning，NACA TN 2583 – 2.

［34］ 切特维尔柯夫. 水上飞机构造学 ［M］. 北京：人民教育出版社，1976.